《北京大学数学丛书》书目

《北京大学数学丛书》编委会

主　　编：程民德

副 主 编：江泽培　丁石孙

编　　委：钱　敏　丁同仁　姜伯驹　张恭庆　应隆安

责任编辑：邱淑清

说　明

　　此丛书是以数学、计算数学、概率统计及有关专业的高年级学生、研究生、青年教师及数学研究工作者为读者对象的出版物. 丛书特点是内容新颖, 力图反映现代数学的新成就; 叙述精练, 约相当于一学期周学时为 3 的研究生课程的取材. 我们编辑出版此丛书的主要目的是为了适应我们国家培养研究生的需要, 同时, 又可作为数学及有关系科高年级选修课程的参考书, 为提高本科生的教学质量贡献一份力量.

　　我们诚恳地希望: 广大读者对于书目的选择, 内容的取材提出宝贵意见, 作为我们今后出版或再版时的参考.

《北京大学数学丛书》编委会

一九八一年元月

内 容 简 介

　　本书系统地论述了微分几何的基本知识。全书共八章并两个附录。作者以较大的篇幅，即前三章和第六章介绍了流形、多重线性函数、向量场、外微分、李群和活动标架法等基本知识和工具。在有了上述宽广而坚实的基础之后，论述微分几何的核心问题，即联络、黎曼几何以及曲面论等。第七章复流形，既是当前十分活跃的研究领域，也是第一作者研究成果卓著的领域之一，包含有作者独到的见解和简捷的方法。第八章 Finsler 几何是本书第二版新增的一章，它是第一作者近来提倡的研究课题，其中 Chern 联络具有突出的性质，使得黎曼几何成为 Finsler 几何的特殊情形。最后两个附录，介绍了大范围曲线论和曲面论，以及对微分几何与理论物理关系的论述，为这两个活跃的前沿领域提出了不少进一步的研究课题。

　　此书可作为高等院校数学和理论物理等专业高年级、研究生选修课和研究生课教材，或学习参考书，也可供从事数学和物理等相关学科研究人员参考。

北 京 大 学 数 学 丛 书

微 分 几 何 讲 义

（第 二 版）

陈省身　陈维桓　著

北 京 大 学 出 版 社

·北　京·

图书在版编目(CIP)数据

微分几何讲义/陈省身,陈维桓著.—2版.—北京:北京大学出版社,2001.10

(北京大学数学丛书)

ISBN 978-7-301-05151-1

Ⅰ.微… Ⅱ.①陈… ②陈… Ⅲ.微分几何 Ⅳ.0186.1

中国版本图书馆 CIP 数据核字(2001)第 049415 号

书　　　名:微分几何讲义(第二版)

著作责任者:陈省身　陈维桓　著

责 任 编 辑:邱淑清

标 准 书 号:ISBN 978-7-301-05151-1/O・512

出 版 发 行:北京大学出版社

地　　　址:北京市海淀区成府路 205 号　100871

网　　　址:http://www.pup.cn

电　　　话:邮购部 62752015　发行部 62750672　理科编辑部 62752021

　　　　　　出版部 62754962

电 子 信 箱:zpup@pup.pku.edu.cn

印　刷　者:河北滦县鑫华书刊印刷厂

经　销　者:新华书店

　　　　　　850 毫米×1168 毫米　32 开本　12.375 印张　305 千字

　　　　　　1983 年 12 月第一版　2001 年 10 月第二版

　　　　　　2024 年 2 月第13次印刷

定　　　价:48.00 元

第 二 版 序

本版与初版不同处是增添了第八章 Finsler 几何。这其实是 1854 年 Riemann 原来的提议。他试了四次微分式的四次根,发现计算很繁,便限于二次微分式,即现在熟知的黎曼几何。

近百年来,黎曼几何是微分几何的主要内容,发展广泛。自然有推广的需要。

我想,最自然的推广是回到 Riemann 原来的定义,现在叫做"Finsler 几何"。这就是变分学,几百年来都是数学的中心课题。

Finsler 的论文发表在 1918 年。第一步研究是 Finsler 几何的局部性质。这并不简单:Riemann 没有做,而 Cartan 的联络坚持了内积不变的性质,因之陷入复杂的计算。本版书中引进了我于 1948 年所定的联络。我想,这是 Finsler 几何的适当工具,值得费点时间去了解。

陈省身

2001 年 6 月 12 日于
天津南开数学研究所

微分几何的过去与未来(代序)

微分几何的出发点是微积分：一条曲线的切线和微分是同一个概念。同样,一条封闭曲线所包围的面积的理论就是积分论。"微积分在几何上的应用"演变成曲线论及曲面论。微分几何初期作出重要的贡献的,当推 L. Euler (1707~1783), G. Monge (1746~1818)。

微分几何的始祖是 C. F. Gauss (1777~1855)。他的曲面论建立了曲面的第一基本式所奠定的几何,并把欧氏几何推广到曲面上"弯曲"的几何。B. Riemann (1826~1866)在 1854 年所做的有名的演讲把这个理论推广到 n 维空间。黎曼几何就在此年出生。

黎曼的演讲直到 1868 年他死后才发表,当即引起许多新工作来处理和推展他的新几何。主要的作者包括 E. Beltrami, E. B. Christoffel, R. Lipschitz; 他们的论文都发表在 1870 年左右。Christoffel 是一位开拓的大师。他一度在瑞士的苏黎士任教授,因此影响及于意大利的数学家,有 L. Bianchi 及 T. Ricci。前者是第一个用"微分几何"作书名的(*Lezioni di Geometria Differenziale*, Pisa, 1893); 后者是"张量分析"的始祖。

黎曼几何之大受重视,由于爱因斯坦之广义相对论。爱氏把引力现象释成黎曼空间的曲率性质,因之,物理现象变成几何现象。微分几何的了解遂为理论物理学者所必需。

同在 1870 年 Felix Klein 发表了他的 Erlanger Programm。这个计划把几何学定为一个变换群下的不变性质。视变换群的选择,我们有欧氏或非欧几何学、投影几何学、仿射几何学等等。这些空间内的支流形的研究成为相当的微分几何学。20 世纪初期投影微分几何的研究相当活跃,领导者为美国的 E. J. Wilczynski 及意大利的 G. Fubini,苏步青教授作过重大的贡献并指导了很多学生。

在仿射微分几何作决定性工作的当推 W. Blaschke。

把两种观点融合的是 Elie Cartan（1869～1951）。他的广义空间把联络作为主要的几何观念。他建立的外微分和他在李群的工作，是近代微分几何的两大柱石。

微分几何的主要问题是整体性的，即研究空间或流形的整个的性质，尤其是局部性质与整体性质的关系。Gauss-Bonnet 公式（见第五章 §4）就是一个例子。

要研究整个流形，流形论的基础便成为必要。流形内的坐标是局部的，本身没有意义；流形研究的主要目的是经过坐标卡变换而保持不变的性质（如切矢量、微分式等）。这是与一般数学不同的地方。这些观念经过几十年的演变，渐成定型。将来数学研究的对象，必然是流形；传统的实数或复数空间只是局部的情形（虽然在许多情况下它会是最重要的情形）。所以我相信本书的内容会对一般数学工作者有用。

讲到微分几何的未来，当然预测是很困难的。19 世纪的深刻的结果（如单复变函数论），多半是单元的。本世纪内高维流形的发展是辉煌的。但整个宝藏发掘未及十一，可以发展的方向，多不胜数。数学的前途无量是可以预卜的。

这份讲义是我在 1980 年春季在北京大学的讲课记录，由陈维桓整理而成的。因时间限制，内容甚不齐备，错误亦难免。北大同人尤其是段学复教授的支持和江泽涵教授的关心，是这个课的主要动力。吴光磊教授在讲义整理过程中提供了许多宝贵意见。吴大任教授曾读过书稿，并提了不少改进的意见。田畴同志也读过书稿，并特为讲义翻译了附录一——"欧氏空间中的曲线和曲面"。此外，我在北大讲课时，章学诚、尤承业、刘旺金、韩念国、周作领、刘应明、孙振祖、李安民和陈维桓等同志为记录和辅导做了不少工作。今天很高兴有机会向这些同志们说一声"谢谢"。

陈省身

1982 年 4 月 7 日于美国加州

目　　录

第一章 微 分 流 形

§1 微分流形的定义

流形的概念是欧氏空间的推广. 粗略地说, 流形在每一点的近傍和欧氏空间的一个开集是同胚的, 因此在每一点的近傍可以引进局部坐标系. 流形正是一块块"欧氏空间"粘起来的结果.

我们用 R 表示实数域. 设

$$R^m = \{x = (x^1, \cdots, x^m) \mid x^i \in R, 1 \leqslant i \leqslant m\}, \qquad (1.1)$$

即 R^m 是全体有序的 m 个实数所形成的数组的集合, 实数 x^i 称为点 $x \in R^m$ 的第 i 个坐标. 对于任意的 $x, y \in R^m, \alpha \in R$, 命

$$\begin{cases} (x + y)^i = x^i + y^i, \\ (\alpha x)^i = \alpha x^i; \end{cases} \qquad (1.2)$$

这样就在 R^m 中定义了加法和对实数的乘法, 使 R^m 成为实数域 R 上的 m 维矢量空间.

空间 R^m 除上述线性构造外, 还有典型的拓扑构造. 对 $x, y \in R^m$, 命

$$d(x, y) = \sqrt{\sum_{i=1}^m (x^i - y^i)^2}. \qquad (1.3)$$

容易验证, 函数 $d(x, y)$ 满足下面三个条件:

(1) $d(x, y) \geqslant 0$, 且等号只有 $x = y$ 时成立;

(2) $d(x, y) = d(y, x)$;

(3) 对任意的 $x, y, z \in R^m$, 有不等式

$$d(x, y) + d(y, z) \geqslant d(x, z).$$

所以 $d(x, y)$ 是 R^m 中的距离函数, 使 R^m 成为度量空间. 作为度量

空间，$\boldsymbol{R}^m$ 有自然的拓扑结构[①]：以开球 $B_{x,r}=\{y\in\boldsymbol{R}^m|d(x,y)<r\}$ $(x\in\boldsymbol{R}^m,r>0)$ 的并集为开集. 以 (1.3) 式为距离函数的 m 维矢量空间 $\boldsymbol{R}^m$ 称为 m 维欧氏空间.

设 f 是定义在开集 $U\subset\boldsymbol{R}^m$ 上的实函数，如果 f 的所有直到 r 阶的偏导数都存在并且连续，则称 f 是 r 次可微的，或称 f 是 C^r 的，这里 r 可以是所有的正整数. 如果 f 有任意阶的连续偏导数，则称 f 是 C^∞ 的. 如果 f 是解析的，也就是 f 在 U 的每一点的一个邻域内能表成收敛的幂级数，则记 f 是 C^ω 的.

定义 1.1　设 M 是 Hausdorff 空间. 若对任意一点 $x\in M$，都有 x 在 M 中的一个邻域 U 同胚于 m 维欧氏空间 $\boldsymbol{R}^m$ 的一个开集，则称 M 是一个 m 维**流形**（或**拓扑流形**）.

设定义 1.1 中提到的同胚映射是 $\varphi_U:U\to\varphi_U(U)$，这里 $\varphi_U(U)$ 是 $\boldsymbol{R}^m$ 中的开集，则称 (U,φ_U) 是 M 的一个坐标卡. 因为 φ_U 是同胚，对任意一点 $y\in U$，可以把 $\varphi_U(y)\in\boldsymbol{R}^m$ 的坐标定义为 y 的坐标，即命

$$u^i=(\varphi_U(y))^i,\quad y\in U,\quad i=1,\cdots,m,\qquad(1.4)$$

我们称 $u^i(1\leqslant i\leqslant m)$ 为点 $y\in U$ 的局部坐标.

设 (U,φ_U)，和 (V,φ_V) 是流形 M 的两个坐标卡，若 $U\bigcap V\neq\varnothing$，则 $\varphi_U(U\bigcap V)$ 和 $\varphi_V(U\bigcap V)$ 是 $\boldsymbol{R}^m$ 中两个非空的开集，并且映射

$$\varphi_V\circ\varphi_U^{-1}|_{\varphi_U(U\cap V)}:\varphi_U(U\bigcap V)\to\varphi_V(U\bigcap V)$$

建立了这两个开集之间的同胚，其逆映射就是 $\varphi_U\circ\varphi_V^{-1}|_{\varphi_V(U\cap V)}$.

因它们是从欧氏空间的一个开集到另一个开集的映射，所以用坐标表示时，$\varphi_V\circ\varphi_U^{-1}$ 和 $\varphi_U\circ\varphi_V^{-1}$ 分别表为欧氏空间的开集上的 m 个实函数（见图 1）：

$$y^i=f^i(x^1,\cdots,x^m)=(\varphi_V\circ\varphi_U^{-1}(x^1,\cdots,x^m))^i,$$
$$(x^1,\cdots,x^m)\in\varphi_U(U\bigcap V);\qquad(1.5)$$

----

①　关于拓扑学的基本概念，可看：江泽涵著《拓扑学引论》，上海科学技术出版社，1978.

$$x^i = g^i(y^1, \cdots, y^m) = (\varphi_U \circ \varphi_V^{-1}(y^1, \cdots, y^m))^i,$$
$$(y^1, \cdots, y^m) \in \varphi_V(U \cap V). \tag{1.6}$$

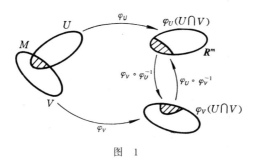

图 1

因为 $\varphi_V \circ \varphi_U^{-1}$ 和 $\varphi_U \circ \varphi_V^{-1}$ 是互逆的同胚映射,所以 f^i 和 g^i 都是连续函数,并且

$$\begin{cases} f^i(g^1(y^1, \cdots, y^m), \cdots, g^m(y^1, \cdots, y^m)) = y^i, \\ g^i(f^1(x^1, \cdots, x^m), \cdots, f^m(x^1, \cdots, x^m)) = x^i. \end{cases} \tag{1.7}$$

我们称两个坐标卡 (U, φ_U) 和 (V, φ_V) 是 C^r-相容的,如果 $U \cap V = \varnothing$,或者在 $U \cap V \neq \varnothing$ 时坐标变换函数 $f^i(x^1, \cdots, x^m)$ 和 $g^i(y^1, \cdots, y^m)$ 都是 C^r 的.

定义 1.2 设 M 是一个 m 维流形. 如果在 M 上给定了一个坐标卡集 $\mathscr{A} = \{(U, \varphi_U), (V, \varphi_V), (W, \varphi_W), \cdots\}$,满足下列条件,则称 $\mathscr{A}$ 是 M 的一个 C^r **微分结构**:

(1) $\{U, V, W, \cdots\}$ 是 M 的一个开覆盖;

(2) 属于 $\mathscr{A}$ 的任意两个坐标卡是 C^r-相容的;

(3) $\mathscr{A}$ 是极大的,即:对于 M 的任意一个坐标卡 $(\widetilde{U}, \varphi_{\widetilde{U}})$ 若与属于 $\mathscr{A}$ 的每一个坐标卡都是 C^r-相容的,则它自身必属于 $\mathscr{A}$.

若在 M 上给定了一个 C^r-微分结构,则称 M 是一个 C^r-**微分流形**. 属于给定的微分结构的坐标卡称为微分流形 M 的容许的坐标卡. 今后谈到微分流形 M 上点 p 附近的局部坐标系都是指包含 p 点的容许坐标卡给出的坐标系.

注记 1 在定义 1.2 中条件 (1) 和 (2) 是基本的. 不难证明, 若坐标卡集 $\mathscr{A}'$ 满足条件 (1) 和 (2), 则对任意的正整数 $s, 0 < s \leqslant r$, 存在唯一的一个 C^s-微分结构 $\mathscr{A}$, 使得 $\mathscr{A}' \subset \mathscr{A}$. 实际上, 如果用 $\mathscr{A}$ 表示与 $\mathscr{A}'$ 中的坐标卡都是 C^s-相容的坐标卡的集合, 则 $\mathscr{A}$ 是一个 C^s-微分结构, 它是由 $\mathscr{A}'$ 唯一确定的. 所以在构造微分流形时, 只要指出它的一个相容的坐标覆盖就可以了.

注记 2 在本书中, 我们还假定流形 M 是满足第二可数公理的拓扑空间. 即: M 有可数的拓扑基 (见第 1 页脚注).

注记 3 若在 M 上确定了一个 C^∞-微分结构, 则简称 M 为**光滑流形**; 若在 M 上给定了一个 C^ω-微分结构, 则称 M 为**解析流形**. 本书主要讨论光滑流形; 在不致引起混淆时, 常把光滑流形简称为流形.

例 1 $M = \mathbf{R}^m$, 取 $U = M$, φ_U 是恒同映射, 则 $\{(U, \varphi_U)\}$ 是 $\mathbf{R}^m$ 的一个坐标覆盖, 由此确定了 $\mathbf{R}^m$ 的光滑流形结构, 称为 $\mathbf{R}^m$ 的标准微分结构.

例 2 m 维单位球面
$$S^m = \{x \in \mathbf{R}^{m+1} \mid (x^1)^2 + \cdots + (x^{m+1})^2 = 1\}.$$
以 $m = 1$ 为例, 取如下的四个坐标卡:
$$\begin{cases} U_1\{x \in S^1 \mid x^2 > 0\}, & \varphi_{U_1}(x) = x^1, \\ U_2\{x \in S^1 \mid x^2 < 0\}, & \varphi_{U_2}(x) = x^1, \\ V_1\{x \in S^1 \mid x^1 > 0\}, & \varphi_{V_1}(x) = x^2, \\ V_2\{x \in S^1 \mid x^1 < 0\}, & \varphi_{V_2}(x) = x^2. \end{cases} \tag{1.8}$$
很清楚, $\{U_1, U_2, V_1, V_2\}$ 构成 S^1 的一个开覆盖. 在交集 $U_1 \bigcap V_2$ 上有 (见图 2)
$$\begin{cases} x^2 = \sqrt{1 - (x^1)^2}, \\ x^1 = -\sqrt{1 - (x^2)^2}, \end{cases} \quad x^1 < 0, \ x^2 > 0, \tag{1.9}$$
它们都是 C^∞-函数, 所以 (U_1, φ_{U_1}) 和 (V_2, φ_{V_2}) 是 C^∞-相容的. 同理可证, 其余的任意两个坐标卡也都是 C^∞-相容的. 因此, 上面给出

4

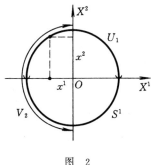

图 2

的坐标卡使 S^1 成为一维的光滑流形.

当 $m>1$ 时,S^m 上的光滑结构可以类似地定义.

例3 m 维射影空间 P^m.

在 $\boldsymbol{R}^{m+1}-\{0\}$ 中定义关系～如下:设 $x,y\in\boldsymbol{R}^{m+1}-\{0\}$,$x\sim y$ 当且仅当存在非零实数 α,使 $x=\alpha y$. 显然,～是等价关系. 对于 $x\in\boldsymbol{R}^{m+1}-\{0\}$,$x$ 的"～"等价类记作

$$[x]=[x^1,\cdots,x^{m+1}].$$

所谓 m 维射影空间 P^m 就是指商空间

$$P^m=(\boldsymbol{R}^{m+1}-\{0\})/\sim=\{[x]\,|\,x\in\boldsymbol{R}^{m+1}-\{0\}\}.$$

(1.10)

数组 $(x^1,\cdots,x^{m+1})$ 称为点 $[x]$ 的齐次坐标,它被 $[x]$ 确定到差一个非零实因子. 很明显,P^m 也是 $\boldsymbol{R}^{m+1}$ 中所有过原点的直线构成的空间.

令

$$\begin{cases} U_i=\{[x^1,\cdots,x^{m+1}]\,|\,x^i\neq 0\}, \\ \varphi_i([x])=({}_i\xi_1,\cdots,{}_i\xi_{i-1},{}_i\xi_{i+1},\cdots,{}_i\xi_{m+1}), \end{cases}$$

(1.11)

其中 $1\leqslant i\leqslant m+1$,${}_i\xi_h=x^h/x^i\ (h\neq i)$. 显然,$\{U_i,1\leqslant i\leqslant m+1\}$ 构成 P^m 的开覆盖. 在 $U_i\bigcap U_j\ (i\neq j)$ 上有坐标变换

$$\begin{cases} {}_j\xi_h=\dfrac{{}_i\xi_h}{{}_i\xi_j} & (h\neq i,j), \\[2mm] {}_j\xi_i=\dfrac{1}{{}_i\xi_j}. \end{cases}$$

(1.12)

所以 $\{(U_i, \varphi_i)\}_{1 \leqslant i \leqslant m+1}$ 给出了 P^m 的光滑结构.

注记 上面三个例子给出的坐标覆盖都是 C^∞-相容的；所以，在实际上它们分别确定了 $\mathbf{R}^m, S^m$ 和 P^m 作为解析流形的结构.

例 4 Milnor 怪球.

在同一个拓扑流形上可能有不同的微分结构. J. Milnor 在 1956 年给出一个著名的例子(见 *Annals of Math.*，**64**(1956)，399~405)，指出：在同胚的拓扑流形上确实存在彼此不同构的光滑流形结构(见定义 1.3 下面的注记)，因此微分结构有独立于拓扑结构的意义. 关于 Milnor 怪球的完全的叙述和证明已超出本书的范围，这里只作简要的说明.

在 S^4 上取两个对径点 A, B. 命
$$U_1 = S^4 - \{A\}, \quad U_2 = S^4 - \{B\}, \tag{1.13}$$
则 U_1 和 U_2 构成了 S^4 的开覆盖. 现在要把平凡的球丛 $U_1 \times S^3$ 与 $U_2 \times S^3$ 粘起来得到以 S^4 为底空间的三维球丛 Σ^7.

在球极投影下，U_1 和 U_2 分别和 $\mathbf{R}^4$ 是同胚的，而 $U_1 \cap U_2$ 与 $\mathbf{R}^4 - \{0\}$ 同胚. 把 $\mathbf{R}^4 - \{0\}$ 中的元素记成四元数. 取一奇数 k，使 $k^2 - 1 \equiv 0 \pmod 7$. 考虑映射 $\tau: (\mathbf{R}^4 - \{0\}) \times S^3 \rightarrow (\mathbf{R}^4 - \{0\}) \times S^3$，使得对 $(u, v) \in (\mathbf{R}^4 - \{0\}) \times S^3$，有
$$\tau(u, v) = \left(\frac{u}{\|u\|^2}, \frac{u^h v u^j}{\|u\|} \right), \tag{1.14}$$
其中
$$h = \frac{k+1}{2}, \quad j = \frac{1-k}{2}, \tag{1.15}$$
且(1.14)式中的乘法是四元数乘法，$\|\ \|$ 是四元数的模. 显然，映射 τ 是光滑的. 我们把 $U_1 \times S^3$ 和 $U_2 \times S^3$ 通过 τ 粘起来. 可以证明，这样得到的 Σ^7 与 7 维单位球面 S^7 同胚，但是其微分构造与 S^7 的典型微分结构(例 2)不相同.

在光滑流形上，光滑函数的概念是有意义的. 设 f 是定义在 m 维光滑流形 M 上的实函数. 若 $p \in M$，(U, φ_U) 是包含 p 点的容许

坐标卡,那么 $f \circ \varphi_U^{-1}$ 是定义在欧氏空间 $\boldsymbol{R}^m$ 的开集 $\varphi_U(U)$ 上的实函数. 如果函数 $f \circ \varphi_U^{-1}$ 在点 $\varphi_U(p) \in \boldsymbol{R}^m$ 是 C^∞ 的, 即 $f \circ \varphi_U^{-1}$ 在点 $\varphi_U(p)$ 的一个邻域内有连续的任意多次的偏导数, 则称函数 f 在点 $p \in M$ 是 C^∞ 的.

函数 f 在点 p 的可微性与包含 p 的容许坐标卡的选取是无关的. 实际上, 若有另一个包含 p 的容许坐标卡 (V, φ_V), 则 $U \bigcap V \neq \varnothing$, 且

$$f \circ \varphi_V^{-1} = (f \circ \varphi_U^{-1}) \circ (\varphi_U \circ \varphi_V^{-1});$$

因为 $\varphi_U \circ \varphi_V^{-1}$ 是光滑的, 所以 $f \circ \varphi_V^{-1}$ 和 $f \circ \varphi_U^{-1}$ 在相应点都是可微的.

如果实函数 f 在 M 上处处是 C^∞ 的, 则称 f 是 M 上的 C^∞-函数, 或称 f 是 M 上的光滑函数. M 上全体光滑函数的集合记作 $C^\infty(M)$.

光滑函数是光滑流形之间的光滑映射的重要特例.

定义1.3 设 $f: M \to N$ 是从光滑流形 M 到 N 的一个连续映射, $\dim M = m$, $\dim N = n$. 若在一点 $p \in M$, 存在点 p 的容许坐标卡 (U, φ_U) 和点 $f(p)$ 的容许坐标卡 (V, ψ_V), 使得映射

$$\psi_V \circ f \circ \varphi_U^{-1}: \varphi_U(U) \to \psi_V(V)$$

在点 $\varphi_U(p)$ 是 C^∞ 的, 则称映射 f 在点 p 是 C^∞ 的. 若映射 f 在 M 的每一点 p 都是 C^∞ 的, 则称 f 是从 M 到 N 的**光滑映射**.

注记 因为 $\psi_V \circ f \circ \varphi_U^{-1}$ 是从开集 $\varphi_U(U) \subset \boldsymbol{R}^m$ 到开集 $\psi_V(V) \subset \boldsymbol{R}^m$ 的连续映射, 所以它在点 $\varphi_U(p)$ 的可微性是已有定义的. f 在点 p 的可微性显然与容许坐标卡 (U, φ_U) 和 (V, ψ_V) 的选取无关.

如果 $\dim M = \dim N$, 并且 $f: M \to N$ 是同胚. 当 f 和 f^{-1} 都是光滑映射的, 则我们称 $f: M \to N$ 是可微同胚(如果光滑流形 M 和 N 是可微同胚的, 则称 M 和 N 的光滑流形结构是同构的). 上面所举的 Milnor 怪球 Σ^7 与 S^7 是拓扑同胚的, 但是它们不是可微同

胚的，即它们的光滑流形结构不同构.

光滑映射的另一个重要特例是流形上的参数曲线. 取 $\boldsymbol{R}^1$ 中的一个开区间 $M=(a,b)$，则从 M 到流形 N 的光滑映射 $f:(a,b)\to N$ 称为流形 N 上的一条参数曲线.

假定 M,N 分别是 m 维和 n 维光滑流形，其微分结构分别是 $\{(U_\alpha,\varphi_\alpha)\}_{\alpha\in A}$，$\{(V_\beta,\psi_\beta)\}_{\beta\in B}$. 用下述方法可以构造一个新的 $m+n$ 维光滑流形 $M\times N$：首先，$\{U_\alpha\times V_\beta\}_{\alpha\in A,\beta\in B}$ 构成拓扑积空间 $M\times N$ 的开覆盖；其次，定义映射 $\varphi_\alpha\times\psi_\beta:U_\alpha\times V_\beta\to\boldsymbol{R}^{m+n}$，使

$$\varphi_\alpha\times\psi_\beta(p,q)=(\varphi_\alpha(p),\psi_\beta(q)),\quad(p,q)\in U_\alpha\times V_\beta.$$

(1.16)

这样，$(U_\alpha\times V_\beta,\varphi_\alpha\times\psi_\beta)$ 是 $M\times N$ 的一个坐标卡. 容易证明，如此得到的坐标卡都是 C^∞-相容的，因此它们决定了 $M\times N$ 上的光滑流形结构.

定义 1.4 拓扑积空间 $M\times N$ 上由 C^∞-相容的坐标覆盖

$$\{(U_\alpha\times V_\beta,\varphi_\alpha\times\psi_\beta)\}_{\alpha\in A,\beta\in B}$$

决定的光滑流形结构使 $M\times N$ 成为 $m+n$ 维光滑流形. 该流形称为 M 和 N 的**积流形**.

积流形 $M\times N$ 到各因子的自然投影记作

$$\pi_1:M\times N\to M,\quad\pi_2:M\times N\to N,$$

即对于 $(x,y)\in M\times N$ 有

$$\pi_1(x,y)=x,\quad\pi_2(x,y)=y.$$

显然，它们都是光滑映射.

§2 切 空 间

正则的曲线和曲面在每一点分别有切线和切平面的概念. 同样，在拓扑流形上给定一个微分结构之后，在每一点的附近可以用线性空间来"近似". 确切地说，可以引进切空间和余切空间等概念. 我们从余切空间的概念着手.

设 M 是 m 维光滑流形，固定一点 $p \in M$. 设 f 是定义在点 p 的一个邻域上的 C^∞-函数[①]. 所有这样的函数的集合记作 C_p^∞. 自然，属于 C_p^∞ 的两个函数的定义域可以是不同的，但是函数空间 C_p^∞ 中加法和乘法仍然是有意义的：设 $f, g \in C_p^\infty$，它们的定义域分别是 U 和 V，那么 $U \cap V$ 仍是包含点 p 的开邻域；这样，$f+g$ 与 $f \cdot g$ 可看作定义在 $U \cap V$ 上的 C^∞-函数，即 $f+g, f \cdot g \in C_p^\infty$.

在 C_p^∞ 中定义关系～如下：设 $f, g \in C_p^\infty$，则 $f \sim g$ 当且仅当存在点 p 的一个开邻域 H，使得 $f|_H = g|_H$. 显然，～是 C_p^∞ 中的等价关系. 我们用 $[f]$ 记 f 在 C_p^∞ 中的"～"等价类，称为流形 M 在点 p 的 C^∞-**函数芽**(germ). 命

$$\mathscr{F}_p = C_p^\infty / \sim = \{ [f] \mid f \in C_p^\infty \}, \qquad (2.1)$$

则在 $\mathscr{F}_p$ 中可以定义加法和对实数的乘法，使它成为实数域上的线性空间. 实际上，若 $[f], [g] \in \mathscr{F}_p, \alpha \in \mathbf{R}$，只要命

$$[f] + [g] = [f + g], \qquad \alpha[f] = [\alpha f]. \qquad (2.2)$$

根据定义，上面两式的右端与代表 f, g 的选取是无关的. 请读者自证，$\mathscr{F}_p$ 是无穷维的实线性空间.

从 C_p^∞ 过渡到 $\mathscr{F}_p$ 的目的是为了获得在严格意义下的线性空间. 在 C_p^∞ 中如上述方式引进加法和数乘法之后，零元素不是唯一的，因此 C_p^∞ 不是线性空间. 在引进函数芽的概念之后，零元素是唯一的，从而使 $\mathscr{F}_p$ 成为一个线性空间.

设 γ 是 M 上过点 p 的一段参数曲线，即有正数 δ，使得 γ: $(-\delta, \delta) \to M$ 是 C^∞-映射，并且 $\gamma(0) = p$. 所有这些参数曲线的集合，记作 Γ_p.

对于 $\gamma \in \Gamma_p, [f] \in \mathscr{F}_p$，命 (图 3)

---

① 设 f 是定义在开集 $V \subset M$ 上的函数. 如果对任意的容许坐标卡 $(U, \varphi_U), U \cap V \neq \varnothing$，函数 $f \circ \varphi_U^{-1}$ 是开集 $\varphi_U(U \cap V) \subset \mathbf{R}^m$ 上的 C^∞-函数，则称 f 是定义在 V 上的 C^∞-函数. 实际上，V 有从 M 诱导的微分构造(§3)，所以 f 是微分流形 V 上的 C^∞-函数.

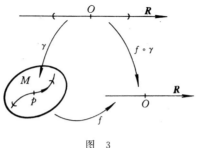

图 3

$$\langle\!\langle \gamma,[f]\rangle\!\rangle = \frac{\mathrm{d}(f\circ\gamma)}{\mathrm{d}t}\bigg|_{t=0}, \quad -\delta < t < \delta. \tag{2.3}$$

显然,对于固定的 γ,上式右端的数值由 $[f]$ 完全确定,而不依赖于代表 f 的选取.而且,配合 $\langle\!\langle,\rangle\!\rangle$ 关于第二个因子是线性的,即对于任意的 $\gamma\in\Gamma_p,[f],[g]\in\mathscr{F}_p,\alpha\in\boldsymbol{R}$,有

$$\langle\!\langle \gamma,[f]+[g]\rangle\!\rangle = \langle\!\langle \gamma,[f]\rangle\!\rangle + \langle\!\langle \gamma,[g]\rangle\!\rangle,$$
$$\langle\!\langle \gamma,\alpha[f]\rangle\!\rangle = \alpha\langle\!\langle \gamma,[f]\rangle\!\rangle. \tag{2.4}$$

设

$$\mathscr{H}_p = \{[f]\in\mathscr{F}_p\,|\,\langle\!\langle \gamma,[f]\rangle\!\rangle = 0, \quad \forall\,\gamma\in\Gamma_p\}, \tag{2.5}$$

则 $\mathscr{H}_p$ 是 $\mathscr{F}_p$ 的线性子空间.

定理 2.1 设 $[f]\in\mathscr{F}_p$,对于包含 p 的容许坐标卡 (U,φ_U),命

$$F(x^1,\cdots,x^m) = f\circ\varphi_U^{-1}(x^1,\cdots,x^m), \tag{2.6}$$

则 $[f]\in\mathscr{H}_p$ 当且仅当

$$\frac{\partial F}{\partial x^i}\bigg|_{\varphi_U(p)} = 0, \quad 1\leqslant i\leqslant m.$$

证明 设 $\gamma\in\Gamma_p$,其坐标表示是

$$(\varphi_U\circ\gamma(t))^i = x^i(t), \quad -\delta < t < \delta. \tag{2.7}$$

则

$$\langle\!\langle \gamma,[f]\rangle\!\rangle = \frac{\mathrm{d}}{\mathrm{d}t}(f\circ\gamma)\bigg|_{t=0}$$

$$= \frac{\mathrm{d}}{\mathrm{d}t}((f \circ \varphi_U^{-1}) \circ (\varphi_U \circ \gamma)(t)) \bigg|_{t=0}$$

$$= \frac{\mathrm{d}}{\mathrm{d}t} \bigg|_{t=0} F(x^1(t), \cdots, x^m(t))$$

$$= \sum_{i=1}^{m} \frac{\partial F}{\partial x^i} \bigg|_{\varphi_U(p)} \cdot \frac{\mathrm{d}x^i(t)}{\mathrm{d}t} \bigg|_{t=0}. \qquad (2.8)$$

但是我们可选取 γ，使得 $\dfrac{\mathrm{d}x^i(t)}{\mathrm{d}t}\bigg|_{t=0}$ 取到任意的实数值，因此要对任意的 $\gamma \in \Gamma_p$ 都有《$\gamma, [f]$》$= 0$，必须且只需

$$\frac{\partial F}{\partial x^i} \bigg|_{\varphi_U(p)} = 0, \quad 1 \leqslant i \leqslant m.$$

定理 2.1 说明：子空间 $\mathscr{H}_p$ 恰好是在点 p 关于局部坐标的一阶偏导数都是零的光滑函数的芽所构成的线性空间。

定义 2.1 商空间 $\mathscr{F}_p/\mathscr{H}_p$ 称为流形 M 在点 p 的**余切空间**，记作 T_p^*. 函数芽 $[f] \in \mathscr{F}_p$ 的 $\mathscr{H}_p$-等价类记作 $[\widetilde{f}]$，也记作 $(\mathrm{d}f)_p$，称为流形 M 在 p 点的**余切矢量**.

在直观上，$[g] \in [\widetilde{f}]$ 当且仅当在点 p 的容许坐标卡 (U, φ_U) 下，函数 $g \circ \varphi_U^{-1}$ 和 $f \circ \varphi_U^{-1}$ 在点 $\varphi_U(p)$ 有相同的、直到一阶的 Taylor 展开式.

T_p^* 是线性空间，它有从线性空间 $\mathscr{F}_p$ 诱导的线性结构，即对于 $[f], [g] \in \mathscr{F}_p, \alpha \in \mathbf{R}$ 有

$$\begin{cases} [\widetilde{f}] + ([\widetilde{g}]) = ([f] + [g])^{\sim} \\ \alpha \cdot [\widetilde{f}] = (\alpha[f])^{\sim}. \end{cases} \qquad (2.9)$$

定理 2.2 设 $f^1, \cdots, f^s \in C_p^\infty$，而 $F(y^1, \cdots, y^s)$ 是在点 $(f^1(p), \cdots, f^s(p)) \in \mathbf{R}^s$ 的邻域内的光滑函数，则 $f = F(f^1, \cdots, f^s) \in C_p^\infty$，并且

$$(\mathrm{d}f)_p = \sum_{k=1}^{s} \left(\frac{\partial F}{\partial f^k} \right)_{(f^1(p), \cdots, f^s(p))} \cdot (\mathrm{d}f^k)_p. \qquad (2.10)$$

证明 设 f 的定义域是 $U_k \ni p$，则 f 在 $\bigcap\limits_{k=1}^{s} U_k$ 上有定义，即对于 $q \in \bigcap\limits_{k=1}^{s} U_k$，

$$f(q) = F(f^1(q), \cdots, f^s(q)).$$

由于 F 是光滑函数，故 $f \in C_p^\infty$.

设 $a_k = \left(\dfrac{\partial F}{\partial f^k} \right)_{(f^1(p), \cdots, f^s(p))}$，则对任意的 $\gamma \in \Gamma_p$，有

$$\begin{aligned}
《\gamma, [f]》 &= \frac{\mathrm{d}}{\mathrm{d}t}\bigg|_{t=0} (f \circ \gamma) \\
&= \frac{\mathrm{d}}{\mathrm{d}t}\bigg|_{t=0} F(f^1 \circ \gamma(t), \cdots, f^s \circ \gamma(t)) \\
&= \sum_{k=1}^{s} a_k \frac{\mathrm{d}}{\mathrm{d}t}\bigg|_{t=0} (f^k \circ \gamma(t)) \\
&= \sum_{k=1}^{s} a_k 《\gamma, [f^k]》 \\
&= 《\gamma, \sum_{k=1}^{s} a_k [f^k] 》.
\end{aligned}$$

故

$$[f] - \sum_{k=1}^{s} a_k [f^k] \in \mathscr{H}_p,$$

即

$$(\mathrm{d}f)_p = \sum_{k=1}^{s} a_k (\mathrm{d}f^k)_p.$$

系 1 对于 $f, g \in C_p^\infty$，$\alpha \in \mathbf{R}$ 有

$$\mathrm{d}(f+g)_p = (\mathrm{d}f)_p + (\mathrm{d}g)_p, \tag{2.11}$$

$$\mathrm{d}(\alpha f)_p = \alpha \cdot (\mathrm{d}f)_p, \tag{2.12}$$

$$\mathrm{d}(fg)_p = f(p) \cdot (\mathrm{d}g)_p + g(p) \cdot (\mathrm{d}f)_p. \tag{2.13}$$

这里的 (2.11) 和 (2.12) 就是 (2.9) 式，而 (2.13) 式是定理 2.2 的直接推论.

系 2 $\dim T_p^* = m$.

证明 任取点 p 的一个容许坐标卡 (U, φ_U)，局部坐标 u^i 定义为

$$u^i(q) = (\varphi_U(q))^i = x^i \circ \varphi_U(q), \quad q \in U, \quad (2.14)$$

其中 x^i 是在 $\boldsymbol{R}^m$ 中取定的坐标系，因此 $u^i \in C_p^\infty$，$(\mathrm{d}u^i)_p \in T_p^*$. 我们要证明 $\{(\mathrm{d}u^i)_p, 1 \leqslant i \leqslant m\}$ 是 T_p^* 的一个基.

设 $(\mathrm{d}f)_p \in T_p^*$，则 $f \circ \varphi_U^{-1}$ 是定义在 $\boldsymbol{R}^m$ 的一个开集上的光滑函数，命 $F(x^1, \cdots, x^m) = f \circ \varphi_U^{-1}(x^1, \cdots, x^m)$. 因此

$$f = F(u^1, \cdots, u^m). \quad (2.15)$$

由定理 2.2 得

$$(\mathrm{d}f)_p = \sum_{i=1}^m \left(\frac{\partial F}{\partial u^i} \right)_{(u^1(p), \cdots, u^m(p))} \cdot (\mathrm{d}u^i)_p, \quad (2.16)$$

所以 $(\mathrm{d}f)_p$ 是 $(\mathrm{d}u^i)_p$ $(1 \leqslant i \leqslant m)$ 的线性组合.

若有一组实数 α_i $(1 \leqslant i \leqslant m)$，使得

$$\sum_{i=1}^m \alpha_i (\mathrm{d}u^i)_p = 0, \quad (2.17)$$

即

$$\sum_{i=1}^m \alpha_i [u^i] \in \mathscr{H}_p,$$

则对任意的 $\gamma \in \Gamma_p$，有

$$\left\langle\!\!\left\langle \gamma, \sum_{i=1}^m \alpha_i [u^i] \right\rangle\!\!\right\rangle = \sum_{i=1}^m \alpha_i \frac{\mathrm{d}(u^i \circ \gamma(t))}{\mathrm{d}t} \bigg|_{t=0} = 0. \quad (2.18)$$

取 $\lambda_k \in \Gamma_p, 1 \leqslant k \leqslant m$，使得

$$u^i \circ \lambda_k(t) = u^i(p) + \delta_k^i t, \quad (2.19)$$

其中

$$\delta_k^i = \begin{cases} 1, & i = k, \\ 0, & i \neq k, \end{cases}$$

则

$$\frac{\mathrm{d}(u^i \circ \lambda_k(t))}{\mathrm{d}t} \bigg|_{t=0} = \delta_k^i.$$

13

命 $\gamma = \lambda_k$，则由(2.18)式得

$$\alpha_k = 0, \quad 1 \leqslant k \leqslant m,$$

即 $\{(\mathrm{d}u^i)_p, 1 \leqslant i \leqslant m\}$ 是线性无关的. 于是它们构成 T_p^* 的一个基，称为 T_p^* 关于局部坐标系 u^i 的自然基底. 因此 T_p^* 是 m 维线性空间.

根据定义，$[f] - [g] \in \mathscr{H}_p$ 当且仅当对任意的 $\gamma \in \Gamma_p$，有

$$《\gamma, [f]》 = 《\gamma, [g]》,$$

所以可以定义

$$《\gamma, (\mathrm{d}f)_p》 = 《\gamma, [f]》, \quad \gamma \in \Gamma_p, (\mathrm{d}f)_p \in T_p^*. \quad (2.20)$$

这样，每一条光滑曲线 $\gamma \in \Gamma_p$ 在 T_p^* 上定义了一个线性函数 $《\gamma, \cdot》$. 但是，对应 $\gamma \in \Gamma_p \mapsto 《\gamma, \cdot》$ 不是单的；为了解决这个问题，在 Γ_p 中定义关系~如下：设 $\gamma, \gamma' \in \Gamma_p$，则 $\gamma \sim \gamma'$ 当且仅当对任意的 $(\mathrm{d}f)_p \in T_p^*$，有

$$《\gamma, (\mathrm{d}f)_p》 = 《\gamma', (\mathrm{d}f)_p》. \quad (2.21)$$

显然，这个关系是等价关系：γ 的"~"等价类记作 $[\gamma]$. 于是可定义

$$\langle [\gamma], (\mathrm{d}f)_p \rangle = 《\gamma, (\mathrm{d}f)_p》. \quad (2.22)$$

根据 Γ_p 中的关系~的定义，$[\gamma]$ 与线性函数 $\langle [\gamma], \cdot \rangle : T_p^* \to \boldsymbol{R}$ 的对应是 1-1 的. 我们要证明：这些 $[\gamma](\gamma \in \Gamma_p)$ 构成 T_p^* 的对偶空间. 为此目的，我们利用局部坐标系.

在局部坐标 u^i 下，设 $\gamma \in \Gamma_p$ 由函数

$$u^i = u^i(t), \quad 1 \leqslant i \leqslant m \quad (2.23)$$

给出，则由(2.8)式得知(2.22)式可写作

$$\langle [\gamma], (\mathrm{d}f)_p \rangle = \sum_{i=1}^m a_i \xi^i, \quad (2.24)$$

其中

$$a_i = \left(\frac{\partial(f \circ \varphi_U^{-1})}{\partial u^i} \right)_{\varphi_U(p)}, \quad \xi^i = \left(\frac{\mathrm{d}u^i}{\mathrm{d}t} \right)_{t=0}. \quad (2.25)$$

(2.24)式系数 a_i 恰是余切矢量 $(\mathrm{d}f)_p$ 关于自然基底 $(\mathrm{d}u_i)_p$ 的分量

14

(见 (2.16) 式). 很明显, $\langle[\gamma],(\mathrm{d}f)_p\rangle$ 是 T_p^* 上的线性函数, 这个函数由分量 ξ^i 完全确定. 取 γ 为

$$u^i(t) = u^i(p) + \xi^i t, \qquad (2.26)$$

可见 ξ^i 能取任意的数值. 这就是说, $\langle[\gamma],(\mathrm{d}f)_p\rangle, \gamma \in \Gamma_p$ 表示了 T_p^* 上的全体线性函数, 它们组成 T_p^* 的对偶空间 T_p, 叫做 M 在点 p 的**切空间**. 切空间的元素称为**切矢量**.

切矢量的几何意义其实很简单: 如果 $\gamma' \in \Gamma_p$ 由函数

$$u^i = u'^i(t), \quad 1 \leqslant i \leqslant m$$

给出, 则 $[\gamma] = [\gamma']$ 的充要条件是

$$\left(\frac{\mathrm{d}u^i}{\mathrm{d}t}\right)_{t=0} = \left(\frac{\mathrm{d}u'^i}{\mathrm{d}t}\right)_{t=0}.$$

所以 γ 与 γ' 等价的意思是这两条参数曲线在点 p 有同一个切矢量 (如图 4). 因此我们所定义的流形 M 在点 p 的切矢量恰是全体在点 p 有相同切矢量的参数曲线的集合.

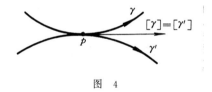

图 4

根据上面的讨论, 函数

$$\langle X,(\mathrm{d}f)_p\rangle, \quad X = [\gamma] \in T_p, \quad (\mathrm{d}f)_p \in T_p^*$$

是双线性的, 即对每一个变元都是线性的. 设参数曲线 λ_k ($1 \leqslant k \leqslant m$) 如 (2.19) 式给出, 则

$$\langle[\lambda_k],(\mathrm{d}u^i)_p\rangle = \delta_k^i. \qquad (2.27)$$

所以 $\{[\lambda_k], 1 \leqslant k \leqslant m\}$ 是 $\{(\mathrm{d}u^i)_p, 1 \leqslant i \leqslant m\}$ 的对偶基底 (关于对偶基底的概念可看第二章 §1).

切矢量 $[\lambda_k]$ 还有另一个意义, 即

$$\left\langle[\lambda_k],(\mathrm{d}f)_p\right\rangle = \left\langle[\lambda_k], \sum_{i=1}^m \left(\frac{\partial f}{\partial u^i}\right)_p \cdot (\mathrm{d}u^i)_p\right\rangle$$

15

$$= \left(\frac{\partial f}{\partial u^k}\right)_p, \tag{2.28}$$

这里 $\dfrac{\partial f}{\partial u^i}$ 表示 $\dfrac{\partial(f\circ\varphi_U^{-1})}{\partial u^i}$；所以对于函数芽$[f]$而言，$[\lambda_k]$是偏微商算子$\left(\dfrac{\partial}{\partial u^k}\right)$. 于是(2.27)式可写成

$$\left\langle\frac{\partial}{\partial u^k}\Big|_p, (\mathrm{d}u^i)_p\right\rangle = \delta_k^i. \tag{2.29}$$

我们把$\{(\mathrm{d}u^i)_p, 1\leqslant i\leqslant m\}$在$T_p$中的对偶基底称为在局部坐标系$(u^i)$下切空间$T_p$中的自然基底. 从(2.24)式得到

$$[\gamma] = \sum_{i=1}^m \xi^i \frac{\partial}{\partial u^i}\Big|_p,$$

所以ξ^i是切矢量$[\gamma]$关于自然基底的分量. 若$[\gamma']\in T_p$有分量ξ'^i，则$[\gamma]+[\gamma']$由分量$\xi^i+\xi'^i$确定；同样，切矢量$\alpha\cdot[\gamma](\alpha\in\boldsymbol{R})$有分量$\alpha\xi^i$.

为了简化记号，在不致引起混淆时常把切矢量和余切矢量的附标p略去不写.

定义 2.2　设f是定义在点p附近的C^∞-函数，$(\mathrm{d}f)_p\in T_p^*$也叫做f在点p的**微分**. 若微分$(\mathrm{d}f)_p=0$，则称p是f的**临界点**.

M上的光滑函数的临界点的研究是微分流形的重要课题，称为 Morse 理论. 读者可参看参考文献[15].

定义 2.3　设$X\in T_p, f\in C_p^\infty$，记

$$Xf = \langle X, (\mathrm{d}f)_p\rangle. \tag{2.30}$$

Xf 叫做函数f沿切矢量X的**方向导数**.

定理 2.3　方向导数有下列性质：设$X\in T_p$, $f,g\in C_p^\infty$, $\alpha,\beta\in\boldsymbol{R}$，则

(1) $X(\alpha f+\beta g)=\alpha\cdot Xf+\beta\cdot Xg$；

(2) $X(fg)=f(p)\cdot Xg+g(p)\cdot Xf$.

证明　这是定理 2.2 系 1 的推论. 以性质(2)的证明为例：

$$X(fg) = \langle X, \mathrm{d}(fg)_p\rangle$$

$$= \langle X, f(p)\mathrm{d}g + g(p)\mathrm{d}f \rangle$$
$$= f(p)\langle X, \mathrm{d}g \rangle + g(p)\langle X, \mathrm{d}f \rangle$$
$$= f(p) \cdot Xg + g(p) \cdot Xf.$$

注记 1 定理 2.3 的性质(1)说明,当切矢量 X 看作算子(方向导数)时,X 是 C_p^∞ 上的线性算子. 由性质(1)和(2)能得到 X 在常值函数 c 上的作用为 0.

注记 2 在许多文献①中,性质(1)和(2)通常用来定义切矢量. 实际上,作用在 C_p^∞ 上满足这两条性质的算子构成一个线性空间,它与 T_p^* 对偶,所以该空间和 T_p 是一致的.

在局部坐标 u^i 下,切矢量 $X = [\gamma] \in T_p$ 和余切矢量 $\alpha = \mathrm{d}f \in T_p^*$ 分别可用自然基底线性表示,

$$X = \sum_{i=1}^m \xi^i \frac{\partial}{\partial u^i}, \quad \alpha = \sum_{i=1}^m a_i \mathrm{d}u^i, \quad (2.31)$$

其中

$$\xi^i = \frac{\mathrm{d}(u^i \circ \gamma)}{\mathrm{d}t}, \quad a_i = \frac{\partial f}{\partial u^i}.$$

若有另一个局部坐标 u^{*i},X 和 α 关于相应的自然基底的分量分别是 ξ^{*i} 和 a_i^*,则它们适合下列变换规律:

$$\xi^{*j} = \sum_{i=1}^m \xi^i \frac{\partial u^{*j}}{\partial u^i}, \quad (2.32)$$

$$a_i = \sum_{j=1}^m a_j^* \frac{\partial u^{*j}}{\partial u^i}, \quad (2.33)$$

其中

$$\frac{\partial u^{*j}}{\partial u^i} = \frac{\partial(\varphi_{U^*} \circ \varphi_U^{-1})}{\partial u^i}$$

是坐标变换 $\varphi_{U^*} \circ \varphi_U^{-1}$ 的 Jacobi 矩阵. 在经典的张量分析中,把满足变换规律(2.32)的矢量称为反变矢量,把满足变换规律 (2.33)

---

① 例如参考文献[9].

的矢量称为协变矢量.

光滑流形之间的光滑映射分别诱导出切空间之间和余切空间之间的线性映射. 设 $F: M \to N$ 是光滑映射, $p \in M, q = F(p)$. 定义映射 $F^*: T_q^* \to T_p^*$ 如下:

$$F^*(\mathrm{d}f) = \mathrm{d}(f \circ F), \quad \mathrm{d}f \in T_q^*. \qquad (2.34)$$

显然这是线性映射, 称为**映射 F 的微分**.

考虑 F^* 的共轭映射 $F_*: T_p \to T_q$, 即对于任意的 $X \in T_p, \alpha \in T_q^*$ 有

$$\langle F_* X, \alpha \rangle = \langle X, F^* \alpha \rangle, \qquad (3.35)$$

F_* 称为由 F 诱导的**切映射**.

设 u^i 是点 p 附近的局部坐标, v^α 是点 q 附近的局部坐标, 则映射 F 在点 p 附近可用函数

$$v^\alpha = F^\alpha(u^1, \cdots, u^m), \quad 1 \leqslant \alpha \leqslant n \qquad (3.36)$$

表示. 因此 F^* 在自然基底 $\{\mathrm{d}v^\alpha, \quad 1 \leqslant \alpha \leqslant n\}$ 上的作用是

$$F^*(\mathrm{d}v^\alpha) = \mathrm{d}(v^\alpha \circ F) = \sum_{i=1}^m \left(\frac{\partial F^\alpha}{\partial u^i} \right)_p \mathrm{d}u^i. \qquad (3.37)$$

即 F^* 在自然基底 $\{\mathrm{d}v^\alpha\}$ 和 $\{\mathrm{d}u^i\}$ 下的矩阵恰好是映射 (2.36) 的 Jacobi 矩阵 $\left(\dfrac{\partial F^\alpha}{\partial u^i} \right)_p$.

同样, 切映射 F_* 在自然基底 $\left\{ \dfrac{\partial}{\partial u^i} \right\}$ 上的作用是

$$\left\langle F_* \left(\frac{\partial}{\partial u^i} \right), \mathrm{d}v^\alpha \right\rangle = \left\langle \frac{\partial}{\partial u^i}, F^*(\mathrm{d}v^\alpha) \right\rangle$$

$$= \sum_{i=1}^m \left\langle \frac{\partial}{\partial u^i}, \mathrm{d}u^j \right\rangle \cdot \left(\frac{\partial F^\alpha}{\partial u^j} \right)_p$$

$$= \left\langle \sum_{\beta=1}^n \left(\frac{\partial F^\beta}{\partial u^i} \right)_p \frac{\partial}{\partial v^\beta}, \mathrm{d}v^\alpha \right\rangle,$$

即

$$F_* \left(\frac{\partial}{\partial u^i} \right) = \sum_{\beta=1}^n \left(\frac{\partial F^\beta}{\partial u^i} \right)_p \frac{\partial}{\partial v^\beta}. \qquad (2.38)$$

因此切映射 F_* 在自然基底 $\left\{\dfrac{\partial}{\partial u^i}\right\}$ 和 $\left\{\dfrac{\partial}{\partial v^\alpha}\right\}$ 下的矩阵仍是映射 (2.36) 的 Jacobi 矩阵 $\left(\dfrac{\partial F^\alpha}{\partial u^i}\right)_p$.

§3 子 流 形

在讨论子流形之前,我们先研究光滑流形之间的光滑映射所诱导的切映射. 给定光滑映射 $\varphi: M \to N$,则对任意一点 $p \in M$,在相应的切空间之间有诱导的切映射 $\varphi_*: T_p(M) \to T_q(N)$,其中 $q = \varphi(p)$. 重要的是,切映射 φ_* 在点 $p \in M$ 的性质可以决定映射 φ 在点 p 的一个邻域内的性质. 一个经典的结果是微积分学中熟知的反函数定理:

定理3.1 设 W 是 $\boldsymbol{R}^n$ 中的一个开子集,$f: W \to \boldsymbol{R}^n$ 是从 W 到 $\boldsymbol{R}^n$ 的光滑映射. 如果在一点 $x_0 \in W$,映射 f 的 Jacobi 行列式

$$\det\left(\frac{\partial f^i}{\partial x^j}\right)\bigg|_{x_0} \neq 0,$$

则存在点 x_0 在 $\boldsymbol{R}^n$ 中的一个邻域 $U \subset W$,使得 $V = f(U)$ 是点 $f(x_0)$ 在 $\boldsymbol{R}^n$ 中的一个邻域,并且 f 在 V 上有光滑的反函数

$$g = f^{-1}: V \to U. \tag{3.1}$$

根据上一节最后一段的讨论,映射 f 的 Jacobi 矩阵 $\left(\dfrac{\partial f^i}{\partial x^j}\right)$ 恰是线性映射 f_* 在自然基底下的矩阵,所以 $\det\left(\dfrac{\partial f^i}{\partial x^j}\right)\bigg|_{x_0} \neq 0$ 说明线性映射

$$f_*: T_{x_0}(W)(\simeq \boldsymbol{R}^n) \to T_{f(x_0)}(\boldsymbol{R}^n)(\simeq \boldsymbol{R}^n)$$

是同构. g 是 f 的反函数的意思是

$$g \circ f = \mathrm{id}: U \to U, \quad f \circ g = \mathrm{id}: V \to V, \tag{3.2}$$

而且 f 和 g 都是光滑映射,所以 f 限制在 U 上给出了从 U 到 V 的可微同胚. 因此,反函数定理说明,如果 f 的切映射 f_* 在一点是

同构,则 f 在该点的一个邻域上是到 $\boldsymbol{R}^n$ 的一个邻域的可微同胚.

利用局部坐标系,不难把定理 3.1 推广到流形上去.

定理 3.2 设 M 与 N 是两个 n 维光滑流形,$f: M \to N$ 是光滑映射. 如果在一点 $p \in M$,切映射 $f_*: T_p(M) \to T_{f(p)}(N)$ 是同构,则存在点 p 在 M 中的邻域 U,使得 $V = f(U)$ 是点 $f(p)$ 在 N 中的一个邻域,并且 $f|_U: U \to V$ 是可微同胚.

证明 由于 $f: M \to N$ 是光滑映射,所以可以取点 p 在 M 中的局部坐标系 (U_0, φ) 和点 $q = f(p)$ 在 N 中的局部坐标系 (V_0, ψ),使得 $f(U_0) \subset V_0$,并且

$$\widetilde{f} = \psi \circ f \circ \varphi^{-1}: \varphi(U_0) \to \psi(V_0) \subset \boldsymbol{R}^n \tag{3.3}$$

是光滑映射,显然 $\widetilde{f}$ 在点 $\varphi(p)$ 的 Jacobi 行列式不为零. 由定理 3.1,分别存在点 $\varphi(p)$ 和 $\psi(q)$ 在 $\boldsymbol{R}^n$ 中的邻域 $\widetilde{U} \subset \varphi(U_0)$,$\widetilde{V} \subset \psi(V_0)$,使得 $f|_{\widetilde{U}}: \widetilde{U} \to \widetilde{V}$ 是可微同胚.

命 $U = \varphi^{-1}(\widetilde{U})$,$V = \psi^{-1}(\widetilde{V})$,则 U 与 V 分别是点 p, q 在 M 和 N 中的邻域,并且

$$f = \psi^{-1} \circ \widetilde{f} \circ \varphi: U \to V \tag{3.4}$$

是可微同胚. 证毕.

注记 由于定理 3.2 中的流形 M 和 N 有相同的维数,所以"切映射 f_* 在一点是同构"等价于"f_* 在该点是单一的". 如果 M 是 m 维光滑流形,N 是 n 维光滑流形,$f: M \to N$ 是光滑映射,当切映射 f_* 在点 $p \in M$ 是单一映射时,则称切映射 f_* 在该点是非退化的. 显然,这时必须有 $m \leqslant n$,且 f 的 Jacobi 矩阵在该点的秩等于 m.

作为定理 3.2 的应用,我们有下面的

定理 3.3 设 M 是 m 维光滑流形,N 是 n 维光滑流形,$m < n$. 设 $f: M \to N$ 是光滑映射. 若切映射 f_* 在点 $p \in M$ 是非退化的,则存在点 p 的局部坐标系 $(U; u^i)$ 以及点 $q = f(p)$ 的局部坐标系

$(V;v^{\alpha})$,使得 $f(U)\subset V$,并且映射 $f|_U$ 可用局部坐标表示为：对任意的 $x\in U$ 有

$$\begin{cases} v^i(f(x)) = u^i(x), & 1\leqslant i\leqslant m, \\ v^\gamma(f(x)) = 0, & m+1\leqslant\gamma\leqslant n. \end{cases} \quad (3.5)$$

证明 设映射 f 在点 p 的局部坐标系 $(U;u^i)$ 及点 q 的局部坐标系 $(V;v^{\alpha})$ 下表示为

$$v^{\alpha} = f^{\alpha}(u^1,\cdots,u^m), \quad 1\leqslant\alpha\leqslant n.$$

假定 $u^i(p)=0, v^{\alpha}(q)=0$. 因为 f_* 在点 p 是非退化的,不妨设

$$\frac{\partial(f^1,\cdots,f^m)}{\partial(u^1,\cdots,u^m)}\bigg|_{u^i=0} \neq 0. \quad (3.6)$$

命 $I_{n-m}=\{(w^{m+1},\cdots,w^n)\,|\,|w^\gamma|<\delta, m+1\leqslant\gamma\leqslant n\}$,其中 δ 是某个正数. 适当缩小邻域 U 及选取充分小的 δ,可以定义光滑映射 $\tilde{f}$：$U\times I_{n-m}\to V$,使得

$$\begin{cases} \tilde{f}^i(u^1,\cdots,u^m,w^{m+1},\cdots,w^n) = f^i(u^1,\cdots,u^m), \\ \tilde{f}^\gamma(u^1,\cdots,u^m,w^{m+1},\cdots,w^n) = w^\gamma + f^\gamma(u^1,\cdots,u^m) \\ \qquad\qquad (1\leqslant i\leqslant m, m+1\leqslant\gamma\leqslant n). \end{cases} \quad (3.7)$$

显然映射 $\tilde{f}$ 在点 $(u^i,w^\gamma)=(0,0)$ 的 Jacobi 矩阵是非退化的,根据定理 3.2,$\tilde{f}$ 在 $(0,0)$ 点的某个邻域上是可微同胚. 不妨假定 $\tilde{f}$：$U\times I_{n-m}\to V$ 是可微同胚,于是 $\{u^i,w^\gamma\}$ 可以取作点 q 的邻域 V 上的局部坐标系 $\{v^{\alpha}\}$；在此坐标系下,映射 $\tilde{f}$ 成为恒同映射. 即

$$v^i = u^i, \quad v^\gamma = w^\gamma, \quad 1\leqslant i\leqslant m, m+1\leqslant\gamma\leqslant n. \quad (3.8)$$

很明显,$\tilde{f}|_{U\times\{0\}}=f|_U$,所以在上述坐标系下,映射 $f|_U$ 如 (3.5) 式所给出,即

$$f(u^1,\cdots,u^m) = (u^1,\cdots,u^m,0,\cdots,0).$$

由此可见,如果切映射 f_* 在点 p 是单一的,则映射 f 在点 p 的附近也是单一的.

定义 3.1 设 M 与 N 是两个光滑流形. 若有光滑映射 φ：M

$\rightarrow N$, 使得

(1) φ 是单一的;

(2) 在任意一点 $p \in M$, 切映射

$$\varphi_* : T_p(M) \rightarrow T_{\varphi(p)}(N)$$

都是非退化的,

则称 (φ, M) 是 N 的一个光滑子流形, 或称 (φ, M) 是 N 的**嵌入子流形**.

如果映射 φ 只满足条件(2), 则称 φ 是**浸入**. 这时称 (φ, M) 是 N 的**浸入子流形**.

浸入在局部上是单一的, 但不能保证在大范围是单一的. 浸入子流形和嵌入子流形的区别在于像集 $\varphi(M)$ 是否有自交点.

例 1 开子流形.

设 U 是 N 的一个开子集, 将 N 的光滑流形结构限制在 U 上, 便得到 U 的一个光滑结构, 成为与 N 同维数的光滑流形. 令 $\varphi =$ id: $U \rightarrow N$ 是恒同映射, 则 (φ, U) 成为 N 的一个嵌入子流形, 称为 N 的开子流形.

例 2 闭子流形.

设 (φ, M) 是 N 的一个光滑子流形, 如果

(1) $\varphi(M)$ 是 N 的一个闭子集;

(2) 对每一点 $q \in \varphi(M)$, 存在一个局部坐标系 $(U; u^i)$, 使得 $\varphi(M) \bigcap U$ 是由方程

$$u^{m+1} = u^{m+2} = \cdots = u^n = 0$$

定义的, 其中 $m = \dim M$, 则称 (φ, M) 是 N 的一个闭子流形.

例如, 单位球面 $S^n \subset \boldsymbol{R}^{n+1}$ 及恒同映射 $\varphi : S^n \rightarrow \boldsymbol{R}^{n+1}$ 给出了 $\boldsymbol{R}^{n+1}$ 的一个闭子流形.

例 3 命 $F : \boldsymbol{R} \rightarrow \boldsymbol{R}^2$, 使得

$$F(t) = \left(2\cos\left(t - \frac{1}{2}\pi \right), \sin 2\left(t - \frac{1}{2}\pi \right) \right). \tag{3.9}$$

则 $(F, \boldsymbol{R})$ 是 $\boldsymbol{R}^2$ 的浸入子流形, 不是嵌入子流形(图5).

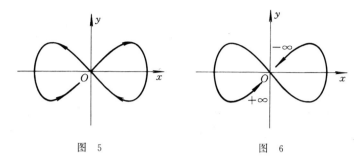

图 5   图 6

例4 设 $G: \mathbf{R} \rightarrow \mathbf{R}^2$，使得

$$G(t) = \left(2\cos\left(2\arctan t + \frac{\pi}{2} \right), \sin 2\left(2\arctan t + \frac{\pi}{2} \right) \right),$$

则 $(G, \mathbf{R})$ 是 $\mathbf{R}^2$ 的嵌入子流形（图6）.当 $t=0$ 时，$G(0)=(0,0)$，而当 $t \rightarrow \pm\infty$ 时，$F(t) \rightarrow (0,0)$.

例5 设

$$F(t) = \begin{cases} \left(\dfrac{3}{t^2}, \sin \pi t \right), & 1 \leqslant t < +\infty, \\ (0, t+2), & -\infty < t \leqslant -1, \end{cases} \tag{3.10}$$

在区间 $[-1,1]$ 之间，用曲线把 $(3,0)$ 和 $(0,1)$ 两点光滑地连结起来（如图7中的虚线部分）.当 $t \rightarrow +\infty$ 时，曲线无限地靠近它自己的在 $-3 \leqslant t \leqslant -1$ 之间的部分. $(F, \mathbf{R})$ 是 $\mathbf{R}^2$ 的嵌入子流形.

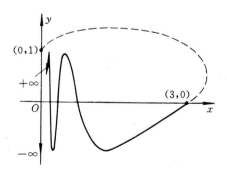

图 7

23

例6 环面 $T^2 = S^1 \times S^1$ (图 8)可以看作平面 $\pmb{R}^2$ 上一个单位正方形把两组对边分别等同起来得到的二维流形. 它的点可以用一对有序实数 (x, y) 表示,其中 x, y 都是 mod 1 的实数.

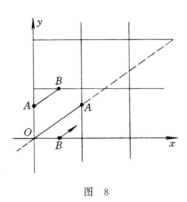

图 8

取两个实数 a, b,使 $a : b$ 是无理数. 考虑映射 $\varphi: \pmb{R}^1 \to \pmb{T}^2$,使得

$$\varphi(t) = (at \,(\mathrm{mod}\, 1), bt \,(\mathrm{mod}\, 1)).$$

显然 $(\varphi, \pmb{R})$ 是 $\pmb{T}^2$ 的嵌入子流形,但是像集 $\varphi(\pmb{R})$ 在 $\pmb{T}^2$ 中是处处稠密的.

在 $a : b$ 是有理数时,$(\varphi, \pmb{R})$ 给出了环面 $\pmb{T}^2$ 的一个浸入子流形.

对于嵌入子流形 (φ, M),由于 φ 是单一的,所以可以把 M 上的微分结构搬到像集 $\varphi(M)$ 上去,使得 $\varphi: M \to \varphi(M)$ 是可微同胚. 另一方面,$\varphi(M)$ 作为 N 的子集,必然有从 N 诱导的拓扑. 最后三个例子告诉我们,$\varphi(M)$ 从 M 通过 φ 得到的拓扑与 $\varphi(M)$ 作为 N 的子空间得到的拓扑不见得是一致的. 一般说来,从 M 通过 φ 带给 $\varphi(M)$ 的拓扑比从 N 诱导的拓扑要细. 这种现象导致下面的定义.

定义 3.2 设 (φ, M) 是光滑流形 N 的子流形. 如果 $\varphi: M \to \varphi(M) \subset N$ 是同胚映射,则称 (φ, M) 是 N 的**正则子流形**,或称 φ 是光滑流形 M 在 N 中的**正则嵌入**.

下面的定理给出了正则子流形的特征.

定理 3.4 设 (φ, M) 是 n 维光滑流形 N 的 m 维子流形,则 (φ, M) 是 N 的正则子流形的充分必要条件是:它是 N 的一个开子流形的闭子流形.

证明 对于充分性,只要证明 N 的闭子流形 (φ, M) 必是正则子流形. 任取一点 $p \in M$,根据闭子流形的定义,必有点 $q = \varphi(p)$ 在 N 中的一个局部坐标系 $(V; v^\alpha)$,使得 $\varphi(M) \cap V$ 是由方程

$$v^{m+1} = \cdots = v^n = 0 \tag{3.11}$$

定义的. 由 φ 的连续性,存在点 p 的局部坐标系 $(U; u^i)$,使得 $\varphi(U) \subset V$. 不妨假定 $u^i(p) = 0$, $v^\alpha(q) = 0$,且 $V = \{(v^1, \cdots, v^n) \mid |v^\alpha| < \delta\}$,其中 δ 是某个正数. 因此 $\varphi(U) \subset \varphi(M) \cap V$.

我们的目的是要证明 $\varphi^{-1} : \varphi(M) \subset N \to M$ 也是连续的. 为此只需证明,可取适当小的 $\delta_1 > 0$,使得 $\varphi(M) \cap V_1$ 在 φ 下的完全逆像落在 U 内. 由于(11)式,映射 $\varphi|_U$ 在局部上可表为

$$\begin{cases} v^i = \varphi^i(u^1, \cdots, u^m), & 1 \leqslant i \leqslant m, \\ v^\gamma = 0, & m+1 \leqslant \gamma \leqslant n. \end{cases} \tag{3.12}$$

因此,Jacobi 行列式 $\dfrac{\partial(\varphi^1, \cdots, \varphi^m)}{\partial(u^1, \cdots, u^m)}\bigg|_{u^i = 0} \neq 0$. 根据定理 3.1,存在 $0 < \delta_1 < \delta$,使得函数组 $(\varphi^1, \cdots, \varphi^m)$ 有反函数

$$u^i = \psi^i(v^1, \cdots, v^m), \qquad |v^i| < \delta_1.$$

命 $V_1 = \{(v^1, \cdots, v^m, v^{m+1}, \cdots, v^n) \mid |v^\alpha| < \delta_1\}$,则 $\varphi(M) \cap V_1$ 在 φ 下的完全逆像落在 U 内. 因此,$\varphi : M \to \varphi(M) \subset N$ 是同胚,即 (φ, M) 是 N 的正则子流形.

反过来,假定 (φ, M) 是 N 的正则子流形. 设 $p \in M$,则对点 p 的任意一个邻域 $U \subset M$,必有点 $q = \varphi(p)$ 在 N 中的一个邻域 V,使得 $\varphi(U) = \varphi(M) \cap V$. 根据定理 3.3,存在点 p 的局部坐标系 $(U_1; u^i)$ 和点 q 的局部坐标系 $(V_1; v^\alpha)$,使得 $\varphi(U_1) \subset V_1$,并且 $\varphi|_{U_1}$ 可用局部坐标表为

$$\varphi(u^1, \cdots, u^m) = (u^1, \cdots, u^m, 0, \cdots, 0). \tag{3.13}$$

不妨设 $U_1 \subset U$，故可取 $V_1 \subset V$，因此 $\varphi(U_1) = \varphi(M) \cap V_1$. 由 (3.13) 式可知，$\varphi(M) \cap V_1$ 是由方程

$$v^{m+1} = \cdots = v^n = 0 \tag{3.14}$$

定义的.

对每一点 $q \in \varphi(M)$，用 V_q 表示上面所构造的、点 q 在 N 中的坐标域，使得 (3.14) 式成立. 命 $W = \bigcup\limits_{q \in \varphi(M)} V_q$，则 W 显然是 N 的包含 $\varphi(M)$ 在内的开子流形. 要证明的是，集合 $\varphi(M)$ 作为 N 的拓扑子空间是 W 中的相对闭子集，即证明 $W \cap \overline{\varphi(M)} = \varphi(M)$，其中 $\overline{\varphi(M)}$ 表示集合 $\varphi(M)$ 在 N 中的闭包. 任取一点 $s \in W \cap \overline{\varphi(M)}$，根据 W 的定义，存在 $q \in \varphi(M)$，使得 $s \in V_q$. 由 (3.14) 式，$\varphi(M) \cap V_q$ 是 V_q 中的一个坐标面，所以 $\varphi(M) \cap V_q$ 是 V_q 中的相对闭子集. 现已假定 $s \in \overline{\varphi(M)} \cap V_q$，即 s 属于 $\varphi(M) \cap V_q$ 在 V_q 中的相对闭包，故 $s \in \varphi(M) \cap V_q$，所以 $W \cap \overline{\varphi(M)} \subset \varphi(M)$. 即

$$W \cap \overline{\varphi(M)} = \varphi(M).$$

这就证明了 (φ, M) 是 N 的开子流形 W 中的闭子流形.

在定理的证明过程中，我们已得到如下的:

系 子流形 (φ, M) 是光滑流形 N 的正则子流形，当且仅当对每一点 $p \in M$，存在点 $q = \varphi(p)$ 在 N 中的坐标卡 $(V; v^a)$，$v^a(q) = 0$，使得 $\varphi(M) \cap V$ 是由

$$v^{m+1} = v^{m+2} = \cdots = v^n = 0$$

定义的.

定理 3.5 设 (φ, M) 是光滑流形 N 的子流形，若 M 是紧致的，则 $\varphi: M \to N$ 是正则嵌入.

证明 因为 $\varphi(M)$ 作为 N 的拓扑子空间是 Hausdorff 空间，而 $\varphi: M \to \varphi(M) \subset N$ 是紧致空间 M 到 Hausdorff 空间的 1-1 连续映射，所以 $\varphi: M \to \varphi(M) \subset N$ 是同胚，即 (φ, M) 是 N 的正则子流形.

H. Whitney 证明了：任意一个 m 维光滑流形都能嵌入到 $2m$

+1 维欧氏空间中作为子流形. 这说明尽管流形的概念是欧氏空间的十分一般的推广, 但最终仍可作为欧氏空间的嵌入子流形来实现. 因此, 高维欧氏空间的子流形的研究是很重要的. Whitney 定理的证明较为困难(见参考文献[1]), 我们在这里只讨论紧致光滑流形在欧氏空间中的嵌入. 为此, 我们需要若干引理; 这些引理本身是十分重要的, 以后还要多次引用.

引理 1 设 D_1 与 D_2 是 $\boldsymbol{R}^m$ 中两个开的同心球, $\overline{D_1} \subset D_2$, 则在 $\boldsymbol{R}^m$ 上存在一个光滑的实函数 f, 使得

(1) $0 \leqslant f \leqslant 1$;

(2) $f(x) = \begin{cases} 1, & x \in D_1, \\ 0, & x \overline{\in} D_2. \end{cases}$

证明 不妨设 D_1 与 D_2 以原点为球心, 半径分别是 $a, b, 0 < a < b$; 命

$$g(t) = \begin{cases} \exp \dfrac{1}{(t-a^2)(t-b^2)}, & t \in (a^2, b^2), \\ 0, & t \overline{\in} (a^2, b^2). \end{cases} \tag{3.15}$$

显然 g 是 $\boldsymbol{R}^1$ 上的光滑函数. 再命

$$F(t) = \int_t^{+\infty} g(s) \mathrm{d}s \bigg/ \int_{-\infty}^{+\infty} g(s) \mathrm{d}s, \tag{3.16}$$

则 F 仍是 $\boldsymbol{R}^1$ 上的光滑函数, 并且 $0 \leqslant F \leqslant 1$; 当 $t \leqslant a^2$ 时, $F(t) = 1$, 当 $t \geqslant b^2$ 时, $F(t) = 0$. 命

$$f(x^1, \cdots, x^m) = F((x^1)^2 + \cdots + (x^m)^2), \tag{3.17}$$

则 f 适合引理的要求.

引理 2 设 U 与 V 是 $\boldsymbol{R}^m$ 中两个非空开集, 且 $\overline{V}$ 是紧致的, $\overline{V} \subset U$, 则在 $\boldsymbol{R}^m$ 上存在光滑的实函数 f, 使得

(1) $0 \leqslant f \leqslant 1$;

(2) $f(x) = \begin{cases} 1, & x \in V, \\ 0, & x \overline{\in} U. \end{cases}$

证明 由于 $\overline{V}$ 的紧致性, 且 $\overline{V} \subset U$, 所以存在有限多组同心球 $\{D_i^{(1)}, D_i^{(2)}\}_{1 \leqslant i \leqslant r}$, 使得

$$\overline{D}_i^{(1)} \subset D_i^{(2)} \subset U, \tag{3.18}$$

并且 $\{D_i^{(1)}\}_{1 \leqslant i \leqslant r}$ 构成 $\overline{V}$ 的开覆盖. 由引理 1, 对每一个 $i(1 \leqslant i \leqslant r)$, 存在光滑函数 $f_i: \mathbf{R}^m \rightarrow \mathbf{R}^1$, 使得 $0 \leqslant f_i \leqslant 1$, 并且

$$f_i(x) = \begin{cases} 1, & x \in D_i^{(1)}, \\ 0, & x \overline{\in} D_i^{(2)}. \end{cases} \tag{3.19}$$

命

$$f = 1 - \prod_{i=1}^r (1 - f_i), \tag{3.20}$$

则容易验证 f 适合引理 2 的要求.

引理 3 设 (U, φ_U) 是光滑流形 M 的任意一个坐标卡, V 是 M 的一个非空开集, 使得 $\overline{V}$ 是紧致的, 并且 $\overline{V} \subset U$, 则在流形 M 上存在光滑函数 $h: M \rightarrow \mathbf{R}^1$, 使得

(1) $0 \leqslant h \leqslant 1$;

(2) $h(p) = \begin{cases} 1, & p \in V; \\ 0, & p \overline{\in} U. \end{cases}$

证明 由于 $\overline{V}$ 是紧致的, 并且 $\overline{V} \subset U$, 利用 M 的局部紧致性, 不难构造开子集 U_1, 使得

$$\overline{V} \subset U_1 \subset \overline{U}_1 \subset U.$$

设 $\dim M = m$, 则 $\varphi_U(V)$ 和 $\varphi_U(U_1)$ 都是 $\mathbf{R}^m$ 中的开集. 由引理 2, 存在 $\mathbf{R}^m$ 上的光滑函数 f, 使得 $0 \leqslant f \leqslant 1$, 并且

$$f(x) = \begin{cases} 1, & x \in \varphi_U(V), \\ 0, & x \overline{\in} \varphi_U(U_1). \end{cases} \tag{3.21}$$

命

$$h(p) = \begin{cases} f \circ \varphi_U(p), & p \in U, \\ 0, & p \overline{\in} U, \end{cases} \tag{3.22}$$

则 h 是 M 上的光滑函数, 而且适合引理的要求.

注记 引理 3 的条件可改成: U 与 V 是光滑流形 M 的两个非空开集, 使得 $\overline{V}$ 是紧致的, 并且 $\overline{V} \subset U$, 则引理所要求的光滑实函数 h 仍然存在. 请读者自证.

定理 3.6 设 M 是 m 维紧致的光滑流形,则存在一个正整数 n,以及光滑映射 $\varphi: M \rightarrow \boldsymbol{R}^n$,使得 (φ, M) 是 $\boldsymbol{R}^n$ 的正则子流形.

证明 因为 M 是紧致流形,所以存在 M 的有限开覆盖 $\{V_j\}_{1 \leqslant j \leqslant r}$,使得每一个 $\overline{V}_j$ 是紧致的,并且 $\overline{V}_j$ 包含在某个坐标域 U_j 内,设 U_j 中局部坐标是 $u^i_{(j)}, 1 \leqslant i \leqslant m$. 显然,存在开集 W_j,使

$$\overline{V}_j \subset W_j \subset \overline{W}_j \subset U_j.$$

由引理 3,对每一个 $j, 1 \leqslant j \leqslant r$,存在 M 上的光滑函数 f_j,使得 $0 \leqslant f_j \leqslant 1$,并且

$$f_j(p) = \begin{cases} 1, & p \in V_j, \\ 0, & p \overline{\in} W_j. \end{cases} \tag{3.23}$$

在 M 上定义 $n = r(m+1)$ 个光滑函数:

$$\begin{cases} x^0_j = f_j, \\ x^i_j(p) = \begin{cases} u^i_{(j)}(p) \cdot f_j(p), & p \in U_j, \\ 0, & p \overline{\in} U_j, \end{cases} \end{cases} \tag{3.24}$$

其中 $1 \leqslant i \leqslant m, 1 \leqslant j \leqslant r$. 把 (x^0_j, x^i_j) 看作 $\boldsymbol{R}^n$ 中一个点,则 (3.24) 式给出了映射 $\varphi: M \rightarrow \boldsymbol{R}^n$. 我们先证明 (φ, M) 是 $\boldsymbol{R}^n$ 的子流形.

若有 $p, q \in M$,使得 $\varphi(p) = \varphi(q)$,则

$$x^0_j(p) = x^0_j(q), \quad x^i_j(p) = x^i_j(q), \quad 1 \leqslant i \leqslant m, 1 \leqslant j \leqslant r. \tag{3.25}$$

因为 $\{V_j\}_{1 \leqslant j \leqslant r}$ 是 M 的覆盖,故存在 $k, 1 \leqslant k \leqslant r$,使 $p \in V_k$,因此

$$f_k(q) = x^0_k(q) = x^0_k(p) = f_k(p) = 1, \tag{3.26}$$

$$u^i_{(k)}(q) = u^i_{(k)}(p), \quad 1 \leqslant i \leqslant m. \tag{3.27}$$

这表明 q 属于 U_k,并且 q 和 p 在 U_k 中有相同的局部坐标,故 $q = p$,即映射 φ 是单一的.

设 $p \in M$,则必有 $k, 1 \leqslant k \leqslant r$,使 $p \in V_k$. 因此 $f_k(p) = 1$,于是

$$x^i_k|_{V_k} = u^i_{(k)},$$

所以

$$\frac{\partial(x_k^1, \cdots, x_k^m)}{\partial(u_{(k)}^1, \cdots, u_{(k)}^m)}\Big|_p = 1.$$

这说明切映射 φ_* 在点 p 是非退化的,也就是说 (φ, M) 是 $\boldsymbol{R}^n$ 的嵌入子流形. 由定理 3.5, φ 是正则嵌入.

§4 Frobenius 定理

在 §2 已经定义过流形 M 在任意一点 $p \in M$ 的切矢量 $X_p \in T_p$. 定理 2.3 把切矢量 X_p 解释为定义在 C_p^∞(流形 M 在点 p 的光滑函数的集合)上的实函数 $X_p: C_p^\infty \to \boldsymbol{R}$. 如果对 M 的任意一点 p,指定 M 在点 p 的一个切矢量 X_p,则称 X 是流形 M 上的切矢量场.若 $f \in C^\infty(M)$,命

$$(Xf)(p) = X_p f, \tag{4.1}$$

则 Xf 是流形 M 上的实函数.

定义 4.1 设 X 是光滑流形 M 上的一个切矢量场,若对任意的 $f \in C^\infty(M)$,仍有 $Xf \in C^\infty(M)$,则称 X 是流形 M 上的**光滑切矢量场**.

由此可见,光滑切矢量场 X 是从 $C^\infty(M)$ 到 $C^\infty(M)$ 的一个算子.定理 2.3 可搬过来,得到算子 X 的性质:设 $f, g \in C^\infty(M)$,$\alpha, \beta \in \boldsymbol{R}$,则

(1) $X(\alpha f + \beta g) = \alpha(Xf) + \beta(Xg)$;

(2) $X(f \cdot g) = f \cdot Xg + g \cdot Xf$.

要研究光滑切矢量场,必须弄清它的局部特征.设 X 是流形 M 上的光滑切矢量场,则对 M 的任意一个非空开子集 U,X 在 U 上的限制 $X|_U$ 是开子流形 U 上的光滑切矢量场.要说明 $X|_U$ 的光滑性,只需证明对任意的 $f \in C^\infty(U)$,$X|_U f$ 仍是 U 上的光滑函数.任取一点 $p \in U$,则有点 p 的坐标域 V,使得 $\overline{V}$ 是紧致的,且 $\overline{V} \subset U$.根据 §3 的引理 3,存在光滑函数 $g \in C^\infty(M)$,使得

$$g|_V = 1, \quad g|_{M-U} = 0;$$

令

$$\tilde{f}(x) = \begin{cases} f(x) \cdot g(x), & x \in U, \\ 0, & x \overline{\in} U. \end{cases} \tag{4.2}$$

则 $\tilde{f} \in C^{\infty}(M)$，且 $\tilde{f}|_V = f|_V$. 这样

$$(X|_U f)(x) = X_x f = (X\tilde{f})(x), \quad \forall\, x \in V. \tag{4.3}$$

因为 X 是 M 上光滑的切矢量场，所以 $X\tilde{f} \in C^{\infty}(M)$，因此函数 $X|_U f$ 在点 $p \in U$ 是光滑的，即 $X|_U f$ 是 U 上的光滑函数.

定理 4.1 光滑流形 M 上的切矢量场 X 是光滑切矢量场的充分必要条件是：对任意一点 $p \in M$，存在点 p 的局部坐标系 $(U; u^i)$，使得 X 限制在 U 上可以表成

$$X|_U = \sum_{i=1}^{m} \xi^i \frac{\partial}{\partial u^i}, \tag{4.4}$$

其中 $\xi^i (1 \leqslant i \leqslant m)$ 是 U 上的光滑函数.

证明 充分性是显然的，现在证明必要性. 因为 X 是 M 上的光滑切矢量场，所以 $X|_U$ 是开子流形 U 上的光滑切矢量场. 切矢量场 $X|_U$ 在自然基底 $\left\{\dfrac{\partial}{\partial u^i}\right\}$ 下可表成

$$X|_U = \sum_{i=1}^{m} \xi^i \frac{\partial}{\partial u^i}.$$

因为坐标函数 u^i 是 U 上的光滑函数，所以

$$X|_U u^i = \xi^i$$

也是 U 上的光滑函数.

设 X 与 Y 是流形 M 上两个光滑切矢量场，它们的 **Poisson 括号积**定义为

$$[X, Y] = XY - YX. \tag{4.5}$$

即 $[X, Y]$ 是作用在 $C^{\infty}(M)$ 上的算子，对任意的 $f \in C^{\infty}(M)$ 有

$$[X, Y]f = X(Yf) - Y(Xf). \tag{4.6}$$

容易验证，对任意的 $f, g \in C^{\infty}(M)$ 有

(1) $[X, Y](f + g) = [X, Y]f + [X, Y]g$；

(2) $[X,Y](fg) = f \cdot [X,Y]g + g \cdot [X,Y]f$.

这说明$[X,Y]$是流形 M 上的光滑切矢量场. 在下面还要用局部坐标表示来说明这一点. 我们先研究 Poisson 括号积的运算规律.

定理 4.2 设 X,Y,Z 是流形 M 上的光滑切矢量场, $f,g \in C^{\infty}(M)$, 则

(1) $[X,Y] = -[Y,X]$;

(2) $[X+Y,Z] = [X,Z] + [Y,Z]$;

(3) $[fX,gY] = f \cdot (Xg)Y - g \cdot (Yf)X + f \cdot g[X,Y]$;

(4) $[X,[Y,Z]] + [Y,[Z,X]] + [Z,[X,Y]] = 0$.

证明 只要按照定义逐条验证即可. 以 (3) 为例: 设 $h \in C^{\infty}(M)$, 则由 Poisson 括号积的定义得到

$$
\begin{aligned}
[fX,gY]h &= (fX)((gY)h) - (gY)((fX)h) \\
&= f \cdot X(g \cdot Yh) - g \cdot Y(f \cdot Xh) \\
&= f \cdot (Xg)(Yh) + f \cdot g \cdot X(Yh) \\
&\quad - g \cdot (Yf)(Xh) - g \cdot f \cdot Y(Xh) \\
&= (f(Xg) \cdot Y - g(Yf) \cdot X + f \cdot g[X,Y])h.
\end{aligned}
$$

因此 (3) 式成立.

现在我们可以用局部坐标表示$[X,Y]$. 设 $(U; u^i)$ 是流形 M 上的一个局部坐标系, 则可设

$$X|_U = \sum_{i=1}^{m} \xi^i \frac{\partial}{\partial u^i}, \quad Y|_U = \sum_{i=1}^{m} \eta^i \frac{\partial}{\partial u^i}, \tag{4.7}$$

其中 ξ^i, η^i 是 U 上的光滑函数. 由于 $\left[\dfrac{\partial}{\partial u^i}, \dfrac{\partial}{\partial u^j}\right] = 0 \ (1 \leqslant i,j \leqslant m)$, 根据定理 4.2 得到

$$
\begin{aligned}
[X,Y]|_U &= [X|_U, Y|_U] \\
&= \sum_{j=1}^{m} \sum_{i=1}^{m} \left(\xi^i \frac{\partial \eta^j}{\partial u^i} - \eta^i \frac{\partial \xi^j}{\partial u^i} \right) \frac{\partial}{\partial u^j}.
\end{aligned} \tag{4.8}
$$

因此, $[X,Y]$ 是流形 M 上的光滑切矢量场.

定义 4.2 设 X 是流形 M 上的光滑切矢量场. 若在 $p \in M$,

$X_p = 0$,则称点 p 是切矢量场 X 的一个**奇点**.

矢量场 X 在奇点 p 附近的性质是十分复杂的. 第 348 页的图 18 给出了欧氏平面上具有孤立奇点的矢量场的例子. 光滑切矢量场的奇点与流形的拓扑性质密切相关(见第五章定理 4.1 的系). 例如:在偶维球面上不存在无奇点的光滑切矢量场,而在环面上却存在这样的切矢量场.

光滑切矢量场在非奇点附近的性状是很简单的. 我们有下面的定理.

定理 4.3 设 X 是流形 M 上的光滑切矢量场. 若在点 $p \in M$, $X_p \neq 0$,则存在点 p 的一个局部坐标系 $(W; w^i)$,使得

$$X|_w = \frac{\partial}{\partial w^1}. \tag{4.9}$$

证明 由定理 4.1,存在点 p 的局部坐标系 $(U; u^i)$, $u^i(p) = 0$,使得 X 限制在 U 上可表为

$$X|_U = \sum_{i=1}^m \xi^i \frac{\partial}{\partial u^i}, \tag{4.10}$$

其中 ξ^i 是 U 上的光滑函数. 因为 $X_p \neq 0$,不妨设 $\xi^1(p) \neq 0$. 由于 ξ^1 的连续性,可假定 U 是 p 的充分小的邻域,使得函数 ξ^1 在 U 上处处不为 0. 考虑常微分方程组

$$\frac{\mathrm{d}u^\alpha}{\mathrm{d}u^1} = \frac{\xi^\alpha(u^1, \cdots, u^m)}{\xi^1(u^1, \cdots, u^m)}, \quad 2 \leqslant \alpha \leqslant m, \tag{4.11}$$

其中 u^1 是自变量,而 $u^\alpha (2 \leqslant \alpha \leqslant m)$ 是未知函数. 根据常微分方程理论(参阅参考文献[13]),存在正数 δ,使得 $\{(u^1, \cdots, u^m) \mid |u^i| < \delta\} \subset U$,并且对任意给定的初值 $(v^2, \cdots, v^m)$, $|v^\alpha| < \delta (2 \leqslant \alpha \leqslant m)$,方程组 (4.11) 有唯一解

$$u^\alpha = \varphi^\alpha(u^1; v^2, \cdots, v^m), \quad -\delta < u^1 < \delta, \tag{4.12}$$

满足初条件

$$\varphi^\alpha(0; v^2, \cdots, v^m) = v^\alpha, \tag{4.13}$$

并且函数 φ^α 光滑地依赖于 u^1 和初值 v^α.

作变量替换

$$\begin{cases} u^1 = v^1, \\ u^a = \varphi^a(v^1; v^2, \cdots, v^m), & 2 \leqslant \alpha \leqslant m, \end{cases} \qquad (4.14)$$

则它的 Jacobi 行列式是

$$\left. \frac{\partial(u^1, \cdots, u^m)}{\partial(v^1, \cdots, v^m)} \right|_{v^1=0} = 1, \qquad (4.15)$$

所以存在点 p 的一个邻域 $W \subset U$, 以 $v^i (1 \leqslant i \leqslant m)$ 为局部坐标系. 在这个局部坐标系下,

$$\begin{aligned} X|_W &= \sum_{i=1}^m \xi^i \frac{\partial}{\partial u^i} \\ &= \xi^1 \frac{\partial}{\partial u^1} + \sum_{\alpha=2}^m \xi^\alpha \frac{\partial}{\partial u^\alpha} \\ &= \xi^1 \cdot \sum_{i=1}^m \frac{\partial u^i}{\partial v^1} \frac{\partial}{\partial u^i} = \xi^1 \frac{\partial}{\partial v^1}. \end{aligned} \qquad (4.16)$$

命

$$\begin{cases} w^1 = \int_0^1 \frac{\mathrm{d}v^1}{\xi^1}, \\ w^\alpha = v^\alpha, & 2 \leqslant \alpha \leqslant m, \end{cases} \qquad (4.17)$$

则 $w^i (1 \leqslant i \leqslant m)$ 是 W 上的局部坐标系, 并且

$$X|_W = \frac{\partial}{\partial w^1}.$$

定理证毕.

设在流形 M 上有 h 个光滑切矢量场 $X_1, \cdots, X_h$, 它们在邻域 U 内是处处线性无关的. 一个自然的问题是: 在 U 的每一点 p 处是否都存在局部坐标系 $(W; w^i)$, 使得

$$X_\alpha|_W = \frac{\partial}{\partial w^\alpha}, \quad 1 \leqslant \alpha \leqslant h? \qquad (4.18)$$

因为 $\left[\dfrac{\partial}{\partial w^i}, \dfrac{\partial}{\partial w^j} \right] = 0$, 所以当 (4.18) 式成立时, 必定有

$$[X_\alpha, X_\beta] = 0, \quad 1 \leqslant \alpha, \beta \leqslant h. \qquad (4.19)$$

34

反过来,(4.19)式也是满足(4.18)式的局部坐标系 w^i 存在的充分条件(证明方法可借鉴定理 4.4 的证明,请读者自己完成).

条件(4.19)是比较强的.通常考虑的是下面的类似的问题.设在每一点 $p \in M$,指定了切空间 T_p 的一个 h 维子空间 $L^h(p)$,即 L^h 是 M 上 h 维切子空间场.若对每一点 $p \in M$,在 p 的一个邻域 U 上存在 h 个处处线性无关的光滑切矢量场 $X_1, \cdots, X_h$,使得在每一点 $q \in U, L^h(q)$ 是由矢量 $X_1(q), \cdots, X_h(q)$ 张成的,则称 L^h 是光滑的 h 维切子空间场,或称 L^h 是流形 M 上光滑的 h 维分布,记

$$L^h|_U = \{X_1, \cdots, X_h\}. \tag{4.20}$$

切矢量场 $X_1, \cdots, X_h$ 被 L^h 确定到差一个以函数为系数的非退化线性变换.实际上,如果命

$$Y_\alpha = \sum_{\beta=1}^{h} a_\alpha^\beta X_\beta, \quad 1 \leqslant \alpha \leqslant h, \tag{4.21}$$

其中 a_α^β 是 U 上的光滑函数,并且 $\det(a_\alpha^\beta)$ 处处不为零,则 $L^h|_U$ 也是由 $Y_1, \cdots, Y_h$ 张成的.即

$$L^h|_U = \{Y_1, \cdots, Y_h\}.$$

问题是:对于流形 M 上给定的 h 维分布 L^h,是否存在局部坐标系 $(W; w^i)$,使得

$$L^h|_w = \left\{\frac{\partial}{\partial w^1}, \cdots, \frac{\partial}{\partial w^h}\right\}? \tag{4.22}$$

当(4.22)式成立时,则切矢量场 X_α 可表成

$$X_\alpha = \sum_{\beta=1}^{h} a_\alpha^\beta \frac{\partial}{\partial w^\beta},$$

由于 $\left[\dfrac{\partial}{\partial w^\alpha}, \dfrac{\partial}{\partial w^\beta}\right] = 0$,则

$$[X_\alpha, X_\beta] = \sum_{\gamma=1}^{h} C_{\alpha\beta}^\gamma X_\gamma, \tag{4.23}$$

其中

$$C_{\alpha\beta}^\gamma = \sum_{\delta, \eta=1}^{h} \left(a_\alpha^\delta \frac{\partial a_\beta^\eta}{\partial w^\delta} - a_\beta^\delta \frac{\partial a_\alpha^\eta}{\partial w^\delta}\right) b_\eta^\gamma. \tag{4.24}$$

式中 $b=(b_\beta^\alpha)$ 表示矩阵 $a=(a_\beta^\alpha)$ 的逆矩阵. 显然, 如果切矢量场 Y_1, $\cdots, Y_h$ 张成同一个 h 维分布 L^h, 则当 X_α $(1\leqslant\alpha\leqslant h)$ 满足条件(4. 23)时, $[Y_\alpha, Y_\beta]$ 也可表为 Y_γ 的线性组合.

定义 4.3 设 L^h 是流形 M 上的 h 维光滑分布. 如果在任意一个坐标域 U 上, 当 L^h 由处处线性无关的光滑切矢量场 $X_1, \cdots, X_h$ 张成时, $[X_\alpha, X_\beta]$ $(1\leqslant\alpha, \beta\leqslant h)$ 都可以表成 X_γ 的线性组合, 则称分布 L^h 适合 **Frobenius 条件**.

定理 4.4 设 L^h 是定义在 M 的一个开集 U 上的 h 维光滑分布, 则对任意一点 $p\in U$, 存在点 p 的局部坐标系 $(W; w^i)$, $W\subset U$, 使得

$$L^h|_W = \left\{ \frac{\partial}{\partial w^1}, \cdots, \frac{\partial}{\partial w^h} \right\}$$

成立的充分必要条件是 L^h 适合 Frobenius 条件.

通常把上述定理称为 **Frobenius 定理**.

证明 必要性在前面已证. 为证充分性, 我们对分布的维数 h 作归纳法.

当 $h=1$ 时, 由定理 4.3 知命题为真. 假定充分性对于 $h-1$ 维分布成立. 设分布 L^h 由 U 上处处线性无关的切矢量场 $X_1, \cdots, X_h$ 张成, 并且

$$[X_\alpha, X_\beta] \equiv 0 \,(\mathrm{mod}\, X_\gamma), \quad 1\leqslant\alpha, \beta\leqslant h .$$

由定理 4.3, 在点 p 存在坐标系 $(y^1, \cdots, y^m)$, 使得

$$X_h = \frac{\partial}{\partial y^h}. \tag{4.25}$$

以下设 $1\leqslant\lambda, \mu, \nu\leqslant h-1$. 命

$$X'_\lambda = X_\lambda - (X_\lambda y^h)X_h . \tag{4.26}$$

显然

$$X'_\lambda y^h = 0, \quad X_h y^h = 1. \tag{4.27}$$

因此 $L^h = \{X'_1, \cdots, X'_{h-1}, X_h\}$, 所以这 h 个切矢量场仍适合 Frobenius 条件, 故可设

36

$$\lceil X'_\lambda , X'_\mu \rceil \equiv a_{\lambda\mu} X_h \pmod{X'_\nu}.$$

将上式两边的算子作用于函数 y^h，则得 $a_{\lambda\mu}=0$. 因此 $h-1$ 维分布 $L'^{h-1}=\{X'_1,\cdots,X'_{h-1}\}$ 适合 Frobenius 条件. 根据归纳假定，存在点 p 的局部坐标系 $(z^1,\cdots,z^m)$，使得

$$L'^{h-1} = \left\{ \frac{\partial}{\partial z^1},\cdots,\frac{\partial}{\partial z^{h-1}} \right\}. \tag{4.28}$$

因为 $\dfrac{\partial}{\partial z^\lambda}$ 和 X'_μ 只差一个非退化线性变换，由(4.27)式得到

$$\frac{\partial}{\partial z^\lambda} y^h = 0. \tag{4.29}$$

由于 $L^h=\left\{\dfrac{\partial}{\partial z^1},\cdots,\dfrac{\partial}{\partial z^{h-1}},X_h\right\}$，根据 Frobenius 条件可设

$$\left[\frac{\partial}{\partial z^\lambda},X_h \right] \equiv b_\lambda X_h \left(\mathrm{mod}\ \frac{\partial}{\partial z^\mu} \right).$$

将上式两边作用于 y^h，则得 $b_\lambda=0$；所以

$$\left[\frac{\partial}{\partial z^\lambda},X_h \right] = \sum_{\mu=1}^{h-1} C^\mu_\lambda \frac{\partial}{\partial z^\mu}. \tag{4.30}$$

在坐标系 $(z^1,\cdots,z^m)$ 下，设 X_h 可表成

$$X_h = \sum_{i=1}^m \xi^i \frac{\partial}{\partial z^i}, \tag{4.31}$$

则

$$\left[\frac{\partial}{\partial z^\lambda},X_h \right] = \sum_{i=1}^m \frac{\partial \xi^i}{\partial z^\lambda} \frac{\partial}{\partial z^i}. \tag{4.32}$$

将上式与(4.30)式对照，则得

$$\frac{\partial \xi^\rho}{\partial z^\lambda} = 0, \quad 1 \leqslant \lambda \leqslant h-1,\ h \leqslant \rho \leqslant m. \tag{4.33}$$

这说明 ξ^ρ 只是 $z^h,\cdots,z^m$ 的函数. 命

$$X'_h = \sum_{\rho=h}^m \xi^\rho \frac{\partial}{\partial z^\rho}, \tag{4.34}$$

则仍有

$$L^h = \left\{ \frac{\partial}{\partial z^1},\cdots,\frac{\partial}{\partial z^{h-1}},X'_h \right\}.$$

根据定理 4.3,存在从 $(z^h, \cdots, z^m)$ 到 $(w^h, \cdots, w^m)$ 的局部坐标变换,使得 X'_h 可以表成

$$X'_h = \frac{\partial}{\partial w^h}. \tag{4.35}$$

上面的变换不涉及 $z^1, \cdots, z^{h-1}$. 再命 $w^\lambda = z^\lambda$ $(1 \leqslant \lambda \leqslant h-1)$,则 $(w^1, \cdots, w^m)$ 成为点 p 的局部坐标系;在此坐标系下

$$L^h = \left\{ \frac{\partial}{\partial w^1}, \cdots, \frac{\partial}{\partial w^h} \right\}.$$

定理证毕.

    注记   在应用中,把 Frobenius 定理写成用外微分叙述的对偶形式是方便的,参阅第三章的定理 2.4.

第二章　多重线性代数

§1　张　量　积

本章是为深入地研究微分流形作一些代数上的准备. 我们先回顾矢量空间的概念.

用 F 表示数域. 在本书中, F 通常是指实数域 R 或复数域 C.

所谓域 F 上的**矢量空间** V 是指一个非空集合, 在这个集合中定义了两种运算:

(1) 加法;

(2) 对 F 的数乘法 (F 的元素写在左边).

要求这两种运算满足下列条件:

(1) 集合 V 关于加法运算成为交换群, 其单位元素记作 0 (零矢量);

(2) 对于 $\alpha, \beta \in F, x, y \in V$ 有

(a) $\alpha(x+y) = \alpha x + \alpha y$,

(b) $(\alpha + \beta)x = \alpha x + \beta x$,

(c) $(\alpha \beta)x = \alpha(\beta x)$,

(d) $0 \cdot x = 0, 1 \cdot x = x$.

空间 V 的元素称为矢量, F 的元素称为数量.

如果在 V 中存在 n 个元素 $a_1, \cdots, a_n$, 使得 V 中任意一个元素可以唯一地表成这 n 个元素的、系数在 F 中的线性组合, 则称 V 是 n 维矢量空间. 这样一组矢量 $\{a_1, \cdots, a_n\}$ 称为空间 V 的一个基底. 很明显, 在取定基底之后矢量空间 V 就等同于由有序数组 $(\alpha^1, \cdots, \alpha^n)$ $(\alpha^i \in F)$ 组成的矢量空间.

注记　若把上面的域 F 换成环 R, 则按同样的方式可定义环

R 上的线性空间. 这样得到的环 R 上的线性空间称为(左)R-模. 第三章 §1 所定义的矢量丛的截面空间构成一个 $C^\infty(M)$-模.

设 $f: V \to F$ 是 V 上的 F-值函数. 如果对任意的 $v_1, v_2 \in V$ 及 $\alpha^1, \alpha^2 \in F$ 有

$$f(\alpha^1 v_1 + \alpha^2 v_2) = \alpha^1 f(v_1) + \alpha^2 f(v_2), \tag{1.1}$$

则称 f 是 V 上的 F-值线性函数. 显然,如果 f, g 是 V 上的 F-值线性函数,$\alpha \in F$,则 $f + g, \alpha f$ 仍然是 V 上的 F-值线性函数. 这样,全体 V 上的 F-值线性函数的集合成为域 F 上的矢量空间,记作 V^*,叫做 V 的**对偶空间**.

如果 V 是域 F 上的 n 维矢量空间,则 V^* 也是 F 上的 n 维矢量空间. 设 $\{a_1, \cdots, a_n\}$ 是 V 的一个基底,且

$$v = \sum_{i=1}^{n} v^i a_i \in V, \quad f \in V^*,$$

则

$$f(v) = \sum_{i=1}^{n} v^i f(a_i). \tag{1.2}$$

所以线性函数 f 由它在基底上的值 $f(a_i)(1 \leqslant i \leqslant n)$ 所确定. 于是可定义线性函数 $a^{*i} \in V^*, 1 \leqslant i \leqslant n$,使得

$$a^{*i}(a_j) = \delta_j^i, \quad 1 \leqslant j \leqslant n, \tag{1.3}$$

那么 $a^{*i}(v) = v^i$,所以

$$f(v) = \sum_{i=1}^{n} f_i v^i = \sum_{i=1}^{n} f_i a^{*i}(v),$$

$$f = \sum_{i=1}^{n} f_i a^{*i}, \tag{1.4}$$

其中 $f_i = f(a_i)$. (1.4)式说明 V^* 的任意一个元素都可用 $\{a^{*i}, 1 \leqslant i \leqslant n\}$ 线性表示. 易见这种表示是唯一的,因此 $\{a^{*i}, 1 \leqslant i \leqslant n\}$ 是 V^* 的基底,称为与 $\{a_i, 1 \leqslant i \leqslant n\}$ 对偶的基底. 所以 V^* 也是域 F 上的 n 维矢量空间.

注记 a^{*i} 是矢量空间 V 在取定基底 $\{a_1, \cdots, a_n\}$ 后的坐标函

数.实际上,$a^{*i}(v) = v^i$,即 $a^{*i}(v)$ 是矢量 v 关于取定基底的第 i 个分量.

V^* 和 V 的对偶关系是相互的.我们定义

$$\langle v, v^* \rangle = v^*(v), \quad v \in V, v^* \in V^*, \tag{1.5}$$

则 $\langle \ , \ \rangle$ 是定义在 $V \times V^*$ 上的 F-值函数,并且对每一个变量都是线性的,即:对于 $v, v_1, v_2 \in V$, $v^*, v^{*1}, v^{*2} \in V^*$,及 $\alpha_1, \alpha_2 \in F$ 有

$$\begin{cases} \langle \alpha_1 v_1 + \alpha_2 v_2, v^* \rangle = \alpha_1 \langle v_1, v^* \rangle + \alpha_2 \langle v_2, v^* \rangle, \\ \langle v, \alpha_1 v^{*1} + \alpha_2 v^{*2} \rangle = \alpha_1 \langle v, v^{*1} \rangle + \alpha_2 \langle v, v^{*2} \rangle. \end{cases} \tag{1.6}$$

在 (1.5) 式中固定矢量 $v \in V$,则 $\langle v, \ \rangle$ 是 V^* 上的 F-值线性函数;反过来,V^* 上的 F-值线性函数都可以如此表示.设 φ 是 V^* 上的 F-值线性函数,只要命 $v = \sum\limits_{i=1}^{n} \varphi(a^{*i}) a_i$,则对任意的 $v^* \in V^*$ 有

$$\begin{aligned} \langle v, v^* \rangle &= \sum_{i=1}^{n} \varphi(a^{*i}) \langle a_i, v^* \rangle \\ &= \sum_{i=1}^{n} v^*(a_i) \cdot \varphi(a^{*i}) \\ &= \sum_{i=1}^{n} \varphi(v^*(a_i) \cdot a^{*i}) = \varphi(v^*). \end{aligned} \tag{1.7}$$

因此 V 可以看作 V^* 上的 F-值线性函数所成的矢量空间,即 V 是 V^* 的对偶空间.

现在我们把上面的讨论稍作一些推广.假定 V, W, Z 都是域 F 上有限维的矢量空间.

定义 1.1 映射 $f: V \to Z$ 称为线性的,如果对于 $v_1, v_2 \in V$, $\alpha^1, \alpha^2 \in F$ 有

$$f(\alpha^1 v_1 + \alpha^2 v_2) = \alpha^1 f(v_1) + \alpha^2 f(v_2). \tag{1.8}$$

映射 $f: V \times W \to Z$ 称为双线性的,如果 f 对于每一个变量都是线性的,即:对于任意的 $v, v_1, v_2 \in V$, $w, w_1, w_2 \in W$ 及 $\alpha^1, \alpha^2 \in F$ 有

$$\begin{cases} f(\alpha^1 v_1 + \alpha^2 v_2, w) = \alpha^1 f(v_1, w) + \alpha^2 f(v_2, w), \\ f(v, \alpha^1 w_1 + \alpha^2 w_2) = \alpha^1 f(v, w_1) + \alpha^2 f(v, w_2). \end{cases} \tag{1.9}$$

类似地可以定义 r 重线性映射

$$f: V_1 \times \cdots \times V_r \rightarrow Z,$$

其中 $V_1, \cdots, V_r$ 都是 F 上的矢量空间.

当 $Z = F$（看作 F 上的一维矢量空间）时，定义 1.1 给出的就是 F-值线性函数、F-值双线性函数和 F-值 r 重线性函数.

从 $V_1 \times \cdots \times V_r$ 到 Z 的全体 r 重线性映射的集合记作 $\mathscr{L}(V_1, \cdots, V_r; Z)$. 若 $f, g \in \mathscr{L}(V_1, \cdots, V_r; Z), \alpha \in F$，对于任意的 $v_i \in V_i$, $1 \leqslant i \leqslant r$，命

$$\begin{cases} (f+g)(v_1, \cdots, v_r) = f(v_1, \cdots, v_r) + g(v_1, \cdots, v_r), \\ (\alpha f)(v_1, \cdots, v_r) = \alpha \cdot f(v_1, \cdots, v_r), \end{cases} \tag{1.10}$$

则 $f+g, \alpha f$ 仍属于 $\mathscr{L}(V_1, \cdots, V_r; Z)$. 显然，集合 $\mathscr{L}(V_1, \cdots, V_r; Z)$ 关于这两种运算成为域 F 上的矢量空间.

空间 $\mathscr{L}(V; Z)$ 的结构比较简单. 在 V 中取基底 $\{a_1, \cdots, a_n\}$，在 Z 中取基底 $\{b_1, \cdots, b_m\}$，则 $f \in \mathscr{L}(V; Z)$ 由它在基底 $\{a_i\}$ 上的作用所确定. 设

$$f(a_i) = \sum_{a=1}^{m} f_{ia} b_a, \quad 1 \leqslant i \leqslant n, \tag{1.11}$$

则 f 对应于 $n \times m$ 阶矩阵 (f_{ia}). 不难看出，空间 $\mathscr{L}(V; Z)$ 和 $n \times m$ 阶矩阵（元素属于 F）所成的矢量空间是同构的. 通常我们也用记号

$$\mathscr{L}(V; Z) = \mathrm{Hom}(V, Z). \tag{1.12}$$

现在的问题是要把 $V \times W$ 上的双线性映射转化为线性映射；确切地说：对于给定的矢量空间 V 和 W，要构造只依赖 V 和 W 的矢量空间 Y 及双线性映射：$V \times W \rightarrow Y$，使得对于任意的双线性映射

$$f: V \times W \rightarrow Z,$$

存在唯一的线性映射 $g: Y \rightarrow Z$，适合

$$f = g \circ h: V \times W \rightarrow Z, \tag{1.13}$$

或者说有如下所示的交换图表：

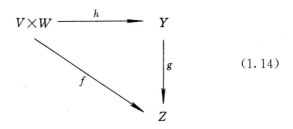

$$\text{(1.14)}$$

要构造的空间 Y 就是 V 和 W 的张量积.

为了叙述清楚起见,我们先说明对偶空间 V^* 和 W^* 的张量积. 设 $v^* \in V^*$,$w^* \in W^*$,线性函数 v^* 和 w^* 的张量积 $v^* \otimes w^*$ 定义为

$$v^* \otimes w^*(v,w) = v^*(v) \cdot w^*(w) = \langle v,v^* \rangle \cdot \langle w,w^* \rangle,$$

$$\text{(1.15)}$$

其中 $v \in V$,$w \in W$,则 $v^* \otimes w^*$ 是 $V \times W$ 上的双线性函数,即 $v^* \otimes w^* \in \mathscr{L}(V,W;F)$. 运算 $\otimes$ 是从 $V^* \times W^*$ 到 $\mathscr{L}(V,W;F)$ 的双线性映射. 实际上,对于 $v_1^*,v_2^* \in V^*$,$w^* \in W^*$ 及 $\alpha_1,\alpha_2 \in F$,我们有

$$(\alpha_1 v_1^* + \alpha_2 v_2^*) \otimes w^*(v,w)$$
$$= \langle v,\alpha_1 v_1^* + \alpha_2 v_2^* \rangle \cdot \langle w,w^* \rangle$$
$$= \alpha_1 \langle v,v_1^* \rangle \langle w,w^* \rangle + \alpha_2 \langle v,v_2^* \rangle \langle w,w^* \rangle$$
$$= (\alpha_1(v_1^* \otimes w^*) + \alpha_2(v_2^* \otimes w^*))(v,w),$$

即

$$(\alpha_1 v_1^* + \alpha_2 v_2^*) \otimes w^* = \alpha_1(v_1^* \otimes w^*) + \alpha_2(v_2^* \otimes w^*).$$

$$\text{(1.16)}$$

同理,运算 $\otimes$ 对于第二个因子也是线性的.

矢量空间 V^* 和 W^* 的**张量积** $V^* \otimes W^*$ 是指形如 $v^* \otimes w^*$($v^* \in V^*$,$w^* \in W^*$)的元素所生成的矢量空间,它是 $\mathscr{L}(V,W;F)$ 的子空间. 要指出的是,张量积 $V^* \otimes W^*$ 的元素是形如 $v^* \otimes w^*$ 的元素的有限线性组合,一般不能写成单项式,如 $v^* \otimes w^*$(请读者举

例说明). 张量积 $V^* \otimes W^*$ 中能写成单项式 $v^* \otimes w^*$ 的元素称为可分解的.

在 V^* 和 W^* 中分别取基底 $\{a^{*i}, 1 \leqslant i \leqslant n\}$ 和 $\{b^{*\alpha}, 1 \leqslant \alpha \leqslant m\}$. 因为 $\otimes$ 是双线性映射,所以

$$v^* \otimes w^* = \sum_{i,\alpha} v^*(a_i) w^*(b_\alpha) a^{*i} \otimes b^{*\alpha}, \qquad (1.17)$$

其中 $\{a_i\}, \{b_\alpha\}$ 分别是在 V 和 W 中的对偶的基底,因此 $V^* \otimes W^*$ 中的元素都可以表成 $a^{*i} \otimes b^{*\alpha}$ 的线性组合. 容易证明 $a^{*i} \otimes b^{*\alpha}$ $(1 \leqslant i \leqslant n, 1 \leqslant \alpha \leqslant m)$ 是线性无关的,所以它们构成张量积 $V^* \otimes W^*$ 的基底,因此 $V^* \otimes W^*$ 是 $n \times m$ 维矢量空间. 可以证明,任意一个 F-值双线性函数 $f: V \times W \to F$ 都可以表成 $a^{*i} \otimes b^{*\alpha}$ 的线性组合,因此

$$V^* \otimes W^* = \mathscr{L}(V, W; F).$$

因为矢量空间 V 和 W 又分别是 V^* 和 W^* 的对偶空间,同理可以定义张量积 $V \otimes W$,并且仍然有

$$V \otimes W = \mathscr{L}(V^*, W^*; F).$$

张量积 $V \otimes W$ 和 $V^* \otimes W^*$ 是互为对偶的,只要命

$$\langle v \otimes w, v^* \otimes w^* \rangle = \langle v, v^* \rangle \cdot \langle w, w^* \rangle. \qquad (1.18)$$

特别是

$$\langle a_i \otimes b_\alpha, a^{*j} \otimes b^{*\beta} \rangle = \delta_i^j \delta_\alpha^\beta = \begin{cases} 1 & (i, \alpha) = (j, \beta), \\ 0 & (i, \alpha) \neq (j, \beta), \end{cases} \qquad (1.19)$$

所以 $\{a_i \otimes b_\alpha, 1 \leqslant i \leqslant n, 1 \leqslant \alpha \leqslant m\}$ 和 $\{a^{*i} \otimes b^{*\alpha}, 1 \leqslant i \leqslant n, 1 \leqslant \alpha \leqslant m\}$ 是互为对偶的基底. 因此

$$V^* \otimes W^* = (V \otimes W)^*.$$

定理 1.1 设 $h: V \times W \to V \otimes W$ 是张量积 $\otimes$ 给出的双线性映射,即对于 $v \in V, w \in W$ 有

$$h(v, w) = v \otimes w. \qquad (1.20)$$

则对任意的双线性映射 $f: V \times W \to Z$,存在唯一的线性映射

$$g: V \otimes W \to Z,$$

使得

$$f = g \circ h: V \times W \to Z. \tag{1.21}$$

证明 定义线性映射 $g: V \otimes W \to Z$，使它在基底上的作用是

$$g(a_i \otimes b_\alpha) = f(a_i, b_\alpha), \quad 1 \leqslant i \leqslant n, \quad 1 \leqslant \alpha \leqslant m. \tag{1.22}$$

若设

$$v = \sum_{i=1}^{n} v^i a_i \in V, \quad w = \sum_{\alpha=1}^{m} w^\alpha b_\alpha \in W,$$

则

$$\begin{aligned} g(v \otimes w) &= \sum_{i,\alpha} v^i w^\alpha g(a_i \otimes b_\alpha) \\ &= \sum_{i,\alpha} v^i w^\alpha f(a_i, b_\alpha) \\ &= f(v, w), \end{aligned}$$

所以 $f = g \circ h: V \times W \to Z$. 显然 g 是唯一确定的.

系 矢量空间 $\mathscr{L}(V, W; Z)$ 与 $\mathscr{L}(V \otimes W; Z)$ 是同构的.

证明 定义映射

$$\varphi: \mathscr{L}(V \otimes W; Z) \to \mathscr{L}(V, W; Z),$$

使得

$$\varphi(g) = g \circ h, \quad g \in \mathscr{L}(V \otimes W; Z), \tag{1.23}$$

其中 h 如 (1.20) 式所定义. 定理 1.1 说明映射 φ 是 1-1 的满映射. 显然 φ 是线性的,因此 φ 建立了这两个矢量空间之间的同构.

线性函数的张量积运算可以推广到任意的多重线性函数. 设 $f \in \mathscr{L}(V_1, \cdots, V_s; F), g \in \mathscr{L}(W_1, \cdots, W_r; F)$,它们的张量积 $f \otimes g$ 定义如下:设 $v_i \in V_i, 1 \leqslant i \leqslant s; w_j \in W_j, 1 \leqslant j \leqslant r$,则

$$f \otimes g(v_1, \cdots, v_s, w_1, \cdots, w_r) = f(v_1, \cdots, v_s) \cdot g(w_1, \cdots, w_r). \tag{1.24}$$

显然 $f \otimes g$ 是 $V_1 \times \cdots \times V_s \times W_1 \times \cdots \times W_r$ 上的 F-值 $(r+s)$ 重线性函数,张量积运算 $\otimes$ 是从 $\mathscr{L}(V_1, \cdots, V_s; F) \times \mathscr{L}(W_1, \cdots, W_r; F)$ 到

$\mathscr{L}(V_1, \cdots, V_s, W_1, \cdots, W_r; F)$的双线性映射.

定理 1.2 张量积运算$\otimes$适合结合律. 即：对于任意的$\varphi \in \mathscr{L}(V_1, \cdots, V_s; F)$，$\psi \in \mathscr{L}(W_1, \cdots, W_r; F)$及$\xi \in \mathscr{L}(Z_1, \cdots, Z_t; F)$有

$$(\varphi \otimes \psi) \otimes \xi = \varphi \otimes (\psi \otimes \xi). \qquad (1.25)$$

证明 为简明起见，只对$s = r = t = 1$的情形进行证明，一般情形是类似的. 设$v \in V_1, w \in W_1, z \in Z_1$，则

$$\begin{aligned}
(\varphi \otimes \psi) \otimes \xi(v, w, z) &= \varphi \otimes \psi(v, w) \cdot \xi(z) \\
&= \varphi(v) \cdot \psi(w) \cdot \xi(z).
\end{aligned}$$

同理

$$\varphi \otimes (\psi \otimes \xi)(v, w, z) = \varphi(v) \cdot \psi(w) \cdot \xi(z).$$

所以

$$(\varphi \otimes \psi) \otimes \xi = \varphi \otimes (\psi \otimes \xi).$$

由此可见记号$\varphi \otimes \psi \otimes \xi$是有意义的，称为这三个元素的张量积.

我们把形如$v \otimes w \otimes z \ (v \in V, w \in W, z \in Z)$的元素所生成的矢量空间记作$V \otimes W \otimes Z$，称为矢量空间$V, W, Z$的张量积. 这里$v, w, z$分别看作$V^*, W^*$和$Z^*$上的$F$-值线性函数.

同理，若$V_1, \cdots, V_s$是F上的矢量空间，则可定义它们的张量积$V_1 \otimes \cdots \otimes V_s$. 若$V_i$的基底是

$$\{a_1^{(i)}, \cdots, a_{n_i}^{(i)}\}$$

则$V_1 \otimes \cdots \otimes V_s$的基底是

$$a_{\alpha_1}^{(1)} \otimes a_{\alpha_2}^{(2)} \otimes \cdots \otimes a_{\alpha_s}^{(s)}, \quad 1 \leqslant \alpha_i \leqslant n_i, \quad i = 1, \cdots, s.$$

$$(1.26)$$

所以

$$\dim(V_1 \otimes \cdots \otimes V_s) = \dim V_1 \cdot \dim V_2 \cdot \cdots \cdot \dim V_s.$$

$$(1.27)$$

容易证明

$$V_1 \otimes \cdots \otimes V_s = \mathscr{L}(V_1^*, \cdots, V_s^*; F).$$

定理 1.3 设$h: V_1 \times \cdots \times V_s \to V_1 \otimes \cdots \otimes V_s$是张量积$\otimes$所定

义的 s 重线性映射, 即对于 $v_i \in V_i, 1 \leqslant i \leqslant s$, 有

$$h(v_1, \cdots, v_s) = v_1 \otimes \cdots \otimes v_s, \tag{1.28}$$

则对任意的 $f \in \mathscr{L}(V_1, \cdots, V_s; Z)$ 存在唯一的线性映射 $g \in \mathscr{L}(V_1 \otimes \cdots \otimes V_s; Z)$, 使得

$$f = g \circ h : V_1 \times \cdots \times V_s \to Z. \tag{1.29}$$

证明与定理 1.1 类似, 请读者自己完成.

§2 张　　量

在上一节我们讨论了张量积的一般概念. 在微分几何中所用的, 经常是同一个矢量空间与它自己以及它的对偶空间的张量积.

定义 2.1　设 V 是域 F 上的 n 维矢量空间, 其对偶空间是 V^*. 张量积

$$V_s^r = \underbrace{V \otimes \cdots \otimes V}_{r \uparrow} \otimes \underbrace{V^* \otimes \cdots \otimes V^*}_{s \uparrow} \tag{2.1}$$

的元素称为 (r, s) **型张量**, 其中 r 是张量的**反变阶数**, s 是其**协变阶数**.

特别是, V_0^r 的元素叫做 r 阶反变张量, V_s^0 的元素叫做 s 阶协变张量. 还约定 $V_0^0 = F, V_0^1 = V, V_1^0 = V^*$, V 的元素称做反变矢量, V^* 的元素称做协变矢量.

注记　在应用时, 张量积 V_s^r 中 V 和 V^* 的各个因子可能是交替出现的. 将它们排成 (2.1) 的形式, 只是为了记号的便利.

根据 §1 的讨论, $\dim V_s^r = n^{r+s}$, 并且

$$V_s^r = \mathscr{L}(\underbrace{V^*, \cdots, V^*}_{r \uparrow}, \underbrace{V, \cdots, V}_{s \uparrow}; F),$$

也就是说, (r, s) 型张量是定义在

$$\underbrace{V^* \times \cdots \times V^*}_{r \uparrow} \times \underbrace{V \times \cdots \times V}_{s \uparrow}$$

上的 F-值 $(r+s)$ 重线性函数. 设 $\{e_i, 1 \leqslant i \leqslant n\}$ 和 $\{e^{*i}, 1 \leqslant i \leqslant n\}$ 分别是 V 和 V^* 中彼此对偶的基底, 则空间 V_s^r 的基底是

$$e_{i_1} \otimes \cdots \otimes e_{i_r} \otimes e^{*k_1} \otimes \cdots \otimes e^{*k_s}, \quad 1 \leqslant i_1, \cdots, i_r, k_1, \cdots, k_s \leqslant n.$$

$$\text{(2.2)}$$

因此 (r,s) 型张量 x 可以唯一地表成

$$x = \sum_{\substack{i_1, \cdots, i_r \\ k_1, \cdots, k_s}} x^{i_1 \cdots i_r}{}_{k_1 \cdots k_s} e_{i_1} \otimes \cdots \otimes e_{i_r} \otimes e^{*k_1} \otimes \cdots \otimes e^{*k_s}, \quad \text{(2.3)}$$

其中 $x^{i_1 \cdots i_r}{}_{k_1 \cdots k_s}$ 称为张量 x 在基底(2.2)下的分量. 很明显,

$$x^{i_1 \cdots i_r}{}_{k_1 \cdots k_s} = x(e^{*i_1}, \cdots, e^{*i_r}, e_{k_1}, \cdots, e_{k_s})$$

$$= \langle e^{*i_1} \otimes \cdots \otimes e^{*i_r} \otimes e_{k_1} \otimes \cdots \otimes e_{k_s}, x \rangle. \quad \text{(2.4)}$$

在处理张量时,常用 Einstein 的和式约定:在一个单项表达式中出现重复的上、下指标,表示该式关于这个指标在它的取值范围内求和,而略去和号不写. 例如,在(2.3)式中原有 $r+s$ 重和号,采用这个约定则可写成

$$x = x^{i_1 \cdots i_r}{}_{k_1 \cdots k_s} e_{i_1} \otimes \cdots \otimes e_{i_r} \otimes e^{*k_1} \otimes \cdots \otimes e^{*k_s}. \quad \text{(2.5)}$$

当矢量空间 V 的基底改变时,张量的分量是按一定的规律变换的. 设 $\{\bar{e}_i, 1 \leqslant i \leqslant n\}$ 是 V 的另一个基底,相应的对偶基底是 $\{\bar{e}^{*i}, 1 \leqslant i \leqslant n\}$. 用原基底表示,可设

$$\bar{e}_i = \alpha_i^j e_j, \quad \text{(2.6)}$$

其中 $\alpha = (\alpha_i^j)$ 是行列式不为零的 $n \times n$ 阶方阵. 因此

$$\bar{e}^{*i} = \beta_j^i e^{*j}, \quad \text{(2.7)}$$

其中 $\beta = (\beta_i^j)$ 是 α 的逆矩阵,即

$$\alpha_i^j \beta_j^k = \beta_i^j \alpha_j^k = \delta_i^k. \quad \text{(2.8)}$$

若用 $\bar{x}^{i_1 \cdots i_r}{}_{k_1 \cdots k_s}$ 记张量 x 在新基底下的分量,则

$$x = \bar{x}^{i_1 \cdots i_r}{}_{k_1 \cdots k_s} \bar{e}_{i_1} \otimes \cdots \otimes \bar{e}_{i_r} \otimes \bar{e}^{*k_1} \otimes \cdots \otimes \bar{e}^{*k_s}$$

$$= \bar{x}^{i_1 \cdots i_r}{}_{k_1 \cdots k_s} \alpha_{i_1}^{j_1} \cdots \alpha_{i_r}^{j_r} \beta_{l_1}^{k_1} \cdots \beta_{l_s}^{k_s} e_{j_1} \otimes \cdots \otimes e_{j_r} \otimes e^{*l_1} \otimes \cdots \otimes e^{*l_s},$$

所以

$$x^{j_1 \cdots j_r}{}_{l_1 \cdots l_s} = \bar{x}^{i_1 \cdots i_r}{}_{k_1 \cdots k_s} \alpha_{i_1}^{j_1} \cdots \alpha_{i_r}^{j_r} \beta_{l_1}^{k_1} \cdots \beta_{l_s}^{k_s}. \quad \text{(2.9)}$$

在经典的张量分析中,变换公式(2.9)是定义张量的根据.

(r,s)型张量的空间 V_s^r 是矢量空间,所以同类型的张量可以相加;张量也可乘以一个数量.此外,张量还有乘法和缩并两种运算.两个张量相乘就是它们作为多重线性函数的张量积.

定义 2.2 设 x 是 (r_1,s_1) 型张量,y 是 (r_2,s_2) 型张量,则它们的**张量积** $x \otimes y$ 是 (r_1+r_2,s_1+s_2) 型张量,其定义是

$$x \otimes y(v^{*1},\cdots,v^{*r_1+r_2},v_1,\cdots,v_{s_1+s_2})$$
$$= x(v^{*1},\cdots,v^{*r_1},v_1,\cdots,v_{s_1})$$
$$\cdot y(v^{*r_1+1},\cdots,v^{*r_1+r_2},v_{s_1+1},\cdots,v_{s_1+s_2}). \quad (2.10)$$

在取定基底后,$x \otimes y$ 的分量是 x 和 y 的分量的积,即

$$(x \otimes y)^{i_1\cdots i_{r_1+r_2}}_{k_1\cdots k_{s_1+s_2}}$$
$$= x^{i_1\cdots i_{r_1}}_{k_1\cdots k_{s_1}} \cdot y^{i_{r_1+1}\cdots i_{r_1+r_2}}_{k_{s_1+1}\cdots k_{s_1+s_2}}. \quad (2.11)$$

如 §1 所讨论的,张量的乘法适合分配律和结合律(见定理 1.2).

定义 2.3 取两个指标 λ,μ,使 $1 \leqslant \lambda \leqslant r,1 \leqslant \mu \leqslant s$. 对于任意一个可分解的 (r,s) 型张量

$$x = v_1 \otimes \cdots \otimes v_r \otimes v^{*1} \otimes \cdots \otimes v^{*s} \in V_s^r, \quad (2.12)$$

命

$$C_{\lambda\mu}(x) = \langle v_\lambda,v^{*\mu}\rangle v_1 \otimes \cdots \otimes \hat{v}_\lambda \otimes \cdots \otimes v_r$$
$$\otimes v^{*1} \otimes \cdots \otimes \hat{v}^{*\mu} \otimes \cdots \otimes v^{*s}, \quad (2.13)$$

其中记号"$\hat{}$"表示去掉该因子,则 $C_{\lambda\mu}(x) \in V_{s-1}^{r-1}$. 将映射 $x \mapsto C_{\lambda\mu}(x)$ 作线性扩充得到线性映射 $C_{\lambda\mu}: V_s^r \to V_{s-1}^{r-1}$,称为**缩并**.

若张量 x 用分量表示为

$$x = x^{i_1\cdots i_r}_{k_1\cdots k_s} e_{i_1} \otimes \cdots \otimes e_{i_r} \otimes e^{*k_1} \otimes \cdots \otimes e^{*k_s}, \quad (2.14)$$

根据缩并的定义得

$$C_{\lambda\mu}(x) = x^{r_1\cdots i_r}_{k_1\cdots k_s} C_{\lambda\mu}(e_{i_1} \otimes \cdots \otimes e_{i_r} \otimes e^{*k_1} \otimes \cdots \otimes e^{*k_s})$$

$$= x^{i_1 \cdots i_{\lambda-1} \, j i_\lambda \cdots i_{r-1}}_{\qquad k_1 \cdots k_{\mu-1} \, j k \cdots k_{s-1}}$$

$$\cdot \, e_{i_1} \otimes \cdots \otimes e_{i_{r-1}} \otimes e^{* k_1} \otimes \cdots \otimes e^{* k_{s-1}}. \qquad (2.15)$$

因此从分量来看,缩并 $C_{\lambda\mu}$ 就是关于第 λ 个上指标与第 μ 个下指标的对等求和. 缩并降低了张量的阶数,它是一个很基本的运算. 例如,设 $x = \xi^i_j e_i \otimes e^{* j}$ 是 $(1,1)$ 型张量,则 x 的缩并就是求矩阵 (ξ^i_j) 的迹 $\sum_{i=1}^n \xi^i_i$,所得的是一个与坐标系选取无关的数量.

设

$$T^r(V) = V^r_0 = \underbrace{V \otimes \cdots \otimes V}_{r \, \uparrow},$$

考虑直和 $T(V) = \sum_{r \geqslant 0} T^r(V)$,其元素 x 可表成形式和

$$x = \sum_{r \geqslant 0} x^r, \quad x^r \in T^r(V), \qquad (2.16)$$

和式中除有限多项外其余各项都是零. 这样,$T(V)$ 是无限维矢量空间. 张量的乘法通过分配律可以扩充成 $T(V)$ 中的乘法,因此矢量空间 $T(V)$ 关于这种乘法成为一个代数,称为矢量空间 V 的**张量代数**.

同理,V^* 的张量代数是 $T(V^*) = \sum_{r \geqslant 0} T^r(V^*) = \sum_{r \geqslant 0} V^0_r$.

如 §1 所讨论的,矢量空间 $T^r(V^*)$ 和 $T^r(V)$ 是彼此对偶的,它们的配合是

$$\langle v_1 \otimes \cdots \otimes v_r, v^{*1} \otimes \cdots \otimes v^{*r} \rangle = \langle v_1, v^{*1} \rangle \cdot \cdots \cdot \langle v_r, v^{*r} \rangle, \qquad (2.17)$$

其中 $v_i \in V, v^{*i} \in V^*$.

用 $\mathscr{S}(r)$ 记自然数 $\{1, \cdots, r\}$ 的置换群. $\mathscr{S}(r)$ 的任意一个元素 σ 决定了矢量空间 $T^r(V)$ 的一个自同态:设 $x \in T^r(V)$,则定义

$$\sigma x(v^{*1}, \cdots, v^{*r}) = x(v^{*\sigma(1)}, \cdots, v^{*\sigma(r)}), \qquad (2.18)$$

其中 $v^{*i} \in V^*$. 易证,如果 $x = v_1 \otimes \cdots \otimes v_r$,则

$$\sigma x = v_{\sigma^{-1}(1)} \otimes \cdots \otimes v_{\sigma^{-1}(r)}, \qquad (2.19)$$

其中 σ^{-1} 表示 σ 的逆元素.

定义 2.4 设 $x \in T^r(V)$. 若对任意的 $\sigma \in \mathscr{S}(r)$,都有

$$\sigma x = x, \tag{2.20}$$

则称 x 是**对称**的 r 阶反变**张量**. 若对任意的 $\sigma \in \mathscr{S}(r)$,都有

$$\sigma x = \operatorname{sgn} \sigma \cdot x, \tag{2.21}$$

其中 $\operatorname{sgn} \sigma$ 表示置换 σ 的符号,即

$$\operatorname{sgn} \sigma = \begin{cases} 1, & \sigma \text{ 是偶置换}, \\ -1, & \sigma \text{ 是奇置换}, \end{cases} \tag{2.22}$$

则称 x 是**反对称** r 阶反变**张量**.

定理 2.1 设 $x \in T^r(V)$,则 x 是对称张量的充要条件是:它的分量关于各指标是对称的;x 是反对称的充要条件是它的分量关于各指标是反对称的.

证明 设 V 的基底是 $\{e_1, \cdots, e_n\}$,则当 x 是对称张量时,对任意的 $\sigma \in \mathscr{S}(r)$ 有

$$\begin{aligned} x^{i_1 \cdots i_r} &= x(e^{*i_1}, \cdots, e^{*i_r}) = \sigma x(e^{*i_1}, \cdots, e^{*i_r}) \\ &= x(e^{*i_{\sigma(1)}}, \cdots, e^{*i_{\sigma(r)}}) = x^{i_{\sigma(1)} \cdots i_{\sigma(r)}}; \end{aligned} \tag{2.23}$$

反之亦然. 若 x 是反对称的,则对任意的 $\sigma \in \mathscr{S}(r)$ 有

$$\begin{aligned} x^{i_1 \cdots i_r} &= x(e^{*i_1}, \cdots, e^{*i_r}) = \operatorname{sgn} \sigma \cdot \sigma x(e^{*i_1}, \cdots, e^{*i_r}) \\ &= \operatorname{sgn} \sigma \cdot x^{i_{\sigma(1)} \cdots i_{\sigma(r)}}. \end{aligned} \tag{2.24}$$

反之亦然.

用 $P^r(V)$ 记全体对称的 r 阶反变张量的集合,用 $\Lambda^r(V)$ 记全体反对称的 r 阶反变张量的集合. 因为置换 σ 在 $T^r(V)$ 上的作用是自同态,所以对称张量的和仍是对称的,反对称张量的和仍是反对称的,因此 $P^r(V)$ 和 $\Lambda^r(V)$ 都是 $T^r(V)$ 的线性子空间.

定义 2.5 对任意的 $x \in T^r(V)$,命

$$S_r(x) = \frac{1}{r!} \sum_{\sigma \in \mathscr{S}(r)} \sigma x, \tag{2.25}$$

$$A_r(x) = \frac{1}{r!} \sum_{\sigma \in \mathscr{S}(r)} \operatorname{sgn} \sigma \cdot \sigma x, \tag{2.26}$$

则 $S_r(x), A_r(x) \in T^r(V)$. 显然，映射 $S_r, A_r: T^r(V) \to T^r(V)$ 都是 $T^r(V)$ 的自同态，分别称为 r 阶反变张量的**对称化算子**和**反对称化算子**.

定理 2.2 $P^r(V) = S_r(T^r(V)), \Lambda^r(V) = A_r(T^r(V))$.

证明 首先证明张量 x 对称化的结果是对称张量，反对称化的结果是反对称张量. 设 $x \in T^r(V)$，则对任意的 $\tau \in \mathscr{S}(r)$ 有

$$\tau(S_r(x)) = \frac{1}{r!} \sum_{\sigma \in \mathscr{S}(r)} \tau(\sigma(x)) = S_r(x), \tag{2.27}$$

$$\tau(A_r(x)) = \frac{1}{r!} \sum_{\sigma \in \mathscr{S}(r)} \operatorname{sgn} \sigma \cdot \tau(\sigma(x))$$

$$= \operatorname{sgn} \tau \cdot \frac{1}{r!} \sum_{\sigma \in \mathscr{S}(r)} \operatorname{sgn}(\tau \circ \sigma) \cdot \tau \circ \sigma(x)$$

$$= \operatorname{sgn} \tau \cdot A_r(x). \tag{2.28}$$

所以 $S_r(T^r(V)) \subset P^r(V), A_r(T^r(V)) \subset \Lambda^r(V)$.

此外，容易证明：对称张量在对称化算子作用下不变，反对称张量在反对称化算子作用下不变. 因此 $P^r(V) = S_r(P^r(V))$，$\Lambda^r(V) = A_r(\Lambda^r(V))$. 所以

$$P^r(V) = S_r(T^r(V)), \quad \Lambda^r(V) = A_r(T^r(V)).$$

上面关于对称张量和反对称张量的讨论同样可用于协变张量. 全体对称的 r 阶协变张量的集合记作 $P^r(V^*)$，全体反对称的 r 阶协变张量的集合记作 $\Lambda^r(V^*)$.

§3 外 代 数

由于 E. Cartan 系统地发展了外微分方法，使得反对称张量在流形论的研究中占有十分重要的地位. 反对称的 r 阶反变张量也叫做外 r 次矢量，空间 $\Lambda^r(V)$ 称为 V 上的外 r 次矢量空间. 为方便起见，还约定 $\Lambda^1(V) = V, \Lambda^0(V) = F$.

要紧的是，外矢量有外积运算：两个外矢量相乘得到另一个

外矢量.

定义 3.1 设 ξ 是外 k 次矢量, η 是外 l 次矢量, 命

$$\xi \wedge \eta = \frac{(k+l)!}{k!l!} A_{k+l}(\xi \otimes \eta), \tag{3.1}$$

其中 A_{k+l} 是定义 2.5 所规定的反对称化算子, 则 $\xi \wedge \eta$ 是 $(k+l)$ 次外矢量, 称为外矢量 ξ 和 η 的**外积**.

定理 3.1 外积适合下列运算规律: 设 $\xi, \xi_1, \xi_2 \in \Lambda^k(V)$, η, $\eta_1, \eta_2 \in \Lambda^l(V)$, $\zeta \in \Lambda^h(V)$, 则有

(1) 分配律:

$$(\xi_1 + \xi_2) \wedge \eta = \xi_1 \wedge \eta + \xi_2 \wedge \eta,$$

$$\xi \wedge (\eta_1 + \eta_2) = \xi \wedge \eta_1 + \xi \wedge \eta_2;$$

(2) 反变换律: $\xi \wedge \eta = (-1)^{kl} \eta \wedge \xi$;

(3) 结合律: $(\xi \wedge \eta) \wedge \zeta = \xi \wedge (\eta \wedge \zeta)$.

证明 (1) 分配律是张量积和反对称化算子的线性性质的推论, 因此是明显的.

(2) 因 $\xi \wedge \eta$ 是反对称张量, 所以对任意的 $\tau \in \mathscr{S}(k+l)$ 有

$$\tau(\xi \wedge \eta) = \mathrm{sgn}\,\tau \cdot \xi \wedge \eta.$$

取
$$\tau = \begin{pmatrix} 1 & \cdots & k & k+1 & \cdots & k+l \\ l+1 & \cdots & k+l & 1 & \cdots & l \end{pmatrix},$$

则 $\mathrm{sgn}\,\tau = (-1)^{kl}$. 所以对任意的 $v^{*1}, \cdots, v^{*k+l} \in V^*$ 有

$$\xi \wedge \eta(v^{*1}, \cdots, v^{*k+l})$$

$$= (-1)^{kl} \xi \wedge \eta(v^{*\tau(1)}, \cdots, v^{*\tau(k+l)})$$

$$= \frac{(-1)^{kl}}{k!l!} \sum_{\sigma \in \mathscr{S}(k+l)} \mathrm{sgn}\,\sigma \cdot \xi(v^{*\sigma\circ\tau(1)}, \cdots, v^{*\sigma\circ\tau(k)})$$

$$\cdot \eta(v^{*\sigma\circ\tau(k+1)}, \cdots, v^{*\sigma\circ\tau(k+l)})$$

$$= \frac{(-1)^{kl}}{k!l!} \sum_{\sigma \in \mathscr{S}(k+l)} \mathrm{sgn}\,\sigma \cdot \eta(v^{*\sigma(1)}, \cdots, v^{*\sigma(l)})$$

$$\cdot \xi(v^{*\sigma(l+1)}, \cdots, v^{*\sigma(k+l)})$$

$$= (-1)^{kl} \eta \wedge \xi(v^{*1}, \cdots, v^{*k+l}).$$

（3）设 $v^{*1}, \cdots, v^{*k+l+h} \in V^*$，则由定义得

$$(\xi \wedge \eta) \wedge \zeta(v^{*1}, \cdots, v^{*k+l+h})$$

$$= \frac{1}{(k+l)!h!} \sum_{\sigma \in \mathscr{S}(k+l+h)} \mathrm{sgn}\, \sigma$$

$$\cdot (\xi \wedge \eta)(v^{*\sigma(1)}, \cdots, v^{*\sigma(k+l)})$$

$$\cdot \zeta(v^{*\sigma(k+l+1)}, \cdots, v^{*\sigma(k+l+h)})$$

$$= \frac{1}{k!l!h!} \sum_{\sigma \in \mathscr{S}(k+l+h)} \mathrm{sgn}\, \sigma$$

$$\cdot A_{k+l}(\xi \otimes \eta)(v^{*\sigma(1)}, \cdots, v^{*\sigma(k+l)})$$

$$\cdot \zeta(v^{*\sigma(k+l+1)}, \cdots, v^{*\sigma(k+l+h)})$$

$$= \frac{1}{k!l!h!} \sum_{\sigma \in \mathscr{S}(k+l+h)} \mathrm{sgn}\, \sigma$$

$$\cdot \xi(v^{*\sigma(1)}, \cdots, v^{*\sigma(k)}) \cdot \eta(v^{*\sigma(k+1)}, \cdots, v^{*\sigma(k+l)})$$

$$\cdot \zeta(v^{*\sigma(k+l+1)}, \cdots, v^{*\sigma(k+l+h)}),$$

因此

$$(\xi \wedge \eta) \wedge \zeta = \frac{(k+l+h)!}{k!l!h!} A_{k+l+h}(\xi \otimes \eta \otimes \zeta). \quad (3.2)$$

同理可得

$$\xi \wedge (\eta \wedge \zeta) = \frac{(k+l+h)!}{k!l!h!} A_{k+l+h}(\xi \otimes \eta \otimes \zeta)$$

$$= (\xi \wedge \eta) \wedge \zeta.$$

注记 若 $\xi, \eta \in V = \Lambda^1(V)$，则由反交换律有

$$\xi \wedge \eta = -\eta \wedge \xi, \quad \xi \wedge \xi = \eta \wedge \eta = 0. \quad (3.3)$$

一般地，如果一个外积多项式含有两个相同的一次因子，则该式必为零．

设 $\{e_1, \cdots, e_n\}$ 是 V 的一个基底，根据结合律的证明我们有

$$e_{i_1} \wedge \cdots \wedge e_{i_r} = r! A_r(e_{i_1} \otimes \cdots \otimes e_{i_r}), \quad 1 \leqslant i_1, \cdots, i_r \leqslant n.$$

$$(3.4)$$

由上面的注记，只有当 $i_1, \cdots, i_r$ 互不相同时，外矢量 $e_{i_1} \wedge \cdots \wedge e_{i_r}$，

54

才不是零. 尤其是当 $r>n$ 时, 指标 $i_1,\cdots,i_r$ 必有重复者, 故相应的外矢量必然是零.

设 ξ 是 r 次外矢量, 用分量可表成

$$\xi = \xi^{i_1\cdots i_r} e_{i_1} \bigotimes \cdots \bigotimes e_{i_r}. \tag{3.5}$$

因为反对称化算子是线性的, 所以

$$\xi = A_r\xi = \xi^{i_1\cdots i_r} A_r(e_{i_1} \bigotimes \cdots \bigotimes e_{i_r})$$

$$= \frac{1}{r!}\xi^{i_1\cdots i_r} e_{i_1} \wedge \cdots \wedge e_{i_r}.$$

因此, 次数大于 n 的外矢量都是零, 即

$$\Lambda^r(V) = \{0\} \quad (r>n). \tag{3.6}$$

设 $r\leqslant n$. 由定理 2.1, ξ 的分量 $\xi^{i_1\cdots i_r}$ 关于上指标是反对称的, 所以 ξ 可表成

$$\xi = \sum_{i_1<\cdots<i_r} \xi^{i_1\cdots i_r} e_{i_1} \wedge \cdots \wedge e_{i_r}. \tag{3.7}$$

现在我们要证明, 当 $r\leqslant n$ 时, $\{e_{i_1} \wedge \cdots \wedge e_{i_r}, 1\leqslant i_1<\cdots<i_r\leqslant n\}$ 构成外矢量空间 $\Lambda^r(V)$ 的基底. 为此目的, 只要证明这

$$\binom{n}{r} = \frac{n!}{r!(n-r)!}$$

个外矢量是线性无关的. 我们先导出 $e_{i_1} \wedge \cdots \wedge e_{i_r}$ 的求值公式.

设 $v^{*1},\cdots,v^{*r}$ 是 V^* 中任意 r 个元素, 则

$$e_{i_1} \wedge \cdots \wedge e_{i_r}(v^{*1},\cdots,v^{*r})$$

$$= \sum_{\sigma\in\mathscr{S}(r)} \text{sgn}\,\sigma \cdot \langle e_{i_1},v^{*\sigma(1)}\rangle \cdot \cdots \cdot \langle e_{i_r},v^{*\sigma(r)}\rangle$$

$$= \begin{vmatrix} \langle e_{i_1},v^{*1}\rangle & \cdots & \langle e_{i_1},v^{*r}\rangle \\ \langle e_{i_2},v^{*1}\rangle & \cdots & \langle e_{i_2},v^{*r}\rangle \\ \vdots & & \vdots \\ \langle e_{i_r},v^{*1}\rangle & \cdots & \langle e_{i_r},v^{*r}\rangle \end{vmatrix}. \tag{3.8}$$

上式称为 $e_{i_1} \wedge \cdots \wedge e_{i_r}$ 的求值公式. 特别是

$$e_{i_1} \wedge \cdots \wedge e_{i_r}(e^{*j_1},\cdots,e^{*j_r}) = \det(\langle e_{i_\alpha}, e^{*j_\beta} \rangle) = \delta^{j_1\cdots j_r}_{i_1\cdots i_r}, \quad (3.9)$$

其中

$$\delta^{j_1\cdots j_r}_{i_1\cdots i_r} = \begin{cases} 1, & \text{当 } i_1,\cdots,i_r \text{ 互不相同,且} \{j_1,\cdots,j_r\} \\ & \text{是} \{i_1,\cdots,i_r\} \text{ 的偶排列;} \\ -1, & \text{当 } i_1,\cdots,i_r \text{ 互不相同,且} \{j_1,\cdots,j_r\}, \\ & \text{是} \{i_1,\cdots,i_r\} \text{ 的奇排列;} \\ 0, & \text{其他情形} \end{cases}$$

$$(3.10)$$

称为广义的 **Kronecker 符号**.

由(3.9)式得到

$$e_1 \wedge \cdots \wedge e_n(e^{*1},\cdots,e^{*n}) = 1, \quad (3.11)$$

故 $e_1 \wedge \cdots \wedge e_n \neq 0$. 对于 $r < n$,如果 $\{e_{i_1} \wedge \cdots \wedge e_{i_r}, 1 \leqslant i_1 < \cdots < i_r \leqslant n\}$ 线性相关,则有不全为零的数量 $\alpha^{i_1\cdots i_r} \in F$,使

$$\sum_{1 \leqslant i_1 < \cdots < i_r \leqslant n} \alpha^{i_1\cdots i_r} e_{i_1} \wedge \cdots \wedge e_{i_r} = 0. \quad (3.12)$$

不妨设其中一个不为零的数量是 $\alpha^{j_1\cdots j_r}$, $1 \leqslant j_1 < \cdots < j_r \leqslant n$;假定与它相补的指标组是 $k_1 < \cdots < k_{n-r}$,也就是说 $\{j_1,\cdots,j_r,k_1,\cdots,k_{n-r}\}$ 恰好是 $\{1,\cdots,n\}$ 的一个排列. 用 $e_{k_1} \wedge \cdots \wedge e_{k_{n-r}}$ 外乘(3.12)式的两边,于是

$$\alpha^{j_1\cdots j_r} e_{j_1} \wedge \cdots \wedge e_{j_r} \wedge e_{k_1} \wedge \cdots \wedge e_{k_{n-r}}$$
$$= \pm \alpha^{j_1\cdots j_r} e_1 \wedge \cdots \wedge e_n = 0,$$

所以

$$\alpha^{j_1\cdots j_r} = 0,$$

这是一个矛盾. 因此 $\{e_{i_1} \wedge \cdots \wedge e_{i_r}, 1 \leqslant i_1 < \cdots < i_r \leqslant n\}$ 是线性无关的,它们构成 $\Lambda^r(V)$ 的基底. 由此可见,外矢量空间 $\Lambda^r(V)$ 的维数是

$$\binom{n}{r} = \frac{n!}{r!(n-r)!}.$$

定义 3.2 用 $\Lambda(V)$ 记形式和 $\sum_{r=0}^{n} \Lambda^r(V)$，则 $\Lambda(V)$ 是 2^n 维矢量空间. 设

$$\xi = \sum_{r=0}^{n} \xi^r, \quad \eta = \sum_{s=0}^{n} \eta^s, \tag{3.13}$$

其中 $\xi^r \in \Lambda^r(V), \eta^s \in \Lambda^s(V)$. 命 ξ 和 η 的外积是

$$\xi \wedge \eta = \sum_{r,s=0}^{n} \xi^r \wedge \eta^s. \tag{3.14}$$

则 $\Lambda(V)$ 并于外积成为一个代数，称为矢量空间 V 的**外代数**或 **Grassmann 代数**.

矢量空间 $\Lambda(V)$ 的基底是 $\{1, e_i (1 \leqslant i \leqslant n), e_{i_1} \wedge e_{i_2} (1 \leqslant i_1 < i_2 \leqslant n), \cdots, e_1 \wedge \cdots \wedge e_n\}$.

同样，我们有对偶空间 V^* 的外代数

$$\Lambda(V^*) = \sum_{0 \leqslant r \leqslant n} \Lambda^r(V^*).$$

空间 $\Lambda^r(V^*)$ 的元素称为矢量空间 V 上的 r 次外形式，它是 V 上的反对称 F-值 r 重线性函数.

矢量空间 $\Lambda^r(V)$ 和 $\Lambda^r(V^*)$ 是彼此对偶的，它们之间的配合 $\langle , \rangle$ 定义如下: 设

$$v_1 \wedge \cdots \wedge v_r \in \Lambda^r(V), \quad v^{*1} \wedge \cdots \wedge v^{*r} \in \Lambda^r(V^*),$$

则

$$\langle v_1 \wedge \cdots \wedge v_r, v^{*1} \wedge \cdots \wedge v^{*r} \rangle = \det(\langle v_\alpha, v^{*\beta} \rangle). \tag{3.15}$$

这样，$\Lambda^r(V)$ 和 $\Lambda^r(V^*)$ 的基底 $\{e_{i_1} \wedge \cdots \wedge e_{i_r}, 1 \leqslant i_1 < \cdots < i_r \leqslant n\}$ 和 $\{e^{*j_1} \wedge \cdots \wedge e^{*j_r}, 1 \leqslant j_1 < \cdots < j_r \leqslant n\}$ 有下面的关系:

$$\langle e_{i_1} \wedge \cdots \wedge e_{i_r}, e^{*j_1} \wedge \cdots \wedge e^{*j_r} \rangle$$

$$= \det(\langle e_{i_\alpha}, e^{*j_\beta} \rangle)$$

$$= \delta_{i_1 \cdots i_r}^{j_1 \cdots j_r}$$

$$= \begin{cases} 1, & \{j_1, \cdots, j_r\} = \{i_1, \cdots, i_r\}, \\ 0, & \{j_1, \cdots, j_r\} \neq \{i_1, \cdots, i_r\}, \end{cases} \tag{3.16}$$

所以这两个基底恰好是彼此对偶的.

注记 在 §2 的 (2.17) 式已定义过张量空间 $T^r(V)$ 和 $T^r(V^*)$ 的配合. 因 $\Lambda^r(V)$ 和 $\Lambda^r(V^*)$ 分别是 $T^r(V)$ 和 $T^r(V^*)$ 的子空间, 故 §2 的 (2.17) 式也诱导出 $\Lambda^r(V)$ 和 $\Lambda^r(V^*)$ 之间的配合, 但是这与 (3.15) 式所定义的配合差一个因子 $r!$. 所以对于张量空间和外矢量空间分别地定义了配合, 其原因是为了在各自的配合下彼此对偶的基底有简单的形状, 避免多余的数量因子. 尽管我们用同一个记号 $\langle\ ,\ \rangle$ 表示不同的配合, 只要注意到所处理的是哪种空间, 是不会产生混淆的.

设 $f: V \to W$ 是从矢量空间 V 到 W 的线性映射, 则它诱导出外形式空间 $\Lambda^r(W^*)$ 到 $\Lambda^r(V^*)$ 的线性映射 f^*, 即: 设 $\varphi \in \Lambda^r(W^*)$, 对任意的 $v_1, \cdots, v_r \in V$, 命

$$f^* \varphi(v_1, \cdots, v_r) = \varphi(f(v_1), \cdots, f(v_r)). \qquad (3.17)$$

容易证明 f^* 是线性的, 并且 f^* 和外积运算是可交换的, 因此 f^* 是外代数 $\Lambda(W^*)$ 到 $\Lambda(V^*)$ 的同态.

定理 3.2 设 $f: V \to W$ 是线性映射, 则 f^* 和外积运算是可交换的. 即对于任意的 $\varphi \in \Lambda^r(W^*)$ 和 $\psi \in \Lambda^s(W^*)$ 有

$$f^*(\varphi \wedge \psi) = f^* \varphi \wedge f^* \psi. \qquad (3.18)$$

证明 任取 $v_1, \cdots, v_{r+s} \in V$, 则

$$
\begin{aligned}
& f^*(\varphi \wedge \psi)(v_1, \cdots, v_{r+s}) \\
&= \varphi \wedge \psi(f(v_1), \cdots, f(v_{r+s})) \\
&= \frac{1}{r!s!} \sum_{\sigma \in \mathscr{S}(r+s)} \operatorname{sgn} \sigma \cdot \varphi(f(v_{\sigma(1)}), \cdots, f(v_{\sigma(r)})) \\
& \qquad\qquad \cdot \psi(f(v_{\sigma(r+1)}), \cdots, f(v_{\sigma(r+s)})) \\
&= \frac{1}{r!s!} \sum_{\sigma \in \mathscr{S}(r+s)} \operatorname{sgn} \sigma \cdot f^* \varphi(v_{\sigma(1)}, \cdots, v_{\sigma(r)}) \\
& \qquad\qquad \cdot f^* \psi(v_{\sigma(r+1)}, \cdots, v_{\sigma(r+s)}) \\
&= f^* \varphi \wedge f^* \psi(v_1, \cdots, v_{r+s}).
\end{aligned}
$$

所以

$$f^*(\varphi \wedge \psi) = f^*\varphi \wedge f^*\psi.$$

外代数的概念最初是由 Grassmann 为了研究线性子空间而引进的. 后来 E. Cartan 发展了外微分理论,成功地将它用于微分几何和微分方程的研究. 至今,外代数已成为研究微分流形所不可缺少的有力工具. 下面我们要讨论几个很有用的命题.

定理 3.3 矢量 $v_1, v_2, \cdots, v_r \in V$ 线性相关的充要条件是

$$v_1 \wedge \cdots \wedge v_r = 0. \tag{3.19}$$

证明 若 $v_1, v_2, \cdots, v_r$ 线性相关,不妨设 v_r 可以表成 $v_1, \cdots,$ v_{r-1} 的线性组合:

$$v_r = \alpha_1 v_1 + \cdots + \alpha_{r-1} v_{r-1},$$

因此

$$
\begin{aligned}
&v_1 \wedge \cdots \wedge v_{r-1} \wedge v_r \\
&= v_1 \wedge \cdots \wedge v_{r-1} \wedge (\alpha_1 v_1 + \cdots + \alpha_{r-1} v_{r-1}) = 0.
\end{aligned}
$$

若 $v_1, v_2, \cdots, v_r$ 线性无关,则可将它们扩充成 V 的一个基底 $\{v_1, \cdots, v_r, v_{r+1}, \cdots, v_n\}$. 因为

$$v_1 \wedge \cdots \wedge v_r \wedge v_{r+1} \wedge \cdots \wedge v_n \neq 0,$$

所以

$$v_1 \wedge \cdots \wedge v_r \neq 0.$$

定理 3.4(Cartan 引理) 设 $v_1, \cdots, v_r; w_1, \cdots, w_r$ 是 V 中两组矢量,使得

$$\sum_{\alpha=1}^{r} v_\alpha \wedge w_\alpha = 0. \tag{3.20}$$

如果 $v_1, \cdots, v_r$ 线性无关,则 w_α 可表成它们的线性组合

$$w_\alpha = \sum_{\beta=1}^{r} a_{\alpha\beta} v_\beta, \quad 1 \leqslant \alpha \leqslant r, \tag{3.21}$$

并且

$$a_{\alpha\beta} = a_{\beta\alpha}. \tag{3.22}$$

证明 因为 $v_1, \cdots, v_r$ 是线性无关的,所以可以将它们扩充成 V 的一个基底 $\{v_1, \cdots, v_r, v_{r+1}, \cdots, v_n\}$. 因此可以假定

$$w_a = \sum_{\beta=1}^{r} a_{\alpha\beta} v_\beta + \sum_{i=r+1}^{n} a_{\alpha i} v_i. \qquad (3.23)$$

代入(3.20)式得到

$$0 = \sum_{\alpha,\beta=1}^{r} a_{\alpha\beta} v_\alpha \wedge v_\beta + \sum_{\alpha=1}^{r} \sum_{i=r+1}^{n} a_{\alpha i} v_\alpha \wedge v_i$$

$$= \sum_{1 \leqslant \alpha < \beta \leqslant \gamma} (a_{\alpha\beta} - a_{\beta\alpha}) v_\alpha \wedge v_\beta$$

$$+ \sum_{\alpha=1}^{r} \sum_{i=r+1}^{n} a_{\alpha i} v_\alpha \wedge v_i. \qquad (3.24)$$

由于 $\{v_i \wedge v_j, 1 \leqslant i < j \leqslant n\}$ 是 $\Lambda^2(V)$ 的一个基底,因此从(3.24)式得到

$$a_{\alpha\beta} - a_{\beta\alpha} = 0, \quad a_{\alpha i} = 0.$$

即

$$w_\alpha = \sum_{\beta=1}^{r} a_{\alpha\beta} v_\beta, \quad \text{且 } a_{\alpha\beta} = a_{\beta\alpha}.$$

定理 3.5 设 $v_1, \cdots, v_r$ 是 V 中 r 个线性无关的矢量,w 是 V 上的外 p 次矢量. 则存在 $\psi_1, \cdots, \psi_r \in \Lambda^{p-1}(V)$,使 w 能表成

$$w = v_1 \wedge \psi_1 + \cdots + v_r \wedge \psi_r \qquad (3.25)$$

的充要条件是

$$v_1 \wedge \cdots \wedge v_r \wedge w = 0. \qquad (3.26)$$

证明 当 $p+r > n$ 时,(3.25)和(3.26)两式都是自动成立的. 以下假定 $p+r \leqslant n$.

必要性是明显的,只要证明充分性. 把 $v_1, \cdots, v_r$ 扩充成 V 的一个基底 $\{v_1, \cdots, v_r, v_{r+1}, \cdots, v_n\}$,则 w 可以表示成

$$w = v_1 \wedge \psi_1 + \cdots + v_r \wedge \psi_r$$

$$+ \sum_{r+1 \leqslant a_1 < \cdots < a_p \leqslant n} \xi^{a_1 \cdots a_p} v_{a_1} \wedge \cdots \wedge v_{a_p}, \qquad (3.27)$$

其中 $\psi_1, \cdots, \psi_r \in \Lambda^{p-1}(V)$. 代入(3.26)式得到

$$\sum_{r+1 \leqslant a_1 < \cdots < a_p \leqslant n} \xi^{a_1 \cdots a_p} v_1 \wedge \cdots \wedge v_r \wedge v_{a_1} \wedge \cdots \wedge v_{a_p} = 0.$$

$$(3.28)$$

而和号后面的 $v_1 \wedge \cdots \wedge v_r \wedge v_{\alpha_1} \wedge \cdots \wedge v_{\alpha_p} (r+1 \leqslant \alpha_1 < \cdots < \alpha_p \leqslant n)$
正是 $\Lambda^{p+r}(V)$ 的基底的一部分;所以从(3.28)式得到

$$\xi^{\alpha_1 \cdots \alpha_p} = 0 \quad (r + 1 \leqslant \alpha_1 < \cdots < \alpha_p \leqslant n),$$

即

$$w = v_1 \wedge \psi_1 + \cdots + v_r \wedge \psi_r.$$

通常我们把(3.25)式记成 $w \equiv 0 \pmod{(v_1, \cdots, v_r)}$。

定理 3.6 设 $v_a, w_a; v'_a, w'_a (1 \leqslant a \leqslant k)$ 是空间 V 中两组矢量. 若 $\{v_a, w_a, 1 \leqslant a \leqslant k\}$ 是线性无关的,并且

$$\sum_{a=1}^{k} v_a \wedge w_a = \sum_{a=1}^{k} v'_a \wedge w'_a, \tag{3.29}$$

则 v'_a, w'_a 都是 $v_1, \cdots, v_k, w_1, \cdots, w_k$ 的线性组合,而且它们也是线性无关的.

证明 将(3.29)式自乘 k 次得到

$$k!(v_1 \wedge w_1 \wedge \cdots \wedge v_k \wedge w_k) = k!(v'_1 \wedge w'_1 \wedge \cdots \wedge v'_k \wedge w'_k). \tag{3.30}$$

因为 $\{v_a, w_a, 1 \leqslant a \leqslant k\}$ 是线性无关的,故上式左边 $\neq 0$. 因此 $\{v'_a, w'_a, 1 \leqslant a \leqslant k\}$ 也线性无关(定理 3.3). 从(3.30)式还得到

$$v_1 \wedge w_1 \wedge \cdots \wedge v_k \wedge w_k \wedge v'_a = 0,$$

即 $\{v_1, w_1, \cdots, v_k, w_k, v'_a\}$ 是线性相关的,所以 v'_a 能表成 $v_1, \cdots, v_k$, $w_1, \cdots, w_k$ 的线性组合. 上面的结论对 w'_a 也成立.

注记 定理 3.6 的一个几何应用请参见 Chern S. S. , "On a theorem of algebra and its geometrical application", *J. Indian Math. Soc.* , **8**(1944), 29~36.

外代数与行列式是密切相关的,如外矢量的求值公式(3.8)就表现为行列式. 设 $v_1, \cdots, v_k \in V$,而 $w_1, \cdots, w_k$ 是它们的线性组合,即

$$w_a = \sum_{\beta=1}^{k} t_a^\beta v_\beta, \tag{3.31}$$

那么

$$w_1 \wedge \cdots \wedge w_k = \det(t_\alpha^\beta) v_1 \wedge \cdots \wedge v_k, \qquad (3.32)$$

因此外矢量 $w_1 \wedge \cdots \wedge w_k$ 和 $v_1 \wedge \cdots \wedge v_k$ 只差一个行列式作为数量因子.

我们用 $G(k,n)$ 表示 n 维矢量空间 V 中 k 维线性子空间 L^k 所构成的集合. $G(k,n)$ 有自然的微分结构①,使 $G(k,n)$ 成为 $k(n-k)$ 维微分流形,称为 Grassmann 流形. 在 $k=1$ 时,$G(1,n)$ 正是 $n-1$ 维射影空间 P^{n-1}. 外矢量在 $G(k,n)$ 中给出了 Plücker-Grassmann 坐标.

任取 $L^k \in G(k,n)$,设 $v_1, \cdots, v_k$ 是张成子空间 L^k 的 k 个线性无关的矢量. 根据(3.32)式,外矢量 $\xi = v_1 \wedge \cdots \wedge v_k$ 确定到差一个非零的数量因子. 我们把外矢量 ξ 称为子空间 L^k 在 $G(k,n)$ 中的 Plücker-Grassmann 坐标,这是射影空间中齐次坐标的推广.

作为例子,我们来考虑 $G(2,4)$. 取定 V 的一个基底 $\{a_1, a_2, a_3, a_4\}$,对于任意的 $L^2 \in G(2,4)$ 可取彼此线性无关的矢量 $v, w \in L^2$. 设

$$v = \sum_{i=1}^4 v^i a_i, \quad w = \sum_{i=1}^4 w^i a_i, \qquad (3.33)$$

则

$$\xi = v \wedge w = \sum_{i<k} p^{ik} a_i \wedge a_k, \qquad (3.34)$$

其中 $p^{ik} = v^i w^k - v^k w^i$. 数组 $\{p^{ik}, i<k\}$ 被 L^2 确定到差一个非零的数量因子,它正是 $G(2,4)$ 中的 Plücker-Grassmann 坐标.

因为 $v \wedge w \wedge v \wedge w = 0$,所以

$$(p^{12} p^{34} + p^{13} p^{42} + p^{14} p^{23}) a_1 \wedge a_2 \wedge a_3 \wedge a_4 = 0,$$

即 p^{ik} 应满足 Plücker 方程

$$p^{12} p^{34} + p^{13} p^{42} + p^{14} p^{23} = 0. \qquad (3.35)$$

---

① Grassmann 流形是十分重要的概念,其微分结构可见参考文献[3]和[14].

这样,在 6 个数 $p^{ik}(1 \leqslant i < k \leqslant 4)$ 中独立的变量只有 4 个,这正说明 $G(2,4)$ 的维数是 4. 反过来,Plücker 方程(3.35)也是外矢量

$$\sum_{i<k} p^{ik} a_i \wedge a_k$$

可分解的充分条件[①],因此满足(3.35)式的任意一组不全为零的数量 p^{ik} 决定了 $G(2,4)$ 中一个元素.

设

$$p^{12} = x^1 + y^1, \quad p^{13} = x^2 + y^2, \quad p^{14} = x^3 + y^3,$$
$$p^{34} = x^1 - y^1, \quad p^{42} = x^2 - y^2, \quad p^{23} = x^3 - y^3, \tag{3.36}$$

则方程(3.35)成为

$$(x^1)^2 + (x^2)^2 + (x^3)^2 = (y^1)^2 + (y^2)^2 + (y^3)^2. \tag{3.37}$$

将 p^{ik} 乘上适当的数量因子,可以使(3.37)式为 1,即 (x^1, x^2, x^3) 和 (y^1, y^2, y^3) 分别代表单位球面 $S^2 \subset \mathbf{R}^3$ 上的点. 根据前面的讨论,(3.36)式给出了满映射

$$\pi: S^2 \times S^2 \to G(2,4), \tag{3.38}$$

而且

$$\pi(x, y) = \pi(-x, -y), \quad (x, y) \in S^2 \times S^2, \tag{3.39}$$

其中 $-x$ 表示在 S^2 上 x 的对径点. 因此 $S^2 \times S^2$ 是 $G(2,4)$ 的二重

---

① 不妨设 $p^{12} \neq 0$,则

$$p^{34} = \frac{p^{13} p^{24}}{p^{12}} - \frac{p^{14} p^{23}}{p^{12}};$$

经直接计算得到

$$\sum_{i<j} p^{ij} a_i \wedge a_j = a_1 \wedge (p^{12} a_2 + p^{13} a_3 + p^{14} a_4)$$
$$- \frac{p^{23}}{p^{12}} a_3 \wedge (p^{12} a_2 + p^{13} a_3 + p^{14} a_4)$$
$$- \frac{p^{24}}{p^{12}} a_4 \wedge (p^{12} a_2 + p^{13} a_3 + p^{14} a_4)$$
$$= \left(a_1 - \frac{p^{23}}{p^{12}} a_3 - \frac{p^{24}}{p^{12}} a_4 \right) \wedge (p^{12} a_2 + p^{13} a_3 + p^{14} a_4).$$

所以当条件(3.35)成立时,外矢量 $\sum_{i<j} p^{ij} a_i \wedge a_j$ 是可分解的.

关于 Plücker 方程的一般讨论,可见参考文献[5].

复叠空间①. 因为 $S^2 \times S^2$ 是单连通的, 所以 $S^2 \times S^2$ 是 $G(2,4)$ 的通用复叠空间. 故 $G(2,4)$ 的基本群 $\pi_1(G(2,4))$ 是 Z_2.

若用 $\widetilde{G}(2,4)$ 表示四维矢量空间 V 中有向的二维子空间所成的流形, 则 $\widetilde{G}(2,4)$ 也是 $G(2,4)$ 的二重复叠空间, 故 $\widetilde{G}(2,4)$ 与 $S^2 \times S^2$ 是同胚的.

---

① 关于复叠空间和基本群可参阅：江泽涵著《不动点类理论》,附录 A 和 B,科学出版社,1979.

第三章 外 微 分

§1 张 量 丛

两个流形的积(第一章§1)是一个很基本的概念. 例如, 定义在流形 M 上的实函数 $f(x)$ 的图像 $(x, f(x))$ 就是从 M 到积流形 $M \times \boldsymbol{R}$ 的一个映射; 用纤维丛的语言说, 这是纤维丛 $M \times \boldsymbol{R}$ 的一个截面. 纤维丛是积流形的推广. 在微分几何中所研究的主要是一类特殊的纤维丛——矢量丛, 流形上的矢量场就是某个矢量丛的截面. 本节先讨论具体的张量丛, 然后讨论一般的矢量丛.

设 M 是 m 维光滑流形, T_p 和 T_p^* 分别记流形 M 在点 p 的切空间和余切空间. 因此在流形 M 的每一点 p 有 (r, s) 型张量空间

$$T_s^r(p) = \underbrace{T_p \otimes \cdots \otimes T_p}_{r \uparrow} \otimes \underbrace{T_p^* \otimes \cdots \otimes T_p^*}_{s \uparrow}, \qquad (1.1)$$

这是 m^{r+s} 维的矢量空间. 命

$$T_s^r = \bigcup_{p \in M} T_s^r(p). \qquad (1.2)$$

我们要在 T_s^r 中引进拓扑, 使它成为有可数基的 Hausdorff 空间; 进而可在 T_s^r 上定义 C^∞ 微分结构, 使它成为一个光滑流形. 这样得到的光滑流形在局部上可微同胚于积流形, 我们把 T_s^r 称为流形 M 上的 (r, s) 型张量丛.

我们首先规定一些记法. 设 V 是 $\boldsymbol{R}$ 上的 m 维矢量空间. 用 GL(V) 记矢量空间 V 的线性自同构群. 在 V 中取定一个基底 $\{e_1, \cdots, e_m\}$, 则 V 等同于 $\boldsymbol{R}^m$. 我们把 V 的元素 y 记成坐标行

$$y = (y^1, \cdots, y^m), \qquad (1.3)$$

这样 GL(V) 就是 $m \times m$ 阶非退化矩阵的乘法群, 也就是说 GL(V) 恰好是一般线性群 GL$(m; \boldsymbol{R})$. 群 GL(V) 在空间 V 上的作

用记成右作用,用矩阵表示则是:

$$y \cdot a = (y^1, \cdots, y^m) \cdot \begin{pmatrix} a_1^1 & \cdots & a_1^m \\ \vdots & & \vdots \\ a_m^1 & \cdots & a_m^m \end{pmatrix}, \qquad (1.4)$$

其中

$$\det a = \det(a_i^j) \neq 0.$$

V_s^r 表示矢量空间 V 上的 (r,s) 型张量空间(见第二章定义 2.1),它的基底是

$$e_{i_1} \otimes \cdots \otimes e_{i_r} \otimes e^{*j_1} \otimes \cdots \otimes e^{*j_s}, \quad 1 \leqslant i_a, j_\beta \leqslant m. \quad (1.5)$$

这样,V_s^r 中的元素可以用分量表示. 如果把 V_s^r 中的元素记成如 (1.3) 的坐标行,必须给基底 (1.5) 中的元素以一定的次序,例如: 指标组 $(i_1, \cdots, i_r, j_1, \cdots, j_s)$ 即为按字序排列给出的次序.

考虑流形 M 的一个坐标域 U,局部坐标是 $u^1, \cdots, u^m$. 这样,在任意一点 $p \in U$,T_p 和 T_p^* 分别有彼此对偶的自然基底

$$\left\{ \left(\frac{\partial}{\partial u^1} \right)_p, \cdots, \left(\frac{\partial}{\partial u^m} \right)_p \right\} \quad 和 \quad \{ (\mathrm{d}u^1)_p, \cdots, (\mathrm{d}u^m)_p \}.$$

因此 $T_s^r(p)$ 有基底

$$\left(\frac{\partial}{\partial u^{i_1}} \right)_p \otimes \cdots \otimes \left(\frac{\partial}{\partial u^{i_r}} \right)_p \otimes (\mathrm{d}u^{j_1})_p \otimes \cdots \otimes (\mathrm{d}u^{j_s})_p$$

$$(1 \leqslant i_a, j_\beta \leqslant m). \qquad (1.6)$$

现在可以定义映射

$$\varphi_U : U \times V_s^r \to \bigcup_{p \in U} T_s^r(p), \qquad (1.7)$$

使得对于任意的 $p \in U, y \in V_s^r, \varphi_U(p,y)$ 是 $T_s^r(p)$ 的元素,并且 $\varphi_U(p,y)$ 关于基底 (1.6) 的分量与 y 关于基底 (1.5) 的分量相同. 显然,这样定义的映射 φ_U 是一一对应.

取 M 的一个坐标覆盖 $\{U, W, \cdots\}$,设由 (1.7) 式定义的相应的映射是 $\{\varphi_U, \varphi_W, \cdots\}$. 把诸如 $U \times V_s^r$ 的各开子集在 φ_U 下的像的

集合取作 T_s^r 的拓扑基①,这样确定的拓扑使 T_s^r 成为有可数基的 Hausdorff 空间,并且每一个由(1.7)式定义的映射是同胚.

固定一点 $p \in U$,则可定义映射 $\varphi_{U,p}: V_s^r \to T_s^r(p)$,使得

$$\varphi_{U,p}(y) = \varphi_U(p, y), \quad y \in V_s^r. \tag{1.8}$$

根据 φ_U 的定义,映射 $\varphi_{U,p}$ 是矢量空间 V_s^r 到 $T_s^r(p)$ 的线性同构.

若 W 是 M 的另一个包含 p 的坐标域,局部坐标是 $w^1, \cdots, w^m$;命

$$g_{UW}(p) = \varphi_{W,p}^{-1} \circ \varphi_{U,p}: V_s^r \to V_s^r, \tag{1.9}$$

则 $g_{UW}(p)$ 是矢量空间 V_s^r 的自同构,$g_{UW}(p) \in \mathrm{GL}(V_s^r)$. 按照(1.4)式的规定,$\mathrm{GL}(V_s^r)$ 的元素在 V_s^r 上的作用记成右作用.因此,对于 $y, y' \in V_s^r$,使

$$\varphi_U(p, y) = \varphi_W(p, y') \tag{1.10}$$

的充要条件是

$$y' = y \cdot g_{UW}(p). \tag{1.11}$$

对于 M 的任意两个坐标域 U, W,如果 $U \bigcap W \neq \varnothing$,则由 (1.9) 式定义了映射

$$g_{UW}: U \bigcap W \to \mathrm{GL}(V_s^r). \tag{1.12}$$

我们要证明:映射 g_{UW} 是光滑的.不失一般性,在此只讨论 $r=s=1$ 的情形.

切空间 T_p 和余切空间 T_p^* 关于局部坐标 $w^1, \cdots, w^m$ 的自然基底是 $\left\{ \left(\dfrac{\partial}{\partial w^1}\right)_p, \cdots, \left(\dfrac{\partial}{\partial w^m}\right)_p \right\}$ 和 $\{(\mathrm{d}w^1)_p, \cdots, (\mathrm{d}w^m)_p\}$. 设 $y, y' \in V_1^1$,用分量表示是

$$y = y_j^i e_i \bigotimes e^{*j}, \quad y' = y_j'^i e_i \bigotimes e^{*j}. \tag{1.13}$$

---

① 需要验证这样得到的集合满足拓扑基的条件. 实际上,如果 $U \bigcap W \neq \varnothing$,则

$$\left(\bigcup_{p \in U} T_s^r(p) \right) \bigcap \left(\bigcup_{q \in W} T_s^r(q) \right) = \bigcup_{p \in U \bigcap W} T_s^r(p),$$

它是 $U \bigcap W$ 在 φ_U 下的像,也是在 φ_W 下的像. 请读者补足详细的证明.

因此

$$\begin{cases} \varphi_U(p,y) = y_j^i \left(\dfrac{\partial}{\partial u^i} \right)_p \bigotimes (\mathrm{d}u^j)_p, \\ \varphi_W(p,y') = y_j'^i \left(\dfrac{\partial}{\partial w^i} \right)_p \bigotimes (\mathrm{d}w^j)_p. \end{cases} \tag{1.14}$$

在 $U \bigcap W$ 上,自然基底之间有以下关系:

$$\begin{cases} \mathrm{d}u^i = \dfrac{\partial u^i}{\partial w^j} \mathrm{d}w^j, \\ \dfrac{\partial}{\partial u^i} = \dfrac{\partial w^j}{\partial u^i} \dfrac{\partial}{\partial w^j}, \end{cases} \tag{1.15}$$

其中 $J_{UW} = \left(\dfrac{\partial w^j}{\partial u^k} \right)$ 是局部坐标变换的 Jacobi 矩阵. 将(1.15)式代入(1.14)和(1.10)两式则得

$$y_j'^i = y_l^k \left(\frac{\partial w^i}{\partial u^k} \right)_p \left(\frac{\partial u^l}{\partial w^j} \right)_p,$$

即

$$(y \cdot g_{UW}(p))_j^i = y_l^k \left(\frac{\partial w^i}{\partial u^k} \right)_p \left(\frac{\partial u^l}{\partial w^j} \right)_p. \tag{1.16}$$

若把 y 记成坐标行 $(y_1^1, y_2^1, \cdots, y_1^m, y_2^m, \cdots, y_m^m)$,上式表明,$g_{UW}(p)$ 用 $m^2 \times m^2$ 阶非退化矩阵表示恰是 Jacobi 矩阵 J_{UW} 和它的逆矩阵的张量积[①]:

$$g_{UW} = J_{UW} \bigotimes J_{UW}^{-1}. \tag{1.17}$$

因为 Jacobi 矩阵 J_{UW} 和 $J_{UW}^{-1} = J_{WU}$ 都是由 $U \bigcap W$ 上的光滑函数组成的,所以 g_{UW} 在 $U \bigcap W$ 上也是光滑的.

按照 T_s^r 的拓扑结构,$\langle \varphi_U(U \times V_s^r), \varphi_W(W \times V_s^r), \cdots \rangle$ 构成空间

---

① 矩阵 $A = (a_j^i)$ 和 $B = (b_\beta^\alpha)$ 的张量积是指分块矩阵

$$A \bigotimes B = \begin{pmatrix} a_1^1 B & \cdots & a_1^m B \\ \vdots & & \vdots \\ a_m^1 B & \cdots & a_m^m B \end{pmatrix},$$

其元素是 $a_j^i \cdot b_\beta^\alpha$.

T_s^r 的坐标开覆盖；在每一个坐标域 $\varphi_U(U \times V_s^r)$ 上点 $\varphi_U(p,y)$ 的坐标是

$$\left(u^i(p), y_{j_1 \cdots j_s}^{i_1 \cdots i_r} \right), \qquad (1.18)$$

其中 u^i 是流形 M 的坐标域 U 上的局部坐标，$y_{j_1 \cdots j_s}^{i_1 \cdots i_r}$ 是 $y \in V_s^r$ 关于基底(1.5)的分量. 当 $U \cap W \neq \emptyset$ 时，由于 $g_{UW}: U \cap W \to \mathrm{GL}(V_s^r)$ 是光滑的，(1.11)式说明上面所给出的 T_s^r 的坐标覆盖是 C^∞-相容的，因此 T_s^r 成为一个光滑流形. 显然，自然投影

$$\pi: T_s^r \to M \qquad (1.19)$$

把 $T_s^r(p)$ 中的元素映到点 $p \in M$，它是光滑的满映射. 光滑流形 T_s^r 称为流形 M 上的 (r,s) 型**张量丛**，π 称为**丛投影**，$T_s^r(p)$ 称为丛 T_s^r 在点 p 上的**纤维**.

令 $r=1, s=0$，我们得到流形 M 上的切丛，记作 $T(M)$；令 $r=0, s=1$，得到流形 M 上的余切丛，记作 $T^*(M)$. 按照张量丛的作法，可以类似地构造 M 上的外矢量丛和外形式丛，分别记作

$$\begin{cases} \Lambda^r(M) = \bigcup_{p \in M} \Lambda^r(T_p), \\ \Lambda^r(M^*) = \bigcup_{p \in M} \Lambda^r(T_p^*). \end{cases} \qquad (1.20)$$

设 $f: M \to T_s^r$ 是光滑映射，如果

$$\pi \circ f = \mathrm{id}: M \to M,$$

即对于任意的 $p \in M, f(p) \in T_s^r(p)$，则称 f 是张量丛 T_s^r 的一个光滑的截面，或称为 M 上的一个 (r,s) 型光滑张量场. 切丛的截面就是 M 的切矢量场，余切丛的截面称为 M 上的一次微分式. 外形式丛 $\Lambda^r(M^*)$ 的光滑截面叫做流形 M 上光滑的 r 次外微分式.

把张量丛的构造抽象化就得到一般矢量丛的概念. 矢量丛和下一章所讨论的联络是规范场论的数学基础.

定义 1.1 设 E, M 是两个光滑流形，$\pi: E \to M$ 是光滑满映射. $V = \mathbf{R}^q$ 是 q 维矢量空间. 如果给定了 M 的一个开覆盖 $\{U, W, Z, \cdots\}$ 及一组映射 $\{\varphi_U, \varphi_W, \varphi_Z, \cdots\}$，使得下列条件成立，则称 $(E,$

$M,\pi)$是流形 M 上的(实)q 维**矢量丛**,其中 E 称为**丛空间**,M 称为**底空间**,π 称为**丛投影**,V 是**纤维型**:

(1) 每一个映射 φ_U 是从 $U \times \boldsymbol{R}^q$ 到 $\pi^{-1}(U)$ 的可微同胚,而且对任意的 $p \in U, y \in \boldsymbol{R}^q$,有

$$\pi \circ \varphi_U(p, y) = p; \tag{1.21}$$

(2) 对于任意固定的 $p \in U$,命

$$\varphi_{U,p}(y) = \varphi_U(p, y), \quad y \in \boldsymbol{R}^q, \tag{1.22}$$

则 $\varphi_{U,p}: \boldsymbol{R}^q \to \pi^{-1}(p)$ 是同胚. 当 $U \bigcap W \neq \varnothing$ 时,对任意的 $p \in U \bigcap W$,要求

$$g_{UW}(p) = \varphi_{W,p}^{-1} \circ \varphi_{U,p}: \boldsymbol{R}^q \to \boldsymbol{R}^q \tag{1.23}$$

是矢量空间 $V = \boldsymbol{R}^q$ 的线性自同构,即 $g_{UV}(p) \in \mathrm{GL}(V)$;

(3) 对于 $U \bigcap W \neq \varnothing$,映射 $g_{UW}: U \bigcap W \to \mathrm{GL}(V)$ 是光滑的.

从条件(2)得到,V 中的元素 y_U 和 y_W,使

$$\varphi_U(p, y_U) = \varphi_W(p, y_W) \tag{1.24}$$

成立的充要条件是

$$y_U \cdot g_{UW}(p) = y_W, \tag{1.25}$$

这里 $g_{UW}(p)$ 看作 $q \times q$ 阶非退化矩阵.

对任意的 $p \in M$,命 $E_p = \pi^{-1}(p)$,称为矢量丛 E 在点 p 上的纤维.设 U 是 M 中包含 p 的坐标域,则纤维型 V 的线性结构通过映射 $\varphi_{U,p}$ 可以搬到纤维 E_p 上来,使 E_p 成为 q 维矢量空间. 由于条件(2),E_p 的线性结构与 U 和 φ_U 的选取是无关的(请读者自证). 因此,在直观上可以把矢量丛 E 看作诸如 $U \times \boldsymbol{R}^q$($U$ 是 M 的坐标域)的积流形沿着同一点 $p \in M$ 上的纤维粘合起来的结果,在粘合时要求纤维上的线性关系保持不变.

积流形 $M \times \boldsymbol{R}^q = E$ 是矢量丛最简单的例子,称为 M 上平凡的矢量丛,或积丛.显然,前面讲到的张量丛 T_s^r 都是矢量丛.

注记 如果 V 是 q 维复矢量空间,则按照定义 1.1 所得的是流形 M 上 q 维复矢量丛. 此时,$\mathrm{GL}(V)$ 同构于 $\mathrm{GL}(q; \boldsymbol{C})$,纤维

$\pi^{-1}(p)$ $(p \in M)$ 是 q 维复矢量空间. 本节所讲的内容是对实矢量丛展开的, 在作相应的修改之后这些内容完全适用于复矢量丛.

条件(3)给出的映射 $g_{UW}: U \cap W \rightarrow GL(V)$ 适合下列相容条件:

(1) 对于 $p \in U, g_{UU}(p) = \mathrm{id}: V \rightarrow V$;

(2) 若 $p \in U \cap W \cap Z \neq \varnothing$, 则
$$g_{UW}(p) \cdot g_{WZ}(p) \cdot g_{ZU}(p) = \mathrm{id}: V \rightarrow V.$$

$\{g_{UW}\}$ 称为矢量丛 (E, M, π) 的 **过渡函数族**, 而上述相容条件是使 $\{g_{UW}\}$ 成为过渡函数族的充分条件. 确切地说, 我们有下面的定理:

定理 1.1 设 M 是 m 维光滑流形, $\{U_\alpha\}_{\alpha \in \mathscr{A}}$ 是 M 的一个开覆盖, V 是 q 维矢量空间. 若对每一对指标 $\alpha, \beta \in \mathscr{A}$, 在 $U_\alpha \cap U_\beta \neq \varnothing$ 时, 都指定了一个光滑映射 $g_{\alpha\beta}: U_\alpha \cap U_\beta \rightarrow GL(V)$, 它们适合相容条件(1)和(2), 则存在 M 上的 q 维矢量丛 (E, M, π), 它以 $\{g_{\alpha\beta}\}$ 为过渡函数族.

定理 1.1 的详细证明可见参考文献[20, 第 14 页]. 证明的想法是把局部积 $U_\alpha \times V$ 沿各纤维适当地粘起来. 大意如下: 命
$$\widetilde{E} = \bigcup_{\alpha \in \mathscr{A}} \{\alpha\} \times U_\alpha \times V, \tag{1.26}$$

这自然是微分流形. 在 $\widetilde{E}$ 中定义等价关系 "$\sim$", 使得对任意的 $(\alpha, p, y), (\beta, p', y') \in \widetilde{E}$, $(\alpha, p, y) \sim (\beta, p', y')$ 的充要条件是
$$p = p' \in U_\alpha \cap U_\beta, \quad \text{且 } y' = y \cdot g_{\alpha\beta}(p). \tag{1.27}$$

用 $E = \widetilde{E}/\sim$ 记 $\widetilde{E}$ 关于等价关系 $\sim$ 的商空间, 它也是光滑流形. 用 $[\alpha, p, y]$ 记 (α, p, y) 的 "$\sim$" 等价类, 投影 $\pi: E \rightarrow M$ 定义为
$$\pi([\alpha, p, y]) = p, \tag{1.28}$$

这是光滑映射. 可以证明 (E, M, π) 是 M 上的 q 维矢量丛, 而且它的过渡函数族恰是 $\{g_{\alpha\beta}\}$.

由定理可知, 过渡函数族 $\{g_{\alpha\beta}\}$ 是矢量丛的核心. 构造矢量丛只要指出它的过渡函数族就可以了.

例 1 矢量丛 E 的对偶丛 E^*.

设 V^* 是 V 的对偶空间, E^* 是流形 M 上以 V^* 为纤维型的矢量丛, 丛投影记作 $\tilde{\pi}$. 丛 E 的局部积的结构是 $\{(U, \psi_U), (W, \psi_W), (Z, \psi_Z), \cdots\}$. 如果对任意一点 $p \in U \cap W \neq \varnothing$, 当 $y_U, y_W \in V, \lambda_U, \lambda_W \in V^*$ 分别适合

$$\varphi_U(p, y_U) = \varphi_W(p, y_W), \quad \psi_U(p, \lambda_U) = \psi_W(p, \lambda_W) \quad (1.29)$$

时, 总是有

$$\langle y_U, \lambda_U \rangle = \langle y_W, \lambda_W \rangle, \quad (1.30)$$

则可定义纤维 $\pi^{-1}(p)$ 和 $\tilde{\pi}^{-1}(p)$ 之间的一个配合, 使它们成为互相对偶的矢量空间. 纤维 $\pi^{-1}(p)$ 和 $\tilde{\pi}^{-1}(p)$ 的配合定义为

$$\langle \varphi_U(p, y_U), \psi_U(p, \lambda_U) \rangle = \langle y_U, \lambda_U \rangle, \quad (1.31)$$

这与 U 的选取是无关的. 这时我们称矢量丛 E^* 为 E 的对偶丛.

若在 V 和 V^* 中分别取彼此对偶的基底, V 中的元素 y 记作坐标行, V^* 中的元素 λ 记作坐标列, 则 V 和 V^* 的配合表现为矩阵的乘法:

$$\langle y, \lambda \rangle = y \cdot \lambda. \quad (1.32)$$

由 (1.29) 的第一式得

$$y_W = y_U \cdot g_{UW}(p),$$

代入 (1.30) 式得到

$$y_U \cdot \lambda_U = y_U \cdot g_{UW}(p) \cdot \lambda_W,$$

所以

$$\lambda_U = g_{UW}(p) \cdot \lambda_W. \quad (1.33)$$

如果仍把 V^* 的元素记成坐标行, $\mathrm{GL}(V^*)$ 的元素右作用在 V^* 上, 则 E^* 的过渡函数是

$$h_{UW} = {}^t g_{UW}^{-1} = {}^t g_{WU}. \quad (1.34)$$

当 E 是 M 上的切丛时, 其过渡函数族 $\{J_{UW}\}$ 是由坐标变换的 Jacobi 矩阵组成的. 余切丛的过渡函数恰是 J_{UW} 的转置逆矩阵, 所以余切丛是切丛的对偶丛.

例2 矢量丛 E 与 E' 的直和 $E \oplus E'$.

设 E 和 E' 都是流形 M 上的矢量丛,纤维型分别是 V 和 V',过渡函数族是$\{g_{UW}\}$和$\{g'_{UW}\}$. 命

$$h_{UW} = \begin{pmatrix} g_{UW} & 0 \\ 0 & g'_{UW} \end{pmatrix}, \tag{1.35}$$

则 h_{UW} 是右作用在 $V \oplus V'$ 上的线性自同构,且$\{h_{UW}\}$适合过渡函数族的相容条件(1)和(2). 流形 M 上以$\{h_{UW}\}$为过渡函数族、以 $V \oplus V'$ 为纤维型的矢量丛称为 E 与 E' 的直和,记作 $E \oplus E'$.

例3 矢量丛的张量积 $E \otimes E'$.

设 E 和 E' 与例2相同. 命 $\tilde{h}_{UW}$ 是 g_{UW} 与 g'_{UW} 的张量积,即 $\tilde{h}_{UW} = g_{UW} \otimes g'_{UW}$,它在 $V \otimes V'$ 上的作用定义为

$$(v \otimes v') \cdot \tilde{h}_{UW} = (v \cdot g_{UW}) \otimes (v' \cdot g'_{UW}), \tag{1.36}$$

其中 $v \in V, v' \in V'$. 显然$\{\tilde{h}_{UW}\}$也适合过渡函数族的相容条件. 流形 M 上以$\{\tilde{h}_{UW}\}$为过渡函数族、以 $V \otimes V'$ 为纤维型的矢量丛称为 E 与 E' 的张量积,记作 $E \otimes E'$. 容易看出,流形 M 上的 (r, s) 型张量丛是 r 个切丛与 s 个余切丛的张量积.

定义1.2 设 $s: M \to E$ 是光滑映射,如果

$$\pi \circ s = \mathrm{id}: M \to M, \tag{1.37}$$

则称 s 是矢量丛 (E, M, π) 的一个光滑**截面**. 我们用 $\Gamma(E)$ 记矢量丛 (E, M, π) 的全体光滑截面的集合.

因矢量丛的每一条纤维是与 V 同构的矢量空间,所以可逐点定义截面的加法和截面与实值函数的乘法. 设 $s, s_1, s_2 \in \Gamma(E)$,$\alpha$ 是 M 上光滑的实值函数,对任意的 $p \in M$,命

$$(s_1 + s_2)(p) = s_1(p) + s_2(p),$$
$$(\alpha s)(p) = \alpha(p) \cdot s(p),$$

则 $s_1 + s_2, \alpha s$ 仍然是矢量丛 E 的光滑截面. 这就证明了 $\Gamma(E)$ 是 $C^\infty(M)$-模,当然是实矢量空间.

注记 矢量丛 E 的处处不为零的光滑截面是不一定存在的,

这种截面的存在反映了流形 M 的一定的拓扑性质.

§2　外　微　分

设 M 是 m 维光滑流形;M 上的 r 次外形式丛

$$\Lambda^r(M^*) = \bigcup_{p \in M} \Lambda^r(T_p^*)$$

是 M 上的矢量丛. 用 $A^r(M)$ 记 r 次外形式丛 $\Lambda^r(M^*)$ 的光滑截面所成的空间:

$$A^r(M) = \Gamma(\Lambda^r(M^*)), \tag{2.1}$$

$A^r(M)$ 是一个 $C^\infty(M)$-模. $A^r(M)$ 的元素称为 M 上的 **r 次外微分式**. 因此,流形 M 上的 r 次外微分式就是光滑的反对称 r 阶协变张量场.

同理,外形式丛 $\Lambda(M^*) = \bigcup_{p \in M} \Lambda(T_p^*)$ 也是 M 上的矢量丛,其截面空间 $A(M)$ 的元素称为 M 上的外微分式. 显然 $A(M)$ 可表成直和

$$A(M) = \sum_{r=0}^{m} A^r(M), \tag{2.2}$$

即每一个外微分式 ω 可以表成

$$\omega = \omega^0 + \omega^1 + \omega^2 + \cdots + \omega^m, \tag{2.3}$$

其中 ω^i 是 i 次外微分式. 外形式的外积运算可以推广到外微分式空间 $A(M)$. 设 $\omega_1, \omega_2 \in A(M)$,对任意的 $p \in M$,命

$$\omega_1 \wedge \omega_2(p) = \omega_1(p) \wedge \omega_2(p), \tag{2.4}$$

右端是指两个外形式的外积. 显然 $\omega_1 \wedge \omega_2 \in A(M)$. 空间 $A(M)$ 关于加法、数乘法和外积成为一个代数,而且是一个分次代数 (graded algebra). 所谓"分次"的意思是,$A(M)$ 是一列矢量空间的直和(2.2);外积 $\wedge$ 给出了映射

$$\wedge : A^r(M) \times A^s(M) \to A^{r+s}(M), \tag{2.5}$$

其中当 $r+s > m$ 时,规定 $A^{r+s}(M)$ 为零.

注记 张量代数 $T(V)$ 和 $T(V^*)$ 关于张量积 $\otimes$,外代数 $\Lambda(V)$ 关于外积 $\wedge$ 都是分次代数.

在局部坐标 $u^1,\cdots,u^m$ 下,r 次外微分式 ω 限制在坐标域 U 上可表为

$$\omega = \frac{1}{r!}a_{i_1\cdots i_r}\mathrm{d}u^{i_1}\wedge\cdots\wedge\mathrm{d}u^{i_r}, \qquad (2.6)$$

其中 $a_{i_1\cdots i_r}$ 是 U 上的光滑函数,并且关于下指标是反对称的.

r 次外矢量丛 $\Lambda^r(M)$ 和 r 次外形式丛 $\Lambda^r(M^*)$ 是对偶的. 如 §1 例 1 所述,$\Lambda^r(M)$ 和 $\Lambda^r(M^*)$ 在同一点 $p\in M$ 上的纤维之间的配合是从 $\Lambda^r(V)$ 和 $\Lambda^r(V^*)$ 的配合诱导来的,因此由上一章 §3 的 (3.16)式得到

$$\left\langle\frac{\partial}{\partial u^{i_1}}\wedge\cdots\wedge\frac{\partial}{\partial u^{i_r}},\,\mathrm{d}u^{j_1}\wedge\cdots\wedge\mathrm{d}u^{j_r}\right\rangle = \delta^{j_1\cdots j_r}_{i_1\cdots i_r}. \qquad (2.7)$$

所以 ω 在局部坐标系 u^i 下的分量 $a_{i_1\cdots i_r}$ 可表成

$$a_{i_1\cdots i_r} = \left\langle\frac{\partial}{\partial u^{i_1}}\wedge\cdots\wedge\frac{\partial}{\partial u^{i_r}},\,\omega\right\rangle. \qquad (2.8)$$

外微分式空间 $A(M)$ 之所以在流形论中十分重要,其原因是 $A(M)$ 中有外微分运算 d,而且 d 作用两次为零.

定理 2.1 设 M 是 m 维光滑流形,则存在唯一的一个映射 d: $A(M)\rightarrow A(M)$,使得 $\mathrm{d}(A^r(M))\subset A^{r+1}(M)$,并且满足下列条件:

(1) 对任意的 $\omega_1,\omega_2\in A(M)$,$\mathrm{d}(\omega_1+\omega_2)=\mathrm{d}\omega_1+\mathrm{d}\omega_2$;

(2) 设 ω_1 是 r 次外微分式,则

$$\mathrm{d}(\omega_1\wedge\omega_2) = \mathrm{d}\omega_1\wedge\omega_2 + (-1)^r\omega_1\wedge\mathrm{d}\omega_2;$$

(3) 若 f 是 M 上的光滑函数,即 $f\in A^0(M)$,则 $\mathrm{d}f$ 恰是 f 的微分;

(4) 若 $f\in A^0(M)$,则 $\mathrm{d}(\mathrm{d}f)=0$.

如上所确定的映射 d 称为**外微分**.

证明 先证:如果外微分算子 d 是存在的,则 d 是局部的算子. 即:设 $\omega_1,\omega_2\in A(M)$,如果 ω_1 和 ω_2 在 M 的一个开集 U 上是

相等的,则 dω_1 和 dω_2 限制在 U 上也相等. 为此,利用条件(1),我们只需证明:如果 $\omega|_U = 0$,则 $(\mathrm{d}\omega)|_U = 0$. 任取一点 $p \in U$,利用流形的局部紧致性,必有包含 p 的开邻域 W,且 $\overline{W}$ 是紧的,使得 $p \in W \subset \overline{W} \subset U$. 由第一章 §3 引理 3,在 M 上存在光滑函数 h,使得

$$h(p') = \begin{cases} 1, & p' \in W, \\ 0, & p' \bar\in U. \end{cases}$$

这样,$h\omega \in A(M)$,且 $h\omega \equiv 0$. 因此

$$\mathrm{d}h \wedge \omega + h\mathrm{d}\omega = 0,$$
$$\mathrm{d}\omega|_W = 0.$$

由于 p 在 U 中的任意性,所以 dω 限制在 U 上必为零.

设 ω 是定义在开集 U 上的外微分式,利用第一章 §3 的引理 3,对任意一点 $p \in U$,必有包含 p 的坐标域 $U_1 \subset U$,及定义在 M 上的外微分式 $\tilde{\omega}$,使得

$$\tilde{\omega}|_{U_1} = \omega|_{U_1}. \tag{2.9}$$

于是,可以定义

$$\mathrm{d}\omega|_{U_1} = \mathrm{d}\tilde{\omega}|_{U_1}. \tag{2.10}$$

由于外微分算子 d 的局部性,上面的定义与 $\tilde{\omega}$ 的选择无关,因此 dω 有确定的意义.

现在我们在局部坐标域内证明外微分 d 的唯一性. 根据条件 (1),只要对单项式证明即可. 设在坐标域 U 上,ω 表为

$$\omega = a\,\mathrm{d}u^1 \wedge \cdots \wedge \mathrm{d}u^r, \tag{2.11}$$

其中 a 是 U 上的光滑函数. d 作用于定义在 U 上的外微分式仍然满足条件(1)~(4),所以

$$\mathrm{d}\omega = \mathrm{d}a \wedge \mathrm{d}u^1 \wedge \cdots \wedge \mathrm{d}u^{r}{}^{①}, \tag{2.12}$$

其中 da 是函数 a 的微分. 因此 dω 限制在坐标域 U 上有完全确定

---

① 这里是用到如下的事实:坐标函数 u^i 是局部坐标域 U 上的光滑函数,因此由条件(4)得

$$\mathrm{d}(\mathrm{d}u^i) = 0.$$

的形式.

假定

$$\omega|_U = a_{i_1 \cdots i_r} \mathrm{d} u^{i_1} \wedge \cdots \wedge \mathrm{d} u^{i_r}, \tag{2.13}$$

则可定义

$$\mathrm{d}(\omega|_U) = \mathrm{d} a_{i_1 \cdots i_r} \wedge \mathrm{d} u^{i_1} \wedge \cdots \wedge \mathrm{d} u^{i_r}. \tag{2.14}$$

显然 $\mathrm{d}(\omega|_U)$ 是 U 上的 $r+1$ 次外微分式,并且满足条件(1)和(3).
要证明条件(2)成立,只需取两个单项式

$$\alpha_1 = a \, \mathrm{d} u^{i_1} \wedge \cdots \wedge \mathrm{d} u^{i_r},$$

$$\alpha_2 = b \, \mathrm{d} u^{j_1} \wedge \cdots \wedge \mathrm{d} u^{j_s}.$$

根据定义(2.14),则有

$$\begin{aligned}
\mathrm{d}(\alpha_1 \wedge \alpha_2) \\
&= (b \, \mathrm{d} a + a \, \mathrm{d} b) \wedge \mathrm{d} u^{i_1} \wedge \cdots \wedge \mathrm{d} u^{i_r} \wedge \mathrm{d} u^{j_1} \wedge \cdots \wedge \mathrm{d} u^{j_s} \\
&= (\mathrm{d} a \wedge \mathrm{d} u^{i_1} \wedge \cdots \wedge \mathrm{d} u^{i_r}) \wedge (b \, \mathrm{d} u^{j_1} \wedge \cdots \wedge \mathrm{d} u^{j_s}) \\
&\quad + (-1)^r (a \, \mathrm{d} u^{i_1} \wedge \cdots \wedge \mathrm{d} u^{i_r}) \\
&\quad \wedge (\mathrm{d} b \wedge \mathrm{d} u^{j_1} \wedge \cdots \wedge \mathrm{d} u^{j_s}) \\
&= \mathrm{d} \alpha_1 \wedge \alpha_2 + (-1)^r \alpha_1 \wedge \mathrm{d} \alpha_2,
\end{aligned}$$

所以条件(2)成立.

条件(4):设 f 是 M 上的光滑函数,则限制在 U 上有

$$\mathrm{d} f = \frac{\partial f}{\partial u^i} \mathrm{d} u^i. \tag{2.15}$$

但是 f 是 C^∞ 的,它的高阶偏导数与次序无关,即

$$\frac{\partial^2 f}{\partial u^i \partial u^j} = \frac{\partial^2 f}{\partial u^j \partial u^i}, \tag{2.16}$$

所以

$$\begin{aligned}
\mathrm{d}(\mathrm{d} f) &= \mathrm{d}\left(\frac{\partial f}{\partial u^i}\right) \wedge \mathrm{d} u^i \\
&= \frac{\partial^2 f}{\partial u^i \partial u^j} \, \mathrm{d} u^j \wedge \mathrm{d} u^i
\end{aligned}$$

$$= \frac{1}{2}\left(\frac{\partial^2 f}{\partial u^i \partial u^j} - \frac{\partial^2 f}{\partial u^j \partial u^i}\right) \mathrm{d}u^j \wedge \mathrm{d}u^i = 0.$$

若 W 是另一个坐标域,由于外微分算子的局部性和在局部坐标域内的唯一性,我们有

$$\mathrm{d}(\omega|_U)|_{U\cap W} = \mathrm{d}(\omega|_{U\cap W})$$
$$= \mathrm{d}(\omega|_W)|_{U\cap W}, \qquad (2.17)$$

所以由(2.14)式定义的外微分算子 d 在 $U\bigcap W$ 上是一致的,即 d 是流形 M 上大范围定义的算子,这就证明了满足定理条件的算子 d 的存在性.

定理 2.2(Poincaré 引理) $\mathrm{d}^2 = 0$,即对于任意的外微分式 ω 有 $\mathrm{d}(\mathrm{d}\omega)=0$.

证明 因为 d 是线性算子,所以只要取 ω 是单项式就够了. 由于外微分 d 的局部性,只需设

$$\omega = a\mathrm{d}u^1 \wedge \cdots \wedge \mathrm{d}u^r,$$

故

$$\mathrm{d}\omega = \mathrm{d}a \wedge \mathrm{d}u^1 \wedge \cdots \wedge \mathrm{d}u^r.$$

再作一次外微分,利用条件(2)和(4),则有

$$\mathrm{d}(\mathrm{d}\omega) = \mathrm{d}(\mathrm{d}a) \wedge \mathrm{d}u^1 \wedge \cdots \wedge \mathrm{d}u^r$$
$$- \mathrm{d}a \wedge \mathrm{d}(\mathrm{d}u^1) \wedge \cdots \wedge \mathrm{d}u^r + \cdots$$
$$= 0.$$

证毕.

例 1 设 $\boldsymbol{R}^3$ 中的笛卡儿直角坐标系是 (x,y,z).

(1) 若 f 是 $\boldsymbol{R}^3$ 上的光滑函数,则

$$\mathrm{d}f = \frac{\partial f}{\partial x}\mathrm{d}x + \frac{\partial f}{\partial y}\mathrm{d}y + \frac{\partial f}{\partial z}\mathrm{d}z,$$

其系数构成的矢量 $\left(\dfrac{\partial f}{\partial x}, \dfrac{\partial f}{\partial y}, \dfrac{\partial f}{\partial z}\right)$ 是 f 的梯度 $\mathrm{grad}\, f$.

(2) 设 $\alpha = A\mathrm{d}x + B\mathrm{d}y + C\mathrm{d}z$,其中 A,B,C 是 $\boldsymbol{R}^3$ 上的光滑函数,则

$$\mathrm{d}\alpha = \mathrm{d}A \wedge \mathrm{d}x + \mathrm{d}B \wedge \mathrm{d}y + \mathrm{d}C \wedge \mathrm{d}z$$

$$= \left(\frac{\partial C}{\partial y} - \frac{\partial B}{\partial z}\right) \mathrm{d}y \wedge \mathrm{d}z + \left(\frac{\partial A}{\partial z} - \frac{\partial C}{\partial x}\right) \mathrm{d}z \wedge \mathrm{d}x$$

$$+ \left(\frac{\partial B}{\partial x} - \frac{\partial A}{\partial y}\right) \mathrm{d}x \wedge \mathrm{d}y;$$

若记矢量 $X = (A, B, C)$，则 $\mathrm{d}\alpha$ 的系数构成的矢量

$$\left(\frac{\partial C}{\partial y} - \frac{\partial B}{\partial z}, \frac{\partial A}{\partial z} - \frac{\partial C}{\partial x}, \frac{\partial B}{\partial x} - \frac{\partial A}{\partial y}\right)$$

恰是矢量场 X 的旋度 curl X.

(3) 设 $\alpha = A\mathrm{d}y \wedge \mathrm{d}z + B\mathrm{d}z \wedge \mathrm{d}x + C\mathrm{d}x \wedge \mathrm{d}y$，则

$$\mathrm{d}\alpha = \left(\frac{\partial A}{\partial x} + \frac{\partial B}{\partial y} + \frac{\partial C}{\partial z}\right) \mathrm{d}x \wedge \mathrm{d}y \wedge \mathrm{d}z$$

$$= \mathrm{div}\, X \, \mathrm{d}x \wedge \mathrm{d}y \wedge \mathrm{d}z,$$

其中 $X = (A, B, C)$，div X 表示矢量场 X 的散度.

由 Poincaré 引理，立即得到场论的两个基本公式：设 f 是 $\boldsymbol{R}^3$ 上的光滑函数，X 是 $\boldsymbol{R}^3$ 上的光滑切矢量场，则

$$\begin{cases} \mathrm{curl}(\mathrm{grad}\, f) = 0, \\ \mathrm{div}(\mathrm{curl}\, X) = 0. \end{cases} \tag{2.18}$$

定理 2.3 设 ω 是光滑流形 M 上的一次微分式，X 和 Y 是 M 上的光滑切矢量场，则

$$\mathrm{d}\omega(X, Y) = X\langle Y, \omega \rangle - Y\langle X, \omega \rangle - \langle [X, Y], \omega \rangle. \tag{2.19}$$

证明 因为 (2.19) 式两边对于 ω 是线性的，所以不妨假定 ω 是单项式

$$\omega = g\mathrm{d}f, \tag{2.20}$$

其中 f, g 是 M 上的光滑函数. 因此

$$\mathrm{d}\omega = \mathrm{d}g \wedge \mathrm{d}f. \tag{2.21}$$

根据第二章 §2 的 (2.17) 式，(2.19) 式的左边是

$$\mathrm{d}\omega(X, Y) = \mathrm{d}g \wedge \mathrm{d}f(X, Y)$$

$$= (\mathrm{d}g \otimes \mathrm{d}f - \mathrm{d}f \otimes \mathrm{d}g)(X, Y)$$

$$= \begin{vmatrix} \langle X, \mathrm{d}g \rangle & \langle X, \mathrm{d}f \rangle \\ \langle Y, \mathrm{d}g \rangle & \langle Y, \mathrm{d}f \rangle \end{vmatrix}$$

$$= Xg \cdot Yf - Xf \cdot Yg. \tag{2.22}$$

因为

$$\langle X, \omega \rangle = \langle X, g\mathrm{d}f \rangle = g \cdot Xf,$$

故

$$Y\langle X, \omega \rangle = Yg \cdot Xf + g \cdot Y(Xf); \tag{2.23}$$

同理,

$$X\langle Y, \omega \rangle = Xg \cdot Yf + g \cdot X(Yf). \tag{2.24}$$

所以(2.19)式右边是

$$X\langle Y, \omega \rangle - Y\langle X, \omega \rangle - \langle [X, Y], \omega \rangle$$
$$= Xg \cdot Yf - Yg \cdot Xf + g(X(Yf) - Y(Xf))$$
$$\quad - g\langle [X, Y], \mathrm{d}f \rangle$$
$$= Xg \cdot Yf - Yg \cdot Xf, \tag{2.25}$$

故(2.19)式成立.

注记 对于任意次的外微分式 ω,我们有下面的公式:设 $\omega \in A^r(M), X_1, \cdots, X_{r+1}$ 是 M 上任意 $(r+1)$ 个光滑切矢量场,则

$$\mathrm{d}\omega(X_1, \cdots, X_{r+1})$$
$$= \sum_{i=1}^{r+1} (-1)^{i+1} X_i (\langle X_1 \wedge \cdots \wedge \hat{X}_i \wedge \cdots \wedge X_{r+1}, \omega \rangle)$$
$$\quad + \sum_{1 \leqslant i < j \leqslant r+1} (-1)^{i+j} \langle [X_i, X_j] \wedge \cdots$$
$$\wedge \hat{X}_i \wedge \cdots \wedge \hat{X}_j \wedge \cdots \wedge X_{r+1}, \omega \rangle. \tag{2.26}$$

请读者自证公式(2.26).

利用定理 2.3,第一章讲到的 r 维分布的 Frobenius 条件可改述为它的对偶形式. 设 $L^r = \{X_1, \cdots, X_r\}$ 是 M 上一个光滑的 r 维分布,则在任一点 $p \in M, L^r(p)$ 是 T_p 的 r 维线性子空间. 命

$$(L^r(p))^\perp = \{\omega \in T_p^* \,|\, \text{使得对任意的 } X \in L^r(p) \text{ 有} \langle X, \omega \rangle = 0\}. \tag{2.27}$$

$(L^r(p))^\perp$ 自然是 T_p^* 的 $m-r$ 维子空间,称为 $L^r(p)$ 的零化子空间. 在任意一点的一个邻域内,存在 $m-r$ 个处处线性无关的一次

微分式 $\omega_{r+1}, \cdots, \omega_m$, 它们在该邻域的每一点 p 张成零化子空间
$(L^r(p))^\perp$. 实际上, 在一个邻域内分布 L^r 是由 r 个处处线性无关
的光滑切矢量场 $X_1, \cdots, X_r$ 张成的, 因此可找到 $m-r$ 的光滑切矢
量场 $X_{r+1}, \cdots, X_m$, 使得 $\{X_1, \cdots, X_r, X_{r+1}, \cdots, X_m\}$ 在该邻域内是处
处线性无关的. 设 $\{\omega_1, \cdots, \omega_r, \omega_{r+1}, \cdots, \omega_m\}$ 是在该邻域内与之对偶
的一次微分式, 则在每一点 p, $(L^r(p))^\perp$ 是由 $\omega_{r+1}, \cdots, \omega_m$ 张成的.
因此, 在局部上分布 L^r 等价于方程组

$$\omega_s = 0, \quad r+1 \leqslant s \leqslant m. \qquad (2.28)$$

上述方程组常称为 Pfaff 方程组.

由 (2.19) 式得到

$$\begin{aligned}
\mathrm{d}\omega_s(X_\alpha, X_\beta) &= X_\alpha\langle X_\beta, \omega_s\rangle - X_\beta\langle X_\alpha, \omega_s\rangle - \langle[X_\alpha, X_\beta], \omega_s\rangle \\
&= -\langle[X_\alpha, X_\beta], \omega_s\rangle.
\end{aligned}$$

因此, 分布 $L^r = \{X_1, \cdots, X_r\}$ 适合 Frobenius 条件, 即

$$[X_\alpha, X_B] \in L^r, \quad 1 \leqslant \alpha, \beta \leqslant r \qquad (2.29)$$

的充分必要条件是

$$\mathrm{d}\omega_s(X_\alpha, X_\beta) = 0, \quad 1 \leqslant \alpha, \beta \leqslant r, r+1 \leqslant s \leqslant m. \quad (2.30)$$

我们要证明, (2.30) 式等价于

$$\mathrm{d}\omega_s \equiv 0 \ (\mathrm{mod}(\omega_{r+1}, \cdots, \omega_m)), \quad r+1 \leqslant s \leqslant m. \quad (2.31)$$

实际上, $\mathrm{d}\omega_s$ 可以用 $\omega_i (1 \leqslant i \leqslant m)$ 表示, 设

$$\mathrm{d}\omega_s = \sum_{t=r+1}^m \psi_{st} \wedge \omega_t + \sum_{\alpha,\beta=1}^r a_{\alpha\beta}^s \omega_\alpha \wedge \omega_\beta, \qquad (2.32)$$

其中 ψ_{st} 是一次微分式, $a_{\alpha\beta}^s$ 是光滑函数, 且关于下指标是反对称
的. 因为

$$\langle X_i, \omega_j\rangle = \delta_{ij},$$

所以将 (2.32) 式代入 (2.30) 式便得

$$a_{\alpha\beta}^s = 0, \quad 1 \leqslant \alpha, \beta \leqslant r, r+1 \leqslant s \leqslant m,$$

即

$$\mathrm{d}\omega_s = \sum_{t=r+1}^{m} \psi_{st} \wedge \omega_t, \qquad (2.33)$$

这就是(2.31)式. 我们把(2.31)式称为 Pfaff 方程组(2.28)所适合的 **Frobenius 条件**.

若存在局部坐标系 u^i, 使子流形

$$u^s = \mathrm{const}, \quad r+1 \leqslant s \leqslant m \qquad (2.34)$$

适合 Pfaff 方程组(2.28), 则称(2.28)是完全可积的. 这样, 如果 Pfaff 方程组(2.28)是完全可积的, 则存在局部坐标系 u^i, 使该方程组等价于

$$\mathrm{d}u^s = 0, \quad r+1 \leqslant s \leqslant m. \qquad (2.35)$$

这时分布 L^r 恰好是切矢量场 $\dfrac{\partial}{\partial u^1}, \cdots, \dfrac{\partial}{\partial u^r}$ 张成的. 反过来也对. 因此第一章的 Frobenius 定理可以改述为

定理 2.4 Pfaff 方程组

$$\omega_\alpha = 0, \quad 1 \leqslant \alpha \leqslant r, \qquad (2.36)$$

完全可积的充要条件是

$$\mathrm{d}\omega_\alpha \equiv 0 \, (\mathrm{mod}(\omega_1, \cdots, \omega_r)), \quad 1 \leqslant \alpha \leqslant r. \qquad (2.37)$$

例 2 设在 $\boldsymbol{R}^3$ 上的全微分方程

$$\Omega \equiv P\mathrm{d}x + Q\mathrm{d}y + R\mathrm{d}z = 0, \qquad (2.38)$$

其中 P, Q, R 是 $\boldsymbol{R}^3$ 上的光滑函数. (2.38)是完全可积的意思是: 在每个充分小的邻域内存在光滑函数 F, 使得

$$F = \mathrm{const}$$

是(2.38)的初积分. 根据定理 2.4, (2.38)式是完全可积的充要条件是

$$\mathrm{d}\Omega \wedge \Omega = 0,$$

即

$$P\left(\frac{\partial R}{\partial y} - \frac{\partial Q}{\partial z}\right) + Q\left(\frac{\partial P}{\partial z} - \frac{\partial R}{\partial x}\right) + R\left(\frac{\partial Q}{\partial x} - \frac{\partial P}{\partial y}\right) = 0.$$

$$(2.39)$$

换言之,上式是方程(2.38)有积分因子的充要条件.

要指出的是,Frobenius 定理是"局部"的定理,它描述的是 Pfaff 方程组在一点的邻域内的解的性状.但是从这个"局部"定理出发,可研究大范围的积分流形.为此,需要在 M 上引进新的拓扑:设 L^r 是 M 上的 r 维分布,适合 Frobenius 条件.若把 L^r 的积分流形的并集定义为 M 的"开集",则全体这种"开集"构成 M 的一个拓扑 O.

定理 2.5 设 L^r 是流形 M 上适合 Frobenius 条件的光滑的 r 维分布,则过每一点 $p \in M$,存在 L^r 的极大积分流形 $\mathcal{L}(p)$,而 L^r 的任意一个过点 p 的积分流形关于拓扑 O 是 $\mathcal{L}(p)$ 的开子流形.

定理中所谓极大积分流形是指它不是另一个积分流形的真子集.详细的讨论可见参考文献[9,第 92 页].

设 $f: M \to N$ 是从光滑流形 M 到 N 的光滑映射,则它诱导出外微分式空间之间的线性映射

$$f^*: A(N) \to A(M).$$

实际上,f 在每一点 $p \in M$ 诱导出切映射 $f_*: T_p(M) \to T_{f(p)}(N)$.而映射 $f^*: A(N) \to A(M)$ 在各齐次部分上定义如下:

若 $\beta \in A^r(N)$ $(r \leqslant 1)$,则 $f^*\beta \in A^r(M)$,使得对 M 上任意 r 个光滑切矢量场 $X_1, \cdots, X_r$ 有

$$f^*\beta(X_1, \cdots, X_r) = \beta(f_* X_1, \cdots, f_* X_r). \tag{2.40}$$

若 $\beta \in A^0(N)$,则命

$$f^*\beta = \beta \circ f \in A^0(M). \tag{2.41}$$

根据第二章定理 3.2,映射 f^* 与外积是可交换的,即对任意的 $\omega, \eta \in A(N)$,有

$$f^*(\omega \wedge \eta) = f^*\omega \wedge f^*\eta. \tag{2.42}$$

诱导映射 f^* 的重要性还在于它与外微分 d 是可交换的.

定理 2.6 设 $f: M \to N$ 是从光滑流形 M 到 N 的光滑映射,则诱导映射 $f^*: A(N) \to A(M)$ 和外微分 d 是可交换的,即

$$f^* \circ d = d \circ f^*: A(N) \to A(M). \tag{2.43}$$

或者说有下述交换图表：

$$
\begin{array}{ccc}
A(N) & \xrightarrow{\ \mathrm{d}\ } & A(N) \\
{\scriptstyle f^*}\Big\uparrow & & \Big\downarrow{\scriptstyle f^*} \\
A(M) & \xrightarrow{\ \mathrm{d}\ } & A(M)
\end{array}
$$

证明　由于 f^* 和 d 都是线性的,所以只要考虑(2.43)式两边对单项式 β 的作用.

首先,设 β 是 N 上的光滑函数,即 $\beta \in A^0(N)$. 任取 M 上的光滑切矢量场 X,则由(2.40)式得

$$
\begin{aligned}
(f^* \mathrm{d}\beta)(X) &= \mathrm{d}\beta(f_* X) \\
&= f_* X(\beta) \\
&= X(\beta \circ f) = (\mathrm{d}(f^*\beta))(X),
\end{aligned}
$$

所以

$$
f^*(\mathrm{d}\beta) = \mathrm{d}(f^*\beta).
$$

其次,设 $\beta = u\mathrm{d}v$,其中 u, v 是 N 上的光滑函数,则

$$
\begin{aligned}
f^*(\mathrm{d}\beta) &= f^*(\mathrm{d}u \wedge \mathrm{d}v) = f^*\mathrm{d}u \wedge f^*\mathrm{d}v \\
&= \mathrm{d}(f^*u) \wedge \mathrm{d}(f^*v) = \mathrm{d}(f^*\beta).
\end{aligned}
$$

现在假定(2.43)式对次数 $<r$ 的外微分式成立,要证明它对 r 次外微分式也成立.设 β 是 r 次单项式, $\beta \in A^r(N)$,写作

$$
\beta = \beta_1 \wedge \beta_2,
$$

其中 β_1 是 N 上的一次微分式, β_2 是 N 上的 $r-1$ 次外微分式,则由归纳假设得到

$$
\begin{aligned}
\mathrm{d} \circ f^*(\beta_1 \wedge \beta_2) \\
= \mathrm{d}(f^*\beta_1 \wedge f^*\beta_2) \\
= \mathrm{d}(f^*\beta_1) \wedge f^*\beta_2 - f^*\beta_1 \wedge \mathrm{d}(f^*\beta_2) \\
= f^*(\mathrm{d}\beta_1 \wedge \beta_2) - f^*(\beta_1 \wedge \mathrm{d}\beta_2) \\
= f^* \circ \mathrm{d}(\beta_1 \wedge \beta_2).
\end{aligned}
$$

证毕.

§3 外微分式的积分

把流形的局部性质和整体性质联系起来的最简单方式是外微分式在流形上的积分.要定义积分的概念,需要一些准备知识.

定义 3.1 m 维光滑流形 M 称为**可定向的**,如果在 M 上存在一个连续的、处处不为零的 m 次外微分式.如果在 M 上给定了这样一个外微分式 ω,则称 M 是定向的.如果给出 M 的定向的两个外微分式彼此差一个处处为正的函数因子,则称它们规定了 M 的同一个定向.

连通的可定向流形恰有两个不同的定向.因为如果 ω 和 ω' 是给出 M 的定向的两个 m 次外微分式,则存在 M 上的连续函数 f,使

$$\omega' = f\omega, \tag{3.1}$$

其中 f 处处不为零.由于 M 是连通流形,f 在 M 上必须保持同一个符号,因此 ω' 给出的定向或者与 ω 一致,或者与 $-\omega$ 一致.

设流形 M 是由外微分式 ω 定向的.设 $(U; u^i)$ 是 M 的任意一个局部坐标系,则 $\mathrm{d}u^1 \wedge \cdots \wedge \mathrm{d}u^m$ 与 $\omega|_U$ 差一个处处不为零的因子.如果 $\mathrm{d}u^1 \wedge \cdots \wedge \mathrm{d}u^m$ 与 $\omega|_U$ 差一个正因子,则称 $(U; u^i)$ 是与 M 的定向相符的坐标系.显然在定向流形上可取定向相符的坐标覆盖,对于任意两个相交的坐标域,坐标变换的 Jacobi 行列式处处取正值.反过来,利用下面要讲的单位分解定理可以证明:如果流形 M 上存在一个容许的坐标覆盖,对其中任意两个相交的坐标域,坐标变换的 Jacobi 行列式处处取正值,则 M 是可定向的(请读者补充证明).

定义 3.2 设 $f: M \to \mathbf{R}$ 是 M 上的实函数,函数 f 的**支集**(support set)是指使 f 取非零值的点集的闭包,记作

$$\mathrm{supp}\, f = \overline{\{p \mid \in M, f(p) \neq 0\}}. \tag{3.2}$$

若 φ 是外微分式,则 φ 的支集是

$$\operatorname{supp} \varphi = \overline{\{p \mid \in M, \varphi(p) \neq 0\}}. \tag{3.3}$$

很明显,支集 $\operatorname{supp}\varphi$ 的补集恰是 M 中使 $\varphi=0$ 的最大开子集.

定义 3.3 设 Σ_0 是 M 的一个开覆盖. 如果 M 的任意一个紧致子集只与 Σ_0 中有限多个成员相交,则称 Σ_0 是 M 的**局部有限开覆盖.**

定理 3.1 设 Σ 是流形 M 的一个拓扑基,则存在 Σ 的一个子集 Σ_0,它是 M 的局部有限开覆盖.

证明 根据流形的定义,M 是局部紧致的. 已假定流形 M 满足第二可数公理,因此存在 M 的一个可数开覆盖 $\{U_i\}$,使得其中每一个 U_i 的闭包 $\overline{U}_i$ 是紧致的. 记

$$P_i = \bigcup_{1 \leqslant r \leqslant i} \overline{U}_r, \tag{3.4}$$

则 P_i 是紧致的,$P_i \subset P_{i+1}$,并且 $\bigcup_{i=1}^{\infty} P_i = M$. 现在要构造另外一串紧致集 Q_i,使它们满足条件

$$P_i \subset Q_i \subset \mathring{Q}_{i+1}, \tag{3.5}$$

其中 $\mathring{Q}_{i+1}$ 表示 Q_{i+1} 的内部.

用归纳法,假定 $Q_1, \cdots, Q_i$ 已造出. 因为 $Q_i \bigcup P_{i+1}$ 是紧致的,所以在 $\{U_j\}$ 中存在有限多个成员 $U_\alpha, 1 \leqslant \alpha \leqslant s$,它们构成 $Q_i \bigcup P_{i+1}$ 的覆盖. 命

$$Q_{i+1} = \bigcup_{1 \leqslant \alpha \leqslant s} \overline{U}_\alpha, \tag{3.6}$$

则 Q_{i+1} 满足条件(3.5). 首先 Q_{i+1} 是紧致的,$P_{i+1} \subset Q_{i+1}$. 另外

$$Q_i \subset \bigcup_{1 \leqslant \alpha \leqslant s} U_\alpha \subset \mathring{Q}_{i+1}.$$

显然,$\bigcup_{i=1}^{\infty} Q_i = M$.

现在命(图 9)

$$L_i = Q_i - \mathring{Q}_{i-1}, \quad K_i = \mathring{Q}_{i+1} - Q_{i-1}, \tag{3.7}$$

其中 $1 \leqslant i < +\infty$,且规定 $Q_{-1} = Q_0 = \varnothing$. 这样 L_i 是紧致集,K_i 是开

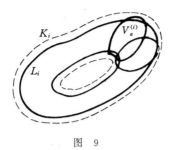

图　9

集,并且 $L_i \subset K_i$.

根据假定, Σ 是 M 的拓扑基,因此 K_i 可以表成 Σ 中一些成员的并集. 由于 L_i 的紧致性, $L_i \subset K_i$,所以对每一个 i,在 Σ 中存在有限多个成员 $V_\alpha^{(i)}, 1 \leqslant \alpha \leqslant r_i$,使得

$$L_i \subset \bigcup_{1 \leqslant \alpha \leqslant r_i} V_\alpha^{(i)} \subset K_i. \tag{3.8}$$

因为 $\bigcup_{i=1}^{\infty} L_i = M$,所以

$$\Sigma_0 = \{V_\alpha^{(i)}, 1 \leqslant \alpha \leqslant r_i, 1 \leqslant i < +\infty\} \tag{3.9}$$

是 Σ 的子覆盖.

我们要证明 Σ_0 是局部有限的. 设 A 是任意一个紧致集,由(3.4)式可知必有充分大的整数 i,使 $A \subset P_i \subset Q_i$. 当 $k \geqslant i+2$ 时

$$K_k = \mathring{Q}_{k+1} - Q_{k-2} \subset \mathring{Q}_{k+1} - Q_i,$$

故 $K_k \bigcap Q_i \neq \varnothing$. 因此

$$V_\alpha^{(k)} \bigcap A \subset K_k \bigcap Q_i = \varnothing, \quad 1 \leqslant \alpha \leqslant r_k, k \geqslant i+2, \tag{3.10}$$

即 Σ_0 中与 A 相交的成员至多是有限多个.

定理 3.2（单位分解定理）　设 Σ 是光滑流形 M 的一个开覆盖,则在 M 上存在一族光滑函数 $\{g_\alpha\}$,满足下列条件:

（1）对每一个 $\alpha, 0 \leqslant g_\alpha \leqslant 1$,支集 supp g_α 是紧致的,并且有开集 $W_i \in \Sigma$,使 supp $g_\alpha \subset W_i$;

87

（2）每一点 $p \in M$ 有一邻域 U，它只与有限多个支集 supp g_α 相交；

（3）$\sum_\alpha g_\alpha = 1$.

由于条件（2），在任意一点 $p \in M$，条件（3）左边只有有限多项不为零，故和式是有意义的. 函数族 $\{g_\alpha\}$ 称为从属于开覆盖 Σ 的单位分解.

证明　因为 M 是流形，所以存在 M 的拓扑基 $\Sigma_0 = \{U_\alpha\}$，使其中每一个 U_α 是坐标域，$\overline{U}_\alpha$ 是紧致的，并且存在 $W_i \in \Sigma$，使 $\overline{U}_\alpha \subset W_i$. 由定理 3.1，$\Sigma_0$ 有局部有限的子覆盖，所以不妨假定 Σ_0 本身是 M 的局部有限开覆盖，并且有可数多个成员. 用归纳法不难证明，Σ_0 中每个成员 U_α 稍作收缩得到 V_α，可使 $\overline{V}_\alpha \subset U_\alpha$，且 $\{V_\alpha\}$ 仍构成 M 的开覆盖[①].

根据第一章 §3 引理 3，在 M 上存在光滑函数 $h_\alpha, 0 \leqslant h_\alpha \leqslant 1$，并且

$$h_\alpha(p) = \begin{cases} 1, & p \in V_\alpha, \\ 0, & p \overline{\in} U_\alpha. \end{cases} \tag{3.11}$$

显然 supp $h_\alpha \subset \overline{U}_\alpha$. 任意一点 $p \in M$ 都有一个邻域 U，使 $\overline{U}$ 是紧致的；由于 Σ_0 的局部有限性；$\overline{U}$ 只与 Σ_0 中有限多个成员相交，和式 $\sum_\alpha h_\alpha(p)$ 中只有有限多项不是零，所以 $h = \sum_\alpha h_\alpha$ 是定义在 M 上的光滑函数. 因为 $\{V_\alpha\}$ 构成 M 的覆盖，所以点 p 必落在某个 V_α 内，即 $h(p) \geqslant 1$. 命

$$g_\alpha = h_\alpha / h, \tag{3.12}$$

---

① 收缩的方法如下：命 $W = \bigcup_{i \neq \alpha} U_i$，则 $M - W$ 是包含在 U_α 内的闭集；因 $\overline{U}_\alpha$ 紧致，$M - W$ 也是紧致的，故有有限多个坐标域 $W_s (1 \leqslant s \leqslant r)$，使 $\overline{W}_s \subset U_\alpha$，且 $\bigcup_{s=1}^{r} W_s \supset M - W$. 只要命 $V_\alpha = \bigcup_{s=1}^{r} W_s$ 即可.

则 g_α 是 M 上的光滑函数. 容易验证,函数族 $\{g_\alpha\}$ 适合定理的条件.

有了上述准备,我们可以着手定义外微分式在流形 M 上的积分. 设 M 是 m 维定向的光滑流形,φ 是 M 上的 m 次外微分式,且有紧致的支集 $\mathrm{supp}\,\varphi$. 任取 M 的一个定向相符的坐标覆盖 $\Sigma=\{W_i\}$,设 $\{g_\alpha\}$ 是从属于 Σ 的单位分解,则

$$\varphi = \Big(\sum_\alpha g_\alpha \Big) \cdot \varphi = \sum_\alpha (g_\alpha \cdot \varphi). \tag{3.13}$$

显然,支集 $\mathrm{supp}(g_\alpha \cdot \varphi) \subset \mathrm{supp}\,g_\alpha$ 包含在某个坐标域 $W_i \in \Sigma$ 内,所以可以定义

$$\int_M g_\alpha \cdot \varphi = \int_{W_i} g_\alpha \cdot \varphi, \tag{3.14}$$

右端理解为普通的 Riemann 积分,即:如果 $g_\alpha \cdot \varphi$ 关于 W_i 中的坐标系 $u^1,\cdots,u^m$ 表为

$$f(u^1,\cdots,u^m)\mathrm{d}u^1 \wedge \cdots \wedge \mathrm{d}u^m,$$

则(3.14)式右端的积分就是

$$\int_{W_i} f(u^1,\cdots,u^m)\mathrm{d}u^1\cdots\mathrm{d}u^m. \tag{3.15}$$

要说明(3.14)式是有意义的,只需证明右端与 W_i 的选择无关. 不妨设 $\mathrm{supp}(g_\alpha \cdot \varphi)$ 同时包含在坐标域 W_i 和 W_j 内,设它们的定向相符的局部坐标分别是 u^k 和 v^k,则坐标变换的 Jacobi 行列式

$$J = \frac{\partial(v^1,\cdots,v^m)}{\partial(u^1,\cdots,u^m)} > 0. \tag{3.16}$$

假定 $g_\alpha \cdot \varphi$ 在 W_i 和 W_j 内的表式分别是

$$g_\alpha \cdot \varphi = f\mathrm{d}u^1 \wedge \cdots \wedge \mathrm{d}u^m = f'\mathrm{d}v^1 \wedge \cdots \wedge \mathrm{d}v^m, \tag{3.17}$$

则

$$f = f' \cdot J = f' \cdot |J|, \tag{3.18}$$

且 $\mathrm{supp}\,f = \mathrm{supp}\,f' = \mathrm{supp}(g_\alpha \cdot \varphi) \subset W_i \bigcap W_j$. 根据 Riemann 积分的变量替换公式,我们有

$$\int_{W_i \cap W_j} f' \mathrm{d}v^1 \cdots \mathrm{d}v^m = \int_{W_i \cap W_j} f' \cdot |J| \cdot \mathrm{d}u^1 \cdots \mathrm{d}u^m$$
$$= \int_{W_i \cap W_j} f \mathrm{d}u^1 \cdots \mathrm{d}u^m,$$

即

$$\int_{W_i} g_\alpha \cdot \varphi = \int_{W_j} g_\alpha \cdot \varphi. \tag{3.19}$$

因为 φ 的支集 $\mathrm{supp}\,\varphi$ 是紧致的,根据单位分解定理的条件 (2),$\mathrm{supp}\,\varphi$ 只与有限多个支集 $\mathrm{supp}\,g_\alpha$ 相交,因此(3.13)式的右端只是有限多项的和. 命

$$\int_M \varphi = \sum_\alpha \int_M g_\alpha \cdot \varphi. \tag{3.20}$$

对于每一个从属于 Σ 的单位分解 $\{g_\alpha\}$,(3.20)式右边是完全确定的. 下面要证明(3.20)式与单位分解 $\{g_\alpha\}$ 的选取无关.

假设 $\{g'_\beta\}$ 是从属于 Σ 的另一个单位分解,则

$$\sum_\beta \int_M g'_\beta \cdot \varphi = \sum_\beta \sum_\alpha \int_M g_\alpha \cdot g'_\beta \cdot \varphi$$
$$= \sum_\alpha \int_M \sum_\beta g'_\beta \cdot g \cdot \varphi$$
$$= \sum_\alpha \int_M g_\alpha \cdot \varphi.$$

定义 3.4 设 M 是 m 维定向的光滑流形,φ 是 M 上有紧致支集的 m 次外微分式. 由(3.20)式所定义的数值 $\int_M \varphi$ 称为外微分式 φ 在 M 上的**积分**.

若 $\varphi, \varphi_1, \varphi_2$ 都是 M 上有紧致支集的 m 次外微分式,则 $\varphi_1 + \varphi_2$ 有紧致支集;对任意的实数 c,$c\varphi$ 也有紧致支集. 根据积分的定义显然有

$$\begin{cases} \int_M (\varphi_1 + \varphi_2) = \int_M \varphi_1 + \int_M \varphi_2, \\ \int_M c\varphi = c \int_M \varphi. \end{cases} \tag{3.21}$$

因此积分 $\int_M$ 是 M 上有紧致支集的 m 次外微分式的集合上的线性函数.

若 $\operatorname{supp}\varphi$ 恰好落在一个坐标域 U 内, 且 U 的定向相符的局部坐标是 u^i, 则 φ 可表成

$$\varphi = f(u^1, \cdots, u^m)\mathrm{d}u^1 \wedge \cdots \wedge \mathrm{d}u^m, \tag{3.22}$$

而 $\int_M$ 正好是普通的 Riemann 积分

$$\int_M \varphi = \int_U f \mathrm{d}u^1 \cdots \mathrm{d}u^m. \tag{3.23}$$

可见, 定义 3.4 是 Riemann 积分的推广.

若 φ 是 $r<m$ 次外微分式, 且有紧致支集 $\operatorname{supp}\varphi$, 则可定义 φ 在 M 的 r 维子流形上的积分. 设

$$h: N \to M \tag{3.24}$$

是 M 的 r 维嵌入子流形, 则 $h^*\varphi$ 是 r 维光滑流形 N 上的 r 次外微分式, 且有紧致的支集, 故积分 $\int_N h^*\varphi$ 是有定义的. 我们把 φ 在子流形 $h(N)$ 上的积分定义为

$$\int_{h(N)} \varphi = \int_N h^*\varphi. \tag{3.25}$$

§4 Stokes 公式

一个区域上的积分和它边界上的积分之间的联系, 是微积分学的最基本的命题. 先看几个例子.

例 1 设 $D=[a,b]$ 是 $\boldsymbol{R}^1$ 中的一个闭区间, f 是 D 上的连续可微函数, 则有微积分学的基本公式

$$\int_D \mathrm{d}f = f(b) - f(a). \tag{4.1}$$

我们用 ∂D 记 D 的有向边界 $\{b\}-\{a\}$, 则上式右端记成 $\int_{\partial D} f$.

例 2 设 D 是 $\boldsymbol{R}^2$ 中一个有界区域, 其定向与 $\boldsymbol{R}^2$ 的一致. 用

∂D 记 D 的有向边界,其定向由 D 所诱导,即:∂D 的正向与指向 D 内部的法矢量构成与 $\boldsymbol{R}^2$ 的定向一致的标架(见图 10).设 P,Q 是 D 上的连续可微函数,则有 Green 公式

$$\int_{\partial D} P\mathrm{d}x + Q\mathrm{d}y = \int_D \left(\frac{\partial Q}{\partial x} - \frac{\partial P}{\partial y} \right) \mathrm{d}x\mathrm{d}y. \qquad (4.2)$$

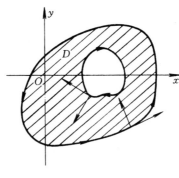

图 10

若命 $\omega = P\mathrm{d}x + Q\mathrm{d}y$,则

$$\mathrm{d}\omega = \left(\frac{\partial Q}{\partial x} - \frac{\partial P}{\partial y} \right) \mathrm{d}x \wedge \mathrm{d}y,$$

因此(4.2)式可改写成

$$\int_{\partial D} \omega = \int_D \mathrm{d}\omega. \qquad (4.3)$$

例 3 设 D 是 $\boldsymbol{R}^3$ 中的有界区域,其定向与 $\boldsymbol{R}^3$ 一致,以外法线方向为正向诱导出边界 ∂D 的定向.设 P,Q,R 分别是 D 上的连续可微函数,则 Gauss 公式说

$$\int_{\partial D} P\mathrm{d}y\mathrm{d}z + Q\mathrm{d}z\mathrm{d}x + R\mathrm{d}x\mathrm{d}y$$

$$= \int_D \left(\frac{\partial P}{\partial x} + \frac{\partial Q}{\partial y} + \frac{\partial R}{\partial z} \right) \mathrm{d}x\mathrm{d}y\mathrm{d}z, \qquad (4.4)$$

或记成

$$\int_{\partial D} \varphi = \int_D \mathrm{d}\varphi, \tag{4.5}$$

其中 $\varphi = P\mathrm{d}y \wedge \mathrm{d}z + Q\mathrm{d}z \wedge \mathrm{d}x + R\mathrm{d}x \wedge \mathrm{d}y$.

例 4 设 Σ 是 $\boldsymbol{R}^3$ 中一块有向曲面,其边界 $\partial\Sigma$ 是有向闭曲线,而且 ∂E 的正向与 Σ 的正向法矢量符合右手法则(假定 $\boldsymbol{R}^3$ 以右手系为正定向). 设 P, Q, R 是在包含 Σ 在内的一个区域上的连续可微的函数,则有 Stokes 公式

$$\int_{\partial\Sigma} P\mathrm{d}x + Q\mathrm{d}y + R\mathrm{d}z$$

$$= \iint_{\Sigma} \left(\frac{\partial R}{\partial y} - \frac{\partial Q}{\partial z} \right) \mathrm{d}y\mathrm{d}z$$

$$+ \left(\frac{\partial P}{\partial z} - \frac{\partial R}{\partial x} \right) \mathrm{d}z\mathrm{d}x + \left(\frac{\partial Q}{\partial x} - \frac{\partial P}{\partial y} \right) \mathrm{d}x\mathrm{d}y. \tag{4.6}$$

若记 $$\omega = P\mathrm{d}x + Q\mathrm{d}y + R\mathrm{d}z,$$
则上式可写成

$$\int_{\partial\Sigma} \omega = \int_\Sigma \mathrm{d}\omega. \tag{4.7}$$

由此可见,上面四个公式用外微分记号具有统一的形式. 本节要讲的 Stokes 公式是上述公式在流形上的推广. 我们先解释一些必要的概念.

定义 4.1 设 M 是 m 维光滑流形. 所谓**带边区域** D 是指流形 M 的一个子集,其中的点分为两类:(1) **内点**,即在 M 中有该点的一个邻域包含在 D 内;(2) **边界点**,其定义是:设 p 是边界点,则 p 有一个坐标系 $(U; u^i)$,使得 $u^i(p) = 0$,并且

$$U \cap D = \{q \mid \in U, u^m(q) \geqslant 0\}. \tag{4.8}$$

具有上述性质的坐标系 $(U; u^i)$ 称为边界点 p 的**适用**(adapted)**坐标系**.

带边区域 D 的边界点的集合称为 D 的边界,记作 B.

定理 4.1 带边区域 D 的边界 B 是正则嵌入的闭子流形. 如果 M 是可定向流形,则 B 也是可定向的.

证明 区域 D 的边界 B 显然是 M 的闭子集. 设$(U;u^i)$是点 $p \in B$ 的适用坐标域,则

$$U \bigcap B = \{q \mid \in U; u^m(q) = 0\}. \tag{4.9}$$

根据定义(第一章§3),B 是 M 的正则嵌入的闭子流形.

假定 M 是定向流形,对于任意一点 $p \in B$ 选取与 M 的定向相符的适用坐标域$(U;u^i)$,则$(u^1, \cdots, u^{m-1})$ 是 B 在点 p 的局部坐标系. 以

$$(-1)^m du^1 \wedge \cdots \wedge du^{m-1} \tag{4.10}$$

给出边界 B 在点 p 的坐标域 $U \bigcap B$ 上的定向. 我们要证明,如此给出的坐标域的定向是彼此相容的. 设$(V; v^i)$是边界点 p 的另一个与 M 的定向相符的适用坐标域,则

$$\frac{\partial(v^1, \cdots, v^m)}{\partial(u^1, \cdots, u^m)} > 0. \tag{4.11}$$

若设 $v^m = f^m(u^1, \cdots, u^m)$,则对于任意固定的 $u^1, \cdots, u^{m-1}$,变量 v^m 的符号与 u^m 相同,并且当 $u^m = 0$ 时,$v^m = 0$,所以在 p 点 $\dfrac{\partial v^m}{\partial u^m} > 0$. 不失普遍性,可设 $v^m = u^m$,则(4.11)式成为

$$\frac{\partial(v^1, \cdots, v^{m-1})}{\partial(u^1, \cdots, u^{m-1})} > 0. \tag{4.12}$$

这说明

$$(-1)^m du^1 \wedge \cdots \wedge du^{m-1} \quad \text{和} \quad (-1)^m dv^1 \wedge \cdots \wedge dv^{m-1}$$

在 $U \bigcap V \bigcap B$ 上给出的定向是一致的,因此 B 是可定向的.

由(4.10)式给出的边界 B 的定向称为定向流形 M 的带边区域 D 在其边界 B 上诱导的定向,则有诱导定向的边界 B 记作 ∂D. 容易验证,前面 4 个例子中 ∂D 和 $\partial \Sigma$ 的定向恰是按这种方式诱导的.

定理 4.2(Stokes 公式) 设 D 是 m 维定向流形 M 中的带边区域,ω 是 M 上有紧致支集的 $m-1$ 次外微分式,则

$$\int_D d\omega = \int_{\partial D} \omega; \tag{4.13}$$

若 $\partial D = \varnothing$，则规定右边的积分是零.

证明　设 $\{U_i\}$ 是 M 的定向相符的坐标覆盖，$\{g_\alpha\}$ 是从属的单位分解，则

$$\omega = \sum_\alpha g_\alpha \cdot \omega. \qquad (4.14)$$

因为支集 supp ω 是紧致的，所以上式右边只是有限项的和. 于是

$$\begin{cases} \displaystyle\iint_D \mathrm{d}\omega = \sum_\alpha \int_D \mathrm{d}(g_\alpha \cdot \omega), \\ \displaystyle\iint_{\partial D} \omega = \sum_\alpha \int_{\partial D} g_\alpha \cdot \omega, \end{cases} \qquad (4.15)$$

这说明只要对每一个 α 证明

$$\int_D \mathrm{d}(g_\alpha \cdot \omega) = \int_{\partial D} g_\alpha \cdot \omega \qquad (4.16)$$

就够了. 因此不妨假定支集 supp ω 包含在 M 的一个定向相符的坐标域 $(U; u^i)$ 内. 设 ω 的表式是

$$\omega = \sum_{j=1}^{m} (-1)^{j-1} a_j \mathrm{d}u^1 \wedge \cdots \wedge \widehat{\mathrm{d}u^j} \wedge \cdots \wedge \mathrm{d}u^m, \qquad (4.17)$$

其中 a_j 是 U 上的光滑函数，则

$$\mathrm{d}\omega = \left(\sum_{j=1}^{m} \frac{\partial a_j}{\partial u^j} \right) \mathrm{d}u^1 \wedge \cdots \wedge \mathrm{d}u^m. \qquad (4.18)$$

下面分两种情形：

情形 1：若 $U \bigcap \partial D = \varnothing$，则 (4.13) 式右端为零. 这时，$U$ 或者包含在 $M - D$ 内，或者包含在 D 的内部. 对于前者，(4.13) 式左端自然是零. 对于后者则有

$$\int_D \mathrm{d}\omega = \sum_{j=1}^{m} \int_U \frac{\partial a_j}{\partial u^j} du^1 \cdots du^m. \qquad (4.19)$$

考虑 $\boldsymbol{R}^m$ 中的一个方体 C：$|u^i| \leqslant K, 1 \leqslant i \leqslant m$，使得 U 包含在 C 内. 将函数 a_j 延拓到 C 上，命它在 U 外的取值为零. 显然 a_j 在 C 内是连续可微的. 因此

$$\int_U \frac{\partial a_j}{\partial u^j} du^1 \cdots du^m = \int_C \frac{\partial a_j}{\partial u^j} du^1 \cdots du^m$$

$$= \int_{\substack{|u^i| \leqslant K \\ i \neq j}} \left(\int_{-K}^{+K} \frac{\partial a_j}{\partial u^j} \mathrm{d}u^j \right) \mathrm{d}u^1 \cdots \mathrm{d}u^{j-1} \mathrm{d}u^{j+1} \cdots \mathrm{d}u^m$$

$$= 0. \tag{4.20}$$

最后的积分为零是因为

$$\int_{-K}^{+K} \frac{\partial a_j}{\partial u^j} \mathrm{d}u^j = a_j(u^1, \cdots, u^{j-1}, K, u^{j+1}, \cdots, u^m)$$

$$- a_j(u^1, \cdots, u^{j-1}, -K, u^{j+1}, \cdots, u^m)$$

$$= 0. \tag{4.21}$$

情形 2：若 $U \bigcap \partial D \neq \varnothing$，不妨设 U 是与 M 的定向相符的适用坐标域，即有

$$U \bigcap D = \{q \mid \in U, u^m(q) \geqslant 0\}, \tag{4.22}$$

且

$$U \bigcap \partial D = \{q \mid \in U, u^m(q) = 0\}. \tag{4.23}$$

在坐标空间 $\boldsymbol{R}^m$ 中取一个方体

$$C: |u^i| \leqslant K, \quad 1 \leqslant i \leqslant m-1; 0 \leqslant u^m \leqslant K.$$

当 K 充分大时，$U \bigcap D$ 落在 C 的内部与边界 $u^m = 0$ 的并集内. 对 a_j 作如同情形 1 的延拓，则(4.13)式右边成为

$$\int_{\partial D} \omega = \int_{U \bigcap \partial D} \omega$$

$$= \sum_{j=1}^m (-1)^{j-1} \int_{U \bigcap \partial D} a_j \mathrm{d}u^1 \wedge \cdots \wedge \mathrm{d}u^{j-1} \wedge \mathrm{d}u^{j+1} \wedge \cdots \wedge \mathrm{d}u^m$$

$$= (-1)^{m-1} \int_{U \bigcap \partial D} a_m \mathrm{d}u^1 \wedge \cdots \wedge \mathrm{d}u^{m-1}$$

$$= - \int_{\substack{|u^i| \leqslant K \\ 1 \leqslant i \leqslant m-1}} a_m(u^1, \cdots, u^{m-1}, 0) \mathrm{d}u^1 \cdots \mathrm{d}u^{m-1}, \tag{4.24}$$

其中第三个等号是因为在 $U \bigcap \partial D$ 上 $\mathrm{d}u^m = 0$，最后一个等号已考虑到 M 在 ∂D 上的诱导定向.

(4.13)式的左边是

$$\int_D \mathrm{d}\omega = \int_{D\cap U} \mathrm{d}\omega = \sum_{j=1}^{m} \int_{D\cap U} \frac{\partial a_j}{\partial u^j} \mathrm{d}u^1 \wedge \cdots \wedge \mathrm{d}u^m. \quad (4.25)$$

但是对于 $1 \leqslant j \leqslant m-1$,

$$\int_{D\cap U} \frac{\partial a_j}{\partial u_j} \mathrm{d}u^1 \wedge \cdots \wedge \mathrm{d}u^m$$

$$= \int_{\substack{|u^i|\leqslant K \\ i\neq j,m \\ 0\leqslant u^m\leqslant K}} \left(\int_{-K}^{+K} \frac{\partial a_j}{\partial u^j} \mathrm{d}u^j \right) \mathrm{d}u^1 \cdots \mathrm{d}u^{j-1} \mathrm{d}u^{j+1} \cdots \mathrm{d}u^m$$

$$= 0,$$

因而(4.25)式中只含一项

$$\int_{U\cap D} \frac{\partial a^m}{\partial u^m} \mathrm{d}u^1 \wedge \cdots \wedge \mathrm{d}u^m$$

$$= \int_{\substack{|u^i|\leqslant K \\ i\neq m}} (a_m(u^1,\cdots,u^{m-1},K)$$

$$- a_m(u^1,\cdots,u^{m-1},0)) \mathrm{d}u^1 \cdots \mathrm{d}u^{m-1}$$

$$= - \int_{\substack{|u^i|\leqslant K \\ i\neq m}} a_m(u^1,\cdots,u^{m-1},0) \mathrm{d}u^1 \cdots \mathrm{d}u^{m-1}. \quad (4.26)$$

所以(4.13)式成立,定理得证.

注记 在实际应用中,经常遇到的闭区域 D 是紧致的,所以不必假定 $m-1$ 次外微分式有紧致的支集,而 Stokes 公式仍旧成立.

Stokes 公式在物理学、力学及偏微分方程、微分几何学中有十分重要的应用. 积分对于积分区域也有可加性,进而可定义外微分式在奇异链[①](Singular Chain)上的积分. 把积分看作外微分式和积分区域的一个配合,则每一个外微分式相当于流形 M 上的一个奇异上链(Singular Cochain),而 Stokes 公式正说明了边缘算

————————

① 可参见参考文献[18].

子 ∂ 和上边缘算子 d 之间的对偶关系. 若记

$$(\partial D, \omega) = \int_{\partial D} \omega, \quad (D, \mathrm{d}\omega) = \int_D \mathrm{d}\omega, \tag{4.27}$$

则 Stokes 公式成为

$$(\partial D, \omega) = (D, \mathrm{d}\omega). \tag{4.28}$$

现在把 $A^r(M)$ 看作上链群, d: $A^r(M) \to A^{r+1}(M)$ 是上边缘算子, 且 d $\circ$ d $= 0$ (Poincaré 引理). 记

$$\begin{cases} Z^r(M, \boldsymbol{R}) = \{\omega | \in A^r(M), \text{且 } \mathrm{d}\omega = 0\}, \\ B^r(M, \boldsymbol{R}) = \{\omega | \in A^r(M), \text{且存在 } \beta \in A^{r-1}(M), \text{使 } \mathrm{d}\beta = \omega\}. \end{cases}$$
$$\tag{4.29}$$

则 $Z^r(M, \boldsymbol{R})$ 是同态 d: $A^r(M) \to A^{r+1}(M)$ 的核, $B^r(M, \boldsymbol{R})$ 是同态 d: $A^{r-1}(M) \to A^r(M)$ 的像. $Z^r(M, \boldsymbol{R})$ 的元素称为闭微分式, $B^r(M, \boldsymbol{R})$ 的元素称为恰当(exact)微分式. Poincaré 引理断言

$$B^r(M, \boldsymbol{R}) \subset Z^r(M, \boldsymbol{R}). \tag{4.30}$$

但是, 闭微分式未必是恰当的. 下面叙述的 de Rham 定理表明, 要 M 上任意一个闭微分式是恰当的, 流形 M 本身必须具有一定的拓扑性质.

定义 4.2 商空间

$$H^r(M, \boldsymbol{R}) = Z^r(M, \boldsymbol{R})/B^r(M, \boldsymbol{R}) \tag{4.31}$$

称为流形 M 的第 r 个 **de Rham 上同调群**.

定理 4.3(de Rham 定理) 设 M 是紧致的光滑流形, 则第 r 个 de Rham 上同调群和 M 的第 r 个同调群同构. 若记

$$\dim H^r(M, \boldsymbol{R}) = b_r,$$

则 b_r 就是 M 的第 r 个 Betti 数.

作为推论可知, 如果 M 的第 r 个 Betti 数是零, 则 M 上任意的 r 次闭微分式都是恰当的. 特别是, 如果 M 的所有 Betti 数都是零, 则 M 上任意的闭微分式都是恰当的.

de Rham 群 $H^r(M, \boldsymbol{R})$ 是由于流形的微分构造产生的, 而 Betti 数却纯粹是流形的拓扑不变量, 所以 de Rham 定理建立了

流形的局部性质和整体性质之间的联系. de Rham 定理的一个最简单的证明要用到层(sheaf)的概念. 初等的详细的证明可参阅参考文献[18,第 161 页].

最后我们从同调论的角度看定理 2.6. 任意一个光滑映射 $f: M \to N$ 诱导出同态

$$f^*: A^r(N) \to A^r(M),$$

它与上边缘算子 d 是可交换的. 这样的映射 f^* 称为链映射. 若 $\omega \in Z^r(N, \boldsymbol{R})$, 则

$$d(f^*\omega) = f^*(d\omega) = 0,$$

所以 $f^*\omega \in Z^r(M, \boldsymbol{R})$, f^* 是从 $Z^r(N, \boldsymbol{R})$ 到 $Z^r(M, \boldsymbol{R})$ 的同态. 同理, f^* 也给出了从 $B^r(N, \boldsymbol{R})$ 到 $B^r(M, \boldsymbol{R})$ 的同态, 因此 f^* 诱导出 de Rham 群之间的同态:

$$f^*: H^r(N, \boldsymbol{R}) \to H^r(M, \boldsymbol{R}).$$

作为定理 2.6 的推论, 我们有: 若 $f: M \to N$ 是从光滑流形 M 到 N 的光滑映射, 则它诱导出从 de Rham 上同调群 $H^r(N, \boldsymbol{R})$ 到 $H^r(M, \boldsymbol{R})$ 的同态 f^*.

第四章 联　　络

要对矢量丛的截面——流形上的矢量场进行微分,必须在矢量丛上引进称为"联络"的结构.仿射联络就是加在微分流形上、为使我们能对张量场进行"微分"的结构.我们先介绍矢量丛上联络的一般理论.

§1　矢量丛上的联络

在第三章§1已经叙述过矢量丛和截面等概念.设 E 是流形 M 上一个 q 维实矢量丛,$\Gamma(E)$ 是矢量丛 E 在流形 M 上的光滑截面的集合.$\Gamma(E)$ 是实矢量空间,也是 $C^\infty(M)$-模.

定义 1.1　矢量丛 E 上的**联络**是一个映射
$$D: \Gamma(E) \to \Gamma(T^*(M) \otimes E), \tag{1.1}$$
它满足下列条件:

(1) 对任意的 $s_1, s_2 \in \Gamma(E)$ 有
$$D(s_1 + s_2) = Ds_1 + Ds_2;$$

(2) 对 $s \in \Gamma(E)$ 及任意的 $\alpha \in C^\infty(M)$,有
$$D(\alpha s) = d\alpha \otimes s + \alpha Ds.$$

若 X 是 M 上光滑的切矢量场,$s \in \Gamma(E)$,命
$$D_X s = \langle X, Ds \rangle, \tag{1.2}$$
其中记号 $\langle , \rangle$ 是指 $T(M)$ 和 $T^*(M)$ 之间的配合,则 $D_X s$ 是 E 的截面,称为截面 s 沿切矢量场 X 的绝对微商.

注记 1　命 $\alpha = -1$,则由联络的条件(2)得到
$$D(-s) = -Ds, \tag{1.3}$$
所以 D 把零截面映到零截面.D 是从 $\Gamma(E)$ 到 $\Gamma(T^*(M) \otimes E)$ 的

线性算子.

注记 2 D 是作用在 E 的截面上的算子,但是它具有局部性. 即:如果 s_1 和 s_2 是 E 的两个截面,而 s_1 和 s_2 限制在 M 的一个开集 U 上是相同的,则 Ds_1 和 Ds_2 限制在 U 上也相同. 证明的方法类似于证明外微分算子 d 的局部性(第三章定理 2.1). 利用 D 是线性算子的性质,只要证明:如果截面 $s \in \Gamma(E)$ 限制在开集 $U \subset M$ 上是零,则 $Ds|_U = 0$.

为此目的,任取一点 $p \in U$,则有开集 V,使 $p \in V \subset \overline{V} \subset U$. 由第一章 §3 引理 3,在 M 上存在光滑函数 h,使得

$$h(p') = \begin{cases} 1, & p' \in V, \\ 0, & p' \overline{\in} U, \end{cases}$$

因此 hs 是 E 的零截面. 由注记 1 及联络的条件(2)得到

$$0 = D(hs) = dh \otimes s + hDs,$$

因为在 V 上 $dh = 0$,所以

$$Ds(p) = 0.$$

由于 p 在 U 内的任意性,所以 $Ds|_U = 0$.

利用 D 的局部性,可以把 D 定义为作用在局部截面上的算子. 设 s 是定义在开集 $U \subset M$ 上的截面,利用第一章 §3 引理 3,则对任意一点 $p \in U$ 必有 E 的截面 $\tilde{s}$,使得 $\tilde{s}$ 和 s 在点 p 的一个邻域上是一致的. 命

$$Ds(p) = D\tilde{s}(p), \tag{1.4}$$

因为 $D\tilde{s}$ 在 p 点附近的值与 $\tilde{s}$ 的选取无关,因此 Ds 是在 U 上完全确定的截面.

注记 3 根据(1.2)式可知,D 作为二元映射是从 $\Gamma(T(M)) \times \Gamma(E)$ 到 $\Gamma(E)$ 的算子,它满足下列条件:设 X, Y 是 M 的任意两个光滑切矢量场,s, s_1, s_2 是 E 的截面,$a \in C^\infty(M)$,则有

(1) $D_{X+Y}s = D_X s + D_Y s$;

(2) $D_{aX}s = aD_X s$;

(3) $D_X(s_1 + s_2) = D_X s_1 + D_X s_2$;

101

(4) $D_X(\alpha s)=(X\alpha)s+\alpha D_X s$.

这4个条件是绝对微商的定义的直接推论.

如注记2所述,绝对微商算子有如下的局部性:

(1) 如果 X_1, X_2 是 M 上在点 p 取值相同的两个切矢量场,则对 E 的任意一个截面 s, $D_{X_1}s$ 和 $D_{X_2}s$ 在 p 点的取值也相同. 据此,可定义 E 的截面关于 M 在点 p 的切矢量的绝对微商;对于 $X\in T_p(M)$, D_X 是从 $\Gamma(E)$ 到 E_p 的映射.

（2）对于映射 $D_X\colon \Gamma(E)\to E_p(X\in T_p(M))$,只要截面 s_1 和 s_2 在 M 的一条与 X 相切的参数曲线上取值相同,就有 $D_X s_1 = D_X s_2$.

这些局部性质的证明类似于注记2的证明.请读者补齐.

在局部上,联络是由一组一次微分式给出的.设 U 是 M 上的一个坐标域,局部坐标是 u^i, $1\leqslant i\leqslant m$. 取 E 在 U 上的 q 个光滑截面 $s_\alpha(1\leqslant\alpha\leqslant q)$,使它们是处处线性无关的.这样的 q 个截面称为 E 在 U 上的一个局部标架场. 显然在每一点 $p\in U$, $\{du^i\otimes s_\alpha, 1\leqslant i\leqslant m, 1\leqslant\alpha\leqslant q\}$ 构成张量空间 $T_p^*\otimes E_p$ 的基底.

因为 Ds_α 是丛 $T^*(M)\otimes E$ 在 U 上的局部截面,所以可以命

$$Ds_\alpha = \sum_{\substack{1\leqslant i\leqslant m \\ 1\leqslant\beta\leqslant q}} \Gamma_{\alpha i}^\beta \, du^i \otimes s_\beta, \tag{1.5}$$

其中 $\Gamma_{\alpha i}^\beta$ 是 U 上的光滑函数. 记

$$\omega_\alpha^\beta = \sum_{1\leqslant i\leqslant m} \Gamma_{\alpha i}^\beta \, du^i, \tag{1.6}$$

则(1.5)式成为

$$Ds_\alpha = \sum_{\beta=1}^{q} \omega_\alpha^\beta \otimes s_\beta. \tag{1.7}$$

引进矩阵记号,以便使计算简化. 我们用 S 记局部标架场所成的列矩阵,用 ω 记 ω_α^β 构成的矩阵,即

$$S = \begin{pmatrix} s_1 \\ \vdots \\ s_q \end{pmatrix}, \quad \omega = \begin{pmatrix} \omega_1^1 & \cdots & \omega_1^q \\ \vdots & & \vdots \\ \omega_q^1 & \cdots & \omega_q^q \end{pmatrix}. \tag{1.8}$$

则(1.7)式可记成

$$\mathrm{D}S = \omega \otimes S. \tag{1.9}$$

矩阵 ω 称为**联络方阵**,它依赖于局部标架场的选取.

如果 $S' = {}^{\mathrm{t}}(s_1', \cdots, s_q')$ 是 U 上另一个局部标架场,则可设

$$S' = A \cdot S, \tag{1.10}$$

其中

$$A = \begin{pmatrix} a_1^1 & \cdots & a_1^q \\ \vdots & & \vdots \\ a_q^1 & \cdots & a_q^q \end{pmatrix},$$

这里 a_i^j 是 U 上的光滑函数,并且 $\det A \neq 0$.

设联络 D 关于局部标架场 S' 的方阵是 ω',则由联络的条件得到

$$\begin{aligned} \mathrm{D}S' &= \mathrm{d}A \otimes S + A \cdot \mathrm{D}S \\ &= (\mathrm{d}A + A \cdot \omega) \otimes S \\ &= (\mathrm{d}A \cdot A^{-1} + A \cdot \omega \cdot A^{-1}) \otimes S', \end{aligned} \tag{1.11}$$

所以

$$\omega' = \mathrm{d}A \cdot A^{-1} + A \cdot \omega \cdot A^{-1}, \tag{1.12}$$

这就是联络方阵在局部标架场改变时的变换公式,是微分几何中非常重要的公式.

反过来,如果取定 M 的一个坐标覆盖 $\{U, W, Z, \cdots\}$,在每一个 U 上取定 E 的一个局部标架场 S_U,并且指定一个由一次微分式组成的 $q \times q$ 阶矩阵 ω_U,要求它们在坐标域相交时满足变换公式(1.12),即当 $U \cap W \neq \varnothing$,若设

$$S_W = A_{WU} \cdot S_U, \tag{1.13}$$

其中 A_{WU} 是 $U \cap W$ 上的光滑函数组成的 $q \times q$ 矩阵,则在 $U \cap W$ 上就有

$$\omega_W = \mathrm{d}A_{WU} \cdot A_{WU}^{-1} + A_{WU} \cdot \omega_U \cdot A_{WU}^{-1}. \tag{1.14}$$

那么,在 E 上存在一个联络 D,它在坐标覆盖的每个成员 U 上的

联络方阵恰是 ω_U. 证明如下：

设 s 是 E 的任意一个截面，在 U 上可表为

$$s = a_U \cdot S_U, \tag{1.15}$$

其中 $a_U = (a_U^1, \cdots, a_U^q)$，$a_U^i$ 是 U 上的光滑函数. 命 $\mathrm{D}s$ 在 U 上的表式是

$$\mathrm{D}s|_U = (\mathrm{d}a_U + a_U \cdot \omega_U) \otimes S_U. \tag{1.16}$$

我们要证明，如果 $U \bigcap W \neq \varnothing$，则在 $U \bigcap W$ 上应该有

$$(\mathrm{d}a_U + a_U \cdot \omega_U) \otimes S_U = (\mathrm{d}a_W + a_W \cdot \omega_W) \otimes S_W, \tag{1.17}$$

因此(1.16)式所定义的 $\mathrm{D}s$ 是 M 上的截面.

由于(1.13)式，在 $U \bigcap W$ 上有

$$\begin{cases} a_U = a_W \cdot A_{WU}, \\ \mathrm{d}a_U = \mathrm{d}a_W \cdot A_{WU} + a_W \cdot \mathrm{d}A_{WU}. \end{cases} \tag{1.18}$$

再用(1.14)式则在 $U \bigcap W$ 上有

$$\begin{aligned}
&(\mathrm{d}a_U + a_U \cdot \omega_U) \otimes S_U \\
&= (\mathrm{d}a_W \cdot A_{WU} + a_W \cdot \mathrm{d}A_{WU} \\
&\quad + a_W \cdot A_{WU} \cdot \omega_U) \otimes (A_{WU}^{-1} \cdot S_W) \\
&= (\mathrm{d}a_W + a_W \cdot \mathrm{d}A_{WU} \cdot A_{WU}^{-1} + a_W \cdot \omega_W \\
&\quad - a_W \cdot \mathrm{d}A_{WU} \cdot A_{WU}^{-1}) \otimes S_W \\
&= (\mathrm{d}a_W + a_W \cdot \omega_W) \otimes S_W.
\end{aligned}$$

容易验证，由(1.16)式所定义的映射 $\mathrm{D}: \varGamma(E) \to \varGamma(T^*(M) \otimes E)$ 适合定义1.1的条件，故 D 是 E 的联络. 显然 D 在 U 上的联络方阵是 ω_U.

定理1.1 在任意一个矢量丛上，联络总是存在的.

证明 取 M 的一个坐标覆盖 $\{U_\alpha\}_{\alpha \in \mathscr{A}}$；根据矢量丛在局部上是平凡的构造，可假设在每一个 U_α 上都有局部标架场 S_α. 根据联络的局部构造，只要在每个 U_α 上造一个 $q \times q$ 阶矩阵 ω_α，使它们在局部标架场改变时适合变换规律(1.12)就行了.

根据第三章 §3 的讨论，不妨假设 $\{U_\alpha\}$ 是局部有限的，并且

$\{g_\alpha\}$ 是相应的单位分解, 使得支集 supp $g_\alpha \subset U_\alpha$. 当 $U_\alpha \bigcap U_\beta \neq \varnothing$ 时, 自然存在由 $U_\alpha \bigcap U_\beta$ 上的光滑函数所组成的非退化矩阵 $A_{\alpha\beta}$, 使

$$S_\alpha = A_{\alpha\beta} \cdot S_\beta, \quad \det A_{\alpha\beta} \neq 0. \tag{1.19}$$

对每一个 $\alpha \in \mathscr{A}$, 任意取定 U_α 上的一次微分式组成的 $q \times q$ 阶矩阵 φ_α. 命

$$\omega_\alpha = \sum_{\beta \in \mathscr{A}} g_\beta \cdot (\mathrm{d}A_{\alpha\beta} \cdot A_{\alpha\beta}^{-1} + A_{\alpha\beta} \cdot \varphi_\beta \cdot A_{\alpha\beta}^{-1}), \tag{1.20}$$

其中当 $U_\beta \bigcap U_\alpha = \varnothing$ 时, 和式中对应于 β 的项应理解为零. 则 ω_α 是 U_α 上的一次微分式构成的矩阵. 我们只需证明, 当 $U_\alpha \bigcap U_\beta \neq \varnothing$ 时有变换公式

$$\omega_\alpha = \mathrm{d}A_{\alpha\beta} \cdot A_{\alpha\beta}^{-1} + A_{\alpha\beta} \cdot \omega_\beta \cdot A_{\alpha\beta}^{-1}. \tag{1.21}$$

为此只要进行直接的计算. 首先, 注意到在 $U_\alpha \bigcap U_\beta \bigcap U_\gamma \neq \varnothing$ 时, 在这个交集上有

$$A_{\alpha\beta} \cdot A_{\beta\gamma} = A_{\alpha\gamma}.$$

因此在 $U_\alpha \bigcap U_\beta \neq \varnothing$ 上,

$$A_{\alpha\beta} \cdot \omega_\beta \cdot A_{\alpha\beta}^{-1}$$
$$= \sum_{\substack{\gamma \\ U_\gamma \bigcap U_\alpha \bigcap U_\beta \neq \varnothing}} g_\gamma \cdot A_{\alpha\beta} \cdot (\mathrm{d}A_{\beta\gamma} \cdot A_{\beta\gamma}^{-1} + A_{\beta\gamma} \cdot \varphi_\gamma \cdot A_{\beta\gamma}^{-1}) \cdot A_{\alpha\beta}^{-1}$$
$$= \omega_\alpha - \mathrm{d}A_{\alpha\beta} \cdot A_{\alpha\beta}^{-1}.$$

此即 (1.21) 式. 可见, 联络的确定有相当大的任意性.

特别是, 在 (1.20) 式中令 $\varphi_\beta = 0$, 则得 E 的一个联络 D, 它在 U_α 上的联络矩阵是

$$\omega_\alpha = \sum_\beta g_\beta \cdot (\mathrm{d}A_{\alpha\beta} \cdot A_{\alpha\beta}^{-1}). \tag{1.22}$$

根据联络方阵的变换公式 (1.12), 联络方阵为零不具有不变性. 特别是, 对于任意一个联络总可以找到一个局部标架场, 使其联络方阵在一点为零. 这在涉及联络的计算中是有用的.

定理1.2 设 D 是矢量丛 E 上的一个联络. 设 $p \in M$, 则在 p

的一个坐标域上存在局部标架场 S,使对应的联络方阵 ω 在 p 点为零.

证明 取点 p 的坐标域 $(U;u^i)$,使 $u^i(p)=0,1\leqslant i\leqslant m$. S' 是 U 上的局部标架场,对应的联络方阵是 $\omega'=(\omega_\alpha'^\beta)$,其中

$$\omega_\alpha'^{\ \beta} = \sum_{i=1}^m \Gamma_{\alpha i}'^{\ \beta} \mathrm{d}u^i, \qquad (1.23)$$

$\Gamma_{\alpha i}'^{\ \beta}$ 是 U 上的光滑函数. 命

$$a_\alpha^\beta = \delta_\alpha^\beta - \sum_{i=1}^m \Gamma_{\alpha i}'^{\ \beta}(p)\cdot u^i, \qquad (1.24)$$

则矩阵 $A=(a_\alpha^\beta)$ 在点 p 是单位矩阵. 因此存在 p 的一个邻域 $V\subset U$,使 A 在 V 上是非退化的,所以

$$S = A\cdot S' \qquad (1.25)$$

是 V 上的局部标架场. 因为

$$\mathrm{d}A(p) = -\omega'(p),$$

所以由(1.12)式得到

$$\omega(p) = (\mathrm{d}A\cdot A^{-1} + A\cdot\omega'\cdot A^{-1})(p)$$
$$= -\omega'(p) + \omega'(p) = 0, \qquad (1.26)$$

即 S 是所求的局部标架场.

对(1.12)式求一次外微分,则得

$$\mathrm{d}\omega'\cdot A - \omega'\wedge\mathrm{d}A = \mathrm{d}A\wedge\omega + A\cdot\mathrm{d}\omega, \qquad (1.27)$$

其中矩阵之间的外积"$\wedge$"表示矩阵在相乘时,元素的积是外积. 因此 $\mathrm{d}A=\omega'\cdot A-A\cdot\omega$,代入(1.27)式则有

$$(\mathrm{d}\omega' - \omega'\wedge\omega')\cdot A = A\cdot(\mathrm{d}\omega - \omega\wedge\omega). \qquad (1.28)$$

定义1.2 $\Omega=\mathrm{d}\omega-\omega\wedge\omega$ 叫做联络 D 在 U 上的**曲率方阵**.

这样,(1.28)式可记成

$$\Omega' = A\cdot\Omega\cdot A^{-1}, \qquad (1.29)$$

这是曲率方阵在局部标架场改变时的变换公式. 值得注意的是,Ω 的变换公式是齐次的,而联络方阵 ω 变换公式不是齐次的. Ω 包含着很丰富的信息,特别是借助于 Ω 可以构造在 M 上大范围定义的

微分式(参阅第七章§4).

设 X,Y 是 M 上任意两个切矢量场,则由曲率方阵 Ω 定义了从 $\Gamma(E)$ 到 $\Gamma(E)$ 的线性变换 $R(X,Y)$. 任取两个切矢量 $X,Y\in T_p(M)$,$p\in U$,则用曲率方阵 Ω 可定义从纤维 $\pi^{-1}(p)$ 到自身的线性变换 $R(X,Y)$. 它的定义如下:设 $s\in\pi^{-1}(p)$,它用矢量丛 E 在 U 上的局部标架场 $S_U={}^{\mathsf{t}}(s_1,\cdots,s_q)$ 可表成

$$s = \sum_{\alpha=1}^{q} \lambda^\alpha s_{\alpha|p}, \quad \lambda_\alpha \in \mathbf{R}.$$

则命

$$R(X,Y)s = \sum_{\alpha,\beta=1}^{q} \lambda^\alpha \Omega_\alpha^\beta(X,Y)s_{\beta|p}. \tag{1.30}$$

由于曲率方阵 $\Omega=(\Omega_\alpha^\beta)$ 在局部标架场改变时按 (1.29) 式变换,所以 $\Omega_\alpha^\beta(X,Y)$ 是线性空间 $\pi^{-1}(p)$ 上的 $(1,1)$ 型张量. 因此,(1.30) 式所定义的 $R(X,Y)$ 是与局部标架选取无关的、从 $\pi^{-1}(p)$ 到自身的线性变换.

如果 X,Y 是光滑流形 M 上的两个光滑切矢量场,则 $R(X,Y)$ 是 $\Gamma(E)$ 上的线性算子,它的定义是:对任意的 $s\in\Gamma(E)$,及 $p\in M$,

$$(R(X,Y)s)(p) = R(X_p,Y_p)s_p. \tag{1.31}$$

显然,算子 $R(X,Y)$ 有以下性质:

(1) $R(X,Y)=-R(Y,X)$;

(2) $R(fX,Y)=f\cdot R(X,Y)$;

(3) $R(X,Y)(fs)=f\cdot(R(X,Y)s)$,

其中 $X,Y\in\Gamma(T(M))$,$f\in C^\infty(M)$,$s\in\Gamma(E)$. 我们把 $R(X,Y)$ 称为联络 D 的**曲率算子**.

定理 1.3 设 X,Y 是流形 M 上任意两个光滑切矢量场,则

$$R(X,Y) = D_X D_Y - D_Y D_X - D_{[X,Y]}. \tag{1.32}$$

证明 因为绝对微商是局部算子,而曲率算子也是局部算子,所以我们只要考虑 (1.32) 式两边分别在局部截面上的作用就行

了. 设截面 $s \in \Gamma(E)$ 的局部表示是

$$s = \sum_{\alpha=1}^{q} \lambda^\alpha s_\alpha,$$

则

$$D_X s = \sum_{\alpha=1}^{q} \Big(X\lambda^\alpha + \sum_{\beta=1}^{q} \lambda^\beta \langle X, \omega_\beta^\alpha \rangle \Big) s_\alpha, \tag{1.33}$$

$$D_Y D_X s = \sum_{\alpha=1}^{q} \Big\{ Y(X\lambda^\alpha) + \sum_{\beta=1}^{q} (X\lambda^\beta \langle Y, \omega_\beta^\alpha \rangle$$

$$+ Y\lambda^\beta \langle X, \omega_\beta^\alpha \rangle) + \sum_{\beta=1}^{q} \lambda^\beta (Y\langle X, \omega_\beta^\alpha \rangle$$

$$+ \sum_{\gamma=1}^{q} \langle X, \omega_\beta^\gamma \rangle \langle Y, \omega_\gamma^\alpha \rangle) \Big\} s_\alpha,$$

因此

$$D_X D_Y s - D_Y D_X s$$

$$= \sum_{\alpha=1}^{q} \Big\{ [X,Y]\lambda^\alpha + \sum_{\beta=1}^{q} \lambda^\beta \Big(\omega_\beta^\alpha([X,Y])$$

$$+ \Big(d\omega_\beta^\alpha - \sum_{\gamma=1}^{q} \omega_\beta^\gamma \wedge \omega_\gamma^\alpha \Big)(X,Y) \Big) \Big\} s_\alpha$$

$$= D_{[X,Y]} s + \sum_{\alpha,\beta=1}^{q} \lambda^\beta \Omega_\beta^\alpha(X,Y) s_\alpha, \tag{1.34}$$

即

$$R(X,Y)s = D_X D_Y s - D_Y D_X s - D_{[X,Y]} s.$$

定理 1.4 曲率方阵 Ω 适合 **Bianchi 恒等式**

$$d\Omega = \omega \wedge \Omega - \Omega \wedge \omega. \tag{1.35}$$

证明 对 $\Omega = d\omega - \omega \wedge \omega$ 的两边求外微分得到

$$d\Omega = - d\omega \wedge \omega + \omega \wedge d\omega$$

$$= - (\Omega + \omega \wedge \omega) \wedge \omega + \omega \wedge (\Omega + \omega \wedge \omega)$$

$$= - \Omega \wedge \omega + \omega \wedge \Omega.$$

如果矢量丛 E 的截面 s 满足条件

$$Ds = 0, \tag{1.36}$$

则称 s 是平行截面. 零截面是显然的平行截面, 但是, 一般说来, 非零的平行截面是不一定存在的. 若 s 用局部标架场 S 表成 $s = \sum_{\alpha=1}^{q} \lambda^{\alpha} s_{\alpha}$, 则方程 (1.36) 等价于

$$\mathrm{d}\lambda^{\alpha} + \sum_{\beta=1}^{q} \lambda^{\beta} \omega^{\alpha}_{\beta} = 0, \quad 1 \leqslant \alpha \leqslant q. \tag{1.37}$$

这是 Pfaff 方程组. 若命

$$\theta^{\alpha} = \mathrm{d}\lambda^{\alpha} + \sum_{\beta=1}^{q} \lambda^{\beta} \omega^{\alpha}_{\beta}, \tag{1.38}$$

则

$$\mathrm{d}\theta^{\alpha} = \sum_{\beta=1}^{q} \theta^{\beta} \wedge \omega^{\alpha}_{\beta} + \sum_{\beta=1}^{q} \lambda^{\beta} \Omega^{\alpha}_{\beta}. \tag{1.39}$$

由此可见, 如果联络 D 的曲率方阵是零, 则

$$\mathrm{d}\theta^{\alpha} \equiv 0 \ (\mathrm{mod}(\theta^1, \cdots, \theta^q)),$$

即方程组 (1.37) 是完全可积的. 这时 E 有 q 个线性无关的平行截面. 同样, 要 (1.37) 有非零解, 需要在联络上加一定的条件.

定义 1.3 设 C 是 M 中一条参数曲线, X 是 C 的切矢量场, 若矢量丛 E 在 C 上的截面 s 满足方程

$$D_X s = 0, \tag{1.40}$$

则称 s 沿曲线 C 是**平行的**.

在 M 的一个坐标域 U 上, 设 C 的方程是

$$u^i = u^i(t), \quad 1 \leqslant i \leqslant m; \tag{1.41}$$

曲线 C 的切矢量场是

$$X = \sum_{i=1}^{m} \frac{\mathrm{d}u^i}{\mathrm{d}t} \frac{\partial}{\partial u^i}.$$

设 S 是 U 上的局部标架场, 则 $s = \sum_{\alpha=1}^{q} \lambda^{\alpha} s_{\alpha}$ 是沿曲线 C 的平行截面, 当且仅当它满足方程组

$$\langle X, Ds \rangle = \sum_{\alpha=1}^{q} \left(\frac{\mathrm{d}\lambda^{\alpha}}{\mathrm{d}t} + \sum_{\beta, i} \Gamma^{\alpha}_{\beta i} \frac{\mathrm{d}u^i}{\mathrm{d}t} \lambda^{\beta} \right) s_{\alpha} = 0,$$

即

$$\frac{\mathrm{d}\lambda^\alpha}{\mathrm{d}t} + \sum_{\beta,i} \Gamma^\alpha_{\beta i} \frac{\mathrm{d}u^i}{\mathrm{d}t}\lambda^\beta = 0, \quad 1 \leqslant \alpha \leqslant q. \qquad (1.42)$$

由于(1.42)是常微分方程组,对于任意给定的初始值,它的解是唯一存在的. 由此可见,在 C 上一点 p 任意给定一个矢量 $v \in E_p$,则它在 C 上唯一地决定一个沿曲线 C 平行的矢量场,这称做矢量 v 沿曲线 C 的平行移动. 显然,沿曲线 C 的平行移动建立了矢量丛 E 在曲线 C 的各点的纤维之间的同构.

矢量丛 E 上的联络 D 在对偶丛 E^* 上诱导出一个联络(仍记作 D). 设 $s \in \Gamma(E), s^* \in \Gamma(E^*)$,其配合 $\langle s, s^* \rangle$ 是 M 上的光滑函数,那么 E^* 上的诱导联络 D 由下式确定:

$$\mathrm{d}\langle s, s^* \rangle = \langle \mathrm{D}s, s^* \rangle + \langle s, \mathrm{D}s^* \rangle, \qquad (1.43)$$

其中右边的记号 $\langle \, , \, \rangle$ 仍是对于 E 和 E^* 作出的配合.

让我们求出 E^* 上的诱导联络的方阵. 设 $s_\alpha (1 \leqslant \alpha \leqslant q)$ 是 E 的局部标架场,E^* 的对偶局部标架场是 $s^{*\beta}, 1 \leqslant \beta \leqslant q$,即

$$\langle s_\alpha, s^{*\beta} \rangle = \delta^\beta_\alpha. \qquad (1.44)$$

设

$$\mathrm{D}s^{*\beta} = \sum_{\gamma=1}^q \omega^{*\beta}_\gamma \otimes s^{*\gamma}, \qquad (1.45)$$

则由(1.43)式得到

$$\omega^\beta_\alpha = \langle \mathrm{D}s_\alpha, s^{*\beta} \rangle$$
$$= -\langle s_\alpha, \mathrm{D}s^{*\beta} \rangle = -\omega^{*\beta}_\alpha,$$

所以

$$\mathrm{D}s^{*\beta} = -\sum_{\alpha=1}^q \omega^\beta_\alpha \otimes s^{*\alpha}. \qquad (1.46)$$

若 E^* 的截面 s^* 在局部上表示为

$$s^* = \sum_{\alpha=1}^q x_\alpha s^{*\alpha},$$

则由(1.46)式得到

$$\mathrm{D}s^* = \sum_{\alpha=1}^{q}\Big(\mathrm{d}x_\alpha - \sum_{\beta=1}^{q} x_\beta \omega_\alpha^\beta\Big) \otimes s^{*\alpha}. \qquad (1.47)$$

设在矢量丛 E_1 和 E_2 上分别给定了联络 D（记成同一个记号）. 设 $s_1 \in \Gamma(E_1)$, $s_2 \in \Gamma(E_2)$, 则 $s_1 \oplus s_2$ 和 $s_1 \otimes s_2$ 分别是矢量丛 $E_1 \oplus E_2$ 和 $E_1 \otimes E_2$ 的截面. 命

$$\mathrm{D}(s_1 \oplus s_2) = \mathrm{D}s_1 \oplus \mathrm{D}s_2, \qquad (1.48)$$

$$\mathrm{D}(s_1 \otimes s_2) = \mathrm{D}s_1 \otimes s_2 + s_1 \otimes \mathrm{D}s_2, \qquad (1.49)$$

则它们分别在矢量丛 $E_1 \oplus E_2$ 和 $E_1 \otimes E_2$ 上确定了一个联络, 称为在 $E_1 \oplus E_2$ 和 $E_1 \otimes E_2$ 上的诱导联络.

§2 仿射联络

切丛 $T(M)$ 是 m 维光滑流形 M 的微分结构本身所决定的 m 维矢量丛. 切丛 $T(M)$ 上的联络叫做流形 M 上的**仿射联络**. 根据 §1 关于矢量丛上联络的一般讨论, 流形 M 上的仿射联络必然是存在的. 给定一个仿射联络的流形称为仿射联络空间.

假定 M 是 m 维仿射联络空间, D 是给定的仿射联络. 本节采用和式约定, 所有的指标取 1 到 m 的整数值.

任取 M 的一个坐标系 $(U; u^i)$, 则自然基底

$$\Big\{ s_i = \frac{\partial}{\partial u^i}, \quad 1 \leqslant i \leqslant m \Big\}$$

构成切丛 $T(M)$ 在 U 上的局部标架场. 因此可设

$$\mathrm{D}s_i = \omega_i^j \otimes s_j = \Gamma_{ik}^j \mathrm{d}u^k \otimes s_j, \qquad (2.1)$$

其中 Γ_{ik}^j 是 U 上的光滑函数, 称为联络 D 在局部坐标系 u^i 下的系数.

现在来看局部坐标变换对于联络系数的影响. 设 $(W; w^i)$ 是 M 的另一个坐标系. 命 $s_i' = \frac{\partial}{\partial w^i}$, 则在 $U \bigcap W \neq \varnothing$ 时有

$$S' = J_{WU} \cdot S, \qquad (2.2)$$

其中

$$J_{WU} = \begin{pmatrix} \dfrac{\partial u^1}{\partial w^1} & \cdots & \dfrac{\partial u^m}{\partial w^1} \\ \vdots & & \vdots \\ \dfrac{\partial u^1}{\partial w^m} & \cdots & \dfrac{\partial u^m}{\partial w^m} \end{pmatrix}$$

是局部坐标变换的 Jacobi 矩阵，$S = {}^t(s_1, \cdots, s_m)$.

由 §1 的(1.12)式得到

$$\omega' = \mathrm{d}J_{WU} \cdot J_{WU}^{-1} + J_{WU} \cdot \omega \cdot J_{WU}^{-1}, \tag{2.3}$$

即

$$\omega_i^{\prime j} = \mathrm{d}\left(\frac{\partial u^p}{\partial w^i}\right)\frac{\partial w^j}{\partial u^p} + \frac{\partial u^p}{\partial w^i}\frac{\partial w^j}{\partial u^q}\omega_p^q, \tag{2.4}$$

其中 $\omega_i^{\prime j} = \Gamma_{ik}^{\prime j}\mathrm{d}w^k$. 因此联络系数 Γ_{ik}^j 的坐标变换公式是

$$\Gamma_{ik}^{\prime j} = \Gamma_{pr}^q \frac{\partial w^j}{\partial u^q}\frac{\partial u^p}{\partial w^i}\frac{\partial u^r}{\partial w^k} + \frac{\partial^2 u^p}{\partial w^i \partial w^k} \cdot \frac{\partial w^j}{\partial u^p}. \tag{2.5}$$

上式说明 Γ_{ik}^j 不是 M 上的张量场，所以联络系数在一点为零并不具有不变性. 换言之，有可能存在使联络系数在一点为零的坐标系(参阅定理 2.1)，这对于牵涉联络的计算是非常有用的.

在流形 M 上引进仿射联络的目的是为了对张量场求微分. 下面我们定义张量场绝对微分的概念. 设 X 是 M 上的光滑矢量场，它用局部坐标表示是

$$X = x^i \frac{\partial}{\partial u^i}. \tag{2.6}$$

根据定义，我们有

$$\mathrm{D}X = (\mathrm{d}x^i + x^j\omega_j^i) \otimes \frac{\partial}{\partial u^i} = x_{,j}^i \,\mathrm{d}u^j \otimes \frac{\partial}{\partial u^i}, \tag{2.7}$$

其中记

$$x_{,j}^i = \frac{\partial x^i}{\partial u^j} + x^k\Gamma_{kj}^i. \tag{2.8}$$

$\mathrm{D}X$ 是矢量丛 $T^*(M) \otimes T(M)$ 的截面，即它是流形 M 上的$(1,1)$型张量场. 我们称 $\mathrm{D}X$ 为 X 的绝对微分. (2.8)式正是经典意义下

反变矢量场关于 u^j 求绝对微商的公式.

我们知道,余切丛是切丛的对偶丛,而张量丛 T_s^r 是切丛和余切丛的张量积

$$T_s^r = \underbrace{T(M) \otimes \cdots \otimes T(M)}_{r\uparrow} \otimes \underbrace{T^*(M) \otimes \cdots \otimes T^*(M)}_{s\uparrow}$$

(2.9)

因此根据 §1 的(1.43)和(1.49)两式,M 的仿射联络 D 在余切丛 $T^*(M)$ 和张量丛 T_s^r 上分别诱导出联络.

在局部坐标系 u^i 下,余切丛的局部标架场是

$$s^{*i} = \mathrm{d}u^i, \quad 1 \leqslant i \leqslant m.$$

(2.10)

它与 $\left\{ s_i = \dfrac{\partial}{\partial u^i}, 1 \leqslant i \leqslant m \right\}$ 是对偶的. 根据 §1 的(1.46)式得

$$\mathrm{D}s^{*i} = -\omega_j^i \otimes s^{*j} = -\Gamma_{jk}^i \mathrm{d}u^k \otimes \mathrm{d}u^j.$$

(2.11)

若 M 上的余切矢量场 α 在局部上表示为 $\alpha = \alpha_i \mathrm{d}u^i$,则

$$\mathrm{D}\alpha = (\mathrm{d}\alpha_i - \alpha_j \omega_i^j) \otimes \mathrm{d}u^i = \alpha_{i,j} \mathrm{d}u^j \otimes \mathrm{d}u^i,$$

(2.12)

其中

$$\alpha_{i,j} = \frac{\partial \alpha_i}{\partial u^j} - \alpha_k \Gamma_{ij}^k.$$

(2.13)

$\mathrm{D}\alpha$ 是 $(0,2)$ 型张量场,称为余切矢量场 α 的绝对微分.

一般地,如果 t 是 (r,s) 型张量场,则 t 在诱导联络 D 的作用下得到 $(r,s+1)$ 型张量场 $\mathrm{D}t$,称为张量场 t 的绝对微分. 我们以 $r=2, s=1$ 为例求绝对微分的分量表达式.

设 t 是 $(2,1)$ 型张量场,在局部坐标 u^i 下它的表式是

$$t = t_k^{ij} \mathrm{d}u^k \otimes \frac{\partial}{\partial u^i} \otimes \frac{\partial}{\partial u^j}.$$

(2.14)

由 §1 的(1.49)式得到

$$\begin{aligned}
\mathrm{D}t = {}& \mathrm{d}t_k^{ij} \otimes \mathrm{d}u^k \otimes \frac{\partial}{\partial u^i} \otimes \frac{\partial}{\partial u^j} \\
& + t_k^{ij} \mathrm{D}(\mathrm{d}u^k) \otimes \frac{\partial}{\partial u^i} \otimes \frac{\partial}{\partial u^j} + t_k^{ij} \mathrm{d}u^k \otimes \mathrm{D}\left(\frac{\partial}{\partial u^i}\right) \otimes \frac{\partial}{\partial u^j}
\end{aligned}$$

$$+ t_k^{ij} \mathrm{d}u^k \otimes \frac{\partial}{\partial u^i} \otimes \mathrm{D}\left(\frac{\partial}{\partial u^j}\right)$$

$$= (\mathrm{d}t_k^{ij} - t_l^{ij}\omega_k^l + t_k^{lj}\omega_l^i + t_k^{il}\omega_l^j) \otimes \mathrm{d}u^k \otimes \frac{\partial}{\partial u^i} \otimes \frac{\partial}{\partial u^j}$$

$$= t_{k,h}^{ij} \mathrm{d}u^h \otimes \mathrm{d}u^k \otimes \frac{\partial}{\partial u^i} \otimes \frac{\partial}{\partial u^j}, \tag{2.15}$$

其中

$$t_{k,h}^{ij} = \frac{\partial t_k^{ij}}{\partial u^h} - t_l^{ij}\Gamma_{kh}^l + t_k^{lj}\Gamma_{lh}^i + t_k^{il}\Gamma_{lh}^j. \tag{2.16}$$

数量场的绝对微分规定为它的普通微分.

定义 2.1 设 $C: u^i = u^i(t)$ 是流形 M 上一条参数曲线, $X(t)$ 是定义在 C 上的切矢量场, 表成

$$X(t) = x^i(t)\left(\frac{\partial}{\partial u^i}\right)_{C(t)}. \tag{2.17}$$

我们称 $X(t)$ 沿曲线 C 是**平行的**, 如果它沿曲线 C 的绝对微分为零, 即

$$\frac{\mathrm{D}X}{\mathrm{d}t} = 0. \tag{2.18}$$

若曲线 C 的切矢量沿 C 自身是平行的, 则称 C 是自平行曲线, 或称 C 是**测地线**.

方程 (2.18) 等价于

$$\frac{\mathrm{d}x^i}{\mathrm{d}t} + x^j\Gamma_{jk}^i \frac{\mathrm{d}u^k}{\mathrm{d}t} = 0. \tag{2.19}$$

这是一阶线性常微分方程组, 因此在曲线 C 上任意一点给定一个切矢量 X, 则它在 C 上产生一个平行的切矢量场, 这个切矢量场称为 X 沿曲线 C 的平行移动. 由 §1 的一般讨论可知, 沿曲线 C 的平行移动在流形 M 沿 C 上各点的切空间之间建立了同构.

如果 C 是测地线, 则 C 的切矢量

$$X(t) = \frac{\mathrm{d}u^i(t)}{\mathrm{d}t}\left(\frac{\partial}{\partial u^i}\right)_{C(t)}$$

沿曲线 C 是平行的, 所以测地线 C 应满足方程

$$\frac{\mathrm{d}^2 u^i}{\mathrm{d}t^2} + \Gamma^i_{jk} \frac{\mathrm{d}u^j}{\mathrm{d}t} \frac{\mathrm{d}u^k}{\mathrm{d}t} = 0. \qquad (2.20)$$

这是二阶常微分方程组,所以过流形 M 上任意一点恰有一条测地线在该点与任意给定的已知切矢量相切.

下面我们讨论仿射联络的曲率方阵 Q. 因为

$$\omega^j_i = \Gamma^j_{ik}\mathrm{d}u^k, \qquad (2.21)$$

所以

$$\mathrm{d}\omega^j_i - \omega^h_i \wedge \omega^j_h = \frac{\partial \Gamma^j_{ik}}{\partial u^l}\mathrm{d}u^l \wedge \mathrm{d}u^k - \Gamma^h_{il}\Gamma^j_{hk}\mathrm{d}u^l \wedge \mathrm{d}u^k$$

$$= \frac{1}{2}\left(\frac{\partial \Gamma^j_{il}}{\partial u^k} - \frac{\partial \Gamma^j_{ik}}{\partial u^l} + \Gamma^h_{il}\Gamma^j_{hk} - \Gamma^h_{ik}\Gamma^j_{hl} \right)\mathrm{d}u^k \wedge \mathrm{d}u^l,$$

故

$$\Omega^j_i = \frac{1}{2}R^j_{ikl}\mathrm{d}u^k \wedge \mathrm{d}u^l, \qquad (2.22)$$

其中

$$R^j_{ikl} = \frac{\partial \Gamma^j_{il}}{\partial u^k} - \frac{\partial \Gamma^j_{ik}}{\partial u^l} + \Gamma^h_{il}\Gamma^j_{hk} - \Gamma^h_{ik}\Gamma^j_{hl}. \qquad (2.23)$$

若 $(W;w^i)$ 是 M 的另一个坐标系,则在 W 上有局部标架场

$$S' = {}^{\mathrm{t}}\left(\frac{\partial}{\partial w^1}, \cdots, \frac{\partial}{\partial w^m} \right),$$

在 $U \bigcap W$ 上 S 和 S' 有关系式(2.2). 根据 §1 的(1.29)式,我们有

$$\Omega' = J_{WU} \cdot \Omega \cdot J_{WU}^{-1}, \qquad (2.24)$$

其中 Ω' 是联络 D 在坐标系 $(W;w^i)$ 下的曲率矩阵. 用分量表示则是

$$\Omega'^j_i = \Omega^q_p \frac{\partial u^p}{\partial w^i} \frac{\partial w^j}{\partial u^q}.$$

因此

$$R'^j_{ikl} = R^q_{prs} \frac{\partial w^j}{\partial u^q} \frac{\partial u^p}{\partial w^i} \frac{\partial u^r}{\partial w^k} \frac{\partial u^s}{\partial w^l}, \qquad (2.25)$$

其中 R'^j_{ikl} 由

$$\Omega_i^{\prime\,j} = \frac{1}{2} R_{ikl}^{\prime\,j} \mathrm{d}w^k \wedge \mathrm{d}w^l$$

所确定. 将(2.25)式与第二章 §2 的(2.29)式相对照,可知 R_{ikl}^j 遵从(1,3)型张量的分量变换规律. 因此

$$R = R_{ikl}^j \mathrm{d}u^i \otimes \frac{\partial}{\partial u^j} \otimes \mathrm{d}u^k \otimes \mathrm{d}u^l \tag{2.26}$$

不依赖于局部坐标的选取,称为仿射联络 D 的**曲率张量**.

对于 M 上任意两个光滑的切矢量场 X, Y,我们有曲率算子 $R(X,Y)$(见§1 的(1.30)式),它把 M 上的切矢量场映为切矢量场. 根据定理 1.3,算子 $R(X,Y)$ 可表成

$$R(X,Y) = \mathrm{D}_X \mathrm{D}_Y - \mathrm{D}_Y \mathrm{D}_X - \mathrm{D}_{[X,Y]}. \tag{2.27}$$

现在可以把 $R(X,Y)$ 用曲率张量表示出来. 设切矢量场 X, Y, Z 的局部表示是

$$X = X^i \frac{\partial}{\partial u^i}, \quad Y = Y^i \frac{\partial}{\partial u^i}, \quad Z = Z^i \frac{\partial}{\partial u^i}, \tag{2.28}$$

则

$$R(X,Y)Z = Z^i \Omega_i^j(X,Y) \frac{\partial}{\partial u^j} = R_{ikl}^j Z^i X^k Y^l \frac{\partial}{\partial u^j}. \tag{2.29}$$

由此可见

$$R_{ikl}^j = \left\langle R\left(\frac{\partial}{\partial u^k}, \frac{\partial}{\partial u^l}\right) \frac{\partial}{\partial u^i}, \mathrm{d}u^j \right\rangle. \tag{2.30}$$

我们知道联络系数 Γ_{ik}^j 不适合张量的变换规律. 但是,如果记

$$T_{ik}^j = \Gamma_{ki}^j - \Gamma_{ik}^j, \tag{2.31}$$

则由(2.5)式得到

$$T_{ik}^{\prime\,j} = T_{pr}^{\,q} \frac{\partial w^j}{\partial u^q} \frac{\partial u^p}{\partial w^i} \frac{\partial u^r}{\partial w^k}. \tag{2.32}$$

所以 T_{ik}^j 适合(1,2)型张量的分量变换规律,即

$$T = T_{ik}^j \frac{\partial}{\partial u^j} \otimes \mathrm{d}u^i \otimes \mathrm{d}u^k \tag{2.33}$$

是(1,2)型张量场,称为仿射联络 D 的**挠率张量**. 由(2.31)式可

116

知，挠率张量 T 的分量关于下指标是反对称的. 即

$$T^j_{ik} = -T^j_{ki}. \tag{2.34}$$

T 作为 $(1,2)$ 型张量场，可以看作从 $\Gamma(T(M)) \times \Gamma(T(M))$ 到 $\Gamma(T(M))$ 的映射：设 X,Y 是 M 上任意两个切矢量场，那么 $T(X,Y)$ 是 M 上的切矢量场，其局部表示是

$$T(X,Y) = T^k_{ij} X^i Y^j \frac{\partial}{\partial u^k}. \tag{2.35}$$

请读者证明

$$T(X,Y) = D_X Y - D_Y X - [X,Y]. \tag{2.36}$$

定义 2.2 若仿射联络 D 的挠率张量是零，则称该联络是**无挠的**.

无挠仿射联络总是存在的. 实际上，若设联络 D 的系数是 Γ^j_{ik}，则命

$$\widetilde{\Gamma}^j_{ik} = \frac{1}{2}(\Gamma^j_{ik} + \Gamma^j_{ki}). \tag{2.37}$$

显然 $\widetilde{\Gamma}^j_{ik}$ 关于下指标是对称的，并且在局部坐标变换时仍适合 (2.5) 式，所以 $\widetilde{\Gamma}^j_{ik}$ 是某个联络 $\widetilde{D}$ 的系数，且 $\widetilde{D}$ 是无挠的.

任意一个联络都可以分解成它的挠率张量的倍数与一个无挠联络的和. 事实上，由 (2.31) 和 (2.37) 两式得到

$$\Gamma^j_{ik} = -\frac{1}{2}T^j_{ik} + \widetilde{\Gamma}^j_{ik}, \tag{2.38}$$

即

$$D_X Z = \frac{1}{2}T(X,Z) + \widetilde{D}_X Z. \tag{2.39}$$

测地线方程 (2.20) 等价于

$$\frac{\mathrm{d}^2 u^i}{\mathrm{d}t^2} + \widetilde{\Gamma}^i_{jk} \frac{\mathrm{d}u^j}{\mathrm{d}t} \frac{\mathrm{d}u^k}{\mathrm{d}t} = 0, \tag{2.40}$$

所以联络 D 和对应的无挠联络 $\widetilde{D}$ 有相同的测地线.

下面两个定理说明，无挠的仿射联络有较好的性质.

定理 2.1 设 D 是流形 M 上的无挠仿射联络,则在流形 M 的任意一点 p 存在局部坐标系 u^i,使得相应的联络系数 Γ^{j}_{ik} 在该点是零.

证明 设 $(W;w^i)$ 是点 p 的局部坐标系,联络系数是 Γ'^{j}_{ik}. 命

$$u^i = w^i + \frac{1}{2}\Gamma'^{i}_{jk}(p)(w^j - w^j(p))(w^k - w^k(p)), \quad (2.41)$$

则

$$\left.\frac{\partial u^i}{\partial w^j}\right|_p = \delta^i_j, \quad \left.\frac{\partial^2 u^i}{\partial w^j \partial w^k}\right|_p = \Gamma'^{i}_{jk}(p). \quad (2.42)$$

因此矩阵 $\left(\dfrac{\partial u^i}{\partial w^j}\right)$ 在点 p 附近是非退化的,(2.41)式在点 p 的一个邻域内给出局部坐标变换. 由(2.5)式得到,在新坐标系 u^i 下联络系数 Γ^{j}_{ik} 适合

$$\Gamma^{j}_{ik}(p) = 0, \quad 1 \leqslant i, j, k \leqslant m.$$

定理 2.2 设 D 是 M 上的无挠仿射联络,则有 Bianchi 恒等式

$$R^{j}_{ikl,h} + R^{j}_{ilh,k} + R^{j}_{ihk,l} = 0. \quad (2.43)$$

证明 由定理 1.4 得到

$$\mathrm{d}\Omega^j_i = \omega^k_i \wedge \Omega^j_k - \Omega^k_i \wedge \omega^j_k,$$

即

$$\frac{\partial R^{j}_{ikl}}{\partial u^h}\mathrm{d}u^h \wedge \mathrm{d}u^k \wedge \mathrm{d}u^l$$

$$= (\Gamma^{p}_{ih}R^{j}_{pkl} - \Gamma^{i}_{ph}R^{p}_{ikl})\mathrm{d}u^h \wedge \mathrm{d}u^k \wedge \mathrm{d}u^l,$$

所以

$$R^{j}_{ikl,h}\mathrm{d}u^h \wedge \mathrm{d}u^k \wedge \mathrm{d}u^l$$

$$= -(\Gamma^{p}_{kh}R^{j}_{ipl} + \Gamma^{p}_{lh}R^{j}_{ikp})\mathrm{d}u^h \wedge \mathrm{d}u^k \wedge \mathrm{d}u^l$$

$$= 0,$$

最后一个等号用到联络的无挠性. 因此

$$(R^{j}_{ikl,h} + R^{j}_{ilh,k} + R^{j}_{ihk,l})\mathrm{d}u^h \wedge \mathrm{d}u^k \wedge \mathrm{d}u^l = 0. \quad (2.44)$$

现在,(2.44)式的系数关于 k,l,h 是反对称的,所以

$$R^j_{ikl,h} + R^j_{ilh,k} + R^j_{ihk,l} = 0.$$

从(2.27)式可知对切矢量场求两次绝对微商时,交换微商的次序所产生的差异是用曲率张量来量度的. 关于张量场也有类似的结果.

首先设 f 是 M 上的数量场,则

$$f_{,i} = \frac{\partial f}{\partial u^i}, \quad f_{,ij} = \frac{\partial^2 f}{\partial u^i \partial u^j} - \Gamma^k_{ij} f_{,k},$$

所以

$$f_{,ij} - f_{,ji} = T^k_{ij} f_{,k}. \tag{2.45}$$

若 X 是 M 上的切矢量场,局部表式是

$$X = X^i \frac{\partial}{\partial u^i},$$

则

$$X^i_{,p} = \frac{\partial X^i}{\partial u^p} + X^j \Gamma^i_{jp},$$

$$X^i_{,pq} = \frac{\partial X^i_{,p}}{\partial u^q} + X^j_{,p} \Gamma^i_{jq} - X^i_{,l} \Gamma^l_{pq},$$

所以

$$X^i_{,pq} - X^i_{,qp} = - X^j R^i_{jpq} + X^i_{,l} T^l_{pq}. \tag{2.46}$$

同理可得,对于 $(2,1)$ 型张量场 t 有

$$t^{ij}_{k,pq} - t^{ij}_{k,qp} = - t^{lj}_k R^i_{lpq} - t^{il}_k R^j_{lpq} + t^{ij}_l R^l_{kpq} + t^{ij}_{k,l} T^l_{pq}. \tag{2.47}$$

值得注意的是,微分换位公式由曲率张量和挠率张量完全确定.

§3 标架丛上的联络

微分流形上的标架丛是和切丛密切相关的.

设 M 是 m 维微分流形. 所谓一个标架是指这样一个组合 $(p; e_1, \cdots, e_m)$,其中 p 是 M 上一点,$e_1, \cdots, e_m$ 是流形 M 在点 p 的 m 个

线性无关的切矢量. 流形 M 上全体标架的集合记作 P. 我们要在 P 中引进微分结构, 使它成为光滑流形, 并且使自然投影

$$\pi(p;e_1,\cdots,e_m) = p \qquad (3.1)$$

是从 P 到 M 上的光滑映射. (P,M,π) 称为 M 上的**标架丛**.

在 P 中引进微分结构的方法与张量丛的做法是类似的. 设 $(U;u^i)$ 是 M 的任意一个坐标域, 则在 U 上有自然标架场 $\left(\dfrac{\partial}{\partial u^1},\cdots,\dfrac{\partial}{\partial u^m}\right)$, 所以 U 上的任意一个标架 $(p;e_1,\cdots,e_m)$ 可以表成

$$e_i = X_i^k\left(\frac{\partial}{\partial u^k}\right)_p, \quad 1\leqslant i\leqslant m, \qquad (3.2)$$

其中 (X_i^k) 是非退化的 $m\times m$ 阶矩阵, 因此它是 $\mathrm{GL}(m;\boldsymbol{R})$ 中的一个元素. 于是, 可以定义映射 $\varphi_U: U\times\mathrm{GL}(m;\boldsymbol{R})\to\pi^{-1}(U)$, 使得对任意的 $p\in U$ 及 $(X_j^k)\in\mathrm{GL}(m;\boldsymbol{R})$ 有

$$\varphi_U(p,X_i^k) = (p;e_1,\cdots,e_m), \qquad (3.3)$$

其中 e_i 由 (3.2) 式所给出. 显然 φ_U 是一一对应.

现取 M 的坐标覆盖 $(U,W,Z,\cdots\}$, 对其中每一个成员由 (3.3) 所定义的映射分别记为 $\varphi_U,\varphi_W,\varphi_Z,\cdots$. 所有拓扑积 $U\times\mathrm{GL}(m;\boldsymbol{R})$ 中的全体开集在 φ_U 下的像的集合构成 P 的一个拓扑基; 关于 P 的这种拓扑结构, 映射

$$\varphi_U: U\times\mathrm{GL}(m;\boldsymbol{R})\to\pi^{-1}(U)$$

是同胚.

通过映射 $\varphi_U,\pi^{-1}(U)$ 就成为 P 的一个坐标域, 局部坐标系是 (u^i,X_i^k). 若 $U\bigcap W\neq\varnothing$, 则流形 M 在 $U\bigcap W$ 上有局部坐标变换

$$w^i = w^i(u^1,\cdots,u^m), \quad 1\leqslant i\leqslant m. \qquad (3.4)$$

相应的自然基底有如下关系:

$$\frac{\partial}{\partial u^i} = \frac{\partial w^j}{\partial u^i}\cdot\frac{\partial}{\partial w^j}. \qquad (3.5)$$

若 $(p;e_1,\cdots,e_m)$ 是 $U\bigcap W$ 上的一个标架, 则它在两个坐标系下的坐标 (u^i,X_i^k) 和 (w^i,Y_i^k) 适合关系

$$\varphi_U(u^i, X_i^k) = \varphi_W(w^i, Y_i^k), \tag{3.6}$$

即 w^i 和 u^i 由(3.4)式关联,并且

$$X_i^k \frac{\partial}{\partial u^k} = Y_i^k \frac{\partial}{\partial w^k},$$

或

$$Y_i^k = X_i^j \frac{\partial w^k}{\partial u^j}. \tag{3.7}$$

因此(3.4)与(3.7)两式合起来正是流形 P 上的坐标变换公式. 显然 w^i, Y_i^k 都是 u^i 和 X_i^k 的光滑函数,故 P 的坐标域 $\pi^{-1}(U)$ 和 $\pi^{-1}(W)$ 是 C^∞-相容的,于是 P 成为 $m+m^2$ 维光滑流形,而且自然投影 $\pi: P \rightarrow M$ 是光滑的满映射.

上面(3.3)式说明映射 φ_U 给出了流形 P 的局部乘积的结构,即 $\pi^{-1}(U)$ 可微同胚于直积 $U \times \mathrm{GL}(m; \boldsymbol{R})$. 对于任意的 $p \in U$,命

$$\varphi_{U,p}(X) = \varphi_U(p, X), \quad X \in \mathrm{GL}(m; \boldsymbol{R}), \tag{3.8}$$

则 $\varphi_{U,p}: \mathrm{GL}(m; \boldsymbol{R}) \rightarrow \pi^{-1}(p)$ 是同胚.

若 $U \cap W \neq \varnothing$,对 $p \in U \cap W$ 映射 $\varphi_{W,p}^{-1} \circ \varphi_{U,p}$ 是 $\mathrm{GL}(m; \boldsymbol{R})$ 到自身的同胚. 由(3.7)式可知 $\varphi_{W,p}^{-1} \circ \varphi_{U,p}$ 恰是 Jacobi 矩阵 $J_{UW} = \left(\frac{\partial w^k}{\partial u^j}\right)$ 在群 $\mathrm{GL}(m; \boldsymbol{R})$ 上的右平移. 可见 $\{J_{UW}\}$ 构成标架丛的过渡函数族. 因此标架丛 P 是与流形 M 的切丛 $T(M)$ 相配的主丛,其纤维型和结构群都是 $\mathrm{GL}(m; \boldsymbol{R})$(参阅参考文献[20]). 标架丛是非矢量丛的纤维丛.

要指出的是,结构群 $\mathrm{GL}(m; \boldsymbol{R})$ 以自然的方式作用在标架丛 P 上,成为 P 的一个同胚变换群. 设 $a = (a_i^j) \in \mathrm{GL}(m; \boldsymbol{R})$,因此 $\det a \neq 0$. 元素 a 在 P 上的作用 L_a 定义为

$$L_a(p; e_1, \cdots, e_m) = (p; e_1', \cdots, e_m'), \tag{3.9}$$

其中

$$e_i' = a_i^j e_j. \tag{3.10}$$

显然,每一个 L_a 是 P 的自同胚,而且保持纤维不变,即

$$\pi \circ L_a = \pi : P \to M. \tag{3.11}$$

我们称 L_a 是元素 $a \in GL(m; \mathbf{R})$ 在 P 上产生的左移动. 若 $a, b \in GL(m; \mathbf{R})$, 则显然有

$$L_{ab} = L_a \circ L_b. \tag{3.12}$$

假定 $(U; u^i)$ 和 $(W; w^i)$ 是 M 的两个坐标系, 流形 P 上相应的坐标系是 (u^i, X_i^k) 和 (w^i, Y_i^k). 分别用 (X_i^{*k}) 和 (Y_i^{*k}) 记 (X_i^k) 和 (Y_i^k) 的逆矩阵, 即

$$X_i^k X_k^{*j} = X_i^{*k} X_k^j = \delta_i^j, \quad Y_i^k Y_k^{*j} = Y_i^{*k} Y_k^j = \delta_i^j.$$

若 $U \cap W \neq \varnothing$, 则在 $U \cap W$ 上有

$$\mathrm{d}w^i = \frac{\partial w^i}{\partial u^j} \mathrm{d}u^j. \tag{3.13}$$

由(3.7)式则得

$$X_i^{*j} = \frac{\partial w^k}{\partial u^i} Y_k^{*j}, \tag{3.14}$$

所以

$$X_i^{*j} \mathrm{d}u^i = Y_i^{*j} \mathrm{d}w^i. \tag{3.15}$$

由此可见, 一次微分式

$$\theta^i = X_j^{*i} \mathrm{d}u^j \tag{3.16}$$

与 P 的局部坐标系的选取无关, 因此 θ^i 是 P 上的一次微分式.

Pfaff 方程组

$$\theta^i = 0, \quad 1 \leqslant i \leqslant m, \tag{3.17}$$

在 P 上定义了 m^2 维切子空间场 V, 它在每一点给出的 m^2 维切子空间叫做**纵空间**. 从(3.16)式得到

$$\mathrm{d}u^i = X_j^i \theta^j,$$

所以在每一个坐标域 $\pi^{-1}(U)$ 上, 方程组(3.17)等价于

$$\mathrm{d}u^i = 0, \quad 1 \leqslant i \leqslant m, \tag{3.18}$$

即 Pfaff 方程组(3.17)是完全可积的. (3.17)的极大积分流形是

$$u^i = \mathrm{const}, \quad 1 \leqslant i \leqslant m, \tag{3.19}$$

即(3.17)的极大积分流形就是 P 的纤维 $\pi^{-1}(p)$, $p \in M$. 所以纵空

间就是各纤维的切空间.

现设 M 是 m 维仿射联络空间,它的联络是 D. 设 D 在局部坐标系 $(U;u^i)$ 下的联络方阵是 $\omega=(\omega_i^j)$,则矢量场 $e_i=X_i^k\dfrac{\partial}{\partial u^k}$ 的绝对微分是

$$\mathrm{D}e_i = (\mathrm{d}X_i^k + X_i^j\omega_j^k) \otimes \frac{\partial}{\partial u^k}.$$

把 X_i^k 看作独立变量,则

$$\mathrm{D}X_i^k \equiv \mathrm{d}X_i^k + X_i^j\omega_j^k \tag{3.20}$$

是流形 P 的坐标域 $\pi^{-1}(U)$ 上的一次微分式.

我们的目的是求一组由联络 D 决定的、定义在整个流形 P 上的一次微分式. 设 $(W;w^i)$ 是 M 的另一个局部坐标系. 若 $U\bigcap W\neq\varnothing$,则在 $U\bigcap W$ 上有

$$Y_i^k = X_i^j\frac{\partial w^k}{\partial u^j},$$

因此从 §2 的(2.4)式得到

$$\begin{aligned}
\mathrm{d}Y_i^k + Y_i^j\omega_j'^k &= \mathrm{d}X_i^j\frac{\partial w^k}{\partial u^j} + X_i^j\mathrm{d}\left(\frac{\partial w^k}{\partial u^j}\right)\\
&\quad + Y_i^j\left(\mathrm{d}\left(\frac{\partial u^h}{\partial w^j}\right)\frac{\partial w^k}{\partial u^h} + \frac{\partial u^h}{\partial w^j}\omega_h^p\frac{\partial w^k}{\partial u^p}\right)\\
&= (\mathrm{d}X_i^j + X_i^l\omega_l^j)\frac{\partial w^k}{\partial u^j},
\end{aligned} \tag{3.21}$$

或者写成

$$\mathrm{D}Y_i^k = \mathrm{D}X_i^j\frac{\partial w^k}{\partial u^j}. \tag{3.22}$$

由于(3.14)式,则得

$$Y_k^{*j}\mathrm{D}Y_i^k = X_k^{*j}\mathrm{D}X_i^k, \tag{3.23}$$

所以一次微分式

$$\theta_i^j = X_k^{*j}\mathrm{D}X_i^k = X_k^{*j}(\mathrm{d}X_i^k + X_i^l\omega_l^k) \tag{3.24}$$

与局部坐标系的选取是无关的,因而是定义在流形 P 上的一次微

分式.

因为 (u^i, X_i^k) 是流形 P 的局部坐标系,(du^i, dX_i^k) 是 P 在一点的切空间的坐标,因此 $(u^i, X_i^k; du^i, dX_i^k)$ 是 P 的切丛的局部坐标系. 现在,θ^i 和 θ_i^k 合起来一共是 $m+m^2$ 个定义在 P 上的一次微分式,而在 P 的每一个坐标域 $\pi^{-1}(U)$ 上,它们和 du^i, dX_i^k 能互相线性表示,所以 θ^i, θ_i^k 是处处线性无关的,即 $\{\theta^i, \theta_i^k\}$ 构成定义在整个 P 上的余标架场,其对偶则是 P 上大范围的标架场.

一般说来,在流形 M 上不存在整体的标架场. 由于 M 上的仿射联络总是存在的,所以在标架丛 P 上总是存在整体的标架场. 在这个意义上说,流形 P 显得比底流形 M 要简单.

在局部坐标系 $(U; u^i)$ 下,从 $(3.16),(3.24)$ 两式得到

$$du^i = X_j^i \theta^j, \tag{3.25}$$

$$dX_i^j = -X_i^k \omega_k^j + X_k^j \theta_i^k. \tag{3.26}$$

外微分 (3.25) 式,则得

$$0 = dX_j^i \wedge \theta^j + X_j^i d\theta^j$$
$$= X_j^i(d\theta^j - \theta^k \wedge \theta_k^j) - X_k^p X_l^q \Gamma_{pq}^i \theta^l \wedge \theta^k,$$

所以

$$d\theta^j - \theta^k \wedge \theta_k^j = X_r^{*j} X_k^p X_l^q \Gamma_{pq}^r \theta^l \wedge \theta^k$$
$$= \frac{1}{2} X_r^{*j} X_k^p X_l^q T_{pq}^r \theta^k \wedge \theta^l. \tag{3.27}$$

外微分 (3.26) 式,则得

$$0 = -dX_i^k \wedge \omega_k^j - X_i^k d\omega_k^j + dX_k^j \wedge \theta_i^k + X_k^j d\theta_i^k$$
$$= -X_i^k \Omega_k^j + X_k^j(d\theta_i^k - \theta_i^l \wedge \theta_l^k),$$

所以

$$d\theta_i^j - \theta_i^l \wedge \theta_l^j = X_h^{*j} X_i^k \Omega_k^h$$
$$= \frac{1}{2} X_q^{*j} X_i^p X_k^r X_l^s R_{prs}^q \theta^k \wedge \theta^l. \tag{3.28}$$

这里 T_{pq}^r, R_{prs}^q 分别是 §2 的 $(2.31),(2.23)$ 两式定义的挠率张量和

124

曲率张量. 命

$$\begin{cases} P^{j}_{kl} = X^{*j}_r X^p_k X^q_l T^r_{pq}, \\ S^{j}_{ikl} = X^{*j}_q X^p_i X^r_k X^s_l R^q_{prs}, \end{cases} \tag{3.29}$$

则 (3.27),(3.28) 两式成为

$$\begin{cases} \mathrm{d}\theta^j - \theta^k \wedge \theta^j_k = \dfrac{1}{2} P^j_{kl}\theta^k \wedge \theta^l, \\ \mathrm{d}\theta^j_i - \theta^k_i \wedge \theta^j_k = \dfrac{1}{2} S^j_{ikl}\theta^k \wedge \theta^l. \end{cases} \tag{3.30}$$

显然,P^j_{kl}, S^j_{ikl} 与局部坐标的选取是无关的,因此 (3.30) 式是在整个标架丛 P 上成立的,称为联络的结构方程.

对于自然标架 $\left\{ \dfrac{\partial}{\partial u^i} \right\}$,则有

$$X^k_i = X^{*k}_i = \delta^k_i,$$

所以 (3.30) 式限制在自然标架上就是

$$- \mathrm{d}u^k \wedge \omega^j_k = \dfrac{1}{2} T^j_{kl}\mathrm{d}u^k \wedge \mathrm{d}u^l,$$

$$\mathrm{d}\omega^j_i - \omega^k_i \wedge \omega^j_k = \dfrac{1}{2} R^j_{ikl}\mathrm{d}u^k \wedge \mathrm{d}u^l,$$

这又回到挠率张量和曲率张量原来的定义.

若记

$$\begin{cases} \Theta^j = \dfrac{1}{2} P^j_{kl}\theta^k \wedge \theta^l, \\ \Theta^j_i = \dfrac{1}{2} S^j_{ikl}\theta^k \wedge \theta^l, \end{cases} \tag{3.31}$$

则结构方程成为

$$\begin{cases} \mathrm{d}\theta^j - \theta^k \wedge \theta^j_k = \Theta^j, \\ \mathrm{d}\theta^j_i - \theta^k_i \wedge \theta^j_k = \Theta^j_i. \end{cases} \tag{3.32}$$

再外微分一次,则得

$$\begin{cases} \mathrm{d}\Theta^j + \Theta^k \wedge \theta^j_k - \theta^k \wedge \Theta^j_k = 0, \\ \mathrm{d}\Theta^j_i + \Theta^k_i \wedge \theta^j_k - \theta^k_i \wedge \Theta^j_k = 0. \end{cases} \tag{3.33}$$

方程(3.33)称为 **Bianchi 恒等式**.

我们知道微分式 θ^i 是由 M 的流形结构决定的. 结构方程 (3.30) 的重要性在于：它给出了使 m^2 个微分式 θ^k_i 在 M 上定义一个仿射联络的充分条件.

定理 3.1　设 $\theta^j_i (1 \leqslant i, j \leqslant m)$ 是标架丛 P 上的 m^2 个一次微分式. 如果它们和 θ^i 一起适合结构方程

$$\begin{cases} \mathrm{d}\theta^i - \theta^j \wedge \theta^i_j = \dfrac{1}{2} P^i_{kl} \theta^k \wedge \theta^l, \\[2mm] \mathrm{d}\theta^j_i - \theta^k_i \wedge \theta^j_k = \dfrac{1}{2} S^j_{ikl} \theta^k \wedge \theta^l, \end{cases} \tag{3.34}$$

其中 P^i_{kl}, S^j_{ikl} 是某些定义在 P 上的函数, 则在 M 上存在仿射联络 D, 使得 θ^j_i 和联络 D 的关系如(3.24)式所示.

证明　取 P 中的局部坐标系 (u^i, X^k_i), 则

$$\theta^i = X^{*i}_k \mathrm{d}u^k, \tag{3.35}$$

其中 (X^{*i}_k) 是 (X^k_i) 的逆矩阵. 所以

$$\mathrm{d}\theta^i = \mathrm{d}X^{*i}_k \wedge \mathrm{d}u^k = (\mathrm{d}X^{*i}_k X^k_j) \wedge \theta^j = - X^{*i}_k \mathrm{d}X^k_j \wedge \theta^j.$$

代入(3.34)的第一式得

$$\theta^j \wedge \left(\theta^i_j + \frac{1}{2} P^i_{jk} \theta^k - X^{*i}_k \mathrm{d}X^k_j \right) = 0. \tag{3.36}$$

因为 θ^j 是线性无关的, 根据 Cartan 引理, $\theta^i_j - X^{*i}_k \mathrm{d}X^k_j$ 是 θ^l 的线性组合；不妨设

$$X^k_j \theta^j_i - \mathrm{d}X^k_i = \omega^k_j X^j_i, \tag{3.37}$$

其中 ω^k_j 是 θ^l 的线性组合, 因而是 $\mathrm{d}u^i$ 的线性组合. 令

$$\omega^k_j = \Gamma^k_{ji} \mathrm{d}u^i, \tag{3.38}$$

这里 Γ^k_{ji} 是 P 上的函数. 若能证明 Γ^k_{ji} 只是 u^i 的函数, 而与坐标 X^j_i 无关, 则 Γ^k_{ji} 是某联络在局部坐标系 u^i 下的系数, 定理便得证.

外微分(3.37)式得到

$$\mathrm{d}X^k_j \wedge \theta^j_i + X^k_j \mathrm{d}\theta^j_i = \mathrm{d}\omega^k_j \cdot X^j_i - \omega^k_j \wedge \mathrm{d}X^j_i,$$

利用(3.34)式, 上式便化简为

$$X_i^j(\mathrm{d}\omega_j^k - \omega_j^l \wedge \omega_l^k) = \frac{1}{2}X_j^k S_{ilh}^j \theta^l \wedge \theta^h.$$

因为右边只含有微分 $\mathrm{d}u^i$,而 $\omega_j^l \wedge \omega_l^k$ 也只含微分 $\mathrm{d}u^i$,所以 $\mathrm{d}\omega_j^k$ 只含有微分 $\mathrm{d}u^i$. 由(3.38)式得

$$\mathrm{d}\omega_j^k = \sum_{i,l} \frac{\partial \Gamma_{ji}^k}{\partial u^l}\mathrm{d}u^l \wedge \mathrm{d}u^i + \sum_{i,l,h} \frac{\partial \Gamma_{ji}^k}{\partial X_l^h}\mathrm{d}X_l^h \wedge \mathrm{d}u^i,$$

所以

$$\frac{\partial \Gamma_{ji}^k}{\partial X_l^h} = 0. \tag{3.39}$$

设 $(W;w^i)$ 是 M 的另一坐标域,则 (w^i,Y_i^k) 是 P 在 $\pi^{-1}(W)$ 上的局部坐标系. 若 $U \cap W \neq \varnothing$,则在 $U \cap W$ 上有

$$\theta_i^j = X_k^{*j}\mathrm{d}X_i^k + X_k^{*j}\omega_l^k X_i^l = Y_k^{*j}\mathrm{d}Y_i^k + Y_k^{*j}\omega_l'^k Y_i^l,$$

其中 $\omega_l'^k = \Gamma_{lj}'^k \mathrm{d}w^j$,而 $\Gamma_{li}'^k$ 只是 w^j 的函数,将(3.7)式代入上式得到

$$\omega_i'^j = \mathrm{d}\left(\frac{\partial u^p}{\partial w^i}\right)\frac{\partial w^j}{\partial u^p} + \frac{\partial u^p}{\partial w^i}\frac{\partial w^j}{\partial u^q}\omega_p^q. \tag{3.40}$$

由此可见,(ω_i^j) 确实在 M 上定义了仿射联络 D,使得 (ω_i^j) 是 D 在坐标系 $(U;u^i)$ 下的联络方阵.

前面已经说过,Pfaff 方程组

$$\theta^i = 0, \quad 1 \leqslant i \leqslant m$$

在 P 上定义了纵空间场 V. 我们把 Pfaff 方程组

$$\theta_j^i = 0, \quad 1 \leqslant i,j \leqslant m \tag{3.41}$$

在每一点 $x \in P$ 所确定的 m 维切子空间 $H(x)$ 称为**横空间**;方程组(3.41)确定的 m 维分布称为横空间场 H. 显然,仿射联络 D 在标架丛 P 上决定的横空间场 H 有如下的性质:

(1) 在任意一点 $x \in P$,切空间 $T_x(P)$ 有直和分解

$$T_x(P) = V(x) \bigoplus H(x), \tag{3.42}$$

且横空间 $H(x)$ 在投影 π 下与流形 M 的切空间 $T_p(M)(p=\pi(x))$ 是同构的;

（2）横空间场 H 在 P 的左移动 $L_a(a \in \mathrm{GL}(m;\mathbf{R}))$ 下是不变的，即对于任意一点 $x \in P$ 有

$$(L_a)_* H(x) = H(L_a(x)). \qquad (3.43)$$

因为空间 $V(x)$ 和 $H(x)$ 的维数之和恰是 $T_x(P)$ 的维数 $m^2 + m$，所以要 (3.42) 式成立，只需证明 $V(x) \bigcap H(x) = 0$. 设 $X \in V(x) \bigcap H(x)$，根据纵空间和横空间的定义得到

$$\theta^i(X) = 0, \quad \theta^i_j(X) = 0, \quad 1 \leqslant i,j \leqslant m.$$

因为 $\{\theta^i, \theta^i_j\}$ 构成 P 上的余标架场，所以 $X = 0$，这就证明了 (3.42) 式. 因为 $\pi: P \to M$ 是光滑的满映射，故 $\pi_*: T_x(P) \to T_p(M)(p = \pi(x))$ 是满同态，又因为 $\pi_*(V(x)) = 0$，所以 $\pi_*: H(x) \to T_p(M)$ 是同构，这就证明了性质（1）.

要证明性质（2），只需把左移动 L_a 用标架丛的局部坐标系表示出来. 设 U 是 M 的一个坐标域，局部坐标是 u^i，则标架丛 P 在坐标域 $\pi^{-1}(U)$ 上的局部坐标是 (u^i, X^i_j)（见 (3.3) 式）. 设标架 $(p; e'_i)$ 是 $(p; e_i)$ 在 L_a 下的像，其中 e'_i 是由 (3.10) 式给出的. 设

$$e'_i = X'^j_i \frac{\partial}{\partial u^j},$$

则显然有

$$X'^j_i = a^k_i X^j_k, \quad X'^{*j}_i = X^{*k}_i b^j_k, \qquad (3.44)$$

其中 (X'^{*j}_i) 表示矩阵 (X'^j_i) 的逆矩阵，(b^j_i) 是 (a^j_i) 的逆矩阵. 因此

$$X'^{*j}_k \mathrm{D}X'^k_i = a^p_i(X^{*q}_k \mathrm{D}X^k_p) b^j_q,$$

即

$$(L_a)^* \theta^j_i = a^p_i b^j_q \theta^q_p; \qquad (3.45)$$

而横空间 H 是 $\theta^j_i(1 \leqslant i,j \leqslant m)$ 的零化子空间，所以 (3.45) 式表明横空间场 H 在左移动 L_a 下是不变的.

反过来，如果在标架丛 P 上给定了具有上述两个性质的 m 维切子空间场 H，则在 M 上存在仿射联络 D，使得 H 是标架丛 P 上关于联络 D 的横空间场（参见参考文献[14]）. 所以，从标架丛上看，仿射联络等价于具有上述性质的 m 维切子空间场.

第五章　黎曼流形

§1　黎曼几何的基本定理

设 M 是 m 维光滑流形, G 是 M 上对称的二阶协变张量场. 若 $(U;u^i)$ 是 M 的一个局部坐标系, 则张量场 G 在 U 上可以表为

$$G = g_{ij}\, \mathrm{d}u^i \otimes \mathrm{d}u^j, \tag{1.1}$$

其中 $g_{ij} = g_{ji}$ 是 U 上的光滑函数. G 在每一点 $p \in M$ 给出了 $T_p(M)$ 上的二重线性函数: 设

$$X = X^i \frac{\partial}{\partial u^i}, \quad Y = Y^i \frac{\partial}{\partial u^i},$$

可命

$$G(X,Y) = g_{ij}X^iY^j. \tag{1.2}$$

我们称张量 G 在点 p 是非退化的, 如果有一个矢量 $X \in T_p(M)$, 使得

$$G(X,Y) = 0$$

对所有的 $Y \in T_p(M)$ 都成立, 则必须有 $X = 0$. 这就是说, G 在 p 是非退化的, 当且仅当线性方程组

$$g_{ij}(p)X^i = 0, \quad 1 \leqslant j \leqslant m$$

只有零解, 即行列式 $\det(g_{ij}(p)) \neq 0$.

如果对任意的 $X \in T_p(M)$ 都有

$$G(X,X) \geqslant 0, \tag{1.3}$$

且等号只在 $X = 0$ 时成立, 则称张量 G 在点 p 是正定的. 由线性代数可知, G 是正定的充分必要条件是矩阵 (g_{ij}) 是正定的; 因此正定的张量 G 必是非退化的.

定义 1.1　若在 m 维光滑流形 M 上给定一个光滑的处处非

129

退化的对称二阶协变张量场 G,则称 M 是广义**黎曼流形**,G 称为广义黎曼流形 M 的**基本张量**或**度量张量**.

若 G 是正定的,则称 M 是黎曼流形.

对于广义黎曼流形 M,(1.2)式在每一点 p 的切空间 $T_p(M)$ 内给出了内积,即对于 $X,Y \in T_p(M)$,命

$$X \cdot Y = G(X,Y) = g_{ij}(p)X^i Y^j. \tag{1.4}$$

在 G 是正定的情形下,切矢量的长度、在同一点的两个切矢量的夹角都是有意义的,即

$$|X| = \sqrt{g_{ij}X^i X^j}, \tag{1.5}$$

$$\cos \angle(X,Y) = \frac{X \cdot Y}{|X| \cdot |Y|}. \tag{1.6}$$

所以黎曼流形就是在每一点的切空间上指定了正定内积的微分流形,并且要求内积是光滑的,即:如果 X,Y 是光滑的切矢量场,则 $X \cdot Y$ 是 M 上的光滑函数.

二次微分式

$$\mathrm{d}s^2 = g_{ij}\,\mathrm{d}u^i \mathrm{d}u^j \tag{1.7}$$

与局部坐标系 u^i 的选取是无关的,通常称为度量形式,或黎曼度量. $\mathrm{d}s$ 恰是无穷小切矢量的长度,称为弧长元素. 设 $C: u^i = u^i(t)$, $t_0 \leqslant t \leqslant t_1$ 是 M 上一条连续的分段光滑的参数曲线,则 C 的弧长定义为

$$s = \int_{t_0}^{t_1} \sqrt{g_{ij} \frac{\mathrm{d}u^i}{\mathrm{d}t} \frac{\mathrm{d}u^j}{\mathrm{d}t}} \mathrm{d}t. \tag{1.8}$$

定理 1.1 在 m 维光滑流形 M 上必有黎曼度量.

证明 取 M 的局部有限的坐标覆盖 $\{(U_\alpha; u_\alpha^i)\}$,设 $\{h_\alpha\}$ 是从属的单位分解,使得支集 supp $h_\alpha \subset U_\alpha$. 命

$$\mathrm{d}s_\alpha^2 = \sum_{i=1}^{m} (\mathrm{d}u_\alpha^i)^2, \tag{1.9}$$

$$\mathrm{d}s^2 = \sum_\alpha h_\alpha \cdot \mathrm{d}s_\alpha^2, \tag{1.10}$$

其中 $h_\alpha \cdot \mathrm{d}s_\alpha^2$ 定义为

$$(h_\alpha \cdot \mathrm{d}s_\alpha^2)(p) = \begin{cases} h_\alpha(p)\mathrm{d}s_\alpha^2, & p \in U_\alpha, \\ 0, & p \overline{\in} U_\alpha, \end{cases} \tag{1.11}$$

它们是 M 上的光滑的二次微分式. 因为在每一点 $p \in M$, (1.10) 式右端只是有限项的和, 所以该式是有意义的. 实际上, 若取 p 的一个坐标域 $(U; u^i)$, 使得 $\overline{U}$ 是紧致的. 由于 $\{U_\alpha\}$ 的局部有限性, 所以 U 只与其中有限多个成员 $U_{\alpha_1}, \cdots, U_{\alpha_r}$ 相交, 因此 (1.10) 式限制在 U 上成为

$$\mathrm{d}s^2 = \sum_{\lambda=1}^{r} h_{\alpha_\lambda} \cdot \mathrm{d}s_{\alpha_\lambda}^2 = g_{ij}\,\mathrm{d}u^i\mathrm{d}u^j,$$

其中

$$g_{ij} = \sum_{\lambda=1}^{r} \sum_{k=1}^{m} h_{\alpha_\lambda} \frac{\partial u_{\alpha_\lambda}^k}{\partial u^i} \frac{\partial u_{\alpha_\lambda}^k}{\partial u^j}. \tag{1.12}$$

因为 $0 \leqslant h_\alpha \leqslant 1$, $\sum_\alpha h_\alpha = 1$, 故有某一指标 β, 使 $h_\beta(p) > 0$, 于是

$$\mathrm{d}s^2(p) \geqslant h_\beta \cdot \mathrm{d}s_\beta^2.$$

由此可见, $\mathrm{d}s^2$ 在 M 上处处是正定的.

注记 在流形上黎曼度量的存在性并非平凡的结果. 例如, M 上不一定存在非正定的黎曼度量 (但这一点较难证明). 从纤维丛观点看, 在 M 上存在黎曼度量, 说明 M 上对称的二阶协变张量丛必有正定的光滑截面. 然而, 对于任意的矢量丛, 处处不为零的光滑截面却不一定存在.

下面假定 M 是广义黎曼流形. 在局部坐标系改变时, 基本张量 G 的分量变换公式是

$$g'_{ij} = g_{kl} \frac{\partial u^k}{\partial u'^i} \frac{\partial u^l}{\partial u'^j}.$$

因为矩阵 (g_{ij}) 是非退化的, 我们把它的逆矩阵的元素记作 g^{ij}, 即

$$g^{ik}g_{kj} = g_{jk}g^{ki} = \delta_j^i. \tag{1.13}$$

那么, 容易证明 g^{ij} 的坐标变换公式是

$$g'^{ij} = g^{kl} \frac{\partial u'^i}{\partial u^k} \frac{\partial u'^j}{\partial u^l}, \tag{1.14}$$

因此(g^{ij})是对称的二阶反变张量(请读者自证).

借助于基本张量,可以把切空间和余切空间等同起来,因而反变矢量和协变矢量可以看作同一个矢量的不同表现形式. 实际上,若$X \in T_p(M)$,命

$$\alpha_X(Y) = G(X, Y), \quad Y \in T_p(M), \tag{1.15}$$

则α_X是$T_p(M)$上的线性函数,即$\alpha_X \in T_p^*(M)$. 反过来,因为G是非退化的,所以$T_p^*(M)$中任意一个元素都可表成α_X的形式. 这样,对应$X \mapsto \alpha_X$在$T_p(M)$和$T_p^*(M)$之间建立了同构. 用分量表示,若

$$X = X^i \frac{\partial}{\partial u^i}, \quad \alpha_X = X_i \, \mathrm{d} u^i,$$

则从(1.15)式得到

$$X_i = g_{ij} X^j, \quad X^j = g^{ji} X_i. \tag{1.16}$$

此外,可以直接验证,如果(X^i)是反变矢量,则由(1.16)式定义的(X_i)遵从协变矢量的变换规律.

一般地,若(t^i_{jk})是$(1,2)$型张量,则

$$t_{ijk} = g_{il} t^l{}_{jk}, \quad t^{ij}{}_k = g^{jl} t^i{}_{lk} \tag{1.17}$$

分别是$(0; 3)$型张量和$(2, 1)$型张量. 如(1.17)式给出的运算通常称为张量指标的下降或上升.

定义 1.2 设(M, G)是m维广义黎曼流形,D是M上的仿射联络. 如果

$$DG = 0, \tag{1.18}$$

则称D是广义黎曼流形(M, G)的**容许联络**.

条件(1.18)的意思是基本张量G关于容许联络是平行的. 若记联络D在局部坐标u^i下的联络矩阵是$\omega = (\omega_i^j)$,则

$$DG = (\mathrm{d} g_{ij} - \omega_i^k g_{kj} - \omega_j^k g_{ik}) \otimes \mathrm{d} u^i \otimes \mathrm{d} u^j,$$

所以(1.18)式等价于

$$\mathrm{d}g_{ij} = \omega_i^k g_{kj} + \omega_j^k g_{ik}, \qquad (1.19)$$

或用矩阵记成

$$\mathrm{d}G = \omega \cdot G + G \cdot {}^{\mathrm{t}}\omega, \qquad (1.20)$$

其中 G 表示矩阵

$$G = \begin{pmatrix} g_{11} & \cdots & g_{1m} \\ \vdots & & \vdots \\ g_{m1} & \cdots & g_{mm} \end{pmatrix}, \qquad (1.21)$$

并且

$$\omega = \begin{pmatrix} \omega_1^1 & \cdots & \omega_1^m \\ \vdots & & \vdots \\ \omega_m^1 & \cdots & \omega_m^m \end{pmatrix}. \qquad (1.22)$$

容许联络的几何意义是平行移动保持度量性质不变；尤其是在黎曼流形上，切矢量的长度和夹角在平行移动时是不变的. 实际上，如果 $X(t),Y(t)$ 是沿曲线 $C: u^i = u^i(t)$ $(1 \leqslant i \leqslant m)$ 关于容许联络的平行矢量场，则

$$\begin{cases} \dfrac{\mathrm{d}X^i}{\mathrm{d}t} + \Gamma_{jk}^i X^j \dfrac{\mathrm{d}u^k}{\mathrm{d}t} = 0, \\[2mm] \dfrac{\mathrm{d}Y^i}{\mathrm{d}t} + \Gamma_{jk}^i Y^j \dfrac{\mathrm{d}u^k}{\mathrm{d}t} = 0, \end{cases} \qquad (1.23)$$

所以

$$\begin{aligned} \frac{\mathrm{d}}{\mathrm{d}t}(g_{ij}X^iY^j) &= \frac{\mathrm{d}g_{ij}}{\mathrm{d}t}X^iY^j + g_{ij}\frac{\mathrm{d}X^i}{\mathrm{d}t}Y^j + g_{ij}X^i\frac{\mathrm{d}Y^j}{\mathrm{d}t} \\ &= \left(\frac{\mathrm{d}g_{ij}}{\mathrm{d}t} - g_{ik}\Gamma_{jh}^k \frac{\mathrm{d}u^h}{\mathrm{d}t} - g_{kj}\Gamma_{ih}^k \frac{\mathrm{d}u^h}{\mathrm{d}t} \right)X^iY^j. \end{aligned}$$

$$(1.24)$$

由于 (1.19) 式，上式末端为零，所以沿曲线 C 有

$$g_{ij}X^iY^j = \mathrm{const}. \qquad (1.25)$$

定理 1.2（黎曼几何的基本定理） 设 M 是 m 维广义黎曼流形，则在 M 上存在唯一的无挠容许联络. 该联络称为广义黎曼流

形 M 的 Christoffel-Levi-Civita 联络,或**黎曼联络**.

证明 设 D 是 M 上的无挠容许联络,把 D 在局部坐标 u^i 下的联络矩阵记为 $\omega=(\omega_i^j)$,其中

$$\omega_i^j = \Gamma_{ik}^j du^k, \tag{1.26}$$

则它们适合条件

$$dg_{ij} = \omega_i^k g_{kj} + \omega_j^k g_{ik}, \tag{1.27}$$

$$\Gamma_{ik}^j = \Gamma_{ki}^j. \tag{1.28}$$

记

$$\Gamma_{ijk} = g_{lj}\Gamma_{ik}^l, \quad \omega_{ik} = g_{lk}\omega_i^l, \tag{1.29}$$

则由(1.27),(1.28)两式得到

$$\frac{\partial g_{ij}}{\partial u^k} = \Gamma_{ijk} + \Gamma_{jik}, \tag{1.30}$$

$$\Gamma_{ijk} = \Gamma_{kji}. \tag{1.31}$$

轮换(1.30)的指标,则得

$$\frac{\partial g_{ik}}{\partial u^j} = \Gamma_{ikj} + \Gamma_{kij}, \tag{1.32}$$

$$\frac{\partial g_{jk}}{\partial u^i} = \Gamma_{jki} + \Gamma_{kji}. \tag{1.33}$$

计算 $(1.32) + (1.33) - (1.30)$,并利用(1.31)式,则得

$$\Gamma_{ikj} = \frac{1}{2}\left(\frac{\partial g_{ik}}{\partial u^j} + \frac{\partial g_{jk}}{\partial u^i} - \frac{\partial g_{ij}}{\partial u^k}\right), \tag{1.34}$$

$$\Gamma_{ij}^k = \frac{1}{2}g^{kl}\left(\frac{\partial g_{il}}{\partial u^j} + \frac{\partial g_{jl}}{\partial u^i} - \frac{\partial g_{ij}}{\partial u^l}\right). \tag{1.35}$$

由此可见,无挠容许联络是由度量张量唯一确定的.

反过来,由(1.35)式定义的 Γ_{ij}^k 在局部坐标变换时确实适合联络系数的变换公式(第四章 §2 的(2.5)式),因此它们在流形 M 上定义了一个仿射联络 D. 通过计算得到,由(1.35)式定义的 Γ_{ij}^k 满足方程(1.30)和(1.31),所以 D 是 M 上的无挠容许联络.

Christoffel-Levi-Civita 联络的存在唯一性是黎曼几何非常重

要的结果. 由(1.34)和(1.35)两式定义的 Γ_{ikj} 和 Γ_{ij}^k 分别称为第一种和第二种 **Christoffel 记号**.

注记 1 在黎曼流形的一个邻域内不去考虑自然标架场, 而用任意的标架场往往是比较方便的. 流形上一个局部标架场就是标架丛的局部截面. 设 $(e_1, \cdots, e_m)$ 是局部标架场, 其对偶标架场是 $(\theta^1, \cdots, \theta^m)$. 命

$$\mathrm{D}e_i = \theta_i^j e_j, \tag{1.36}$$

$\theta = (\theta_i^j)$ 称为联络 D 关于标架场 $(e_1, \cdots, e_m)$ 的联络矩阵. 这里的 θ^i, θ_i^j 不是别的, 正是第四章 §3 中标架丛 P 上的一次微分式 θ^i, θ_i^j 拉回到局部截面上的形式 (在此我们用了同样的记号). 因此根据联络的结构方程得到, D 是无挠联络等价于 θ_i^j 满足方程

$$\mathrm{d}\theta^i - \theta^j \wedge \theta_j^i = 0. \tag{1.37}$$

如果仍然记

$$g_{ij} = G(e_i, e_j), \tag{1.38}$$

则度量形式是

$$\mathrm{d}s^2 = g_{ij}\theta^i\theta^j.$$

因为 $G = g_{ij}\theta^i \otimes \theta^j$, 所以

$$\mathrm{D}G = (\mathrm{d}g_{ij} - g_{ik}\theta_j^k - g_{kj}\theta_i^k) \otimes \theta^i \otimes \theta^j.$$

因此 D 是容许联络的条件仍是

$$\mathrm{d}g_{ij} = \theta_i^k g_{kj} + \theta_j^k g_{ik}. \tag{1.39}$$

现在, 定理 1.2 可以改述为:

定理 1.3 设 (M, G) 是广义黎曼流形, $\{\theta^i, 1 \leqslant i \leqslant m\}$ 是邻域 $U \subset M$ 上一组 m 个处处线性无关的一次微分式, 则在 U 上存在唯一的一组 m^2 个一次微分式 θ_j^k, 使得

$$\begin{cases} \mathrm{d}\theta^i - \theta^j \wedge \theta_j^i = 0, \\ \mathrm{d}g_{ij} = \theta_i^k g_{kj} + \theta_j^k g_{ik}, \end{cases} \tag{1.40}$$

其中 g_{ij} 是 G 关于局部余标架场 $\{\theta^i\}$ 的分量, 即

$$G = g_{ij}\theta^i \otimes \theta^j. \tag{1.41}$$

注记 2 假定 M 是黎曼流形，G 是正定的，则在邻域 U 内可取正交标架场 $\{e_i, 1 \leqslant i \leqslant m\}$. 此时 $g_{ij} = \delta_{ij}$，即

$$\mathrm{d}s^2 = \sum_{i=1}^m (\theta^i)^2.$$

而 (1.40) 的第二式成为

$$\theta_i^j + \theta_j^i = 0, \tag{1.42}$$

即联络矩阵 $\theta = (\theta_i^j)$ 是反对称的.

注记 3 公式 (1.30) 就是

$$\frac{\partial g_{ij}}{\partial u^k} = g_{il} \Gamma_{jk}^l + g_{jl} \Gamma_{ik}^l,$$

或

$$g_{ij,k} = 0. \tag{1.43}$$

这是条件 (1.18) 的一种表现形式；这意味着，对于容许联络来说，度量张量 g_{ij} 关于绝对微商如同一个常量.

根据定义，Christoffel-Levi-Civita 联络 ω 的曲率矩阵是

$$\Omega = \mathrm{d}\omega - \omega \wedge \omega.$$

外微分 (1.20) 式，则得

$$\mathrm{d}\omega \cdot G - \omega \wedge \mathrm{d}G + \mathrm{d}G \wedge {}^{\mathrm{t}}\omega + G \cdot {}^{\mathrm{t}}(\mathrm{d}\omega) = 0,$$

$$(\mathrm{d}\omega - \omega \wedge \omega) \cdot G + G \cdot {}^{\mathrm{t}}(\mathrm{d}\omega - \omega \wedge \omega) = 0,$$

即

$$\Omega \cdot G + {}^{\mathrm{t}}(\Omega \cdot G) = 0. \tag{1.44}$$

命

$$\Omega_{ij} = \Omega_i^k g_{kj}, \tag{1.45}$$

则 $\Omega \cdot G = (\Omega_{ij})$. (1.44) 式就是

$$\Omega_{ij} + \Omega_{ji} = 0, \tag{1.46}$$

即 Ω_{ij} 关于下指标是反对称的. 经过直接的计算得到

$$\Omega_{ij} = \mathrm{d}\omega_{ij} + \omega_i^l \wedge \omega_{jl}. \tag{1.47}$$

根据第四章 §2 的 (2.22) 式，

136

$$\Omega_i^j = \frac{1}{2} R_{ikl}^j \mathrm{d}u^k \wedge \mathrm{d}u^l, \tag{1.48}$$

其中

$$R_{ikl}^j = \frac{\partial \Gamma_{il}^j}{\partial u^k} - \frac{\partial \Gamma_{ik}^j}{\partial u^l} + \Gamma_{il}^h \Gamma_{hk}^j - \Gamma_{ik}^h \Gamma_{hl}^j. \tag{1.49}$$

若命

$$R_{ijkl} = R_{ikl}^h g_{hj}, \tag{1.50}$$

则

$$\Omega_{ij} = \frac{1}{2} R_{ijkl} \, \mathrm{d}u^k \wedge \mathrm{d}u^l, \tag{1.51}$$

并且

$$R_{ijkl} = \frac{\partial \Gamma_{ijl}}{\partial u^k} - \frac{\partial \Gamma_{ijk}}{\partial u^l} + \Gamma_{ik}^h \Gamma_{jhl} - \Gamma_{il}^h \Gamma_{jhk}. \tag{1.52}$$

R_{ijkl} 是四阶协变张量,它是由流形 M 上给定的广义黎曼度量完全确定的,称为广义黎曼流形 M 的曲率张量. 曲率张量有非常特别的性质.

定理 1.4 广义黎曼流形的曲率张量 R_{ijkl} 满足下列关系:

(1) $R_{ijkl} = -R_{jikl} = -R_{ijlk}$;

(2) $R_{ijkl} + R_{iklj} + R_{iljk} = 0$;

(3) $R_{ijkl} - R_{klij}$.

证明 (1) 该关系是(1.46)和(1.52)两式的直接推论.

(2) 由 Christoffel-Levi-Civita 联络的无挠性得到

$$\mathrm{d}u^i \wedge \omega_{ij} = 0. \tag{1.53}$$

外微分并利用(1.47)式则得

$$\mathrm{d}u^i \wedge (\Omega_{ij} - \omega_i^l \wedge \omega_{jl}) = 0,$$

$$\mathrm{d}u^i \wedge \Omega_{ij} = 0.$$

用(1.51)式代入得到

$$R_{jikl} \, \mathrm{d}u^i \wedge \mathrm{d}u^k \wedge \mathrm{d}u^l = 0,$$

$$(R_{jikl} + R_{jkli} + R_{jlik}) \mathrm{d}u^i \wedge \mathrm{d}u^k \wedge \mathrm{d}u^l = 0. \tag{1.54}$$

由于 R_{ijkl} 关于后两个指标的反对称性，上式的系数关于后三个指标是反对称的，所以

$$R_{jikl} + R_{jkli} + R_{jlik} = 0. \tag{1.55}$$

(3) 由 (1.55) 式得

$$R_{ijkl} + R_{iklj} + R_{iljk} = 0,$$

两式相减则得

$$2R_{ijkl} + R_{iklj} + R_{ljik} + R_{iljk} + R_{jkil} = 0.$$

同理得到

$$2R_{klij} + R_{kijl} + R_{jlki} + R_{kjli} + R_{likj} = 0.$$

利用关系 (1) 的反称性，则有

$$R_{ijkl} = R_{klij}. \tag{1.56}$$

作为推论，在定理 1.4 的条件下我们有

$$R^i_{jkl} + R^i_{klj} + R^i_{ljk} = 0. \tag{1.57}$$

再有，由于 (1.43) 式则得

$$R_{ijkl,h} = (g_{jp}R^p_{ikl})_{,h} = g_{jp}R^p_{ikl,h}.$$

因此从第四章的定理 2.2 得到

$$R_{ijkl,h} + R_{ijlh,k} + R_{ijhk,l} = 0. \tag{1.58}$$

这仍然叫做 Bianchi 恒等式.

注记 黎曼流形的概念可以推广到黎曼矢量丛. 设 (E, M, π) 是实矢量丛，如果对每一点 $p \in M$，在纤维 $\pi^{-1}(p)$ 上给定了一个非退化的对称的双线性函数 G，且对于 F 的任意两个光滑截面 X 和 Y，$G(X, Y)$ 是 M 上的光滑函数，则称 E 是一个广义黎曼矢量丛. 如果 G 是正定的，则称 E 是黎曼矢量丛，G 称为矢量丛 E 上的黎曼结构. 如同定理 1.1，在任意一个实矢量丛上黎曼结构必然是存在的. 同样，我们可以定义广义黎曼矢量丛上的容许联络的概念.

黎曼流形上的张量丛可以自然地成为黎曼矢量丛. 例如对于张量丛 $T^1_2(M)$，若 $a, b \in T^1_2(p)$，则 a 与 b 的内积是

$$a \cdot b = \sum_{\substack{i,j,k \\ l,r,s}} g^{ij} g^{kl} g_{rs} a^r_{ik} b^s_{jl}. \tag{1.59}$$

§2 测地法坐标

定义 2.1 设 M 是 m 维黎曼流形. 若参数曲线 C 是 M 上关于 Christoffel-Levi-Civita 联络的测地线,则称 C 是黎曼流形 M 的**测地线**.

设在局部坐标 u^i 下,Christoffel-Levi-Civita 联络 D 的系数是 Γ^i_{jk},则曲线 C: $u^i = u^i(t)$ $(1 \leqslant i \leqslant m)$ 为测地线的条件是它满足二阶常微分方程组

$$\frac{\mathrm{d}^2 u^i}{\mathrm{d}t^2} + \Gamma^i_{jk} \frac{\mathrm{d}u^j}{\mathrm{d}t} \frac{\mathrm{d}u^k}{\mathrm{d}t} = 0. \tag{2.1}$$

这里 $X^i = \dfrac{\mathrm{d}u^i}{\mathrm{d}t}$ 是 C 的切矢量. 根据定义,测地线的切矢量沿曲线本身关于 Christoffel-Levi-Civita 联络是平行的;而 Christoffel-Levi-Civita 联络保证度量性质在平行移动下不变,所以测地线的切矢量 X^i 的长度是常数. 即

$$g_{ij} \frac{\mathrm{d}u^i}{\mathrm{d}t} \frac{\mathrm{d}u^j}{\mathrm{d}t} = \mathrm{const},$$

或

$$\frac{\mathrm{d}s}{\mathrm{d}t} = \mathrm{const}. \tag{2.2}$$

由此可见,黎曼流形上测地线的参数必定是弧长参数 s 的一次函数

$$t = \lambda s + \mu, \tag{2.3}$$

其中 $\lambda(\neq 0), \mu$ 都是常数.

下面我们考察在一点附近的特殊坐标系,使得从该点出发的任意一条测地线的坐标的参数方程是弧长参数的线性函数. 我们先在 M 是仿射联络空间的一般假定下进行讨论.

设在坐标系 $(U; u^i)$ 下测地线的方程是

$$\frac{\mathrm{d}^2 u^i}{\mathrm{d}t^2} + \Gamma^i_{jk} \frac{\mathrm{d}u^j}{\mathrm{d}t} \frac{\mathrm{d}u^k}{\mathrm{d}t} = 0. \tag{2.4}$$

根据常微分方程的理论,对任意一点 $x_0 \in U$ 都存在 x_0 的一个邻域 $W \subset U$ 及正数 r, δ,使得对于任意的初值 $x \in W$,及满足条件 $\| \alpha \| < r$ [①] 的 $\alpha \in \mathbf{R}^m$,方程组(2.4)在 U 中有唯一解 [②]

$$u^i = f^i(t, x^k, \alpha^k), \quad |t| < \delta, \tag{2.5}$$

它适合初始条件

$$\begin{cases} u^i(0) = f^i(0, x^k, \alpha^k) = x^i, \\ \dfrac{\mathrm{d} u^i}{\mathrm{d} t}(0) = \dfrac{\partial f^i(t, x^k, \alpha^k)}{\partial t} \bigg|_{t=0} = \alpha^i. \end{cases} \tag{2.6}$$

并且函数 f^i 光滑地依赖于自变量 t 和初值 x^k, α^k.

若取非零常数 c,则函数 $f^i(ct, x^k, \alpha^k)$ $(x \in W, \| \alpha \| < r,$ 且 $t < \delta / |c|)$ 仍然满足方程组(2.4),并且

$$\begin{cases} f^i(ct, x^k, \alpha^k) \big|_{t=0} = x^i, \\ \dfrac{\partial f^i(ct, x^k, \alpha^k)}{\partial t} \bigg|_{t=0} = c \alpha^i. \end{cases} \tag{2.7}$$

根据方程(2.4)的解的唯一性,当 $\| \alpha \|, \| c\alpha \| < r$ 及 $|t|, |ct| < \delta$ 时总是有

$$f^i(ct, x^k, \alpha^k) = f^i(t, x^k, c\alpha^k). \tag{2.8}$$

但是上端左边在 $x \in W, \| \alpha \| < r, |t| < \delta / |c|$ 时总是有意义的,因此可以用来定义右边的函数.这样,函数 $f^i(t, x^k, \alpha^k)$ 对于 $x \in W$, $|t| < \delta / |c|$ 及 $\| \alpha \| < |c| r$ 总有定义;特别是,可取 $|c| < \delta$,则 $f^i(t, x^k, \alpha^k)$ 在 $x \in W, |t| \leqslant 1$,及 $\| \alpha \| < |c| r$ 上有定义.命

$$u^i = f^i(1, x^k, \alpha^k), \tag{2.9}$$

则

$$f^i(1, x^k, 0) = f^i(0, x^k, \alpha^k) = x^i, \tag{2.10}$$

于是对于固定的 $x \in W$,(2.9)式给出了从切空间 $T_x(M) (= \mathbf{R}^m)$

---

① 这里 $\| \alpha \|$ 表示 $\sqrt{\sum\limits_{i=1}^{m} (\alpha^i)^2}$.

② 可见参考文献[13].

在原点的一个邻域到流形 M 在点 x 的一个邻域的光滑映射. 因为

$$\left.\frac{\partial f^i(1,x^k,t\alpha^k)}{\partial t}\right|_{t=0} = \left.\frac{\partial f^i(1,x^k,\alpha^k)}{\partial \alpha^j}\right|_{\alpha=0} \cdot \alpha^j,$$

而另一方面

$$\left.\frac{\partial f^i(1,x^k,t\alpha^k)}{\partial t}\right|_{t=0} = \left.\frac{\partial f^i(t,x^k,\alpha^k)}{\partial t}\right|_{t=0} = \alpha^i,$$

所以

$$\left(\frac{\partial u^i}{\partial \alpha^j}\right)_{\alpha=0} = \delta^i_j, \tag{2.11}$$

即映射 (2.9) 在原点 $\alpha=0$ 是正则的. 这就是说, α^i 可以取作 M 在点 x 的局部坐标系, 称为在点 x 的测地法坐标系, 或简称**法坐标系**. 由于切空间是线性空间, 它上面的不同坐标系只差一个非退化的线性变换, 所以流形 M 在一点的法坐标系也只差一个非退化的线性变换而完全确定.

固定 $\alpha^k=\alpha^k_0$, 当 t 变化时, $t\alpha^k_0$ 是 $T_x(M)$ 中从原点出发的一条直线, 而在流形上描出一条从 x 出发的、与切矢量 (α^k_0) 相切的测地线. 所以在法坐标系 α^i 下, 这条测地线的方程是

$$\alpha^k = t\alpha^k_0, \tag{2.12}$$

其中 α^k_0 是常数.

定理 2.1 若 M 是无挠仿射联络空间, 则对于在点 x 的法坐标系 α^i, 其联络系数 Γ^i_{jk} 在 x 为零.

证明 因为在法坐标系 α^i 下, 测地线 $\alpha^i=t\alpha^i_0$ 满足方程 (2.4), 所以对任意的 α^k_0 有

$$\Gamma^i_{jk}(0)\alpha^j_0\alpha^k_0 = 0; \tag{2.13}$$

由于无挠联络 Γ^i_{jk} 关于下指标是对称的, 所以

$$\Gamma^i_{jk}(0) = 0, \quad 1 \leqslant i,j,k \leqslant m. \tag{2.14}$$

定理 2.2 仿射联络空间 M 在每一点 x_0 都有一个邻域 W, 使得 W 中每一点都有包含 W 在内的法坐标域.

证明 设 $(U;u^i)$ 是点 x_0 的法坐标系, 命

$$U(x_0;\rho) = \left\{ x \mid \in U, \sum_{i=1}^{m} (u^i(x))^2 < \rho^2 \right\}. \qquad (2.15)$$

根据前面关于方程(2.4)的解的讨论,存在 x_0 的邻域 $W = U(x_0; r)$ 及正数 δ,使得对任意的 $x \in W$ 及 $\alpha \in \boldsymbol{R}^m$, $\| \alpha \| < \delta$ 有唯一的以 (x, α^k) 为初始条件的测地线

$$u^i = f^i(t, x^k, \alpha^k), \quad |t| < 2. \qquad (2.16)$$

我们用 $B(0;\delta)$ 记集合 $\{\alpha \mid \in \boldsymbol{R}^m, \| \alpha \| < \delta\}$,则(2.16)式给出了映射 $\varphi: W \times B(0;\delta) \to W \times U$,使得

$$\varphi(x, \alpha) = (x^k, f^k(1, x^i, \alpha^i)), \qquad (2.17)$$

其中 $x \in W, \alpha \in B(0;\delta)$.因为函数 f^k 光滑地依赖于 x 和 α,所以映射 φ 是光滑的.根据(2.11)式得

$$\frac{\partial(x^k, f^k)}{\partial(x^i, \alpha^i)}\bigg|_{(x_0, 0)} = 1,$$

可见映射 φ 的 Jacobi 矩阵在点 $(x_0, 0) \in W \times B(0;\delta)$ 的附近是非退化的.由反函数定理,必存在点 $(x_0, 0)$ 在 $W \times B(0;\delta)$ 中的邻域 V 及正数 $a < \rho$,使得 $\varphi: V \to U(x_0; a) \times U(x_0; a)$ 是可微同胚.对于任意的 $x \in U(x_0; a)$,命

$$B_x = \{\alpha \mid \in B(0;\delta), 使(x, \alpha) \in V\}, \qquad (2.18)$$

则由(2.16)给出的映射

$$u^i = f^i(1, x^k, \alpha^k), \quad \alpha \in B_x \qquad (2.19)$$

是从 B_x 到 $U(x_0; a)$ 的可微同胚.取 $W' = U(x_0; a)$,则上式说明 W' 中每一点都有一个法坐标系把 W' 包含在内.

系 仿射联络空间 M 在每一点 x_0 有一个邻域 W,使 W 中任意两点可用一段测地线连结.

注记 更细致的讨论还可以做到使这段测地线包含在邻域 W 内.这时邻域 W 称为测地凸邻域.下面的定理 2.7 在黎曼流形的假定下证明了测地凸邻域的存在性;此证明稍加修改同样适用于仿射联络空间.

定理 2.3 无挠的仿射联络在局部上是由曲率张量完全确定

的.

证明 考虑在固定点 O 的法坐标系 α^i. 在点 O 取自然标架，然后将它沿着从点 O 出发的测地线平行移动至各点，由此得到在 O 点的一个邻域上的标架场 $\{e_i, 1 \leqslant i \leqslant m\}$. 命 θ^i 是 e_j 的对偶的一次微分式，并把主丛上 m^2 个处处线性无关的一次微分式 θ_i^j 在上述标架场上的限制仍用同一记号表示，因此 θ^i, θ_i^j 是 t, α^k 的一次微分式，当 α^k 为常数时，θ^i, θ_i^j 就限制在测地线 $\alpha^i t$ 上. 因为标架场沿测地线 $\alpha^i t$ 是平行的，所以

$$\begin{cases} \theta^i \equiv \alpha^i \mathrm{d}t & (\mathrm{mod}\ \mathrm{d}\alpha^k), \\ \theta_i^j \equiv 0 & (\mathrm{mod}\ \mathrm{d}\alpha^k), \end{cases} \tag{2.20}$$

或

$$\theta^i = \alpha^i \mathrm{d}t + \bar{\theta}^i, \quad \theta_i^j = \bar{\theta}_i^j, \tag{2.21}$$

其中 $\bar{\theta}^i$ 和 $\bar{\theta}_i^j$ 分别是 θ^i, θ_i^j 中不含有微分 $\mathrm{d}t$ 的部分. 将(2.21)式代入结构方程(第四章 §3)

$$\begin{cases} \mathrm{d}\theta^i - \theta^j \wedge \theta_j^i = 0, \\ \mathrm{d}\theta_i^j - \theta_i^k \wedge \theta_k^j = \dfrac{1}{2} S_{ikl}^j \theta^k \wedge \theta^l, \end{cases}$$

并比较含有 $\mathrm{d}t$ 的各项，则得

$$\left(\mathrm{d}\alpha^i - \frac{\partial \bar{\theta}^i}{\partial t} + \alpha^j \bar{\theta}_j^i \right) \wedge \mathrm{d}t = 0,$$

$$\left(\frac{\partial \bar{\theta}_i^j}{\partial t} - \alpha^k S_{ikl}^j \bar{\theta}^l \right) \wedge \mathrm{d}t = 0,$$

其中 $\dfrac{\partial \bar{\theta}^i}{\partial t}, \dfrac{\partial \bar{\theta}_i^j}{\partial t}$ 分别表示 $\bar{\theta}^i, \bar{\theta}_i^j$ 的系数对 t 求偏导数所得的一次微分式. 因为在括号内不含有微分 $\mathrm{d}t$，所以

$$\begin{cases} \dfrac{\partial \bar{\theta}^i}{\partial t} = \mathrm{d}\alpha^i + \alpha^j \bar{\theta}_j^i, \\ \dfrac{\partial \bar{\theta}_i^j}{\partial t} = \alpha^k S_{ikl}^j \bar{\theta}^l, \end{cases} \tag{2.22}$$

这是以 t 为自变量的一组常微分方程. 将第一式再对 t 微分一次,则得

$$\frac{\partial^2 \overline{\theta}^i}{\partial t^2} = \alpha^j \frac{\partial \overline{\theta}^i_j}{\partial t} = \alpha^j \alpha^k S^i_{jkl} \overline{\theta}^l. \tag{2.23}$$

因为标架族 e_i 在点 O 沿各方向都是平行的, 所以

$$\overline{\theta}^j_i |_{t=0} = 0. \tag{2.24}$$

此外, 根据定义得

$$\theta^i |_{t=0} = \alpha^i \mathrm{d}t,$$

所以

$$\overline{\theta}^i |_{t=0} = 0. \tag{2.25}$$

因此从 (2.24) 及 (2.22) 的第一式得到

$$\frac{\partial \overline{\theta}^i}{\partial t} \Big|_{t=0} = \mathrm{d}\alpha^i. \tag{2.26}$$

对于给定的曲率张量, 二阶常微分方程组 (2.23) 在初始条件 (2.25) 和 (2.26) 下有唯一解 $\overline{\theta}^i$; 再由 (2.22) 的第一式完全确定了 $\overline{\theta}^j_i$, 因此在局部上曲率张量完全决定了无挠的仿射联络.

现在假定 M 是 m 维黎曼流形. 设 $x_0 \in M$, 在切空间 $T_{x_0}(M)$ 中取定一个单位正交标架 F_0, 则在点 x_0 的法坐标系 u^i 可以表成如下形式

$$u^i = \alpha^i s, \tag{2.27}$$

其中 (α^i) 是 $T_{x_0}(M)$ 中的单位矢量, s 是从 x_0 出发的测地线的弧长. 将标架 F_0 沿着从 x_0 出发的测地线平行移动, 于是在 x_0 的邻域内即产生了一个单位正交标架场. 根据定理 2.3 的证明, 我们可以记

$$\begin{cases} \theta^i = \alpha^i \mathrm{d}s + \overline{\theta}^i, \\ \theta^j_i = \overline{\theta}^j_i, \end{cases} \tag{2.28}$$

其中 $\overline{\theta}^i, \overline{\theta}^j_i$ 不含有微分 $\mathrm{d}s$, 并且满足方程

144

$$\begin{cases} \dfrac{\partial \bar{\theta}^i}{\partial s} = d\alpha^i + \alpha^j \bar{\theta}^i_j, \\[2mm] \dfrac{\partial \bar{\theta}^j_i}{\partial s} = \alpha^k S^j_{ikl} \bar{\theta}^l, \\[2mm] \bar{\theta}^j_i + \bar{\theta}^i_j = 0, \end{cases} \qquad (2.29)$$

以及初始条件

$$\bar{\theta}^i \big|_{s=0} = 0, \quad \bar{\theta}^j_i \big|_{s=0} = 0, \quad \dfrac{\partial \bar{\theta}^i}{\partial s} \bigg|_{s=0} = d\alpha^i. \quad (2.30)$$

若记

$$\bar{\theta}^i = s\,d\alpha^i + A^i_j\,d\alpha^j, \qquad (2.31)$$

则 A^i_j 适合初始条件

$$A^i_j \big|_{s=0} = 0, \quad \dfrac{\partial A^i_j}{\partial s} \bigg|_{s=0} = 0. \qquad (2.32)$$

因此在点 O 附近弧长元素可表为

$$d\sigma^2 = \sum_{i=1}^m (\theta^i)^2 = ds^2 + 2ds \sum_{i=1}^m \alpha^i\,\bar{\theta}^i + \sum_{i=1}^m (\bar{\theta}^i)^2.$$

$$(2.33)$$

因为 $\sum\limits_{i=1}^m \alpha^i d\alpha^i = 0$, $\bar{\theta}^j_i + \bar{\theta}^j_i = 0$, 容易得到

$$\frac{\partial}{\partial s} \left(\sum_{i=1}^m \alpha^i\,\bar{\theta}^i \right) = \sum_{i=1}^m \alpha^i \left(d\alpha^i + \sum_{j=1}^m \alpha^j\,\bar{\theta}^i_j \right) = 0,$$

并且

$$\sum_{i=1}^m \alpha^i\,\bar{\theta}^i \big|_{s=0} = 0,$$

所以

$$\sum_{i=1}^m \alpha^i\,\bar{\theta}^i = 0; \qquad (2.34)$$

于是,从(2.33)式得到:在点 O 附近弧长元素是

$$d\sigma^2 = ds^2 + \sum_{i=1}^m (\bar{\theta}^i)^2. \qquad (2.35)$$

145

系 超曲面 $s=$ const 和从点 O 出发的测地线是彼此正交的.

定理 2.4 黎曼流形 M 的每一点 O 有一个法坐标域 W,使得

(1) W 中每一点有一个法坐标域把 W 包含在内;

(2) 连结 O 和 $p \in W$ 的测地线是 W 中唯一的连结这两点的最短线.

证明 将定理 2.2 用于 M 上的 Christoffel-Levi-Civita 联络,便得到(1). 现在假定 u^i 是如(2.27)式给出的点 O 的法坐标系,如(1)所要求的法坐标域 W 是

$$W = \left\{ p \in M \,\middle|\, \sum_{i=1}^{m} (u^i(p))^2 < \varepsilon^2 \right\},$$

其中 ε 是充分小的正数. 因为 W 是法坐标域,对任意一点 $p \in W$,在 W 中有唯一的一条测地线 γ 连结 O, p. 假定 γ 的长度是 s_0.

首先,我们证明 γ 是 W 中连结 O, p 两点的最短线. 设 C 是 W 中连结 O, p 的任意一条分段光滑曲线;不妨可设 C 的参数方程是 $u^i = u^i(s)$,其中 s 是 γ 上的弧长参数,则 C 的弧长是

$$\int_0^{s_0} d\sigma = \int_0^{s_0} \sqrt{ds^2 + \sum_{i=1}^{m} (\overline{\theta}^i)^2} \geqslant \int_0^{s_0} ds = s_0. \quad (2.36)$$

如果 C 是 W 中连结 O, p 的最短线,则(2.36)式中等号必须成立,所以沿曲线 C 必须有

$$\overline{\theta}^i = 0.$$

由(2.31)式得到

$$d\alpha^i + \sum_{j=1}^{m} A_j^i \frac{d\alpha^j}{s} = 0. \quad (2.37)$$

因为 A_j^i 适合初始条件(2.32),所以 $A_j^i = o(s)$;在(2.37)式中令 $s \to 0$,则得

$$d\alpha^i = 0, \quad \alpha^i = \text{const}.$$

即 C 是连结 O, p 的测地线,故 $C = \gamma$.

定理 2.5 设 U 是点 O 的法坐标域,则存在正数 ε,使得对任意的 $0 < \delta < \varepsilon$,超球面

$$\Sigma_\delta = \left\{ p \in U \;\middle|\; \sum_{i=1}^m (u^i(p))^2 = \delta^2 \right\}$$

有下列性质：

(1) Σ_δ 上每一点都可以用 U 中唯一的最短测地线与 O 连结；

(2) 与 Σ_δ 相切的任意一条测地线在切点的一个邻域内严格地落在 Σ_δ 的外部.

证明 取 W 是定理 2.4 所要求的法坐标域，不妨设 W 是半径为 ε 的球形邻域

$$W = \left\{ p \in U \;\middle|\; \sum_{i=1}^m (u^i(p))^2 < \varepsilon^2 \right\}.$$

当 $0 < \delta < \varepsilon$ 时，由于 $\Sigma_\delta \subset W \subset U$，且 U 是法坐标域，故性质 (1) 是定理 2.4 的推论. 现在要缩小 ε，使性质 (2) 成立.

因为 $(U; u^i)$ 是法坐标系，由定理 2.1 得

$$\Gamma^j_{ik}(0) = 0. \tag{2.38}$$

超球面 Σ_δ 的方程可写成

$$F(u^1, \cdots, u^m) = \frac{1}{2}\left[(u^1)^2 + \cdots + (u^m)^2 - \delta^2 \right] = 0. \tag{2.39}$$

设 γ 是一条与 Σ_δ 相切于 p 点的测地线，其方程是

$$u^i = u^i(\sigma), \tag{2.40}$$

其中 σ 是 γ 上从 p 点量起的弧长. 因此

$$F(u^i(\sigma))\big|_{\sigma=0} = 0. \tag{2.41}$$

因为超球面 Σ_δ 与从点 O 出发的测地线是正交的，所以与 Σ_δ 在点 p 相切的测地线 γ 应与连结 O, p 的测地线正交，因此

$$\sum_{i=1}^m u^i(\sigma) \frac{\mathrm{d}u^i}{\mathrm{d}\sigma}\bigg|_{\sigma=0} = 0. \tag{2.42}$$

直接计算得到

$$\frac{\mathrm{d}}{\mathrm{d}\sigma} F(u^i(\sigma))\big|_{\sigma=0} = \sum_{i=1}^m u^i(\sigma) \frac{\mathrm{d}u^i}{\mathrm{d}\sigma}\bigg|_{\sigma=0} = 0, \tag{2.43}$$

$$\frac{\mathrm{d}^2}{\mathrm{d}\sigma^2} F(u^i(\sigma))\big|_{\sigma=0}$$

$$= \sum_{i,j=1}^{m} \left(\delta_{ij} - \sum_{k=1}^{m} u^k(p) \Gamma_{ij}^k(p) \right) \left(\frac{\mathrm{d}u^i}{\mathrm{d}\sigma} \right)_0 \left(\frac{\mathrm{d}u^j}{\mathrm{d}\sigma} \right)_0, \quad (2.44)$$

所以

$$F(u^i(\sigma)) = \frac{1}{2} \sum_{i,j=1}^{m} \left(\delta_{ij} - \sum_{k=1}^{m} u^k(p) \Gamma_{ij}^k(p) \right)$$

$$\cdot \left(\frac{\mathrm{d}u^i}{\mathrm{d}\sigma} \right)_0 \left(\frac{\mathrm{d}u^j}{\mathrm{d}\sigma} \right)_0 \cdot \sigma^2 + o(\sigma^2). \quad (2.45)$$

由于(2.38)式,在 O 的一个邻域内可使 Γ_{ij}^k 的值任意地小,因此可取充分小的 ε,当 $0 < \delta < \varepsilon$ 时,让(2.44)式总是保持正值.这样,测地线(2.40)在点 p 附近严格地落在 Σ_δ 的外面,它与 Σ_δ 只有一个公共点 p.

在研究黎曼流形的几何时,一个有效的办法是在黎曼流形上引进距离函数,使它成为度量空间.

定义 2.2 设 M 是连通的黎曼流形, p,q 是 M 上任意两点.命

$$\rho(p,q) = \inf \widehat{pq}, \quad (2.46)$$

其中 $\widehat{pq}$ 指连结 p,q 两点的可求长曲线的弧长. $\rho(p,q)$ 称为 p,q 两点之间的**距离**.

因为 M 是连通的,所以连结 p,q 的可求长曲线总是存在的,故(2.46)式总是有意义的,它定义了 $M \times M$ 上的一个实函数.

定理 2.6 函数 $\rho: M \times M \to \mathbf{R}$ 有以下性质:

(1) 对任意的 $p,q \in M, \rho(p,q) \geqslant 0$,并且等号只在 $p=q$ 时成立;

(2) $\rho(p,q) = \rho(q,p)$;

(3) 对任意三点 $p,q,r \in M$,都有

$$\rho(p,q) + \rho(q,r) \geqslant \rho(p,r).$$

因此, ρ 成为流形 M 上的距离函数,使 M 成为度量空间. M 作为度量空间的拓扑与流形 M 的原拓扑是等价的.

证明 根据定义(2.46),上述各性质都是明显的,只需验证:

当 $p \neq q$ 时, $\rho(p, q) > 0$.

设 p, q 是 M 上两点, $p \neq q$; 由于 M 是 Hausdorff 空间, 故有点 p 的邻域 U, 使 $q \bar{\in} U$. 根据定理 2.4, 必有点 p 的法坐标域 $W \subset U$, 使其法坐标是 $u^i = \alpha^i s$, 其中 $\sum_{i=1}^{m} (\alpha^i)^2 = 1$, 且 $0 \leqslant s < s_0$. 取 δ, 使 $0 < \delta < s_0$, 则超球面 $\Sigma_\delta \subset W$. 设 γ 是连结 p, q 的一条可求长曲线, 则 γ 的长度 $\geqslant \delta$, 即

$$\rho(p, q) \geqslant \delta > 0.$$

根据定理 2.5, Σ_δ 的内部恰是集合

$$\{q \mid \in M, \rho(p, q) < \delta\},$$

即 Σ_δ 的内部是 M 作为度量空间时点 p 的 δ-球形邻域, 因此 M 作为度量空间的拓扑与 M 原来的拓扑是一致的.

要指出的是, 如果 W 是定理 2.4 所构造的在点 O 的球形法坐标域, 则对任意一点 $p \in W$, 在 W 中连结 O, p 两点的唯一的测地线的长度就是 $\rho(O, p)$.

定理 2.7 黎曼流形 M 的每一点 p 都有一个 η-球形邻域 W, 其中 η 是充分小的正数, 使得 W 中任意两点都能用 W 中唯一的一条测地线连结.

具有上述性质的邻域叫做**测地凸邻域**. 定理的意思是: 黎曼流形上每一点都有一个测地凸邻域.

证明 设 $p \in M$, 根据定理 2.4, 存在点 p 的半径为 ε 的球形法坐标域 U, 使得 U 中任意一点 q 都有一个法坐标域 V_q 包含 U 在内. 不妨设 ε 还满足定理 2.5 的要求. 取正数 $\eta \leqslant \frac{1}{4} \varepsilon$, 则点 p 的 η-球形邻域 W 就是点 p 的测地凸邻域.

任取 $q_1, q_2 \in W$, 则

$$\rho(q_1, q_2) \leqslant \rho(p, q_1) + \rho(p, q_2) < 2\eta \leqslant \frac{\varepsilon}{2}. \qquad (2.47)$$

设 $U(q_1; \varepsilon/2)$ 是 q_1 的 $\frac{\varepsilon}{2}$-球形邻域, 则上式表明 $q_2 \in U(q_1; \varepsilon/2)$. 对

于任意的 $q \in U(q_1; \varepsilon/2)$，则

$$\rho(p, q) \leqslant \rho(p, q_1) + \rho(q_1, q) < \frac{3\varepsilon}{4},$$

故

$$U\left(q_1; \frac{\varepsilon}{2}\right) \subset U \subset V_{q_1}, \tag{2.48}$$

即点 q_1 的 $\dfrac{\varepsilon}{2}$-球形邻域包含在 q_1 的法坐标域内. 根据定理 2.4 以及定理 2.6 最后的说明, 在 $U(q_1; \varepsilon/2)$ 内存在唯一的一条测地线 γ 连结 q_1, q_2 两点, 并且 γ 的长度就是 $\rho(q_1, q_2)$. 特别是, 如果点 $r \in \gamma$, 则

$$\rho(q_1, r) \leqslant \rho(q_1, q_2). \tag{2.49}$$

最后要证明测地线 γ 落在 W 内. 因为 $\gamma \subset U(q_1; \varepsilon/2) \subset U$, 所以函数 $\rho(p, q)(q \in \gamma)$ 是有界的. 若 γ 不完全落在 W 内, 而 $q_1, q_2 \in W$, 则函数 $\rho(p, q)(q \in \gamma)$ 必在 γ 的内点 q_0 达到最大值. 命 $\delta = \rho(p, q_0)$, 则 $\delta < \varepsilon$, 且超球面 Σ_δ 与 γ 在 q_0 处相切. 由定理 2.5, γ 在点 q_0 附近应完全在 Σ_δ 的外部, 这与函数 $\rho(p, q)(q \in \gamma)$ 在 q_0 达到最大值相矛盾. 因此 $\gamma \subset W$, 证毕.

§3 截 面 曲 率

设 M 是 m 维黎曼流形, 它的曲率张量 R 是四阶协变张量. 设 u^i 是 M 的一个局部坐标系, 则曲率张量 R 可以表成

$$R = R_{ijkl}\, \mathrm{d}u^i \otimes \mathrm{d}u^j \otimes \mathrm{d}u^k \otimes \mathrm{d}u^l, \tag{3.1}$$

其中 R_{ijkl} 如 §1 的 (1.52) 式所定义. 四阶协变张量可以看作四阶反变张量的空间上的线性函数 (第二章 §2), 因此在每一点 $p \in M$, 我们有多重线性函数 $R: T_p(M) \times T_p(M) \times T_p(M) \times T_p(M) \rightarrow \mathbf{R}$, 其定义为

$$R(X, Y, Z, W) = \langle X \otimes Y \otimes Z \otimes W, R \rangle, \tag{3.2}$$

其中记号 $\langle\ ,\ \rangle$ 如第二章 §2 的 (2.17) 式所规定. 若设

$$X = X^i \frac{\partial}{\partial u^i}, \quad Y = Y^i \frac{\partial}{\partial u^i}, \quad Z = Z^i \frac{\partial}{\partial u^i}, \quad W = W^i \frac{\partial}{\partial u^i},$$

$$(3.3)$$

则

$$R(X,Y,Z,W) = R_{ijkl} X^i Y^j Z^k W^l, \quad (3.4)$$

特别是

$$R_{ijkl} = R\left(\frac{\partial}{\partial u^i}, \frac{\partial}{\partial u^j}, \frac{\partial}{\partial u^k}, \frac{\partial}{\partial u^l}\right). \quad (3.5)$$

在第四章 §2，已把联络 D 的曲率张量解释为曲率算子：任给 $Z, W \in T_p(M)$，则 $R(Z,W)$ 是从 $T_p(M)$ 到 $T_p(M)$ 的线性映射，其定义是

$$R(Z,W)X = R^j_{ikl} X^i Z^k W^l \frac{\partial}{\partial u^j}. \quad (3.6)$$

若 D 是黎曼流形 M 的 Christoffel-Levi-Civita 联络，则有

$$R(X,Y,Z,W) = (R(Z,W)X) \cdot Y, \quad (3.7)$$

右边的记号"·"是 §1 的 (1.4) 式所定义的内积.

根据定理 1.4，四重线性函数 $R(X,Y,Z,W)$ 有以下的性质：

(1) $R(X,Y,Z,W) = -R(X,Y,W,Z) = -R(Y,X,Z,W)$；

(2) $R(X,Y,Z,W) + R(X,Z,W,Y) + R(X,W,Y,Z) = 0$；

(3) $R(X,Y,Z,W) = R(Z,W,X,Y)$.

利用 M 的基本张量 G，还可以定义如下的四重线性函数：

$$G(X,Y,Z,W) = G(X,Z)G(Y,W) - G(X,W)G(Y,Z).$$

$$(3.8)$$

显然，上式定义的函数对每一个变量都是线性的，并且它也有函数 $R(X,Y,Z,W)$ 所具有的性质 (1)～(3).

若 $X, Y \in T_p(M)$，则

$$G(X,Y,X,Y) = |X|^2 \cdot |Y|^2 - (X \cdot Y)^2$$
$$= |X|^2 \cdot |Y|^2 \cdot \sin^2 \angle (X,Y). \quad (3.9)$$

所以，当 X, Y 线性无关的，$G(X,Y,X,Y)$ 正是切矢量 X, Y 所张的

平行四边形的面积的平方,因此 $G(X,Y,X,Y)\neq 0$.

若 X',Y' 是在点 p 的另外两个线性无关的切矢量,假定它们与 X,Y 张成同一个二维切子空间 E,那么可设

$$X' = aX + bY, \quad Y' = cX + dY,$$

其中 $ad-bc\neq 0$. 由性质(1)~(3)则得

$$R(X',Y',X',Y') = (ad - bc)^2 R(X,Y,X,Y),$$
$$G(X',Y',X',Y') = (ad - bc)^2 G(X,Y,X,Y),$$

所以

$$\frac{R(X',Y',X',Y')}{G(X',Y',X',Y')} = \frac{R(X,Y,X,Y)}{G(X,Y,X,Y)},$$

这就是说上式是 $T_p(M)$ 的二维子空间 E 的函数,与 X,Y 在 E 中的选择无关.

定义 3.1 设 E 是 $T_p(M)$ 的二维子空间,X,Y 是 E 中任意两个线性无关的切矢量,则

$$K(E) = -\frac{R(X,Y,X,Y)}{G(X,Y,X,Y)} \tag{3.10}$$

是 E 的函数,与 X,Y 在 E 中的选取无关,称它为黎曼流形 M 在 (p,E) 的黎曼曲率,或**截面曲率**.

我们知道,二维欧氏空间中曲面在一点的两个主曲率的乘积叫做曲面在该点的总曲率,或 Gauss 曲率. Gauss 的一个"令人惊异"的结果说:曲面在一点的总曲率尽管是以外在的方式(即不仅用到曲面的第一基本形式,还用到曲面的第二基本形式)定义的,但是它只与曲面的第一基本形式有关,即总曲率 K 是

$$K = -\frac{R_{1212}}{g}, \tag{3.11}$$

其中 $g = g_{11}g_{22} - g_{12}^2$,而 R_{1212} 如 §1 的(1.52)式所定义,也就是

$$R_{1212} = \frac{\partial \Gamma_{122}}{\partial u^1} - \frac{\partial \Gamma_{121}}{\partial u^2} + \Gamma_{11}^h \Gamma_{2h2} - \Gamma_{12}^h \Gamma_{2h1}. \tag{3.12}$$

利用这个事实可以给出截面曲率的几何解释. 假定 $m \geq 3$,E 是 $T_p(M)$ 的二维子空间. 在点 p 取定一个正交标架 $\{e_i\}$,使 E 由

$\{e_1, e_2\}$ 所张成. 设 u^i 是由这个标架在点 p 附近决定的测地法坐标系. 现在考虑从点 p 出发, 并与 E 相切的所有测地线构成的二维子流形 S. 显然 S 的方程是

$$u^r = 0, \quad 3 \leqslant r \leqslant m, \tag{3.13}$$

并且 (u^1, u^2) 是子流形 S 在 p 点的法坐标. S 称为在点 p 与 E 相切的测地子流形. 我们要证明, 黎曼流形 M 在 (p, E) 的截面曲率 $K(E)$ 恰是曲面 S(具有从 M 诱导的黎曼度量)在 p 点的总曲率.

设 M 在点 p 附近的黎曼度量是

$$\mathrm{d}s^2 = g_{ij}\, \mathrm{d}u^i \mathrm{d}u^j, \tag{3.14}$$

则它在 S 上的诱导度量是

$$\mathrm{d}\bar{s}^2 = \bar{g}_{\alpha\beta}\, \mathrm{d}u^\alpha \mathrm{d}u^\beta, \quad 1 \leqslant \alpha, \beta \leqslant 2, \tag{3.15}$$

其中

$$\bar{g}_{\alpha\beta}(u^1, u^2) = g_{\alpha\beta}(u^1, u^2, 0, \cdots, 0). \tag{3.16}$$

因此

$$
\begin{aligned}
\Gamma_{\alpha\beta\gamma}|_S &= \frac{1}{2}\left(\frac{\partial g_{\beta\gamma}}{\partial u^\alpha} + \frac{\partial g_{\alpha\beta}}{\partial u^\gamma} - \frac{\partial g_{\alpha\gamma}}{\partial u^\beta} \right)\bigg|_S \\
&= \frac{1}{2}\left(\frac{\partial \bar{g}_{\beta\gamma}}{\partial u^\alpha} + \frac{\partial \bar{g}_{\alpha\beta}}{\partial u^\gamma} - \frac{\partial \bar{g}_{\alpha\gamma}}{\partial u^\beta} \right) = \overline{\Gamma}_{\alpha\beta\gamma}.
\end{aligned}
\tag{3.17}
$$

由于 (u^i) 和 (u^α) 分别是 M 和 S 在点 p 的法坐标系, 根据定理 2.1 得

$$\overline{\Gamma}_{\alpha\beta\gamma}(p) = \Gamma_{ijk}(p) = 0. \tag{3.18}$$

因此

$$
\begin{aligned}
R_{1212}(p) &= \left(\frac{\partial \Gamma_{122}}{\partial u^1} - \frac{\partial \Gamma_{121}}{\partial u^2} + \Gamma^i_{11}\Gamma_{2i2} - \Gamma^i_{12}\Gamma_{2i1} \right)_p \\
&= \left(\frac{\partial \overline{\Gamma}_{122}}{\partial u^1} - \frac{\partial \overline{\Gamma}_{121}}{\partial u^2} \right) = \overline{R}_{1212}(p).
\end{aligned}
\tag{3.19}
$$

由此得到, M 在 (p, E) 的截面曲率是

$$K(E) = -\frac{R(e_1, e_2, e_1, e_2)}{G(e_1, e_2, e_1, e_2)} = -\frac{R_{1212}}{g_{11}g_{22} - g_{12}^2}\bigg|_p$$

$$= -\frac{\overline{R}_{1212}}{\overline{g}_{11}\overline{g}_{22} - \overline{g}_{12}^2}\Big|_p = \overline{K}(p),$$

右端正是曲面 S 在点 p 的总曲率.

截面曲率的重要性在于下面的定理:

定理 3.1 黎曼空间 M 在点 p 的曲率张量由在该点的所有二维切子空间的截面曲率唯一确定.

证明 设有四重线性函数 $\overline{R}(X,Y,Z,W)$ 满足曲率张量 $R(X,Y,Z,W)$ 所适合的性质 (1)～(3)(见 151 页),并且对于在点 p 的任意两个线性无关的切矢量 X,Y,都有

$$\frac{\overline{R}(X,Y,X,Y)}{G(X,Y,X,Y)} = \frac{R(X,Y,X,Y)}{G(X,Y,X,Y)}, \tag{3.20}$$

我们要证明对任意的 $X,Y,Z,W \in T_p(M)$,有

$$\overline{R}(X,Y,Z,W) = R(X,Y,Z,W). \tag{3.21}$$

若命

$$S(X,Y,Z,W) = \overline{R}(X,Y,Z,W) - R(X,Y,Z,W),$$
$$\tag{3.22}$$

则 S 仍是具有性质 (1)～(3) 的四重线性函数,而且由 (3.20) 式,对于任意的 $X,Y \in T_p(M)$ 有

$$S(X,Y,X,Y) = 0. \tag{3.23}$$

这样,(3.21) 式等价于 S 是零函数.

由 (3.23) 式得到

$$S(X+Z,Y,X+Z,Y) = 0,$$

展开并利用函数 S 的性质则得

$$S(X,Y,Z,Y) = 0, \tag{3.24}$$

其中 X,Y,Z 是 $T_p(M)$ 中任意三个元素. 因此

$$S(X,Y+W,Z,Y+W) = 0,$$

展开后得到

$$S(X,Y,Z,W) + S(X,W,Z,Y) = 0. \tag{3.25}$$

利用性质 (1) 则有

$$S(X,Y,Z,W) = - S(X,W,Z,Y) = S(X,W,Y,Z)$$
$$= - S(X,Z,Y,W) = S(X,Z,W,Y). \qquad (3.26)$$

由性质(3)我们有
$$S(X,Y,Z,W) + S(X,Z,W,Y) + S(X,W,Y,Z) = 0,$$
因此
$$3S(X,Y,Z,W) = 0. \qquad (3.27)$$
定理得证.

定义 3.2 设 M 是黎曼流形,如果在点 p 所有的截面曲率 $K(E)$ 是常数(即与 E 无关),则称 M 在点 p 是**迷向的**.

若 M 在点 p 是迷向的,则 M 在 p 的截面曲率可以记成 $K(p)$,因此对任意的 $X,Y \in T_p(M)$ 都有
$$R(X,Y,X,Y) = - K(p)G(X,Y,X,Y). \qquad (3.28)$$
根据定理 3.1 的证明,对于任意的 $X,Y,Z,W \in T_p(M)$ 则有
$$R(X,Y,Z,W) = - K(p)G(X,Y,Z,W). \qquad (3.29)$$
所以黎曼流形在点 p 迷向的条件是
$$R_{ijkl}(p) = - K(p)(g_{ik}g_{jl} - g_{il}g_{jk})(p),$$
或
$$\Omega_{ij}(p) = \frac{1}{2}R_{ijkl}(p)\mathrm{d}u^k \wedge \mathrm{d}u^l = - K(p)\theta_i \wedge \theta_j(p),$$
$$\qquad (3.30)$$
其中
$$\theta_i = g_{ij}\mathrm{d}u^j. \qquad (3.31)$$

定义 3.3 如果 M 是处处迷向的黎曼流形,并且截面曲率 $K(p)$ 是 M 上的常值函数,则称 M 是**常曲率空间**.

球面、平面和伪球面都是三维欧氏空间中总曲率是常数的曲面,因而是二维常曲率黎曼空间.

定理 3.2(F. Schur 定理) 设 M 是 m 维处处迷向的连通的黎曼流形,如果 $m \geqslant 3$,则 M 是常曲率空间.

证明 因为 M 是处处迷向的,由(3.30)式得

155

$$\Omega_{ij} = -K\theta_i \wedge \theta_j, \tag{3.32}$$

其中 K 是 M 上的光滑函数，θ_i 如(3.31)式给出. 外微分(3.32)式得

$$d\Omega_{ij} = -dK \wedge \theta_i \wedge \theta_j - Kd\theta_i \wedge \theta_j + K\theta_i \wedge d\theta_j. \tag{3.33}$$

但是

$$d\theta_i = dg_{ij} \wedge du^j = (g_{ik}\omega_j^k + g_{kj}\omega_i^k) \wedge du^j$$
$$= (\omega_{ji} + \omega_{ij}) \wedge du^j,$$

其中

$$\omega_{ij} = g_{jk}\omega_i^k = \Gamma_{ijk}du^k.$$

由于 Christoffel-Levi-Civita 联络的无挠性，

$$\omega_{ji} \wedge du^j = \Gamma_{jik}du^k \wedge du^j = 0,$$

所以

$$d\theta_i = \omega_{ij} \wedge du^j = \omega_i^j \wedge \theta_j. \tag{3.34}$$

另一方面，根据 Bianchi 恒等式(第四章定理 2.2)，

$$d\Omega_{ij} = d(\Omega_i^l \cdot g_{lj})$$
$$= d\Omega_i^l \cdot g_{lj} + \Omega_i^l \wedge dg_{lj}$$
$$= (\omega_i^k \wedge \Omega_k^l - \Omega_i^k \wedge \omega_k^l) \cdot g_{lj} + \Omega_i^l \wedge (\omega_{lj} + \omega_{jl})$$
$$= \omega_i^k \wedge \Omega_{kj} + \Omega_{ik} \wedge \omega_j^k, \tag{3.35}$$

因此

$$d\Omega_{ij} = -K\omega_i^k \wedge \theta_k \wedge \theta_j - K\theta_i \wedge \theta_k \wedge \omega_j^k$$
$$= -Kd\theta_i \wedge \theta_j + K\theta_i \wedge d\theta_j. \tag{3.36}$$

将(3.36)式和(3.33)式相比较，则得

$$dK \wedge \theta_i \wedge \theta_j = 0. \tag{3.37}$$

因为 $\{\theta_i\}$ 和 $\{du^i\}$ 都是局部的余标架场，故可设

$$dK = \sum_{i=1}^{m} a^i \theta_i.$$

因为 $m \geqslant 3$，任取三个指标 $1 \leqslant i < j < k \leqslant m$，则有

$$dK \wedge \theta_i \wedge \theta_j = dK \wedge \theta_j \wedge \theta_k = dK \wedge \theta_i \wedge \theta_k = 0,$$

156

因此 $a^i = 0$ $(1 \leqslant i \leqslant m)$，即

$$\mathrm{d}K = 0. \tag{3.38}$$

因为 M 是连通流形，所以 K 是 M 上的常值函数.

例 设

$$\mathrm{d}s^2 = \frac{(\mathrm{d}u^1)^2 + \cdots + (\mathrm{d}u^m)^2}{\left[1 + \dfrac{K}{4}((u^1)^2 + \cdots + (u^m)^2)\right]^2}, \tag{3.39}$$

其中 K 是实数，则以 $\mathrm{d}s^2$ 为度量形式的黎曼空间是常曲率空间，截面曲率为 K（留给读者证明）.

(3.39)式是黎曼(B. Riemann)于 1854 年在德国 Gottingen 大学发表的就职演讲"论几何学的基本假设"中给出的，这篇演讲创立了现在所称的"黎曼几何".

§4 Gauss-Bonnet 定理

Gauss-Bonnet 定理是大范围微分几何学的一个经典定理，它建立了黎曼流形的局部性质和整体性质之间的联系. 本书只证明二维黎曼流形上的 Gauss-Bonnet 定理.

设 M 是定向的二维黎曼流形. 若在坐标域 U 上取定向相符的光滑的标架场 $\{e_1, e_2\}$，其对偶标架场是 $\{\theta^1, \theta^2\}$，则黎曼度量是

$$\mathrm{d}s^2 = g_{ij}\theta^i\theta^j, \quad 1 \leqslant i,j \leqslant 2, \tag{4.1}$$

其中 $g_{ij} = G(e_i, e_j)$. 根据黎曼几何基本定理，存在唯一确定的一组一次微分式 θ_i^j，使得

$$\begin{cases} \mathrm{d}\theta^i - \theta^j \wedge \theta_j^i = 0, \\ \mathrm{d}g_{ij} = g_{ik}\theta_j^k + g_{kj}\theta_i^k. \end{cases} \tag{4.2}$$

由 θ_i^j 定义了 M 上的 Christoffel-Levi-Civita 联络:

$$\mathrm{D}e_i = \theta_i^j e_j. \tag{4.3}$$

联络的曲率形式是

$$\Omega_i^j = \mathrm{d}\theta_i^j - \theta_i^k \wedge \theta_k^j. \tag{4.4}$$

命 $\Omega_{ij} = \Omega_i^k g_{kj}$，则由 §1 的 (1.46) 式，$\Omega_{ij}$ 是反对称的. 现在指标 i, j 只取 1, 2 这两个整数值，所以在曲率形式 Ω_{ij} 中不为零的只有 Ω_{12}.

我们要考察 Ω_{12} 在局部标架场改变时的变换规律. 用 Ω 表示曲率矩阵 (Ω_i^j)，设

$$G = \begin{bmatrix} g_{11} & g_{12} \\ g_{21} & g_{22} \end{bmatrix}. \tag{4.5}$$

若 (e_1', e_2') 是定义在坐标域 $W \subset M$ 上定向相符的局部标架场，当 $U \cap W \neq \varnothing$ 时，在 $U \cap W$ 上则有

$$\begin{bmatrix} e_1' \\ e_2' \end{bmatrix} = A \cdot \begin{bmatrix} e_1 \\ e_2 \end{bmatrix}, \tag{4.6}$$

其中

$$A = \begin{bmatrix} a_1^1 & a_1^2 \\ a_2^1 & a_2^2 \end{bmatrix}, \quad \det A > 0.$$

用 G', Ω' 记关于标架场 (e_1', e_2') 的相应的量，则有

$$G' = A \cdot G \cdot {}^t A, \quad \Omega' = A \cdot \Omega \cdot A^{-1}, \tag{4.7}$$

其中第二式就是第四章 §1 的 (1.29) 式. 因此

$$\Omega' \cdot G' = A \cdot (\Omega \cdot G) \cdot {}^t A, \tag{4.8}$$

即

$$\begin{bmatrix} 0 & \Omega_{12}' \\ -\Omega_{12}' & 0 \end{bmatrix} = A \cdot \begin{bmatrix} 0 & \Omega_{12} \\ -\Omega_{12} & 0 \end{bmatrix} \cdot {}^t A,$$

所以

$$\Omega_{12}' = (\det A) \cdot \Omega_{12}. \tag{4.9}$$

从 (4.7) 式还得到

$$g' = \det G' = (\det A)^2 \cdot \det G = (\det A)^2 \cdot g, \tag{4.10}$$

因此

$$\frac{\Omega_{12}'}{\sqrt{g'}} = \frac{\Omega_{12}}{\sqrt{g}}. \tag{4.11}$$

这就是说，$\Omega_{12}/\sqrt{g}$ 是与定向相符的局部标架场的选取无关的，因而是定义在整个流形 M 上的二次外微分式. 若取与 M 的定向一致的局部坐标系 u^i，设 $\{e_1, e_2\}$ 是自然基底，则

$$\Omega_{12} = \frac{1}{2} R_{12kl}\, \mathrm{d}u^k \wedge \mathrm{d}u^l = R_{1212}\mathrm{d}u^1 \wedge \mathrm{d}u^2,$$

所以

$$\frac{\Omega_{12}}{\sqrt{g}} = \frac{R_{1212}}{g} \cdot \sqrt{g}\, \mathrm{d}u^1 \wedge \mathrm{d}u^2 = -K\mathrm{d}\sigma, \qquad (4.12)$$

其中 K 是流形 M 的 Gauss 曲率，$\mathrm{d}\sigma = \sqrt{g}\, \mathrm{d}u^1 \wedge \mathrm{d}u^2$ 是 M 的有向面积元素. Gauss-Bonnet 定理要研究的就是二次外微分式 $K\mathrm{d}\sigma$ 在 M 上的积分.

若 $\{e_1, e_2\}$ 是与 M 定向相符的局部正交标架场，则 $g = g_{11}g_{22} - g_{12}^2 = 1$，所以

$$K\mathrm{d}\sigma = -\Omega_{12}. \qquad (4.13)$$

另一方面由 §1 的 (1.47) 式，

$$\Omega_{12} = \mathrm{d}\theta_{12} + \theta_1^i \wedge \theta_{2i};$$

因为这时 θ_i^j 是反对称的 (见 §1 定理 1.2 的注记 2)，所以

$$\Omega_{12} = \mathrm{d}\theta_{12}, \qquad (4.14)$$

其中 $\theta_{12} = \mathrm{D}e_1 \cdot e_2$. 根据 (4.13) 和 (4.14) 两式得到

$$K\mathrm{d}\sigma = -\mathrm{d}\theta_{12}. \qquad (4.15)$$

要指出的是，在开集 $U \subset M$ 上只要存在光滑的、定向相符的正交标架场 $\{e_1, e_2\}$，则在 U 上就存在联络形式 θ_{12}，因而就有 (4.15) 式.

在定向的二维黎曼流形上，光滑的、定向相符的正交标架场是与流形上处处不为零的切矢量场相对应的. 实际上，在标架场 $\{e_1, e_2\}$ 中切矢量 e_2 是将 e_1 根据 M 的定向旋转 $90°$ 得到的，所以定向相符的正交标架场 $\{e_1, e_2\}$ 等价于单位切矢量场 e_1.

我们把切矢量场的零点称为它的奇点. 在此先说明切矢量场在奇点的指标的概念. 假定在开集 U 上有一个仅以点 p 为奇点的光滑矢量场 X，即当 $q \in U - \{p\}$ 时，$X_q \neq 0$. 于是在 $U - \{p\}$ 上有一

个光滑的单位切矢量场

$$a_1 = \frac{X}{|X|}, \tag{4.16}$$

它在 $U-\{p\}$ 上决定了一个与 M 定向相符的正交标架场 $\{a_1, a_2\}$. 因此,如果 $\{e_1, e_2\}$ 是在 U 上给定的与 M 定向相符的正交标架场, 则可设

$$\begin{cases} a_1 = e_1 \cos \alpha + e_2 \sin \alpha, \\ a_2 = -e_1 \sin \alpha + e_2 \cos \alpha, \end{cases} \tag{4.17}$$

其中 $\alpha = \angle (e_1, a_1)$ 是从 e_1 到 a_1 的有向角. 显然, α 是多值函数;但是在每一点, α 的各个值之间只差 2π 的某个整数倍,所以,根据标架场和矢量场的可微性,在每一点的一个邻域内总可得到 α 的连续分支. 这样得到的单值函数在这个邻域内是光滑的,而且 α 的不同的连续分支之间只差 2π 的某个整数倍. 命

$$\omega_{12} = \mathrm{D} a_1 \cdot a_2, \tag{4.18}$$

则由 (4.17), (4.18) 及 $\mathrm{D} e_1 \cdot e_2 = \theta_{12}$ 得到

$$\omega_{12} = \mathrm{d} \alpha + \theta_{12}. \tag{4.19}$$

设 D 是包含点 p 的单连通区域,它的边界是光滑的简单闭曲线 $C = \partial D$,根据第三章 §4,它具有从 M 诱导的定向;设 C 的弧长参数是 s, $0 \leqslant s \leqslant L$, s 增大的方向与 C 的诱导定向一致,且 $C(0) = C(L)$. 由于 C 的紧致性,它可以用有限多个邻域覆盖住,而在每个邻域上存在 α 的连续分支,所以,在 C 上存在连续函数 $\alpha = \alpha(s)$, $0 \leqslant s \leqslant L$. 但一般来说 $\alpha(0) \neq \alpha(L)$;而且这样的连续函数之间只差 2π 的某个整数倍. 由微积分基本定理得

$$\alpha(L) - \alpha(0) = \int_0^L \mathrm{d} \alpha, \tag{4.20}$$

但是 $\alpha(L)$ 和 $\alpha(0)$ 是在同一点 $C(0)$ 的矢量 e_1 与 a_1 之间的有向角, 所以 (4.20) 式的左端是 2π 的整数倍,而且它与连续分支 $\alpha(s)$ 的选取无关,也与标架场 $\{e_1, e_2\}$ 的选择无关.

我们要证明 (4.20) 式的数值不依赖于包围点 p 的简单闭曲

160

线 C 的选取. 设有另一个包含 p 的单连通区域 $D_1 \subset \overset{\circ}{D}$,命 $C_1 = \partial D_1$,则 $D - \overset{\circ}{D}_1$ 是 M 中的带边区域,它的具有诱导定向的边界是 $C - C_1$[①]. 根据(4.19)式及 Stokes 公式则有

$$\int_{C-C_1} \mathrm{d}\alpha = \int_{C-C_1} \omega_{12} - \int_{C-C_1} \theta_{12}$$

$$= \int_{C-C_1} \omega_{12} - \int_{D-D_1} \mathrm{d}\theta_{12}$$

$$= \int_{C-C_1} \omega_{12} + \int_{D-D_1} K \mathrm{d}\sigma. \qquad (4.21)$$

右端显然与标架场 $\{e_1, e_2\}$ 在 $D - D_1$ 上的选取无关,故不妨取 $e_i = a_i, i = 1, 2$,这时 $\bar{a} = \angle(e_1, a_1) = 0$,而(4.21)式仍然成立. 所以

$$\int_{C-C_1} \omega_{12} + \int_{D-D_1} K \mathrm{d}\sigma = \int_{C-C_1} \mathrm{d}\bar{a} = 0,$$

代入(4.21)式得

$$\int_{C-C_1} \mathrm{d}\alpha = 0, \quad \int_C \mathrm{d}\alpha = \int_{C_1} \mathrm{d}\alpha.$$

定义 4.1 设 X 是以点 p 为孤立奇点的光滑切矢量场,设 U 是点 p 的坐标域,使 U 中除点 p 外不再含有 X 的奇点. 则根据上面的构造所得的整数

$$I_p = \frac{1}{2\pi}[\alpha(L) - \alpha(0)] = \frac{1}{2\pi} \int_C \mathrm{d}\alpha \qquad (4.22)$$

与包围 p 的简单闭曲线 C 的选取无关,也与 U 上与 M 定向相符的标架场 $\{e_1, e_2\}$ 的选取无关,称为切矢量场 X 在 p 点的**指标**.

在直观上,指标 I_p 表示切矢量场 X 围绕奇点 p 的旋转的次数.

将(4.19)式在 C 上积分,则得

---

① 这里用了拓扑学中"链"的记法,实际上 $C - C_1$ 代表 C 和反向的 C_1 的并集,参见参考文献[18].

$$\frac{1}{2\pi}\int_C \omega_{12} = \frac{1}{2\pi}\int_C \mathrm{d}\alpha - \frac{1}{2\pi}\int_D K\mathrm{d}\sigma.$$

因为 Gauss 曲率 K 在点 p 是连续的,当 D 收缩为一点时,积分

$$\frac{1}{2\pi}\int_D K\mathrm{d}\sigma \to 0;$$

然而 $\dfrac{1}{2\pi}\displaystyle\int_C \mathrm{d}\alpha$ 是常数 I_p,故

$$I_p = \frac{1}{2\pi}\lim_{C \to p}\int_C \omega_{12}. \tag{4.23}$$

定理 4.1(Gauss-Bonnet 定理) 设 M 是紧致的定向的二维黎曼流形,则

$$\frac{1}{2\pi}\int_M K\mathrm{d}\sigma = \chi(M), \tag{4.24}$$

其中 $\chi(M)$ 是流形 M 的 Euler 示性数.

证明 在 M 上取一个只有有限多个孤立奇点的光滑切矢量场 X,其奇点是 $p_i, 1\leqslant i\leqslant r$. 在每一点 p_i 取一个 ε-球形邻域 D_i,这里 ε 是充分小的正数,使每个 D_i 除 p_i 外不再含有 X 的奇点. 命 $C_i = \partial D_i, C_i$ 是具有从 M 在 D_i 上决定的诱导定向的简单闭曲线. 这样,由切矢量场 X 在 $M - \bigcup\limits_i D_i$ 上决定了定向相符的光滑的正交标架场 $\{e_1, e_2\}, e_1 = X/|X|$. 设

$$\theta_{12} = \mathrm{D}e_1 \cdot e_2, \tag{4.25}$$

由(4.25)式可知在 $M - \bigcup\limits_i D_i$ 上有

$$\mathrm{d}\theta_{12} = \Omega_{12} = -K\mathrm{d}\sigma.$$

根据 Stokes 公式,则得

$$\int_{M-\bigcup\limits_i D_i} K\mathrm{d}\sigma = -\int_{M-\bigcup\limits_i D_i}\mathrm{d}\theta_{12}$$

$$= \sum_{i=1}^r \int_{\partial D_i}\theta_{12} = \sum_{i=1}^r \int_{C_i}\theta_{12}. \tag{4.26}$$

这里要指出一点: $M - \bigcup\limits_{1\leqslant i\leqslant r} D_i$ 的边界在集合的意义上与 $\bigcup\limits_{1\leqslant i\leqslant r} D_i$ 的

边界是一致的,但是前者在边界上诱导的定向恰好与

$$\sum_i \partial D_i = \sum_i C_i$$

的定向相反.上面的第二个等号用了这个事实.

因为正交标架场 $\{e_1, e_2\}$ 实际上在 $M - \bigcup_i \{p_i\}$ 上有定义,所以 (4.26)在 $\varepsilon \to 0$ 的过程中始终是成立的.由于 K 是在整个 M 上定义的连续可微的函数,所以

$$\lim_{\varepsilon \to 0} \int_{M - \bigcup_i D_i} K d\sigma = \int_M K d\sigma .$$

而(4.26)式末端在 $\varepsilon \to 0$ 时正是 $2\pi \sum_{i=1}^r I_{p_i}$ (见(4.23)式),因此

$$\frac{1}{2\pi} \int_M K d\sigma = \sum_{i=1}^r I_{p_i} . \tag{4.27}$$

上式的左边与切矢量场 X 无关.我们在流形 M 上造一个特殊的切矢量场:取 M 的一个三角剖分(因为 M 是紧致的,它是可剖的[14]),造光滑的切矢量场 X,使它以上述剖分的各维面的重心为奇点,并且使它在二维面、一维面及零维面的重心处的指标分别是 $+1, -1$ 和 $+1$(如图 11 所示).因此

$$\sum I_{p_i} = f - e + v = \chi(M) , \tag{4.28}$$

图 11

其中 f, e, v 分别是 M 的剖分的二维面、一维面和零维面的个数. 所以

$$\frac{1}{2\pi} \int_M K \mathrm{d}\sigma = \chi(M).$$

在上面的证明中我们已经得到 **Hopf 的指标定理**:

系 设在紧致的定向的二维黎曼流形上有一个光滑切矢量场, 其奇点个数有限, 则它在各奇点的指标和等于该流形的 Euler 示性数.

注记 由上面的系可知, 紧致、定向的二维光滑流形上有处处非零的光滑切矢量场的必要条件是: 该流形的 Euler 示性数为零. 反过来, 由二维流形的分类, 如果一个紧致、定向的二维光滑流形的 Euler 数是零, 则它必可微同胚于环面, 因此, 必有处处非零的光滑切矢量场.

Gauss-Bonnet 公式可推广到带边界的情形. 设 C 是 M 上一条光滑曲线, a_1 是 C 的单位切矢量. 取 C 的单位法矢量 a_2, 使 $\{a_1, a_2\}$ 决定的定向与 M 相符. 因为 $\mathrm{D}a_1$ 和 a_2 共线, 故可设

$$k_g = \frac{\mathrm{D}a_1}{\mathrm{d}s} \cdot a_2, \qquad (4.29)$$

k_g 称为曲线 C 的测地曲率. 显然, C 是测地线的充分必要条件是

$$k_g \equiv 0.$$

假定 D 是定向的二维黎曼流形 M 上的紧致的带边区域, 边界 ∂D 由有限多条分段光滑的简单闭曲线组成, 它有从 D 诱导的定向. 设 ∂D 在各角点 p_i 的内角是 α_i, $1 \leqslant i \leqslant l$, 则有 Gauss-Bonnet 公式 (见附录一)

$$\sum_{i=1}^{r} (\pi - \alpha_i) + \int_{\partial D} k_g \mathrm{d}s + \iint_D K \mathrm{d}\sigma = 2\pi \chi(D), \qquad (4.30)$$

其中 k_g 是沿 ∂D 的测地曲率, $\chi(D)$ 是区域 D 的 Euler 示性数.

如果 D 是 M 上的测地三角形, ∂D 是由三段测地线组成的闭曲线, 则 $\chi(D) = 1$, 故 (4.30) 式成为

$$\alpha_1 + \alpha_2 + \alpha_3 - \pi = \iint_D K d\sigma. \tag{4.31}$$

这推广了定理"平面上三角形的内角和等于 $180°$". 当 M 是球面时,公式(4.31)是 Gauss 得到的.

仔细地分析 Gauss-Bonnet 定理的证明,不难发现关键是把 M 上的二次外微分式 $K d\sigma$ 表示成 $-d\theta_{12}$,而后者是在 M 的标架丛上考虑的,也就是在 M 的球丛(M 的单位切矢量构成的纤维丛)上考虑的. 这样,原来在 M 上的积分就转换成在球丛的截面上的积分,然而球丛的截面(即单位切矢量场)未必存在,于是通过 Stokes 定理化为绕奇点的积分,得到矢量场在奇点的指标. 上面的想法在证明高维流形上的 Gauss-Bonnet 定理时得到充分的体现.

设 M 是 $2n$ 维紧致的定向黎曼流形. 设 $\{e_i, 1 \leqslant i \leqslant 2n\}$ 是局部的单位正交标架场,对偶标架场是 $\{\theta_i, 1 \leqslant i \leqslant 2n\}$,联络形式和曲率形式分别是 ω_{ij} 和 Ω_{ij}. 考虑 $2n$ 次外微分式

$$\Omega = (-1)^n \frac{1}{2^{2n} \pi^n n!} \delta_{1 \cdots 2n}^{i_1 \cdots i_{2n}} \Omega_{i_1 i_2} \wedge \cdots \wedge \Omega_{i_{2n-1} i_{2n}}, \tag{4.32}$$

则 Ω 与局部单位正交标架场的选取是无关的,因而它是在 M 上大范围定义的 $2n$ 次外微分式. Ω 可以记成

$$\Omega = K d\sigma, \tag{4.33}$$

其中 $d\sigma = \theta_1 \wedge \cdots \wedge \theta_{2n}$ 是 M 的体积元素,K 是 M 的 Lipschitz-Killing 曲率

$$K = \frac{1}{2^{2n}(2\pi)^n n!} \delta_{j_1 \cdots j_{2n}}^{i_1 \cdots i_{2n}} R_{i_1 i_2 j_1 j_2} \cdots R_{i_{2n-1} i_{2n} j_{2n-1} j_{2n}}. \tag{4.34}$$

Gauss-Bonnet 定理说

$$\int_M K d\sigma = \chi(M). \tag{4.35}$$

证明这个定理的关键是在 M 的球丛(M 的单位切矢量构成的纤维丛)上把外微分式 Ω 表成一个 $2n-1$ 次外微分式 Π 的外微分:

$$\Omega = d\Pi. \tag{4.36}$$

其详细的证明可见 S. S. Chern，"A simple intrinsic proof of the Gauss-Bonnet formula for closed Riemannian manifolds"，*Ann. of Math.*，**45** (1944)，747～752.

第六章　李群和活动标架法

§1　李　　群

实数域有很丰富的结构,一方面它有代数结构,可以进行加、减、乘、除等四则运算;另一方面它有拓扑结构和微分结构,可以进行连续性和可微性的讨论.本节要讨论的李群就是群的结构和微分结构的复合体.在这里我们只简单地介绍李群及其李代数的一些基本概念.

定义 1.1　设 G 是一个非空集合.如果

(1) G 是一个群(群的运算记作乘法);

(2) G 是 r 维光滑流形;

(3) 逆射 $\tau: G \to G$,使 $\tau(g) = g^{-1}$,以及乘法运算 $\varphi: G \times G \to G$,使 $\varphi(g_1, g_2) = g_1 \cdot g_2$,都是光滑映射,则称 G 是一个 r 维**李群**.

因为 $\tau^2 = \mathrm{id}: G \to G$(即 $\tau^2(g) = g$),所以逆射 τ 是 G 到自身的可微同胚.另外,G 还有右移动和左移动两组可微同胚,定义如下:设 $g \in G$,g 在 G 上产生的右移动是 $R_g: G \to G$,使

$$R_g(x) = \varphi(x, g) = x \cdot g; \tag{1.1}$$

左移动是 $L_g: G \to G$,使

$$L_g(x) = \varphi(g, x) = g \cdot x. \tag{1.2}$$

因为 L_g 的逆映射是 $L_{g^{-1}}$,R_g 的逆映射是 $R_{g^{-1}}$,所以 L_g 和 R_g 都是 G 到自身的可微同胚.

例1　$\mathbf{R}^n$ 关于矢量加法成为一个 n 维李群.

例2　n 维环群 $\mathbf{T}^n$.

在 $\mathbf{R}^n$ 中取 n 个线性无关的矢量 e_i,$1 \leqslant i \leqslant n$,它们生成的格是

$$L = \left\{ \sum_{i=1}^{n} \alpha_i e_i, \ \alpha_i \in \mathbf{Z} \right\} = \mathbf{Z}^n, \tag{1.3}$$

这是加法群,是 $\boldsymbol{R}^n$ 的子群. 环群 $\boldsymbol{T}^n$ 是商群 $\boldsymbol{R}^n/L$,在拓扑上它是 n 维环面,所以它是 n 维紧致李群.

若 G_1,G_2 是两个李群,在积流形 $G_1\times G_2$ 上定义运算如下:设 $(a_1,a_2),(b_1,b_2)\in G_1\times G_2$,命

$$(a_1,a_2)\cdot(b_1,b_2)=(a_1\cdot b_1,a_2\cdot b_2),\qquad(1.4)$$

则 $G_1\times G_2$ 关于运算(1.4)成为一个李群,称为李群 G_1 和 G_2 的直积.

自然,一维环群 $\boldsymbol{T}^1$ 可以看作平面 $\boldsymbol{R}^2$ 上的一个圆周 $S^1=\{e^{i2\pi i}\}\cong\boldsymbol{R}^1/\boldsymbol{Z}^1$,所以 n 维环群就是 n 个圆周的直积:

$$\boldsymbol{T}^n\cong S^1\times\cdots\times S^1(n\ \text{个}).\qquad(1.5)$$

例 3 一般线性群 $\mathrm{GL}(n;\boldsymbol{R})$ 和 $\mathrm{GL}(n;\boldsymbol{C})$.

$\mathrm{GL}(n;\boldsymbol{R})$ 是 $n\times n$ 阶非退化实矩阵所成的集合,群运算是矩阵的乘法. 因为 $\mathrm{GL}(n;\boldsymbol{R})$ 是 $\boldsymbol{R}^{n^2}$ 中的开子集,因而它有从 $\boldsymbol{R}^{n^2}$ 诱导的微分结构. 设

$$A=(A_i^j),\quad B=(B_i^j)\in\mathrm{GL}(n;\boldsymbol{R}),$$

则

$$(A\cdot B)_i^j=\sum_{k=1}^n A_i^k B_k^j;\qquad(1.6)$$

右端是矩阵 A 和 B 的分量的多项式,所以映射

$$\varphi(A,B)=A\cdot B\qquad(1.7)$$

是光滑的. 此外,A^{-1} 的元素是分量 A_i^j 的有理分式,所以逆射也是光滑的,因此 $\mathrm{GL}(n;\boldsymbol{R})$ 是李群.

同样,$n\times n$ 阶非退化复矩阵所成的乘法群 $\mathrm{GL}(n;\boldsymbol{C})$ 是 $2n^2$ 维李群.

例 4 $\mathrm{GL}(1;\boldsymbol{C})$ 是非零复数构成的乘法群,又记作 $\boldsymbol{C}^*$. 在拓扑上 $\boldsymbol{C}^*$ 和 $\boldsymbol{R}^2-\{0\}$ 是一致的,其元素 $x+iy$ 的坐标是 (x,y),因此 $\boldsymbol{C}^*$ 是二维光滑流形.

设 $z_a=x_a+iy_a,a=1,2$,$z_a\neq0$,它们的乘法用坐标表示则是

$$(x_1,y_1)\cdot(x_2,y_2)=(x_1x_2-y_1y_2,x_1y_2+x_2y_1);\qquad(1.8)$$

元素 $z = x + \mathrm{i} y$ 的逆是

$$(x, y)^{-1} = \left(\frac{x}{x^2 + y^2}, -\frac{y}{x^2 + y^2} \right). \tag{1.9}$$

显然乘法运算和逆射都是光滑的, $\boldsymbol{C}^*$ 是二维李群.

例 5 设 G 是李群, H 是 G 的子群. 如果 H 是 G 的正则子流形, 则可证明: 映射

$$\varphi|_{H \times H} : H \times H \to H \subset G,$$

$$\tau|_H : H \to H \subset G.$$

都是光滑的(请读者自证, 可参阅参考文献[3, 第 83 页]).

设

$$\mathrm{SL}(n; \boldsymbol{R}) = \{ A \mid \in \mathrm{GL}(n; \boldsymbol{R}), \det A = 1 \},$$

$$\mathrm{O}(n; \boldsymbol{R}) = \{ A \mid \in \mathrm{GL}(n; \boldsymbol{R}), A \cdot {}^t A = I \},$$

其中 I 表示单位矩阵, 即 $\mathrm{GL}(n; \boldsymbol{R})$ 的单位元素. 则 $\mathrm{SL}(n; \boldsymbol{R})$ 和 $\mathrm{O}(n; \boldsymbol{R})$ 都是 $\mathrm{GL}(n; \boldsymbol{R})$ 的子群, 并且是 $\mathrm{GL}(n; \boldsymbol{R})$ 的正则子流形, 所以它们都是李群. $\mathrm{SL}(n; \boldsymbol{R})$ 和 $\mathrm{O}(n; \boldsymbol{R})$ 分别称为特殊线性(或么模)群和实正交群.

设 G 是 r 维李群, 单位元素是 e. 因为对每一个 $a \in G$, $R_{a^{-1}}$ 是 G 到自身的可微同胚, 且 $R_{a^{-1}}(a) = e$, 所以切映射 $(R_{a^{-1}})_* : G_a \to G_e$ 是线性同构, 这里 G_a 表示流形 G 在点 a 的切空间. 设 $X \in G_a$, 命

$$\omega(X) = (R_{a^{-1}})_* X, \tag{1.10}$$

则 ω 是定义在 G 上、取值在 G_e 中的一次微分式, 称为李群 G 的**右基本微分式**, 或 **Maurer-Cartan 形式**. 若在 G_e 中取定基底 $\delta_i, 1 \leqslant i \leqslant r$, 则可命

$$\omega = \sum_{i=1}^{r} \omega^i \delta_i, \tag{1.11}$$

其中 $\omega^i (1 \leqslant i \leqslant r)$ 是李群 G 上 r 个处处线性无关的一次微分式.

现在我们求 ω^i 的坐标表达式. 分别取点 e 与 a 的局部坐标系 $(U; x^i), (W; y^i)$. 因为 φ 的连续性, 当 U 充分小时必有 a 的邻域 $W_1 \subset W$, 使得 $\varphi(U \times W_1) \subset W$. 取 $\delta_i = \dfrac{\partial}{\partial x^i} \bigg|_e$, 命

$$\varphi^i(x,y) = y^i \circ \varphi(x,y), \quad (x,y) \in U \times W_1.$$

那么线性同构 $(R_a)_* : G_e \to G_a$ 由下式给出:

$$(R_a)_* \delta_i = \sum_{j=1}^r \frac{\partial \varphi^j(x,a)}{\partial x^i}\bigg|_{x=e} \cdot \frac{\partial}{\partial y^j}\bigg|_a. \tag{1.12}$$

因为 $(R_{a^{-1}})_* \circ (R_a)_* = \mathrm{id} : G_e \to G_e$,所以

$$(R_{a^{-1}})_* \frac{\partial}{\partial y^i}\bigg|_a = \sum_{j=1}^r \Lambda_i^j(a) \delta_j,$$

其中矩阵 $(\Lambda_i^j(a))$ 是 $\left(\dfrac{\partial \varphi^i(x,a)}{\partial x^j}\bigg|_{x=e}\right)$ 的逆矩阵. 因此

$$\omega^i = \sum_{j=1}^r \Lambda_j^i(a)\mathrm{d}y^j. \tag{1.13}$$

从表达式可知 ω^i 是光滑的一次微分式.

定理 1.1 设 $\sigma : G \to G$ 是光滑映射. σ 是李群 G 的右移动的充分必要条件是: 它保持右基本微分式不变, 即

$$\sigma^* \omega^i = \omega^i, \quad 1 \leqslant i \leqslant r.$$

证明 设 σ 是右移动 $R_x, x \in G$, 则对任意的 $X \in G_a$ 有

$$\begin{aligned}
(R_x)^* \omega(X) &= \omega((R_x)_* X) \\
&= (R_{(ax)^{-1}})_* \circ (R_x)_* X \\
&= (R_{a^{-1}})_* X = \omega(X),
\end{aligned}$$

所以

$$(R_x)^* \omega = \omega. \tag{1.14}$$

反过来, 假定 σ 保持右基本微分式不变. 因为 Pfaff 方程组

$$\omega^i(a) = \omega^i(b), \quad (a,b) \in G \times G, 1 \leqslant i \leqslant r, \tag{1.15}$$

在流形 $G \times G$ 上决定了一个 r 维平面场, 因此它的 r 维积分流形是唯一的. 现在, 映射 $\sigma : G \to G$ 保持右基本微分式不变. 所以

$$\omega^i(X) = \omega^i(\sigma_* X),$$

其中 $X \in G_a, \sigma_* X \in G_{\sigma(a)}$. 这说明映射 σ 给出了方程组 (1.15) 的、经过点 $(e, \sigma(e))$ 的 r 维积分流形. 此外右移动 $R_{\sigma(e)}$ 也给出了满足相同初条件的 r 维积分流形, 所以由唯一性得

$$\sigma = R_{\sigma(e)}.$$

因为 d $\circ \sigma^* = \sigma^* \circ$ d(第三章定理 2.6)，所以 dω^i 仍在右移动下不变. 若命

$$\begin{cases} \mathrm{d}\omega^i = -\dfrac{1}{2}\displaystyle\sum_{j,k=1}^{r} c_{jk}^i \omega^j \wedge \omega^k, \\ c_{jk}^i + c_{kj}^i = 0. \end{cases} \tag{1.16}$$

因为 ω^i 和 dω^i 都是右不变的，所以 c_{jk}^i 是常数，称为李群 G 的**结构常数**. 方程(1.16)称为李群 G 的**结构方程**，或 Maurer-Cartan 方程.

定理 1.2 结构常数 c_{jk}^i 适合 Jacobi 恒等式

$$\sum_{j=1}^{r} (c_{jk}^i c_{hl}^j + c_{jh}^i c_{lk}^j + c_{jl}^i c_{kh}^j) = 0. \tag{1.17}$$

证明 外微分(1.16)式得

$$0 = -\frac{1}{2}\sum_{j,k} c_{jk}^i (\mathrm{d}\omega^j \wedge \omega^k - \omega^j \wedge \mathrm{d}\omega^k)$$

$$= \frac{1}{2}\sum_{j,k,h,l} c_{jk}^i c_{hl}^j \omega^k \wedge \omega^h \wedge \omega^l$$

$$= \frac{1}{6}\sum_{k,h,l=1}^{r}\sum_{j=1}^{r} (c_{jk}^i c_{hl}^j + c_{jh}^i c_{lk}^j + c_{jl}^i c_{kh}^j)\omega^k \wedge \omega^h \wedge \omega^l,$$

而括号内的式子关于 k, h, l 是反对称的，于是得到(1.17)式.

注记 结构常数的重要性在于决定了局部李群的结构. 所谓局部李群 V 是一个光滑流形，并且对某个元素 $e \in V$，有一个从 (e, e) 在 $V \times V$ 中的邻域 W 到 V 的光滑映射，记作 $(x, y) \mapsto x \cdot y$，它满足下列条件：

(1) 若$(e, y) \in W$，则 $e \cdot y = y$；若$(x, e) \in W$，也有 $x \cdot e = x$；

(2) 若$(x, y), (y, z), (x \cdot y, z), (x, y \cdot z) \in W$，则

$$(x \cdot y) \cdot z = x \cdot (y \cdot z).$$

元素 e 称为局部李群 V 的单位元素.

局部李群和李群的区别在于它的乘法只定义在单位元素 e 的

近旁. 显然李群也是局部李群. 对于局部李群同样可定义 Maurer-Cartan 形式和结构常数. 我们有下面的

定理 1.3 若 r^3 个常数 c_{jk}^i 满足条件

$$\begin{cases} c_{jk}^i + c_{kj}^i = 0 \\ \sum_{j=1}^r (c_{jk}^i c_{hl}^j + c_{jh}^i c_{lk}^j + c_{jl}^i c_{kh}^j) = 0, \end{cases} \tag{1.18}$$

则存在 r 维局部李群 V 以 c_{jk}^i 为结构常数, 而且任意两个这样的局部李群是同构的 (定理的证明可参阅参考文献[9]).

定义 1.2 设 X 是李群 G 上的光滑切矢量场. 若对任意的 $a \in G$ 都有

$$(R_a)_* X = X, \tag{1.19}$$

则称 X 是 G 上的**右不变矢量场**.

任意取切矢量 $X_e \in G_e$, 命

$$X_a = (R_a)_* X_e, \tag{1.20}$$

则得 G 上的光滑切矢量场 X. 显然, 右基本微分式 ω 在 X 上的值是常值, 即

$$\omega(X) = X_e. \tag{1.21}$$

由定理 1.1 得

$$\omega(X) = ((R_a)^* \omega)(X) = \omega((R_a)_* X),$$

所以

$$(R_a)_* X = X,$$

即 (1.20) 式所定义的切矢量场是右不变矢量场.

用 X_i 表示 $\delta_i \in G_e$ 经过右移动产生的右不变矢量场, 则 $X_i (1 \leqslant i \leqslant r)$ 是 G 上处处线性无关的切矢量场, 而且 G 上任意一个右不变矢量场必是 X_i 的常系数线性组合. 因此 G 上右不变矢量场的集合构成 r 维矢量空间, 记作 $\mathscr{G}$, 它与 G_e 是同构的.

由 (1.21) 式得

$$\omega(X_i) = \delta_i,$$

即

$$\omega^i(X_j) = \langle X_j, \omega^i \rangle = \delta^i_j, \tag{1.22}$$

所以右基本微分式 $\omega^i(1 \leqslant i \leqslant r)$ 和右不变矢量场 $X_j(1 \leqslant j \leqslant r)$ 恰好构成李群 G 上彼此对偶的余标架场和标架场. 因此, G 上的切矢量场 X 是右不变的充分必要条件是: 右基本微分式在 X 上的值是常数.

定理 1.4 若 X, Y 是 G 上的右不变矢量场, 则 $[X, Y]$ 仍是 G 上的右不变矢量场.

证明 根据第三章定理 2.3,

$$d\omega^i(X, Y) = X\langle Y, \omega^i \rangle - Y\langle X, \omega^i \rangle - \langle [X, Y], \omega^i \rangle. \tag{1.23}$$

从结构方程 (1.16) 得到

$$d\omega^i(X, Y) = -\frac{1}{2} \sum_{j,k=1}^r c^i_{jk} \, \omega^j \wedge \omega^k(X, Y)$$

$$= -\sum_{j,k=1}^r c^i_{jk} \, \omega^j(X)\omega^k(Y).$$

因为 X, Y 是右不变矢量场, 所以

$$\omega^i(X) = \text{const}, \quad \omega^i(Y) = \text{const}.$$

于是由 (1.23) 式得到

$$\omega^i([X, Y]) = \sum_{j,k=1}^r c^i_{jk} \, \omega^j(X)\omega^k(Y) = \text{const}, \tag{1.24}$$

这意味着 $[X, Y]$ 是右不变的.

定理 1.4 说明, 光滑切矢量场的 Poisson 括号积在 $\mathscr{G}$ 中是封闭的, 因此定义了 $\mathscr{G}$ 中的乘法运算. 这种乘法运算满足下列条件 (第一章 §4):

(1) 分配律
$$[a_1 X_1 + a_2 X_2, Y] = a_1[X_1, Y] + a_2[X_2, Y];$$

(2) 反交换律
$$[X, Y] = -[Y, X];$$

(3) Jacobi 恒等式

$$[X,[Y,Z]] + [Y,[Z,X]] + [Z,[X,Y]] = 0.$$

一个 n 维实矢量空间如果有满足分配律、反交换律和 Jacobi 恒等式的乘法运算,则称它是一个 n 维李代数. 例如:三维欧氏空间关于矢量的叉乘成为一个三维李代数;流形 M 上全体光滑切矢量场关于 Poisson 括号积成为无限维李代数. 这样,定理 1.4 说明李群 G 上全体右不变矢量场所构成的矢量空间 $\mathscr{G}$ 是一个 r 维的李代数. 我们把李代数 $\mathscr{G}$ 叫做李群 G 的**李代数**.

李群的结构常数给出了李代数 $\mathscr{G}$ 的乘法表. 实际上,由 (1.24) 式得到

$$\omega^i([X_j, X_k]) = c^i_{jk},$$

所以

$$[X_j, X_k] = \sum_{i=1}^{r} c^i_{jk} X_i. \tag{1.25}$$

结构常数 c^i_{jk} 关于下指标的反对称性和 Jacobi 恒等式对应于括号积 $[\ ,\ ]$ 满足反交换律和 Jacobi 恒等式. 因此,如果命

$$[\delta_j, \delta_k] = \sum_{i=1}^{r} c^i_{jk} \delta_i, \tag{1.26}$$

则 G_e 也成为 r 维李代数. 这样,G_e 和 $\mathscr{G}$ 作为李代数是同构的. 通常也把 G_e 关于 (1.26) 式定义的乘法构成的李代数叫做李群 G 的李代数.

注记 完全类似地可以讨论李群 G 上的左基本微分式 $\widetilde{\omega}$ 和左不变矢量场. 设

$$\widetilde{\omega} = \sum_{i=1}^{r} \widetilde{\omega}^i \delta_i, \tag{1.27}$$

且 $\widetilde{X}_i$ 是 δ_i 经左移动产生的左不变矢量场,那么

$$\widetilde{\omega}^i(\widetilde{X}_j) = \langle \widetilde{X}_j, \widetilde{\omega}^i \rangle = \delta^i_j. \tag{1.28}$$

设结构方程是

$$\mathrm{d}\widetilde{\omega}^i = -\frac{1}{2} \sum_{j,k=1}^{r} \widetilde{c}^i_{jk} \widetilde{\omega}^j \wedge \widetilde{\omega}^k, \tag{1.29}$$

则

$$[\widetilde{X}_j, \widetilde{X}_k] = \sum_{i=1}^{r} \widetilde{c}_{jk}^{i} \widetilde{X}_i. \tag{1.30}$$

经过简单的计算可知,结构常数 $\widetilde{c}_{jk}^{i}$ 和 c_{jk}^{i} 只差一个符号,即

$$\widetilde{c}_{jk}^{i} = - c_{jk}^{i}. \tag{1.31}$$

(留给读者证明).

要注意的是,利用右不变矢量场的括号积和左不变矢量场的括号积在 G_e 上定义了两个乘法运算,分别记作 $[\ ,\ ]_{左}$ 和 $[\ ,\ ]_{右}$. 即

$$\begin{cases} [\delta_i, \delta_j]_{右} = [X_i, X_j]_e, \\ [\delta_i, \delta_j]_{左} = [\widetilde{X}_i, \widetilde{X}_j]_e. \end{cases} \tag{1.32}$$

由(1.31)式得知,这两种运算差一个符号:

$$[\delta_i, \delta_j]_{右} = - [\delta_i, \delta_j]_{左}. \tag{1.33}$$

本书把 G_e 叫做李群的 G 的李代数时,其乘法运算是(1.26)式给出的,即用的是 $[\ ,\ ]_{右}$.

例6 计算一般线性群 $GL(n;\boldsymbol{R})$ 的结构常数.

$GL(n;\boldsymbol{R})$ 的元素是 $n \times n$ 阶非退化的实矩阵. 设 $A = (A_i^j) \in GL(n;\boldsymbol{R})$,则 $A_i^j(1 \leqslant i, j \leqslant n)$ 是流形 $GL(n;\boldsymbol{R})$ 上的坐标系,所以 $\mathrm{d}A_i^j(1 \leqslant i, j \leqslant n)$ 给出了 $GL(n;\boldsymbol{R})$ 上的余标架场,$\mathrm{d}A = (\mathrm{d}A_i^j)$ 是 $GL(n;\boldsymbol{R})$ 在点 A 的任意的切矢量. 所以 $GL(n;\boldsymbol{R})$ 的右基本微分式是

$$\omega = \mathrm{d}A \cdot A^{-1}. \tag{1.34}$$

外微分(1.34)式,得

$$\mathrm{d}\omega = - \mathrm{d}A \wedge \mathrm{d}A^{-1} = \omega \wedge \omega. \tag{1.35}$$

用 $\mathrm{gl}(n;\boldsymbol{R})$ 记李群 $GL(n;\boldsymbol{R})$ 在单位元素 I(单位矩阵)的切空间,这是 n^2 维矢量空间 $\boldsymbol{R}^{n^2}$,其元素是 $n \times n$ 阶实矩阵. 在这种表示下,$\mathrm{gl}(n;\boldsymbol{R})$ 的基底是 $E_i^j, 1 \leqslant i, j \leqslant n$ 其中 E_i^j 表示在第 j 行、第 i 列交叉处的元素为 1,其余元素是零的 $n \times n$ 阶矩阵. 因此可命

$$\omega = \sum_{i,j=1}^{n} \omega_i^j E_j^i = (\omega_i^j). \tag{1.36}$$

175

由(1.35)式得

$$d\omega_i^j = \sum_{k=1}^n \omega_i^k \wedge \omega_k^j$$

$$= \frac{1}{2} \sum_{p,q,r,s=1}^n (\delta_i^p \delta_q^j \delta_s^r - \delta_i^r \delta_s^j \delta_q^p) \omega_p^s \wedge \omega_r^q,$$

所以李群 $GL(n;\boldsymbol{R})$ 的结构常数是

$$c_{(p,s)(r,q)}^{(i,j)} = -\delta_i^p \delta_q^j \delta_s^r + \delta_i^r \delta_s^j \delta_q^p. \tag{1.37}$$

李代数 $gl(n;\boldsymbol{R})$ 的乘法表是

$$[E_s^p, E_q^r] = \delta_q^p E_s^r - \delta_s^r E_q^p. \tag{1.38}$$

设 $A, B \in gl(n;\boldsymbol{R})$，用分量表示是

$$A = (A_p^s) = \sum_{p,s=1}^n A_p^s E_s^p,$$

$$B = (B_r^q) = \sum_{r,q=1}^n B_r^q E_q^r,$$

根据(1.38)式则得

$$[A, B] = B \cdot A - A \cdot B. \tag{1.39}$$

定义 1.3　设 G, H 是两个李群. 若有光滑映射 $f: H \to G$，它又是群的同态，则称 f 是从**李群 H 到 G 的同态**. 若 f 还是可微同胚，则称 f 是**李群 H 到 G 的同构**.

定理 1.5　设 $f: H \to G$ 是李群 H 到 G 的同态，则 f 在它们的李代数之间诱导出同态 $f_*: \mathscr{H} \to \mathscr{G}$. 如果 f 是李群的同构，则 f_* 是李代数的同构.

证明　用 f_* 表示光滑映射 f 的切映射，首先我们证明 f_* 把李群 H 上的右不变矢量场映入到李群 G 的右不变矢量场. 任取 $X_e \in H_e$，命

$$Y_{\bar{e}} = f_* X_e \in G_{\bar{e}},$$

其中 e 是 H 的单位元素，$\bar{e} = f(e)$ 是 G 的单位元素. 命 X, Y 分别是 X_e 和 $Y_{\bar{e}}$ 在各自的李群上生成的右不变矢量场，则对任意的 $a \in H$，有

$$f_* X_a = f_* \circ (R_a)_* X_e = (R_{\bar{a}})_* \circ f_* X_e = Y_{\bar{a}},$$

其中 $\bar{a} = f(a)$. 因此 H 上的右不变矢量场在 f_* 下的像可以拓广成 G 上的右不变矢量场, 我们把这种对应仍记作 $f_* : \mathscr{H} \to \mathscr{G}$.

此外, 切映射 f_* 和 Poisson 括号积是可交换的, 所以对 X_1, $X_2 \in \mathscr{H}$ 有

$$f_* [X_1, X_2]_a = [Y_1, Y_2]_{\bar{a}}, \quad a \in H,$$

其中 Y_i 是由 $f_* X_i$ 在 G 上拓广所成的右不变矢量场. 所以 f_*: $\mathscr{H} \to \mathscr{G}$ 是李代数的同态.

当 f 是李群的同构时, f_* 也是可逆的, 所以 $f_* : \mathscr{H} \to \mathscr{G}$ 是李代数的同构.

定义 1.4 设 H, G 是两个李群, $H \subset G$. 如果

(1) H 是 G 的子群;

(2) 嵌入映射 id: $H \to G$ 是子流形,

则称 H 是 G 的**李子群**.

在例 5 中已经提到, 如果 H 是李群 G 的正则子流形, 而且 H 是 G 的子群, 则 H 必定是李群, 因而是 G 的李子群. 如 SL$(n; \boldsymbol{R})$ 和 O$(n; \boldsymbol{R})$ 都是 GL$(n; \boldsymbol{R})$ 的李子群. 但是, 一般说来李群 G 的李子群 H 不必是 G 的正则子流形.

例 7 设 $G = \boldsymbol{T}^2$. 取无理数 α, 命

$$H = \{(t, \alpha t), t \in \boldsymbol{R}\}/L,$$

其中 $L = \{(n_1, n_2), n_i \in \boldsymbol{Z}\}$, 则 H 是 G 的李子群, 但是 H 不是 G 的正则子流形.

根据定理 1.5, 因为嵌入映射 id: $H \to G$ 是李群的同态, 因此它诱导出李代数 $\mathscr{H}$ 到 $\mathscr{G}$ 的同态. 因为 H_e 是 G_e 的子空间, 所以 G_e 中的李代数乘法(1.26)限制在 H_e 上是封闭的.

一般线性群是典型的李群, 它的结构已在例 6 作了计算. 因此, 我们经常通过一般线性群来研究李群. 设 G 是 r 维李群, 我们把李群 G 到 GL$(n; \boldsymbol{R})$ 的一个同态称为李群 G 的一个 n 次表示. 每一个 r 维李群都有一个自然的 r 次表示——伴随表示.

设 $x \in G$, 命

$$\alpha_x(g) = xgx^{-1} = L_x \circ R_{x^{-1}}(g), \qquad (1.40)$$

则 α_x 是李群 G 的自同构, 称为 G 的内自同构. 根据定理 1.4, α_x 的切映射 $(\alpha_x)_*$ 给出了李代数 G_e 的自同构. 记

$$\mathrm{Ad}(x) = (\alpha_x)_* : G_e \to G_e. \qquad (1.41)$$

$\mathrm{Ad}(x)$ 是作用在线性空间 G_e 上的非退化线性变换, 所以, 它是 $\mathrm{GL}(r; \boldsymbol{R})$ 中的一个元素, 于是得到映射

$$\mathrm{Ad} : G \to \mathrm{GL}(r; \boldsymbol{R}).$$

显然 Ad 是群的同态. 因为任取 $x, y \in G$, 则

$$\mathrm{Ad}(x \cdot y) = (\alpha_{(x \cdot y)})_*$$
$$= (\alpha_x \circ \alpha_y)_* = \mathrm{Ad}(x) \circ \mathrm{Ad}(y).$$

若用局部坐标表示, Ad 是用局部坐标的光滑函数给出的, 因此 $\mathrm{Ad} : G \to \mathrm{GL}(n; \boldsymbol{R})$ 是李群的同态.

定义 1.5 用 (1.41) 式给出的李群的同态 $\mathrm{Ad} : G \to \mathrm{GL}(r; \boldsymbol{R})$ 称为 r 维李群 G 的**伴随表示**.

由定理 1.5, 伴随表示 $\mathrm{Ad} : G \to \mathrm{GL}(r; \boldsymbol{R})$ 的切映射诱导出李代数 G_e 到 $\mathrm{gl}(r; \boldsymbol{R})$ 的同态 ad, 称之为李群 G 的李代数 G_e 的**伴随表示**. 这时, $\mathrm{gl}(r; \boldsymbol{R})$ 看作 G_e 到自身的线性变换的集合. 对于任意的 $X \in G_e$, 则 $\mathrm{ad}(X)$ 是作用在 G_e 上的线性变换. 在下一节要证明:

$$\mathrm{ad}(X) \cdot Y = -[X, Y]. \qquad (1.42)$$

§2 李氏变换群

变换群在几何中是十分重要的. 根据 Klein 的观点, 几何学研究的对象正是图形在一定的变换群作用下保持不变的性质; 由于所考虑的变换群不同, 就有欧氏几何、仿射几何和射影几何等各种不同的几何学. 李群在流形上的作用, 即所谓的李氏变换群则是上述典型变换群的推广, 这对近代微分几何学产生重要的影响.

定义 2.1 设 M 是 m 维光滑流形. 若有光滑映射 $\varphi : \boldsymbol{R} \times M \to$

M, 对任意的 $(t, p) \in \mathbf{R} \times M$, 记

$$\varphi_t(p) = \varphi(t, p),$$

它们满足下列条件:

(1) $\varphi_0(p) = p$;

(2) 对任意的实数 $s, t, \varphi_s \circ \varphi_t = \varphi_{s+t}$,

则称 $\mathbf{R}$ 光滑地(左)作用在流形 M 上, 或称 φ_t 是作用在 M 上的**单参数可微变换群**.

显然, $\varphi_t: M \to M$ 是光滑映射. 根据上面的条件立即可得 $\varphi_t^{-1} = \varphi_{-t}$, 即每一个 φ_t 都是可逆的, 所以 φ_t 是 M 到自身的可微同胚. 取 $p \in M$, 命

$$\gamma_p(t) = \varphi_t(p), \tag{2.1}$$

则 γ_p 是 M 上通过点 p 的一条参数曲线, 叫做单参数变换群 φ_t 通过点 p 的轨线.

若用 X_p 表示轨线 γ_p 在点 p(即 $t=0$)的切矢量, 于是得到流形 M 上的切矢量场 X, 称为单参数可微变换群 φ_t 在 M 上诱导的切矢量场. 显然 X 是光滑的. 设 f 是 M 上的光滑函数, 则

$$\begin{aligned}(Xf)(p) &= X_p f \\ &= \lim_{t \to 0} \frac{f(\gamma_p(t)) - f(p)}{t} \\ &= \lim_{t \to 0} \frac{f(\varphi(t, p)) - f(p)}{t}, \end{aligned} \tag{2.2}$$

所以 Xf 是 M 上的光滑函数, 这就证明了 X 的光滑性. 要紧的是, 轨线 γ_p 是切矢量场 X 的积分曲线, 即在轨线 γ_p 上任意一点 $q = \gamma_p(s)$, X_q 正是轨线 γ_p 在 $t=s$ 处的切矢量. 实际上, 因为 $\gamma_q(t) = \gamma_p(t+s)$, 所以

$$X_q = \lim_{t \to 0} \frac{\gamma_q(t) - q}{t} = \lim_{t \to 0} \frac{\gamma_p(t+s) - \gamma_p(s)}{t}. \tag{2.3}$$

从 (2.3) 式得到

$$X_q f = \lim_{t \to 0} \frac{f(\varphi(t+s, p)) - f(\varphi(s, p))}{t}$$

$$= \lim_{t \to 0} \frac{f \circ \varphi_s(\gamma_p(t)) - f \circ \varphi_s(p)}{t}$$

$$= X_p(f \circ \varphi_s) = ((\varphi_s)_* X_p)f,$$

即

$$(\varphi_s)_* X_p = X_{\gamma_p(s)}. \tag{2.4}$$

反问题是：在 M 上给定一个光滑的切矢量场 X，是否存在 M 的单参数可微变换群 φ_t，使 X 是 φ_t 所诱导的切矢量场？换句话说，切矢量场 X 是否决定一个单参数可微变换群？定理 2.1 回答了这个问题.

定义 2.2 设 U 是光滑流形 M 的一个开邻域. 若有光滑映射 $\varphi: (-\varepsilon, \varepsilon) \times U \to M$，对任意的 $p \in U$，$|t| < \varepsilon$，记 $\varphi_t(p) = \varphi(t, p)$，它们满足下列条件：

（1）对任意的 $p \in U, \varphi_0(p) = p$；

（2）若 $|s| < \varepsilon, |t| < \varepsilon, |t+s| < \varepsilon$，并且 $p, \varphi_t(p) \in U$，则

$$\varphi_{s+t}(p) = \varphi_s \circ \varphi_t(p),$$

那么 φ_t 叫做作用在 U 上的**局部单参数变换群**.

局部单参数变换群 φ_t 同样在 U 上诱导出光滑的切矢量场. 设 $p \in U$，取 p 的局部坐标系 $(V; x^i), V \subset U$. 由于映射 φ 的光滑性，只要取充分小的 $\varepsilon_0 < \varepsilon$，则当 $|t| < \varepsilon_0$，总是有 $\varphi_t(p) \in V$. 从 (2.2) 式可得

$$X_p = \sum_{i=1}^m X_p^i \left(\frac{\partial}{\partial x^i} \right)_p, \tag{2.5}$$

其中

$$X_p^i = \frac{\mathrm{d}x^i(\gamma_p(t))}{\mathrm{d}t} \bigg|_{t=0}. \tag{2.6}$$

在 p 和 $q = \gamma_p(s)$ 都属于 V 时，我们也有

$$X_q = \sum_{i=1}^m X_q^i \left(\frac{\partial}{\partial x^i} \right)_q, \tag{2.7}$$

其中

$$X_q^i = \frac{\mathrm{d}x^i(\gamma_p(t))}{\mathrm{d}t}\bigg|_{t=s}. \tag{2.8}$$

定理 2.1 设 X 是定义在 M 上的光滑切矢量场,则在任意一点 $p \in M$ 存在一个邻域 U 和作用在 U 上的局部单参数变换群 φ_t,$|t| < \varepsilon$,使得 $X|_U$ 恰是 φ_t 在 U 上所诱导的切矢量场.

证明 取 p 的一个局部坐标系 $(V; x^i)$,考虑常微分方程组

$$\frac{\mathrm{d}x^i}{\mathrm{d}t} = X^i, \quad 1 \leqslant i \leqslant m, \tag{2.9}$$

其中 X^i 是切矢量场 X 关于自然基底 $\left\{\dfrac{\partial}{\partial x^i}, 1 \leqslant i \leqslant m\right\}$ 的分量,即

$$X = \sum_{i=1}^{m} X^i \frac{\partial}{\partial x^i}.$$

根据常微分方程的理论,存在 $\varepsilon_1 > 0$ 及 p 的邻域 $U_1 \subset V$,使得对任意一点 $q \in U_1$,方程组 (2.9) 有唯一的一条积分曲线 $x_q(t)$($|t| < \varepsilon_1$)通过点 q,即它满足下列方程和初始条件:

$$\begin{cases} \dfrac{\mathrm{d}x_q^i(t)}{\mathrm{d}t} = X^i(x_q(t)), & |t| < \varepsilon_1, 1 \leqslant i \leqslant m, \\ x_q(0) = q, \end{cases} \tag{2.10}$$

并且解 $x_q(t)$ 对 (t, q) 是光滑依赖的. 命

$$\varphi(t, q) = \psi_t(q) = x_q(t), \quad q \in U_1, \ |t| < \varepsilon_1. \tag{2.11}$$

则 φ 是从 $(-\varepsilon_1, \varepsilon_1) \times U_1$ 到 M 的光滑映射. 现在要证明这是局部单参数变换群.

设 $|t| < \varepsilon_1$,$|s| < \varepsilon_1$,$|t+s| < \varepsilon_1$,并且 $q, \varphi_s(q) \in U_1$. 因为 $x_q(t+s)$ 和 $x_{\varphi_s(q)}(t)$ 都是方程组 (2.9) 的,通过 $x_q(s) = \varphi_s(q)$ 的积分曲线,于是根据解的唯一性得到

$$\varphi_{t+s}(q) = x_q(t+s) = x_{\varphi_s(q)}(t) = \varphi_t \circ \varphi_s(q),$$

所以 φ_t 是诱导出 $X|_{U_1}$ 的局部单参数变换群.

设在 p 点,$X_p \neq 0$,则根据第一章定理 4.3,在点 p 附近存在局部坐标 u^i,使得 $X = \dfrac{\partial}{\partial u^1}$. 这时局部单参数变换群 φ_t 有特别简单的

表达式：

$$\varphi_t(u^1, \cdots, u^m) = (u^1 + t, u^2, \cdots, u^m), \qquad (2.12)$$

即 φ_t 表现为在坐标的空间中沿 u^1-曲线的平移.

注记 显然,方程组(2.9)与局部坐标的选择无关.如果有两个坐标域 V_1, V_2,它们的交 $V_1 \cap V_2$ 不是空集,且有局部单参数变换群 $\varphi_t^{(1)}$ 和 $\varphi_t^{(2)}$ 分别作用在 V_1 和 V_2 上,但是它们是由同一个光滑切矢量场 X 决定的,则由方程组(2.9)的解的唯一性可知,$\varphi_t^{(1)}$ 和 $\varphi_t^{(2)}$ 在 $V_1 \cap V_2$ 上的作用是相同的.

系 设 X 是紧致的光滑流形 M 上的光滑切矢量场,则 X 在 M 上决定一个单参数可微变换群.

证明 由定理 2.1,对每一点 p 都有一个邻域 $U(p)$ 和正数 $\varepsilon(p)$,使得在 $U(p)$ 上有局部单参数变换群 $\varphi_t^{(p)}$.根据注记,在这些 $U(p)$ 的两两重叠部分,相应的局部单参数变换群的作用是相同的.因为 M 的紧致性,在 $\{U(p), p \in M\}$ 中必有有限的子覆盖,设为 $\{U_\alpha, 1 \leqslant \alpha \leqslant r\}$,相应的正数记为 ε_α.命 $\varepsilon = \min\limits_{1 \leqslant \alpha \leqslant r} \varepsilon_\alpha$.现在可以定义如下的映射 $\varphi : (-\varepsilon, \varepsilon) \times M \to M$：若 $p \in U_\alpha$,则命

$$\varphi(t, p) = \varphi_t^{(\alpha)}(p), \quad |t| < \varepsilon. \qquad (2.13)$$

要把 φ 开拓成从 $\mathbf{R} \times M$ 到 M 的映射是很容易的.设 t 是任意实数,必有正整数 N,使 $|t|/N < \varepsilon$,于是

$$\varphi(t, p) = [\varphi_{t/N}]^N(p) \qquad (2.14)$$

与 N 的选取是无关的,右端表示变换 $\varphi_{t/N}$ 在 M 上连续作用 N 次.显然 $\varphi : \mathbf{R} \times M \to M$ 是切矢量场 X 所决定的单参数可微变换群.

定理 2.2 设 φ_t 是作用在光滑流形 M 上的单参数可微变换群,X 是 φ_t 在 M 上所诱导的切矢量场.若 $\psi : M \to M$ 是可微同胚,则 $\psi_* X$ 是单参数可微变换群 $\psi \circ \varphi_t \circ \psi^{-1}$ 在 M 上诱导的切矢量场.

证明 设 f 是流形 M 上任意的光滑函数,则根据定义有

$$(\psi_* X_p) f = X_p (f \circ \psi)$$

$$= \frac{\mathrm{d}}{\mathrm{d}t} f \circ \psi(\varphi_t(p))|_{t=0}$$

$$= \frac{\mathrm{d}}{\mathrm{d}t} f(\psi \circ \varphi_t \circ \psi^{-1}(\psi(p)))|_{t=0},$$

即 $\psi_* X_p$ 是单参数可微变换群 $\psi \circ \varphi_t \circ \psi^{-1}$ 的通过点 $\psi(p)$ 的轨线在该点的切矢量,所以 $\psi_* X$ 是 $\psi \circ \varphi_t \circ \psi^{-1}$ 在 M 上诱导的切矢量场.

定义 2.3 设 X 是流形 M 上的光滑切矢量场. $\psi : M \to M$ 是可微同胚. 如果

$$\psi_* X = X, \tag{2.15}$$

则称切矢量场 X 在 ψ 下是不变的.

由定理 2.2 可得到:

系 切矢量场 X 在可微同胚 $\psi : M \to M$ 下不变的充分必要条件是: X 决定的局部单参数变换群 φ_t 和 ψ 的作用是可交换的.

定理 2.3 设 X, Y 是流形 M 上任意两个光滑切矢量场. 若 X 生成的局部单参数变换群是 φ_t,则

$$[X, Y] = \lim_{t \to 0} \frac{Y - (\varphi_t)_* Y}{t} = \lim_{t \to 0} \frac{(\varphi_t^{-1})_* Y - Y}{t}. \tag{2.16}$$

证明 我们只需证明第一个等号成立. 设 $p \in M$, f 是定义在点 p 附近的光滑函数. 命

$$F(t) = f(\varphi_t(p)). \tag{2.17}$$

因为

$$F(t) - F(0) = \int_0^1 \frac{\mathrm{d}F(st)}{\mathrm{d}s} \mathrm{d}s$$

$$= t \int_0^1 F'(u)|_{u=st} \mathrm{d}s,$$

所以

$$f(\varphi_t(p)) = f(p) + t g_t(p), \tag{2.18}$$

其中

$$g_t(p) = \int_0^1 F'(u)|_{u=st} \mathrm{d}s = \int_0^1 \frac{\mathrm{d}f(\varphi_u(p))}{\mathrm{d}u}\bigg|_{u=st} \mathrm{d}s, \tag{2.19}$$

并且

$$g_0(p) = \int_0^1 F'(u)\big|_{u=0}\mathrm{d}s = \frac{\mathrm{d}f(\varphi_u(p))}{\mathrm{d}u}\bigg|_{u=0} = X_p f. \quad (2.20)$$

将(2.16)式中间的算子作用在 f 上则得

$$\left(\lim_{t\to 0}\frac{Y - (\varphi_t)_* Y}{t}\right)_p f$$

$$= \lim_{t\to 0}\frac{Y_p f - Y_{\varphi_t^{-1}(p)}(f\circ\varphi_t)}{t}$$

$$= \lim_{t\to 0}\frac{Y_p f - Y_{\varphi_t^{-1}(p)}f}{t} - \lim_{t\to 0}Y_{\varphi_t^{-1}(p)}(g_t)$$

$$= X_p(Yf) - Y_p(Xf) = [X,Y]_p f.$$

因此

$$[X,Y] = \lim_{t\to 0}\frac{Y - (\varphi_t)_* Y}{t}.$$

注记 1 设 γ_p 是单参数可微变换群 φ_t 的通过点 p 的轨线. 因为 φ_t^{-1} 把 γ_p 上的点 $q = \gamma_p(t) = \varphi_t(p)$ 映到点 p. 因此 $(\varphi_t^{-1})_*$ 建立了切空间 $T_q(M)$ 到 $T_p(M)$ 的同构. 若 Y 是流形 M 的定义在轨线 γ_p 上的切矢量场,则 $(\varphi_t^{-1})_* Y_{\varphi_t(p)}$ 是切空间 $T_p(M)$ 中的一条曲线. 定理 2.3 说明, $[X,Y]_p$ 正是这条曲线在 $t=0$ 处的切矢量,所以它是切矢量场 Y 沿 X 的轨线的变化率. 通常把(2.16)式右端的算子称为矢量场 Y 关于 X 的**李导数**,记作 $L_X Y$. 于是定理 2.3 成为

$$L_X Y = [X,Y]. \quad (2.21)$$

李导数的概念可以推广到 M 上任意的张量场. 实际上,映射 $(\varphi_t)^*$ 建立了余切空间 $T_q^*(M)$ 到 $T_p^*(M)$ 的同构,它和 $(\varphi_t^{-1})_*$ 一起在张量空间之间定义了如下的同构 $\Phi_t: T_s^r(\varphi_t(p))\to T_s^r(p)$,使得对任意的 $v_1,\cdots,v_r\in T_{\varphi_t(p)}(M)$,及 $v^{*1},\cdots,v^{*s}\in T_{\varphi_t(p)}^*(M)$,有

$$\Phi_t(v_1\otimes\cdots\otimes v_r\otimes v^{*1}\otimes\cdots\otimes v^{*s})$$

$$= (\varphi_t^{-1})_* v_1\otimes\cdots\otimes(\varphi_t^{-1})_* v_r\otimes\varphi_t^* v^{*1}\otimes\cdots\otimes\varphi_t^* v^{*s}.$$

$$(2.22)$$

这样，(r,s) 型张量场 ξ 关于 X 的李导数 $L_X\xi$ 定义为

$$L_X\xi = \lim_{t\to 0}\frac{\Phi_t(\xi)-\xi}{t}. \qquad (2.23)$$

显然，$L_X\xi$ 仍是 (r,s) 型张量场.

数量场 f 关于切矢量场 X 的李导数 L_Xf 规定为 f 关于 X 的方向导数，即 $L_Xf=Xf$.

注记 2　外微分式的李导数是定义 (2.23) 的特例. 设 ω 是 M 上的 r 次外微分式，则 $L_X\omega$ 仍是 r 次外微分式，定义为

$$L_X\omega = \lim_{t\to 0}\frac{\varphi_t^*\omega-\omega}{t}. \qquad (2.24)$$

不难验证，对于 M 上任意 r 个光滑的切矢量场 $Y_1,\cdots,Y_r$ 有

$$L_X\omega(Y_1,\cdots,Y_r)$$
$$= X(\omega(Y_1,\cdots,Y_r))$$
$$- \sum_{i=1}^{r}\omega(Y_1,\cdots,L_XY_i,\cdots,Y_r). \qquad (2.25)$$

对于 M 上的光滑切矢量场 X，我们可以定义如下的线性算子 $i(X)$：$A^r(M)\to A^{r-1}(M)$：

若 $r=0$，$i(X)$ 在 $A^0(M)$ 上的作用规定为零映射.

若 $r=1$，$\omega\in A^1(M)$，则命

$$i(X)\omega = \omega(X). \qquad (2.26)$$

若 $r>1$，对任意 $r-1$ 个光滑切矢量场 $Y_1,\cdots,Y_{r-1}$ 有

$$(i(X)\omega)(Y_1,\cdots,Y_{r-1}) = \omega(X,Y_1,\cdots,Y_{r-1}). \qquad (2.27)$$

这样，容易验证下面一组公式成立：

(1) $L_X\circ i(Y)-i(Y)\circ L_X=i([X,Y])$；

(2) $L_X\circ L_Y-L_Y\circ L_X=L_{[X,Y]}$；

(3) $d\circ i(X)+i(X)\circ d=L_X$；

(4) $d\circ L_X=L_X\circ d$.

这组公式称为 H. Cartan 公式，它们在外微分式理论中是很重要的，这些公式的证明留给读者完成.

现在我们把关于单参数可微变换群的讨论用于李群. 设 X 是 r 维李群 G 上的右不变矢量场,它决定的局部单参数变换群记作 φ_t. 因为右移动 $R_a(a \in G)$ 是保持切矢量场 X 不变的,根据定理 2.2 的系,R_a 和 φ_t 是可交换的,即

$$R_a \circ \varphi_t = \varphi_t \circ R_a. \tag{2.28}$$

由此可见,如果 φ_t 在单位元素 e 的一个邻域 U 及 $|t| < \varepsilon$ 内有定义,则在任意一点 $a \in G$,φ_t 在 a 的邻域 $U \cdot a$ 及 $|t| < \varepsilon$ 内有定义,即 $\varphi_t(q) = R_a \circ \varphi_t \circ R_{a^{-1}}(q)$,$\forall q \in U \cdot a$. 这就是说存在一个公共的 $\varepsilon > 0$,使得 $\varphi_t(p)$ 在 $p \in G$,$|t| < \varepsilon$ 内有定义,所以右不变矢量场 X 在李群 G 上决定了单参数可微变换群(参阅定理 2.1 的系).命

$$a_t = \varphi_t(e), \tag{2.29}$$

则

$$\begin{aligned}
a_{t+s} &= \varphi_{t+s}(e) = \varphi_t \circ \varphi_s(e) \\
&= \varphi_t \circ R_{a_s}(e) = R_{a_s} \circ \varphi_t(e) \\
&= R_{a_s}(a_t) = a_t \cdot a_s,
\end{aligned}$$

所以 a_t 是李群 G 的单参数子群(即一维李子群).

从(2.28)式得到

$$\varphi_t(x) = \varphi_t \circ R_x(e) = R_x \circ \varphi_t(e) = a_t \cdot x,$$

所以 φ_t 在 G 上的作用就是 a_t 在 G 上决定的左移动,即

$$\varphi_t = L_{a_t}; \tag{2.30}$$

正因为如此,通常又把右不变矢量场叫做**无穷小左移动**.

上面的讨论说明:李群 G 上任意一个右不变矢量场 X 决定了李群 G 的一个单参数子群 a_t,而矢量场 X 在 G 上决定的单参数变换群 φ_t 就是 a_t 在 G 上决定的左移动.

定理 2.4 设 $\mathrm{Ad}: G \to \mathrm{GL}(r; \boldsymbol{R})$ 是 r 维李群 G 的伴随表示,

$$\mathrm{ad} = (\mathrm{Ad})_* : G_e \to \mathrm{gl}(r; \boldsymbol{R})$$

是 G 的李代数 G_e 的伴随表示,则对任意的 $X, Y \in G_e$ 有

$$\mathrm{ad}(X) \cdot Y = -[X, Y]. \tag{2.31}$$

证明 设 X 决定的单参数子群是 a_t,因此对应的右不变矢量场 $\widetilde{X}$ 决定的单参数变换群是 $\varphi_t = L_{a_t}$. 设 Y 对应的右不变矢量场是 $\widetilde{Y}$. 因为

$$\mathrm{ad}(X) = (\mathrm{Ad})_* X = \lim_{t \to 0} \frac{\mathrm{Ad}(a_t) - \mathrm{Ad}(e)}{t},$$

所以利用定理 2.3 得

$$\mathrm{ad}(X) \cdot Y = \lim_{t \to 0} \frac{(L_{a_t})_* \circ (R_{a_t^{-1}})_* Y - Y}{t}$$

$$= \lim_{t \to 0} \frac{(\varphi_t)_* \widetilde{Y}_{a_t^{-1}} - \widetilde{Y}_e}{t}$$

$$= - [\widetilde{X}, \widetilde{Y}]_e = - [X, Y].$$

证毕.

下面我们转向一般的李氏变换群.

定义 2.4 设 M 是 m 维光滑流形,G 是 r 维李群. 若有光滑映射 $\theta: G \times M \to M$,记

$$\theta(g, x) = g \cdot x, \quad (g, x) \in G \times M,$$

满足下列条件:

(1) 设 e 是 G 的单位元素,则对任意的 $x \in M$ 有

$$e \cdot x = x;$$

(2) 若 $g_1, g_2 \in G$,则对任意的 $x \in M$ 有

$$g_1 \cdot (g_2 \cdot x) = (g_1 \cdot g_2) \cdot x,$$

则称 G 是(左)作用在 M 上的**李氏变换群**.

显然,单参数可微变换群是李氏变换群的特例,即 $G = \mathbf{R}$. 李群 G 本身作为左移动作用在 G 上也是李氏变换群.

如果对 G 中任意一个非单位元素 g,必有 M 的一个点 x,使 $g \cdot x \neq x$,则称 G 在 M 上的作用是**有效的**. 如果对任意的 $g \neq e$,及任意的 $x \in M$ 都有 $g \cdot x \neq x$,则称 G 在 M 上的作用无不动点,或称 G 在 M 上的作用是**自由的**.

对固定的 $g \in G$, 命

$$L_g(x) = g \cdot x, \quad x \in M, \qquad (2.32)$$

则 $L_g: M \to M$ 是光滑映射. 由于 $L_g^{-1} = L_{g^{-1}}$, 所以 L_g 是 M 到自身的可微同胚; 显然, $\{L_g, g \in G\}$ 构成 M 的可微同胚群的子群. 当 G 在 M 上的作用有效时, G 与 M 的可微同胚群的子群 $\{L_g, g \in G\}$ 同构.

李氏变换群的一个基本事实是: 在 M 上存在一个有限维李代数, 它是李群 G 的李代数的同态像. 我们先构造一个从李代数 G_e 到 M 上光滑切矢量场的空间的映射.

设 $X \in G_e, a_t$ 是由 X 决定的单参数子群, 则 L_{a_t} 是作用在 M 上的单参数可微变换群. L_{a_t} 在 M 上诱导的切矢量场 $\widetilde{X}$ 叫做 X 在 M 上决定的基本切矢量场, 根据定义

$$\widetilde{X}_p = \lim_{t \to 0} \frac{L_{a_t}(p) - p}{t}. \qquad (2.33)$$

定理 2.5 设 G 是作用在 M 上的李氏变换群, 则 M 上全体基本切矢量场构成一个李代数, 它是 G 的李代数 G_e 的同态像. 若 G 在 M 上的作用是有效的, 则 M 上基本切矢量场构成的李代数与 G_e 同构.

证明 我们知道, 流形 M 上光滑切矢量场的集合 $\Gamma(T(M))$ 关于 Poisson 括号积构成一个无限维李代数. 要证明的是, 由 (2.33) 式给出的映射

$$\sigma: G_e \to \Gamma(T(M))$$

是李代数的同态.

从 (2.33) 式看, σ 的线性性质不是明显的, 所以我们先给出 σ 的另一个表示. 对于固定的 $p \in M$, 设映射 $\sigma_p: G \to M$ 如下定义:

$$\sigma_p(g) = L_g(p) = g \cdot p. \qquad (2.34)$$

我们要证明, 切映射 $(\sigma_p)_*: G_e \to T_p(M)$ 正是 (2.33) 式给出的映射, 即

$$(\sigma_p)_* X = \widetilde{X}_p, \quad X \in G_e. \tag{2.35}$$

为此,只要作直接的计算. 设 f 是 M 上任意一个光滑函数,则

$$((\sigma_p)_* X)f = X(f \circ \sigma_p) = \frac{\mathrm{d}}{\mathrm{d}t} f \circ \sigma_p(a_t)\big|_{t=0}$$

$$= \frac{\mathrm{d}}{\mathrm{d}t} f(L_{a_t}(p))\big|_{t=0} = \widetilde{X}_p f,$$

即(2.35)式成立. 所以映射 $\sigma: G_e \to \Gamma(T(M))$ 就是

$$(\sigma(X))_p = (\sigma_p)_* X = \widetilde{X}_p, \quad X \in G_e. \tag{2.36}$$

因为切映射 $(\sigma_p)_*$ 是线性的,所以 σ 是线性映射.

σ 还可以理解为从 $\mathscr{G}$ 到 $\Gamma(T(M))$ 的线性映射. 设 X 是 G 上的右不变矢量场, $\widetilde{X} = \sigma(X_e)$. 对任意一点 $g \in G$,我们有

$$(\sigma_p)_* X_g = (\sigma_p)_* \circ (R_g)_* X_e = (\sigma_{(g \cdot p)})_* X_e = \widetilde{X}_{g \cdot p},$$

因此基本切矢量场 $\widetilde{X}$ 可以看作由 G 的右不变矢量场 X 在切映射 $(\sigma_p)_*$ 下的像拓广而成的. 由此可知,对于 G 上任意两个右不变矢量场 X, Y,我们有

$$(\sigma_p)_* [X, Y]_g = [\widetilde{X}, \widetilde{Y}]_{\sigma_p(g)},$$

因此

$$\sigma([X_e, Y_e]) = [\widetilde{X}, \widetilde{Y}], \tag{2.37}$$

即 $\sigma: G_e \to \Gamma(T(M))$ 是李代数的同态,其同态像就是 M 上基本切矢量场构成的李代数.

若 $\widetilde{X} = 0$,则 $\widetilde{X}$ 对应的单参数变换群 L_{a_t} 是平凡的,即对任意的 $x \in M$ 有

$$L_{a_t}(x) = a_t \cdot x = x.$$

若 G 在 M 上的作用是有效的,则上式只在 $a_t = e$ 时成立,所以 $X = 0$,即映射 σ 是单一的. 这说明 M 上基本切矢量场构成的李代数与李群 G 的李代数同构.

容易看出,如果 G 在 M 上的作用无不动点,则 M 上恰有 r 个

处处线性无关的基本切矢量场,其他的基本切矢量场都是它们的常系数线性组合.

作为例子,我们考虑光滑流形 M 上的标架丛 P. 在第四章§3 已经提到过,结构群 $GL(m;\boldsymbol{R})$ 以自然的方式作用在 P 上,成为左作用在 P 上的李氏变换群. 因为 P 在局部上是直积, $\pi^{-1}(U)\cong U \times GL(m;\boldsymbol{R})$. 在这种表示下,结构群 $GL(m;\boldsymbol{R})$ 的作用表现为在纤维上的左移动,即

$$A \cdot (p, B) = (p, A \cdot B), \qquad (2.38)$$

其中 $p\in U, A, B\in GL(m;\boldsymbol{R})$. 所以 $GL(m;\boldsymbol{R})$ 在 P 上的作用无不动点,而且 P 中两个元素在 $GL(m;\boldsymbol{R})$ 的作用下等价的充分必要条件是:这两个元素(即标架)有相同的原点. 后者意味着底流形 M 是标架丛 P 关于群 $GL(m;\boldsymbol{R})$ 的作用产生的等价关系的商空间.

主丛是标架丛的推广. 若用李氏变换群的概念,主丛可以如下定义:设 P 和 M 是两个光滑流形, G 是左作用在 P 上的 r 维李氏变换群. 如果:

(1) G 在 P 上作用无不动点;

(2) M 是流形 P 关于 G 的作用产生的等价关系的商空间,并且投影 $\pi: P \to M$ 是光滑映射;

(3) P 在局部上是平凡的,即对每一点 $x\in M$,存在 x 的一个邻域 U,使得 $\pi^{-1}(U)$ 和 $U\times G$ 是同构的,即存在可微同胚

$$p \in \pi^{-1}(U) \to (\pi(p), \varphi(p)) \in U \times G,$$

使得对任意的 $a\in G$ 有

$$\varphi(a \cdot p) = a \cdot \varphi(p),$$

则称 P 是流形 M 上以李群 G 为结构群的主丛.

点 $x\in M$ 上的纤维 $\pi^{-1}(x)$ 就是李氏变换群 G 在 P 上产生的、通过点 $p\in \pi^{-1}(x)$ 的轨道

$$G \cdot p = \{L_a(p) | a \in G\}.$$

P 上的基本切矢量场构成的李代数与李群 G 的李代数同构. 由于

190

G 的作用是自由的,所以在 P 的每一点的基本切矢量张成 r 维的切子空间,它正是纤维 $\pi^{-1}(x)$ 在该点的切空间,叫做纵空间. 在主丛上可展开联络论的研究(请看参考文献[14]).

§3　活动标架法

设 M 是 m 维连通的光滑流形, G 是 r 维李群. 设 G 的右基本微分式是 $\omega^i (1 \leqslant i \leqslant r)$,它们适合结构方程

$$\mathrm{d}\omega^i = -\frac{1}{2} \sum_{j,k=1}^{r} c_{jk}^i \, \omega^j \wedge \omega^k, \tag{3.1}$$

其中 c_{jk}^i 是李群 G 的结构常数. 若有光滑映射 $f: M \to G$,命

$$\psi^i = f^* \omega^i, \tag{3.2}$$

则 ψ^i 适合同一组方程

$$\mathrm{d}\psi^i = -\frac{1}{2} \sum_{j,k=1}^{r} c_{jk}^i \, \psi^j \wedge \psi^k. \tag{3.3}$$

这也是保证映射 $f: M \to G$ 在局部上存在的充分条件.

定理 3.1　设在 M 上有 r 个一次微分式 $\psi^i (1 \leqslant i \leqslant r)$ 满足方程组(3.3),其中 c_{jk}^i 是李群 G 的结构常数,则在每一点 $p \in M$ 有一个邻域 U 及光滑映射 $f: U \to G$,使得

$$f^* \omega^i = \psi^i, \tag{3.4}$$

其中 ω^i 是 G 的右基本微分式. 若 f_1, f_2 是任意两个这样的映射,则必有 G 的一个元素 g,使得

$$f_2 = R_g \circ f_1, \tag{3.5}$$

即 f_1 和 f_2 的像只差 G 的一个右移动.

证明　在 $M \times G$ 上考虑 $m+r$ 个自变量的 Pfaff 方程组

$$\theta^i \equiv \psi^i - \omega^i = 0, \quad 1 \leqslant i \leqslant r. \tag{3.6}$$

由于 ω^i 是处处线性无关的,所以 θ^i 也处处线性无关,方程(3.6)给出了 $M \times G$ 上的 m 维切子空间场. 因为

$$\mathrm{d}\theta^i = -\frac{1}{2} \sum_{j,k=1}^{r} c_{jk}^i (\psi^j \wedge \psi^k - \omega^j \wedge \omega^k)$$

$$= -\frac{1}{2}\sum_{j,k=1}^{r} c^i_{jk}(\psi^j \wedge \theta^k - \theta^j \wedge \omega^k)$$
$$\equiv 0 \ (\mathrm{mod}(\theta^1,\cdots,\theta^r)),$$

根据 Frobenius 定理,方程组(3.6)是完全可积的. 因此,对任意一点 $(x_0,a_0)\in M\times G$,存在 x_0 的局部坐标系 $(U;x^\alpha)$ 和 a_0 的局部坐标系 $(V;a^i)$,使得方程组(3.6)在 $U\times V$ 上有唯一的一个 m 维积分流形

$$\varphi^i(x^1,\cdots,x^m;a^1,\cdots,a^r)=0, \quad 1\leqslant i\leqslant r, \qquad (3.7)$$

经过点 (x_0,a_0),其中 $x\in U, a\in V$.

因为 $\omega^i(1\leqslant i\leqslant r)$ 的线性无关性,必定存在 x_0 的一个邻域 $U_1 \subset U$,以便从(3.7)式可解出

$$f^i = f^i(x^1,\cdots,x^m), \quad 1\leqslant i\leqslant r, \qquad (3.8)$$

使得

$$\varphi^i(x^1,\cdots,x^m;f^1(x),\cdots,f^r(x))\equiv 0, \qquad (3.9)$$

其中

$$x\in U_1, \quad f^i(x_0^1,\cdots,x_0^m)=a_0^i, \quad 1\leqslant i\leqslant r.$$

显然,(3.8)式给出的映射 $f: U_1\to G$ 满足方程

$$\psi^i = f^*\omega^i, \quad 1\leqslant i\leqslant r.$$

若 $f_1, f_2: U_1\to G$ 是两个这样的映射. 设

$$f_1(x_0)=a_1, \quad f_2(x_0)=a_2. \qquad (3.10)$$

命

$$g = a_1^{-1}\cdot a_2, \qquad (3.11)$$

则

$$(R_g\circ f_1)^*\omega^i = (f_1)^*\circ(R_g)^*\omega^i = (f_1)^*\omega^i = \psi^i, \qquad (3.12)$$

并且

$$(R_g\circ f_1)(x_0)=a_2, \qquad (3.13)$$

所以 $R_g\circ f_1$ 和 f_2 都是方程组(3.6)的解,而且满足相同的初始条件. 根据解的唯一性得

$$f_2 = R_g \circ f_1.$$

现在考虑 N 维欧氏空间 $\pmb{R}^N$ 的刚体运动群 $E(N)$. 在 $\pmb{R}^N$ 中取定一个单位正交标架 $(O; \delta_1, \cdots, \delta_N)$，则 $\tilde{a} \in E(N)$ 在 $\pmb{R}^N$ 上的作用（记成右作用）是

$$x \cdot \tilde{a} = x \cdot A + a, \tag{3.14}$$

其中

$$x = (x^1, \cdots, x^N) = \sum_{\alpha=1}^{N} x^\alpha \delta_\alpha,$$

$$a = (a^1, \cdots, a^N) = \sum_{\alpha=1}^{N} a^\alpha \delta_\alpha,$$

$$A = \begin{pmatrix} a_1^1 & \cdots & a_1^N \\ \vdots & & \vdots \\ a_N^1 & \cdots & a_N^N \end{pmatrix}, \tag{3.15}$$

$$A \cdot {}^t A = I, \quad \det A > 0,$$

即矩阵 A 是行列式为 $+1$ 的正交矩阵. 所以 $E(N)$ 中的元素 $\tilde{a}$ 可用一对矩阵 (A, a) 表示.

设 $\tilde{a} = (A, a), \tilde{b} = (B, b) \in E(N)$，元素 $\tilde{a} \cdot \tilde{b}$ 在 $\pmb{R}^N$ 上的作用定义为顺次用 $\tilde{a}$ 和 $\tilde{b}$ 作用的结果，所以 $E(N)$ 中的乘法运算是：

$$\tilde{a} \cdot \tilde{b} = (A \cdot B, a \cdot B + b), \tag{3.16}$$

$\tilde{a}$ 的逆元素是

$$\tilde{a}^{-1} = (A^{-1}, -a \cdot A^{-1}). \tag{3.17}$$

显然 $E(N)$ 是 $\frac{1}{2} N(N+1)$ 维李群.

用 $\mathscr{F}(\pmb{R}^N)$ 记 $\pmb{R}^N$ 上全体单位正交标架的集合，用 $\mathscr{F}_+(\pmb{R}^N)$ 记 $\pmb{R}^N$ 中与固定的标架 $(O; \delta_1, \cdots, \delta_N)$ 定向一致的单位正交标架的集合，它们都是 $\pmb{R}^N$ 上的主丛，分别以 $O(N; \pmb{R})$ 和 $SO(N; \pmb{R})$ 为结构群. ($SO(N; \pmb{R})$ 称为特殊正交群，它由行列式为 $+1$ 的正交矩阵组成.)

流形 $\mathscr{F}_+(\pmb{R}^N)$ 可以和 $E(N)$ 等同起来. 因为对于 $\pmb{R}^N$ 中任意一

个与$(O;\delta_1,\cdots,\delta_N)$的定向一致的正交标架$(p;e_1,\cdots,e_N)$,在$\boldsymbol{R}^N$中存在唯一的一个刚体运动$\tilde{a}\in E(N)$把$(O;\delta_1,\cdots,\delta_N)$变到$(p;e_1,\cdots,e_N)$. 它们之间的对应关系是:

$$\tilde{a}=(A,a)\longleftrightarrow(p;e_1,\cdots,e_N),\qquad(3.18)$$

其中

$$\begin{cases}\overrightarrow{Op}=\sum_{\alpha=1}^{N}a^{\alpha}\delta_{\alpha},\\[2mm]e_{\alpha}=\sum_{\beta=1}^{N}a_{\alpha}^{\beta}\delta_{\beta}.\end{cases}\qquad(3.19)$$

若记

$$\begin{cases}\delta={}^{\mathrm{t}}(\delta_1,\cdots,\delta_N),\\ e={}^{\mathrm{t}}(e_1,\cdots,e_N),\end{cases}\qquad(3.20)$$

则(3.19)式可写成

$$\begin{cases}\overrightarrow{Op}=a\cdot\delta,\\ e=A\cdot\delta.\end{cases}\qquad(3.21)$$

让标架$(p;e_1,\cdots,e_N)$作一个无穷小的运动得到$(p+\mathrm{d}p;e_{\alpha}+\mathrm{d}e_{\alpha})$. 矢量$\mathrm{d}p$和$\mathrm{d}e_{\alpha}$仍然可以在标架$(p;e_1,\cdots,e_N)$下表示出来. 设

$$\begin{cases}\mathrm{d}p=\sum_{\alpha=1}^{N}\omega^{\alpha}e_{\alpha},\\[2mm]\mathrm{d}e_{\alpha}=\sum_{\beta=1}^{N}\omega_{\alpha}^{\beta}e_{\beta},\end{cases}\qquad(3.22)$$

$\omega^{\alpha},\omega_{\alpha}^{\beta}(1\leqslant\alpha,\beta\leqslant N)$称为$\boldsymbol{R}^N$中活动标架的**相对分量**. 若记$\theta=(\omega^1,\cdots,\omega^N),\omega=(\omega_{\alpha}^{\beta})$,那么(3.22)式可写成

$$\begin{cases}\mathrm{d}p=\theta\cdot e,\\ \mathrm{d}e=\omega\cdot e.\end{cases}\qquad(3.23)$$

微分(3.21)式,立即可得

$$\mathrm{d}p=\mathrm{d}a\cdot\delta=\mathrm{d}a\cdot A^{-1}\cdot e,$$
$$\mathrm{d}e=\mathrm{d}A\cdot\delta=\mathrm{d}A\cdot A^{-1}\cdot e,$$

所以

$$\begin{cases} \theta = \mathrm{d}a \cdot A^{-1}, \\ \omega = \mathrm{d}A \cdot A^{-1}. \end{cases} \quad (3.24)$$

因为 $A \cdot A^{-1} = I$, 并且 $A^{-1} = {}^{\mathrm{t}}A$, 故

$$\mathrm{d}A \cdot A^{-1} + A \cdot \mathrm{d}A^{-1} = \mathrm{d}A \cdot A^{-1} + {}^{\mathrm{t}}(\mathrm{d}A \cdot A^{-1}) = 0,$$

即

$$\omega_\alpha^\beta + \omega_\beta^\alpha = 0. \quad (3.25)$$

从李群 $E(N)$ 上看, 活动标架的相对分量 $\omega^\alpha, \omega_\alpha^\beta = -\omega_\beta^\alpha$ 恰好是 $E(N)$ 上的右基本微分式. 实际上, 对任意一个元素 $\tilde{b} = (B, b) \in E(N)$,

$$R_{\tilde{b}}(\tilde{a}) = \tilde{a} \cdot \tilde{b} = (A \cdot B, a \cdot B + b),$$

所以

$$(R_{\tilde{b}})^* \theta = (\mathrm{d}a \cdot B) \cdot (A \cdot B)^{-1} = \mathrm{d}a \cdot A^{-1} = \theta,$$

$$(R_{\tilde{b}})^* \omega = (\mathrm{d}A \cdot B) \cdot (A \cdot B)^{-1} = \mathrm{d}A \cdot A^{-1} = \omega.$$

由于我们用的是单位正交标架, 所以相对分量一律可用下指标表示, 即

$$\omega_\alpha = \omega^\alpha, \quad \omega_{\alpha\beta} = \omega_\alpha^\beta,$$

它们也可以看成用 $\boldsymbol{R}^N$ 的度量张量 $g_{\alpha\beta} = e_\alpha \cdot e_\beta$ 将 ω^α 和 ω_α^β 的上指标下降的结果. 外微分 (3.23) 式得到

$$\mathrm{d}\theta \cdot e - \theta \wedge \mathrm{d}e = 0,$$

$$\mathrm{d}\omega \cdot e - \omega \wedge \mathrm{d}e = 0,$$

故 $E(N)$ 的结构方程是

$$\begin{cases} \mathrm{d}\theta = \theta \wedge \omega, \\ \mathrm{d}\omega = \omega \wedge \omega, \end{cases} \quad (3.26)$$

或

$$\begin{cases} \mathrm{d}\omega_\alpha = \sum_{\beta=1}^{N} \omega_\beta \wedge \omega_{\beta\alpha}, \\ \mathrm{d}\omega_{\alpha\beta} = \sum_{\gamma=1}^{N} \omega_{\alpha\gamma} \wedge \omega_{\gamma\beta}. \end{cases} \quad (3.27)$$

将定理 3.1 用于 $E(N)$,我们立即得到 $\boldsymbol{R}^N$ 中活动标架的基本定理:

定理 3.2 设 $\psi_\alpha, \psi_{\beta\gamma} = -\psi_{\gamma\beta}(1 \leqslant \alpha, \beta, \gamma \leqslant N)$ 是依赖 n 个变量的一次微分式,则在 $\boldsymbol{R}^N$ 中存在一族依赖 n 个参数的单位正交标架以给定的微分式为相对分量,当且仅当这组微分式适合方程

$$
\begin{cases}
\mathrm{d}\psi_\alpha = \displaystyle\sum_{\beta=1}^{N} \psi_\beta \wedge \psi_{\beta\alpha}, \\
\mathrm{d}\psi_{\alpha\beta} = \displaystyle\sum_{\gamma=1}^{N} \psi_{\alpha\gamma} \wedge \psi_{\gamma\beta}.
\end{cases} \tag{3.28}
$$

并且任意两族这样的单位正交标架经过 $\boldsymbol{R}^N$ 的一个刚体运动可以完全重合起来.

证明 用 M 记变数 $x = (x^1, \cdots, x^n)$ 的空间,命 $G = E(N)$;由定理 3.1,存在映射 $f: M \to E(N)$,使

$$
f^* \omega_\alpha = \psi_\alpha, \quad f^* \omega_{\alpha\beta} = \psi_{\alpha\beta}.
$$

设

$$
\tilde{a} = f(x) = (A(x), a(x)),
$$

命

$$
\begin{cases}
\overrightarrow{Op}(x) = a(x) \cdot \delta, \\
e(x) = A(x) \cdot \delta.
\end{cases} \tag{3.29}
$$

则 $(p(x); e_1(x), \cdots, e_N(x))$ 给出了所求的单位正交标架族.

活动标架的概念起源于力学. 例如在研究刚体运动时,在运动的物体上固定一个单位正交标架. 当物体作刚体运动时单位正交标架随着运动,得到一族依赖时间 t 的单位正交标架,这族标架完全刻画了物体的刚体运动. 法国数学家 Cotten, Darboux 把单参数标架族的概念推广到依赖多个参数的情形. 把这种理论发扬光大,并成功地用于几何学研究的是 E. Cartan. 活动标架法和外微分相结合,已经成为微分几何学的有力工具. 下面我们用这种方法研究欧氏空间中的子流形.

设 $f: M \to \boldsymbol{R}^N$ 是嵌入在 $\boldsymbol{R}^N$ 中的 m 维有向的光滑子流形. 指

标的取值范围规定为:

$$1 \leqslant i,j,k,l \leqslant m,$$
$$m+1 \leqslant A,B,C,D \leqslant N, \tag{3.30}$$
$$1 \leqslant \alpha,\beta,\gamma,\delta \leqslant N.$$

为书写简便起见,对 M 和 $f(M)$ 不再加以区别. 在 M 的每一点 p 附上一个单位正交标架 $(p;e_1,\cdots,e_N)$,使 e_i 是 M 在 p 的切矢量, e_A 是 M 在 p 的法矢量,并且 $(e_1,\cdots,e_m)$ 的定向与 M 的定向一致, $(e_1,\cdots,e_N)$ 的定向与 $\boldsymbol{R}^N$ 中固定标架 $(O;\delta_1,\cdots,\delta_N)$ 的定向一致. 假定在 M 的一个开邻域 U 上有这样一个标架场,它连续地、光滑地依赖于 U 上的局部坐标,则通常把这样的局部的单位正交标架场称为子流形 M 上的一个 Darboux 标架. 显然,在流形 M 的每一点的一个充分小的邻域内,Darboux 标架总是存在的,并且它们允许作如下的变换:

$$\begin{cases} e_i' = \sum_{j=1}^{m} a_{ij} e_j, \\ e_A' = \sum_{A=m+1}^{N} a_{AB} e_B, \end{cases} \tag{3.31}$$

其中 a_{ij}, a_{AB} 都是 U 上的光滑函数,并且 $(a_{ij}) \in \mathrm{SO}(m;\boldsymbol{R})$,$(a_{AB}) \in \mathrm{SO}(N-m;\boldsymbol{R})$.

若在 M 的一个邻域 U 上取定一个 Darboux 标架,则它给出了从 U 到 $\mathscr{F}_+(\boldsymbol{R}^N)$ 的一个光滑映射 f. 我们仍然用 $\omega_\alpha, \omega_{\alpha\beta}$ 记 $\boldsymbol{R}^N$ 中活动标架的相对分量经过 f^* 拉回到 U 上得到的一次微分式,显然它们仍然适合结构方程(3.27).

因为 Darboux 标架的原点 p 在流形 M 上,并且 e_i 是 M 在点 p 的切矢量,所以

$$\mathrm{d}p = \sum_{i=1}^{m} \omega_i e_i, \quad \omega_A = 0, \tag{3.32}$$

并且 $\omega_i(1 \leqslant i \leqslant m)$ 是处处线性无关的. 设

$$I = \mathrm{d}p \cdot \mathrm{d}p = \sum_{i=1}^{m} (\omega_i)^2, \tag{3.33}$$

197

$$\mathrm{d}A = \omega_1 \wedge \cdots \wedge \omega_m, \tag{3.34}$$

容易验证它们与 Darboux 标架的变换(3.31)无关,即它们是定义在整个流形 M 上的量,分别称为子流形 M 的第一基本形式和面积元素. 流形 M 以 I 为黎曼度量成为一个黎曼流形; 我们称黎曼流形 M 有从 $\mathbf{R}^N$ 诱导的黎曼度量.

Darboux 标架的运动公式可写成

$$\begin{cases} \mathrm{d}e_i = \displaystyle\sum_{j=1}^{m} \omega_{ij}\, e_j + \sum_{A=m+1}^{N} \omega_{iA}\, e_A, \\[2mm] \mathrm{d}e_B = \displaystyle\sum_{j=1}^{m} \omega_{Bj}\, e_j + \sum_{A=m+1}^{N} \omega_{BA}\, e_A, \end{cases} \tag{3.35}$$

其中 $\omega_a, \omega_{\alpha\beta} = -\omega_{\beta\alpha}$ 是前面已提到的相对分量,并适合结构方程:

$$\begin{cases} \mathrm{d}\omega_i = \displaystyle\sum_{j=1}^{m} \omega_j \wedge \omega_{ji}, \\[2mm] 0 = \displaystyle\sum_{j=1}^{m} \omega_j \wedge \omega_{jA}, \end{cases} \tag{3.36}$$

$$\begin{cases} \mathrm{d}\omega_{ij} = \displaystyle\sum_{k=1}^{m} \omega_{ik} \wedge \omega_{kj} + \sum_{A=m+1}^{N} \omega_{iA} \wedge \omega_{Aj}, \\[2mm] \mathrm{d}\omega_{iB} = \displaystyle\sum_{k=1}^{m} \omega_{ik} \wedge \omega_{kB} + \sum_{A=m+1}^{N} \omega_{iA} \wedge \omega_{AB}, \\[2mm] \mathrm{d}\omega_{AB} = \displaystyle\sum_{k=1}^{m} \omega_{Ak} \wedge \omega_{kB} + \sum_{C=m+1}^{N} \omega_{AC} \wedge \omega_{CB}. \end{cases} \tag{3.37}$$

根据黎曼几何的基本定理,(3.36)的第一式与反对称性 $\omega_{ij} + \omega_{ji} = 0$ 联合起来说明 ω_{ij} 是黎曼流形 M 上的 Levi-Civita 联络:

$$\mathrm{D}e_i = \sum_{j=1}^{m} \omega_{ij}\, e_j. \tag{3.38}$$

由(3.35)的第一式可知,$\mathrm{D}e_i$ 也是 $\mathrm{d}e_i$ 在 M 的切平面上的正交投影.

由 Cartan 引理(第二章定理 3.4),从(3.36)的第二式得到

$$\omega_{jA} = \sum_{i=1}^{m} h_{Aji}\, \omega_i, \quad h_{Aji} = h_{Aij}. \tag{3.39}$$

命

$$\mathbb{II} = \sum_{i,A} \omega_i\,\omega_{iA}\,e_A = \sum_{A=m+1}^{N} \left(\sum_{i,j=1}^{m} h_{Aij}\,\omega_i\,\omega_j \right) e_A, \qquad (3.40)$$

则 $\mathbb{II}$ 与 Darboux 标架的变换 (3.31) 无关,它是定义在整个流形 M 上、取值是 M 的法矢量的二次微分形式,称为子流形 M 的第二基本形式.

M 上的 Levi-Civita 联络的曲率形式是

$$\Omega_{ij} = \mathrm{d}\omega_{ij} - \sum_{k=1}^{m} \omega_{ik} \wedge \omega_{kj}$$

$$= \frac{1}{2} \sum_{k,l=1}^{m} R_{ijkl}\,\omega_k \wedge \omega_l,$$

其中 R_{ijkl} 是曲率张量. 由 (3.37) 的第一式得到

$$R_{ijkl} = \sum_{A=m+j}^{N} (h_{Ail}\,h_{Ajk} - h_{Aik}\,h_{Ajl}), \qquad (3.41)$$

这就是子流形 M 的 Gauss 方程. (3.37) 的后两式相当于曲面论的 Codazzi 方程.

对于欧氏空间中的超曲面,上面的公式大大简化了. 设 M 是 $\boldsymbol{R}^{m+1}$ 中的定向超曲面,则 M 的 Darboux 标架只有一个法矢量 e_{m+1}. 这时 Darboux 标架的运动方程是

$$\mathrm{d}p = \sum_{i=1}^{m}{}'\omega_i e_i, \quad \omega_{m+1} = 0,$$

$$\mathrm{d}e_i = \sum_{j=1}^{m} \omega_{ij}\,e_j + \omega_{i\,m+1}\,e_{m+1},$$

$$\mathrm{d}e_{m+1} = \sum_{j=1}^{m} \omega_{m+1\,j}\,e_j.$$

结构方程是

$$\mathrm{d}\omega_i = \sum_{j=1}^{m} \omega_j \wedge \omega_{ji}, \qquad (3.42)$$

$$\sum_{j=1}^{m} \omega_j \wedge \omega_{j\,m+1} = 0, \qquad (3.43)$$

$$d\omega_{ij} = \sum_{k=1}^{m} \omega_{jk} \wedge \omega_{kj} + \omega_{i\,m+1} \wedge \omega_{m+1\,j}, \qquad (3.44)$$

$$d\omega_{i\,m+1} = \sum_{k=1}^{m} \omega_{ik} \wedge \omega_{k\,m+1}. \qquad (3.45)$$

方程(3.39)成为

$$\omega_{j\,m+1} = \sum_{i=1}^{m} h_{ji}\omega_i, \quad h_{ji} = h_{ij}. \qquad (3.46)$$

因此得到超曲面 M 的第二基本形式

$$\mathbb{I} = \sum_{i=1}^{m} \omega_i \omega_{i\,m+1} = \sum_{i,j=1}^{m} h_{ij}\omega_i\omega_j. \qquad (3.47)$$

(3.44)和(3.45)两式分别是 Gauss 方程和 Codazzi 方程. 将(3.46)式代入 Gauss 方程(3.44)则得

$$R_{ijkl} = h_{il}h_{jk} - h_{ik}h_{jl}, \qquad (3.48)$$

此即 Gauss 方程通常所采取的形式.

将(3.46)式代入 Codazzi 方程则得

$$\sum_{j=1}^{m} \left(dh_{ij} - \sum_{k=1}^{m} h_{ik}\omega_{jk} - \sum_{k=1}^{m} h_{kj}\omega_{ik} \right) \wedge \omega_j = 0,$$

所以由 Cartan 引理得到

$$\begin{cases} dh_{ij} - \sum_{k=1}^{m} h_{ik}\omega_{jk} - \sum_{k=1}^{m} h_{kj}\omega_{ik} = \sum_{k=1}^{m} h_{ijk}\omega_k, \\ h_{ijk} = h_{ikj}. \end{cases} \qquad (3.49)$$

若命

$$\begin{cases} dh_{ij} = \sum_{k=1}^{m} h_{ij,k}\omega_k, \\ \omega_{ij} = \sum_{k=1}^{m} \Gamma_{ijk}\omega_k, \end{cases} \qquad (3.50)$$

则

$$h_{ijk} = h_{ij,k} - \sum_{l=1}^{m} h_{il}\Gamma_{jlk} - \sum_{l=1}^{m} h_{lj}\Gamma_{ilk}, \qquad (3.51)$$

因此 Codazzi 方程成为

$$h_{ij,k} - h_{ik,j} = \sum_{l=1}^{m} (h_{il}\Gamma_{jlk} + h_{lj}\Gamma_{ilk} - h_{il}\Gamma_{klj} - h_{lk}\Gamma_{ilj}).$$

(3.52)

作为定理 3.2 的直接推论,我们有 $\boldsymbol{R}^{m+1}$ 中超曲面的基本定理:

定理 3.3 设有两个二次微分形式

$$\mathrm{I} = \sum_{i=1}^{m} (\omega_i)^2, \quad \mathrm{II} = \sum_{i,j=1}^{m} h_{ij}\omega_i\omega_j, \qquad (3.53)$$

其中 $\omega_i(1 \leqslant i \leqslant m)$ 是依赖 m 个变量的线性无关的一次微分式;h_{ij} $= h_{ji}$ 是这 m 个变量的函数. 那么在欧氏空间 $\boldsymbol{R}^{m+1}$ 中存在一块分别以 I、II 为第一、第二基本形式的超曲面的充要条件是:I 和 II 满足 Gauss-Codazzi 方程(3.48)和(3.52),其中 Γ_{ijk} 是由 I 决定的 Levi-Civita 联络,R_{ijkl} 是相应的曲率张量. 并且任意两块这样的超曲面在 $\boldsymbol{R}^{m+1}$ 中经过一个刚体运动是完全重合的.

§4 曲 面 论

在 §3,我们利用活动标架法阐明了第一基本形式 I 和第二基本形式 II 是 $\boldsymbol{R}^{m+1}$ 中超曲面的完全不变量系统,而且 Gauss-Codazzi 方程是 I、II 所应满足的可积条件. 超曲面有十分丰富的几何内容,我们在这里以 $\boldsymbol{R}^3$ 中的曲面为例讨论它的几何.

设 $x: M \to \boldsymbol{R}^3$ 是 $\boldsymbol{R}^3$ 中一块光滑的曲面. 若在 M 的一个坐标域 U 上取局部坐标 u^1, u^2,则曲面 x 可以用参数方程表成

$$x^i = x^i(u^1, u^2), \quad 1 \leqslant i \leqslant 3. \qquad (4.1)$$

因为 x 是嵌入,所以矩阵

$$\begin{pmatrix} \dfrac{\partial x^1}{\partial u^1} & \dfrac{\partial x^2}{\partial u^1} & \dfrac{\partial x^3}{\partial u^1} \\[3mm] \dfrac{\partial x^1}{\partial u^2} & \dfrac{\partial x^2}{\partial u^2} & \dfrac{\partial x^3}{\partial u^2} \end{pmatrix}$$

的秩是 2,并且 x 是单一的映射.

在 M 上取 Darboux 标架 $(x;e_1,e_2,e_3)$，使 e_1,e_2 与 M 相切，e_3 是 M 的法矢量，并且 (e_1,e_2,e_3) 的定向与 $\mathbf{R}^3$ 中取定的定向相一致，(e_1,e_2) 给出了曲面 M 的定向. 设该标架场的相对分量是 ω_i,ω_{ij}，即

$$\mathrm{d}x = \omega_1 e_1 + \omega_2 e_2, \quad \omega_3 = 0, \tag{4.2}$$

$$\begin{cases} \mathrm{d}e_1 = \phantom{\omega_{21}e_1} \omega_{12}e_2 + \omega_{13}e_3, \\ \mathrm{d}e_2 = \omega_{21}e_1 \phantom{+ \omega_{12}e_2} + \omega_{23}e_3, \\ \mathrm{d}e_3 = \omega_{31}e_1 + \omega_{32}e_2, \\ \omega_{ij} + \omega_{ji} = 0, \end{cases} \tag{4.3}$$

其中 ω_i,ω_{ij} 都是参数 u^1,u^2 的一次微分式. 结构方程是

$$\begin{cases} \mathrm{d}\omega_1 = \omega_2 \wedge \omega_{21}, \\ \mathrm{d}\omega_2 = \omega_1 \wedge \omega_{12}, \end{cases} \tag{4.4}$$

$$0 = \omega_1 \wedge \omega_{13} + \omega_2 \wedge \omega_{23}, \tag{4.5}$$

$$\mathrm{d}\omega_{12} = \omega_{13} \wedge \omega_{32}, \tag{4.6}$$

$$\begin{cases} \mathrm{d}\omega_{13} = \omega_{12} \wedge \omega_{23}, \\ \mathrm{d}\omega_{23} = \omega_{21} \wedge \omega_{13}. \end{cases} \tag{4.7}$$

如 §3 所述，(4.6) 与 (4.7) 两式分别是曲面的 Gauss 方程和 Codazzi 方程. 这组方程中每一个都包含了丰富的信息，曲面的局部几何的研究取决于对这组方程的了解.

M 的第一基本形式是

$$\mathrm{I} = \mathrm{d}x \cdot \mathrm{d}x = (\omega_1)^2 + (\omega_2)^2, \tag{4.8}$$

面积元素是

$$\mathrm{d}A = \omega_1 \wedge \omega_2, \tag{4.9}$$

它们都是在 Darboux 标架的容许变换下保持不变的.

根据 Cartan 引理，由 (4.5) 式得到

$$\begin{cases} \omega_{13} = h_{11}\omega_1 + h_{12}\omega_2, \\ \omega_{23} = h_{21}\omega_1 + h_{22}\omega_2, \quad h_{12} = h_{21}. \end{cases} \tag{4.10}$$

利用内积可以得到第二和第三基本形式：

$$\mathbb{II} = \mathrm{d}^2 x \cdot e_3 = -\mathrm{d}x \cdot \mathrm{d}e_3 = \omega_1\omega_{13} + \omega_2\omega_{23}, \tag{4.11}$$

或

$$\mathbb{II} = h_{11}(\omega_1)^2 + 2h_{12}\omega_1\omega_2 + h_{22}(\omega_2)^2; \qquad (4.12)$$

以及

$$\mathbb{III} = de_3 \cdot de_3 = (\omega_{13})^2 + (\omega_{23})^2. \qquad (4.13)$$

在固定一点 $x \in M$, 比值 $\omega_1 : \omega_2$ 确定了 M 在点 x 上的一个切方向 v; 显然

$$k_n = \frac{\mathbb{II}}{\mathbb{I}} \qquad (4.14)$$

是 (x,v) 的函数, 称为曲面 M 在点 x 沿方向 v 的法曲率. 容易证明, 法曲率 k_n 有下面的几何意义: 用切方向 v 和法矢量 e_3 决定的平面与 M 相交得到一条平面曲线, 称为曲面 M 沿方向 v 的法截线, 则法曲率 k_n 正是这条法截线在该点的曲率.

第二基本形式 $\mathbb{II}$ 还可以解释为曲面 M 上切空间的线性变换场. 方程 (4.3) 的第三式可看作定义在曲面 M 上取值为切矢量的一次微分式, 所以它在每一点 $x \in M$ 给出了切空间 $T_x(M)$ 到自身的线性变换 W: 设 $X \in T_x(M)$, 则命

$$W(X) = -\langle X, de_3 \rangle = \omega_{13}(X)e_1 + \omega_{23}(X)e_2, \qquad (4.15)$$

上述定义与 Darboux 标架的选取是无关的. 通常把变换 W 称为曲面在 x 的切平面上的 Weingarten 变换. 显然, 从 (4.10) 式得到

$$\begin{cases} W(e_1) = h_{11}e_1 + h_{12}e_2, \\ W(e_2) = h_{21}e_1 + h_{22}e_2. \end{cases} \qquad (4.16)$$

所以变换 W 在基底 (e_1, e_2) 下的矩阵恰是第二基本形式 $\mathbb{II}$ 的系数矩阵 (h_{ij}). 因为 $h_{ij} = h_{ji}$, 所以 W 是自共轭变换. 实际上, 对任意的 $X, Y \in T_x(M)$, 我们有

$$\begin{aligned} W(X) \cdot Y &= \omega_{13}(X)\omega_1(Y) + \omega_{23}(X)\omega_2(Y) \\ &= \omega_1(X)\omega_{13}(Y) + \omega_2(X)\omega_{23}(Y) \\ &= X \cdot W(Y). \end{aligned} \qquad (4.17)$$

根据线性代数, 线性变换 W 有两个实特征值 k_1, k_2 和两个对应的彼此正交的特征方向. 特征值 k_1, k_2 适合二次方程

$$\begin{vmatrix} h_{11} - k & h_{12} \\ h_{21} & h_{22} - k \end{vmatrix} = k^2 - 2Hk + K = 0, \quad (4.18)$$

其中

$$H = \frac{1}{2}(h_{11} + h_{22}), \quad K = h_{11}h_{22} - h_{12}^2, \quad (4.19)$$

它们都不依赖于 Darboux 标架的选取,分别称为曲面 M 的中曲率和总曲率.

解方程(4.18)得

$$k_1, k_2 = H \pm \sqrt{H^2 - K}, \quad (4.20)$$

可见 k_1 和 k_2 都是 M 上的连续函数. 因此

$$H = \frac{1}{2}(k_1 + k_2), \quad K = k_1 \cdot k_2. \quad (4.21)$$

在 M 上取特殊的 Darboux 标架 $(x; e_1, e_2, e_3)$,使 e_1, e_2 分别是曲面 M 在点 x 的 W 变换的特征方向,则

$$h_{11} = k_1, \quad h_{12} = h_{21} = 0, \quad h_{22} = k_2,$$

于是方程(4.10)可化简为

$$\omega_{13} = k_1\omega_1, \quad \omega_{23} = k_2\omega_2, \quad (4.22)$$

第二基本形式 $\mathbb{I}$ 成为

$$\mathbb{I} = k_1(\omega_1)^2 + k_2(\omega_2)^2. \quad (4.23)$$

因此切方向 v 上的法曲率 k_n 可表成

$$k_n = k_1 \cos^2 \theta_1 + k_2 \sin^2 \theta_1, \quad (4.24)$$

其中 θ_1 是 v 和 e_1 的夹角. 这说明,k_1, k_2 恰好是曲面在方向 e_1, e_2 上的法曲率. 我们把变换 W 在点 x 的特征矢量 e_1, e_2 称为曲面在 x 的主方向,把对应的特征值 k_1, k_2 称为曲面在 x 的主曲率. 公式 (4.24)就是著名的 Euler 公式.

若设 $k_1 \geqslant k_2$,(4.24)式可改写成

$$k_n = k_1 + (k_2 - k_1)\sin^2 \theta_1$$
$$= (k_1 - k_2)\cos^2 \theta_1 + k_2,$$

所以

$$k_1 \geqslant k_n \geqslant k_2, \qquad (4.25)$$

因此主方向恰是法曲率 k_n 取极值的方向,而主曲率正是法曲率的最大值和最小值. 若在点 $x, k_1 = k_2$,则在该点各方向上的法曲率都相等,我们把这样的点称为曲面 M 的脐点. 在脐点,法曲率取极值的方向是不定的.

若 $x \in M$ 是非脐点,则在 x 的一个邻域内有 $k_1 \neq k_2$,所以 $H^2 - K \neq 0$, (4.20)式说明 k_1, k_2 是该邻域上的光滑函数. 于是有下面的定理.

定理 4.1 设 M 是 $\mathbf{R}^3$ 中的光滑曲面,则主曲率 k_1, k_2 都是 M 上的连续函数. M 上非脐点的集合构成 M 的一个开集;设 $k_1 > k_2$,则 k_1 和 k_2 都是这个开集上的光滑函数.

根据黎曼几何基本定理,一次微分式 ω_{12} 是由方程(4.4)和反对称性 $\omega_{12} + \omega_{21} = 0$ 唯一地确定的. 在这里我们可以直截了当地给出 ω_{12} 的表达式. 设

$$\omega_{12} = -\omega_{21} = p\omega_1 + q\omega_2, \qquad (4.26)$$

代入(4.4)式则得

$$\begin{cases} \mathrm{d}\omega_1 = p\omega_1 \wedge \omega_2, \\ \mathrm{d}\omega_2 = q\omega_1 \wedge \omega_2, \end{cases} \qquad (4.27)$$

所以, p, q 分别是 $\mathrm{d}\omega_1, \mathrm{d}\omega_2$ 用 $\omega_1 \wedge \omega_2$ 表示时的系数. 微分式 ω_{12} 给出了曲面 M 上的 Levi-Civita 联络

$$\begin{cases} \mathrm{D}e_1 = \omega_{12}e_2, \\ \mathrm{D}e_2 = -\omega_{12}e_1. \end{cases} \qquad (4.28)$$

由方程(4.6)得到

$$\begin{aligned} \mathrm{d}\omega_{12} &= -\omega_{13} \wedge \omega_{23} = -(h_{11}h_{22} - h_{12}^2)\omega_1 \wedge \omega_2 \\ &= -K\omega_1 \wedge \omega_2. \end{aligned} \qquad (4.29)$$

我们知道,总曲率 $K = h_{11}h_{22} - h_{12}^2$ 是用曲面 M 的第二基本形式 II 和第一基本形式 I 来定义的,但是上式说明 K 是由 $\mathrm{d}\omega_{12}, \omega_1, \omega_2$ 确定的,也就是由 M 的第一基本形式确定的,因而是曲面 M 的内在

的不变量. 曲面的总曲率 K 与曲面在 $\boldsymbol{R}^3$ 中保持第一基本形式的变形是无关的. 这个结果是 Gauss 发现的, Gauss 本人称它为"惊人的"定理 (Theorema egregium).

Gauss 在研究曲面时经常用到这样一个映射 $g: M \to S^2 \subset \boldsymbol{R}^3$, 使得对任意的 $x \in M$,

$$g(x) = e_3(x). \tag{4.30}$$

现在通常称它为 Gauss 映射 (图 12). 显然, (e_1, e_2, e_3) 仍可看作 S^2 上点 $g(x)$ 处的正交标架. 由于

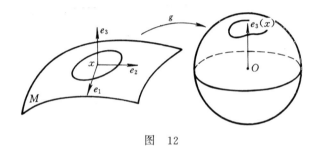

图 12

$$\mathrm{d}e_3 = \omega_{31} e_1 + \omega_{32} e_2,$$

所以第三基本形式

$$\mathbb{I\!I\!I} = \mathrm{d}e_3 \cdot \mathrm{d}e_3 = (\omega_{31})^2 + (\omega_{32})^2$$

是 S^2 上的第一基本形式通过 Gauss 映射拉回到曲面上的二次微分式. 同样

$$g^* \mathrm{d}\sigma = \omega_{31} \wedge \omega_{32}, \tag{4.31}$$

其中 $\mathrm{d}\sigma$ 表示 S^2 上的面积元素. 从 (4.29) 式得到

$$K = \frac{g^* \mathrm{d}\sigma}{\mathrm{d}A}. \tag{4.32}$$

这即给出了总曲率 K 的一个几何解释: 设曲面 M 上区域 D 在 Gauss 映射下的像记为 D', 它们的面积分别是 A 和 A', 则

$$|K| = \lim_{D \to P} \frac{A'}{A}, \quad P \in M.$$

因此总曲率 K 是曲面在一点的弯曲的测度.

第五章 §4 已用内在方式证明了 Gauss-Bonnet 公式：若 M 是紧致的二维定向的黎曼流形,则

$$\frac{1}{2\pi}\int K\mathrm{d}A = \chi(M). \qquad (4.33)$$

这个公式的推广和研究激发了数学的许多分支的发展.曲面的整体性质是近年来很活跃的课题.在附录一"欧氏空间中的曲线和曲面"一文中包括了整体微分几何中一些最基本的定理.在这里我们介绍刻画球面特征的 Liebmann 定理.

引理 1 设 M 是总曲率 K 为常数的二维紧致曲面,则 K 必大于零.

证明 考虑函数 $r(x)=x \cdot x$.因为 M 的紧致性,故必有一点 $x_0 \in M$,使 $r(x)$ 在 $x=x_0$ 处达到最大值.所以

$$\mathrm{d}r|_{x_0} = 0, \quad \mathrm{d}^2 r|_{x_0} \leqslant 0. \qquad (4.34)$$

因为

$$\frac{1}{2}\mathrm{d}r = x \cdot \mathrm{d}x = (x \cdot e_1)\omega_1 + (x \cdot e_2)\omega_2,$$

所以

$$x \cdot e_1|_{x_0} = x \cdot e_2|_{x_0} = 0, \qquad (4.35)$$

即矢径 x_0 正好是曲面 M 在点 x_0 的法矢量.

微分 $x \cdot e_i (i=1,2)$,则得

$$\mathrm{d}(x \cdot e_i) = \mathrm{d}x \cdot e_i + x \cdot \mathrm{d}e_i$$

$$= \omega_i + \sum_{k=1}^{3}\omega_{ik}(x \cdot e_k),$$

利用(4.35)式则有

$$\mathrm{d}(x \cdot e_i)|_{x_0} = [\omega_i + \omega_{i3}(x \cdot e_3)]_{x_0}. \qquad (4.36)$$

因此

$$0 \geqslant \frac{1}{2}\mathrm{d}^2 r|_{x_0} = [\mathrm{d}(x \cdot e_1)\omega_1 + \mathrm{d}(x \cdot e_2)\omega_2]_{x_0}$$

$$= \left[(\omega_1)^2 + (\omega_2)^2 \right]_{x_0}$$
$$+ (\omega_1 \omega_{13} + \omega_2 \omega_{23})_{x_0} \cdot (x \cdot e_3)_{x_0}. \tag{4.37}$$

因为 $\left[(\omega_1)^2 + (\omega_2)^2 \right]_{x_0} > 0$，且 x_0 是 M 上离原点 O 的最远点，故

$$x_0 \neq 0, \quad x_0 /\!/ e_3, \quad x_0 \cdot e_3 \neq 0.$$

于是 M 在点 x_0 的第二基本形式

$$\mathbb{I} = (\omega_1 \omega_{13} + \omega_2 \omega_{23})_{x_0}$$

是恒定的二次形式，因此它的系数行列式

$$K(x_0) = (h_{11} h_{22} - h_{12}^2)_{x_0} > 0.$$

因为已假定 M 的总曲率 K 是常数，故它必是正的常数.

引理 2 若 M 是处处为脐点的连通曲面，则 M 必为一块球面或平面.

证明 x 是 M 的脐点的条件是：Weingarten 变换在 x 的特征方向不定，所以

$$d e_3 + k d x = 0, \tag{4.38}$$

其中 e_3 是曲面的法矢量，k 是主曲率. 现在 M 上处处是脐点，所以上式在整个 M 上成立，且 $k = H$ 是 M 上的光滑函数. 外微分 (4.38) 式，则得

$$d k \wedge d x = (d k \wedge \omega_1) e_1 + (d k \wedge \omega_2) e_2 = 0,$$
$$d k \wedge \omega_1 = 0, \quad d k \wedge \omega_2 = 0.$$

因为 $\omega_1 \wedge \omega_2 \neq 0$，所以

$$d k = 0, \quad k = \text{const.} \tag{4.39}$$

下面分两种情形讨论：

(1) 设 $k = 0$，则由 (4.38) 式得

$$d e_3 = 0, \quad e_3 = e_3^0 (\text{常矢量}),$$

故

$$d(x \cdot e_3^0) = d x \cdot e_3^0 = 0,$$
$$x \cdot e_3^0 = \text{const.} \tag{4.40}$$

208

可见 M 是 $\boldsymbol{R}^3$ 中的平面.

(2) 设 $k \neq 0$, 则由(4.38)式得

$$d\left(\frac{e_3}{k} + x\right) = 0,$$

$$\frac{e_3}{k} + x = x_0 \quad (\text{常矢量}),$$

所以

$$(x - x_0)^2 = \frac{1}{k^2}. \tag{4.41}$$

即 M 是以 x_0 为中心, 以 $1/|k|$ 为半径的一块球面.

定理 4.2(Liebmann 定理) 设 M 是 $\boldsymbol{R}^3$ 中总曲率 K 是常数的紧致连通曲面, 则 M 是球面.

证明 根据引理 1, K 必是正常数. 设 k_1, k_2 是 M 的主曲率, $k_1 \geqslant k_2$, 则 $K = k_1 k_2 > 0$. 由定理 4.1, k_1 是 M 上的连续函数; 由于 M 的紧致性, 故可设 k_1 在点 $x_0 \in M$ 达到最大值, 因而 k_2 在 x_0 达到最小值.

下面分两种情形考虑:

(1) 若 $k_1(x_0) = k_2(x_0)$, 因为 $k_1(x_0) \geqslant k_1 \geqslant k_2 \geqslant k_2(x_0)$, 所以在 M 上处处有 $k_1 = k_2 = +\sqrt{K}$, 根据引理 2, M 是球面.

(2) 设 $k_1(x_0) > k_2(x_0)$, 则 x_0 不是脐点, 所以存在 x_0 的一个邻域 U, 使其中每一点都是非脐点. 因此在 U 内可取 Darboux 标架 $(x; e_1, e_2, e_3)$, 使 e_1, e_2 分别是对应于主曲率 k_1, k_2 的彼此正交的主方向, 故

$$\omega_{13} = k_1 \omega_1, \quad \omega_{23} = k_2 \omega_2. \tag{4.42}$$

若设 $\omega_{12} = p\omega_1 + q\omega_2$, 命

$$dp = p_1 \omega_1 + p_2 \omega_2, \quad dq = q_1 \omega_1 + q_2 \omega_2, \tag{4.43}$$

则

$$d\omega_{12} = (q_1 - p_2)\omega_1 \wedge \omega_2. \tag{4.44}$$

与 Gauss 方程(4.29)对照得到

$$K = -(q_1 - p_2). \tag{4.45}$$

外微分(4.42)式,并利用 Codazzi 方程(4.7),则有

$$\mathrm{d}k_1 \wedge \omega_1 + pk_1\omega_1 \wedge \omega_2 = pk_2\omega_1 \wedge \omega_2,$$

$$\mathrm{d}k_2 \wedge \omega_2 + qk_2\omega_1 \wedge \omega_2 = qk_1\omega_1 \wedge \omega_2,$$

所以

$$\begin{cases} (\mathrm{d}k_1 - p(k_1 - k_2)\omega_2) \wedge \omega_1 = 0, \\ (\mathrm{d}k_2 - q(k_1 - k_2)\omega_1) \wedge \omega_2 = 0. \end{cases} \tag{4.46}$$

由于 $k_1 \cdot k_2 = K = \mathrm{const} > 0$,故 $k_2 = K/k_1$,因此

$$\mathrm{d}k_2 = -\frac{K}{k_1^2}\mathrm{d}k_1, \tag{4.47}$$

代入(4.46)的第二式则得

$$\left(\mathrm{d}k_1 + \frac{qk_1^2}{K}(k_1 - k_2)\omega_1\right) \wedge \omega_2 = 0. \tag{4.48}$$

联合(4.48)式和(4.46)的第一式则有

$$\mathrm{d}k_1 = -\frac{qk_1^2}{K}(k_1 - k_2)\omega_1 + p(k_1 - k_2)\omega_2. \tag{4.49}$$

根据假定,k_1 在 x_0 处达到最大值,所以

$$\mathrm{d}k_1|_{x_0} = 0, \quad \mathrm{d}^2k_1|_{x_0} \leqslant 0. \tag{4.50}$$

又因为在点 x_0 处 $k_1 \neq 0, k_1 - k_2 \neq 0$,故有

$$p(x_0) = q(x_0) = 0. \tag{4.51}$$

将(4.49)式再微分一次,并限制在点 x_0,则有

$$0 \geqslant \mathrm{d}^2 k_1|_{x_0}$$

$$= \Bigg[-\frac{k_1^2}{K}(k_1 - k_2)q_1(\omega_1)^2 + (k_1 - k_2)p_2(\omega_2)^2$$

$$+ \left(-\frac{k_1^2}{K}q_2(k_1 - k_2) + (k_1 - k_2)p_1\right)\omega_1\omega_2\Bigg]_{x_0}, \tag{4.52}$$

其中 ω_1, ω_2 可取任意实数值. 由于在点 x_0 处有

$$K > 0, \quad k_1 - k_2 > 0,$$

让(4.52)式右端的二次形式分别在方向 e_1, e_2 上取值,则得

210

$$-q_1(x_0) \leqslant 0, \quad p_2(x_0) \leqslant 0. \tag{4.53}$$

代入(4.45)式得到

$$K(x_0) \leqslant 0,$$

这与 $K>0$ 相矛盾,因此这种情形是不可能出现的. 证毕.

第七章 复 流 形

§1 复 流 形

复流形的定义在形式上和实流形是一样的. 但是复结构是加在流形上的一种很强的构造, 因而具有更丰富的内容.

设 C 表示复数域, C_m 是数组 $(c^1, \cdots, c^m)(c^i \in C)$ 所成的复 m 维矢量空间.

定义 1.1 设 M 是有可数基的 Hausdorff 空间. 若在 M 上给定了一族坐标卡 $\{(U_\alpha, \varphi_\alpha)\}$, 使得 $\{U_\alpha\}$ 构成 M 的开覆盖, 而每一个 φ_α 是从 U_α 到 C_m 的一个开集[①]上的同胚, 并且满足以下条件: 对任意的 U_α, U_β, 若 $U_\alpha \cap U_\beta \neq \varnothing$, 则

$$\varphi_\beta \circ \varphi_\alpha^{-1} : \varphi_\alpha(U_\alpha \cap U_\beta) \rightarrow \varphi_\beta(U_\alpha \cap U_\beta)$$

是 C_m 的两个开集之间的全纯映射, 则称 M 是 m 维**复流形**.

设 $(z^1, \cdots, z^m)(z^i \in C)$ 是 U_α 上的局部坐标系, $(w^1, \cdots, w^m)(w^i \in C)$ 是 U_β 上的局部坐标系, 当 $U_\alpha \cap U_\beta \neq \varnothing$ 时, 在 $U_\alpha \cap U_\beta$ 上映射 $\varphi_\beta \circ \varphi_\alpha^{-1}$ 可用局部坐标表为

$$w^k = \omega^k(z^1, \cdots, z^m), \quad 1 \leqslant k \leqslant m. \tag{1.1}$$

那么 $\varphi_\beta \circ \varphi_\alpha^{-1}$ 是全纯映射的意思是: 每个函数 $w^k(z^1, \cdots, z^m)$ 在 C_m 的开集 $\varphi_\alpha(U_\alpha \cap U_\beta)$ 上是全纯的.

所谓全纯函数的意思是指: 设 U 是 C_m 中一个开集, 其坐标

---

① 命 $z^j = x^j + i \cdot y^j$, 所以 C_m 可看作实数组 $(x^1, \cdots, x^m, y^1, \cdots, y^m)$ 构成的实 $2m$ 维矢量空间. C_m 上的拓扑结构与 R^{2m} 是一致的. 显然, C_m 中形如

$$\left\{ (z^1, \cdots, z^m) \,\middle|\, \sum_{j=1}^m (z^j - z_0^j)(\bar{z}^j - \bar{z}_0^j) < r^2, r \in R, r > 0 \right\}$$

的集合构成 C_m 的拓扑基.

z^k 可表成 $z^k = x^k + iy^k$. 设 f 是定义在 U 上的复值光滑函数,它可以表成

$$f(z^1, \cdots, z^m) = g(x^1, \cdots, x^m, y^1, \cdots, y^m)$$
$$+ ih(x^1, \cdots, x^m, y^1, \cdots, y^m). \qquad (1.2)$$

如果 Cauchy-Riemann 条件:

$$\frac{\partial g}{\partial x^k} = \frac{\partial h}{\partial y^k}, \quad \frac{\partial g}{\partial y^k} = -\frac{\partial h}{\partial x^k}, \quad 1 \leqslant k \leqslant m \qquad (1.3)$$

成立,则称 f 是 U 上的**全纯函数**. 下面三个条件是彼此等价的:

(1) f 是全纯函数;

(2) 在每一点 $a \in U$ 有一个邻域 $V \subset U$,f 在 V 内可表成收敛的幂级数

$$f(z) = \sum_{k_1, \cdots, k_m = 0}^{\infty} c_{k_1 \cdots k_m} (z^1 - a^1)^{k_1} \cdots (z^m - a^m)^{k_m}; \qquad (1.4)$$

(3) 复导数 $\dfrac{\partial f}{\partial z^k}$ ($1 \leqslant k \leqslant m$) 在 U 内是存在的.

现在,映射 $\varphi_\beta \circ \varphi_\alpha^{-1}$ 是全纯的,而且是从 $\varphi_\alpha(U_\alpha \bigcap U_\beta)$ 到 $\varphi_\beta(U_\alpha \bigcap U_\beta)$ 的同胚,所以

$$\frac{\partial(w^1, \cdots, w^m)}{\partial(z^1, \cdots, z^m)} \neq 0. \qquad (1.5)$$

定义 1.2 设 M, N 分别是 m, n 维复流形,$f: M \to N$ 是连续映射. 若对每一点 $p \in M$,存在一个邻域 U,使得 f 在 U 内可用局部坐标表成

$$w^k = w^k(z^1, \cdots, z^m), \quad 1 \leqslant k \leqslant n, \qquad (1.6)$$

其中 w^k 都是全纯函数,则称 f 是**全纯映射**.

设 $f: M \to \mathbb{C}$ 是复流形 M 上的全纯函数. 根据极大模原理,若在 $p_0 \in M$ 的一个邻域 U 内 f 在 p_0 的模取到最大值,即 $|f(p)| \leqslant |f(p_0)|$ ($p \in U$),则在 U 内有

$$f(p) = f(p_0).$$

如果 M 是紧致的连通复流形,$|f(p)|$ ($p \in M$) 是 M 上的连续函数,它必在 M 上取到最大值. 根据前面的断言,M 上的全纯函数 f

必定取常值. 由此可知, 从紧致的连通复流形 M 到 C_n 中的全纯映射 $f: M \to C_n$ 必定把 M 映为 C_n 中的一个点.

例 1 C_m 是 m 维复流形. C_1 就是 Gauss 复平面.

例 2 复 m 维射影空间 CP_m.

在 $C_{m+1} - \{0\}$ 的元素之间定义如下的关系 $\sim$:

$$(z^0, z^1, \cdots, z^m) \sim (w^0, w^1, \cdots, w^m)$$

当且仅当存在非零复数 λ, 使

$$(z^0, z^1, \cdots, z^m) = \lambda(w^0, w^1, \cdots, w^m). \tag{1.7}$$

容易验证, 这是等价关系. 复 m 维射影空间 CP_m 就是商空间 $(C_{m+1} - \{0\})/\sim$, 其中的元素记作 $[z^0, z^1, \cdots, z^m]$. 数组 $(z^0, z^1, \cdots, z^m)$ 称为点 $[z^0, z^1, \cdots, z^m]$ 的齐次坐标, 它们被 CP_m 中的点确定到差一个非零复数因子. 同实射影空间, CP_m 能用 $m+1$ 个开集 $U_j (0 \leqslant j \leqslant m)$ 盖满, 其中

$$U_j = \{[z^0, z^1, \cdots, z^m] \mid \in CP_m, z^j \neq 0\}, \tag{1.8}$$

U_j 上的坐标是

$$_j\zeta^k = z^k/z^j, \quad 0 \leqslant k \leqslant m, \ k \neq j. \tag{1.9}$$

因为 $_j\zeta^k$ 可以取到任意的复数值, 所以每一个 U_j 和 C_m 是同胚的. 在 $U_j \bigcap U_k$ 上, 坐标变换公式是

$$\begin{cases} _j\zeta^h = {_k\zeta^h}/{_k\zeta^j}, & h \neq j, k, \\ _j\zeta^k = 1/{_k\zeta^j}. \end{cases} \tag{1.10}$$

它们都是全纯函数, 因此 CP_m 是 m 维复流形.

复一维射影空间 CP_1 在被看作二维实流形时, 通常称为黎曼球面. 因为 CP_1 可以用两个坐标域 U_0, U_1 盖住, 而且 U_0 与 CP_1 只差一点 $p = [0, 1]$, U_0 同胚于 Gauss 复平面, 所以黎曼球面 CP_1 同胚于 Gauss 复平面的一点紧致化, 即二维球面 S^2.

考虑自然投影 $\pi: C_{m+1} - \{0\} \to CP_m$, 使得

$$\pi(z^0, z^1, \cdots, z^m) = [z^0, z^1, \cdots, z^m]. \tag{1.11}$$

对于 $p \in CP_m$, $\pi^{-1}(p)$ 可以和 $C^* = C_1 - \{0\}$ 等同起来. 我们把

$\pi^{-1}(U_j)$ 中的坐标 $(z^0, z^1, \cdots, z^m)$ 代之以 $_j\zeta^k = z^k/z^j (0 \leqslant k \leqslant m, k \neq j)$ 和 z^j，则

$$\pi^{-1}(U_j) \cong U_j \times C^*.$$

这说明 $C_{m+1} - \{0\}$ 有局部积的结构，z^j 给出了纤维 $\pi^{-1}(p)$ 上的坐标.

若 $p \in U_j \bigcap U_k$，则 U_j 和 U_k 分别在纤维 $\pi^{-1}(p)$ 上给出坐标系 z^j 和 z^k. 在同一点 $x \in \pi^{-1}(p)$ 的两个坐标 z^j 和 z^k 之间有关系

$$z^j = z^k \cdot {_k\zeta^j} = z^k/_j\zeta^k, \tag{1.12}$$

其中 $_k\zeta^j : U_j \bigcap U_k \to C^*$ 是 $U_j \bigcap U_k$ 上的非零全纯函数. 所以 $C_{m+1} - \{0\}$ 是复 m 维射影空间 CP_m 上的全纯纤维丛，其纤维型和结构群都是 C^*.

在 C_{m+1} 中考虑方程

$$\sum_{k=0}^{m} z^k \bar{z}^k = 1. \tag{1.13}$$

若把 C_{m+1} 看作实矢量空间 $\boldsymbol{R}^{2(m+1)}$，则方程 (1.13) 在 $\boldsymbol{R}^{2(m+1)}$ 中定义了一个 $2m+1$ 维单位球面 S^{2m+1}（为区别起见，实维数记在右上方，复维数记在右下方）.

把自然投影 (1.11) 限制在 S^{2m+1} 上则得

$$\pi : S^{2m+1} \to CP_m. \tag{1.14}$$

对于任意的 $p \in CP_m$，完全逆像 $\pi^{-1}(p)$ 是一个圆周. 这称为 S^{2m+1} 的 Hopf 纤维化.

当 $m=1$ 时，(1.14) 式可写为

$$\pi : S^3 \to CP_1 \approx S^2, \tag{1.15}$$

其中 CP_1 与 S^2 是拓扑同胚的. 这是一个从高维到低维的实质性 (essential) 映射[①]的例子，在拓扑学同伦论的发展中是重要的史实.

[①] 一个连续映射 $f: X \to Y$ 叫做实质的 (essential)，如果它不与常值映射 $X \to y_0 \in Y$ 同伦，即非零伦的.

例 3 由一组齐次多项式

$$P_l(z^0, z^1, \cdots, z^m) = 0, \quad 1 \leqslant l \leqslant q,$$

在 CP_m 中确定的轨迹称为代数流形(algebraic variety). 例如:方程

$$(z^0)^2 + \cdots + (z^m)^2 = 0 \tag{1.16}$$

给出的复流形称为超二次曲面. 周炜良的一个定理说:隐蔽在 CP_m 中的每一个紧致子流形必是一个代数流形.

例 4 复环面.

C_m 可看作 $2m$ 维实矢量空间 $\boldsymbol{R}^{2m}$. 在 $\boldsymbol{R}^{2m}$ 中取 $2m$ 个实线性无关的矢量 $\{v_\alpha\}$,它产生的格是

$$L = \Big\{ \sum_{\alpha=1}^{2m} n_\alpha v_\alpha, \ n_\alpha \in \boldsymbol{Z} \Big\}. \tag{1.17}$$

C_m 和 L 都是加群. 商空间 C_m/L 是一个 m 维复流形,称为 m 维复环面.

在拓扑上,m 维复环面和 $2m$ 维(实)环面是同胚的. 但是前者有复流形结构,所以有更丰富的内容. 例如,当 $m=1$ 时,复环面到自身的全纯映射是保角的,因此矢量 v_1 和 v_2 的夹角以及它们的长度之比在全纯映射下是不变的.

若复环面可以嵌入复射影空间作为非奇异子流形,即对于充分大的 N,存在非退化的全纯映射

$$f: C_m/L \rightarrow CP_N, \tag{1.18}$$

则称这个复环面是 Abel 流形. Abel 流形是代数几何和数论的一个重要分支.

例 5 Hopf 流形.

考虑变换 $\alpha: C_m - \{0\} \rightarrow C_m - \{0\}$,使

$$\alpha(z^1, \cdots, z^m) = 2(z^1, \cdots, z^m). \tag{1.19}$$

由 α 生成的离散群记作 Δ,则商空间 $C_m - \{0\}/\Delta$ 是一个 m 维复流形,称为 Hopf 流形.

在拓扑上,Hopf 流形和 $S^{2m-1} \times S^1$ 是同胚的. 为此,我们只要

考虑 $C_m = \mathbf{R}^{2m}$ 中半径分别为 1 和 2 的两个同心球 $S^{2m-1}(1)$ 与 $S^{2m-1}(2)$ 所夹的球壳区域(见图 13),并且把这两个球面截取半径所得线段的两个端点粘合成一点,这样得到的空间显然和 Hopf 流形是同胚的.

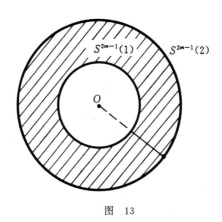

图　13

Hopf 流形是最简单的非代数流形的例子.

例 6　设 M 是二维定向曲面,黎曼度量是

$$ds^2 = (\omega_1)^2 + (\omega_2)^2. \tag{1.20}$$

假定 ds^2 是解析的,则

$$ds^2 = (\omega_1 + i\omega_2)(\omega_1 - i\omega_2),$$

并且微分方程 $\omega_1 + i\omega_2 = 0$ 有积分因子 λ,使

$$\lambda(\omega_1 + i\omega_2) = dz. \tag{1.21}$$

因此

$$ds^2 = \frac{1}{|\lambda|^2} dz\, d\bar{z}. \tag{1.22}$$

若命 $z = x + iy$,则

$$ds^2 = \frac{1}{|\lambda|^2}(dx^2 + dy^2). \tag{1.23}$$

这说明曲面上解析的黎曼度量在局部上总是和欧氏变量成保角对

应的. 使黎曼度量 ds^2 能写成(1.23)式的参数 x, y 称为曲面的等温参数. 当 ds^2 是光滑的情形,根据 Korn-Lichtenstein 定理(这是一个困难的定理,参看 S. S. Chern, "An elementary proof of the existence of isothermal parameters on a surface", *Proc AMS*, **6**(1955), $771\sim782$). 曲面的定向由

$$dx \wedge dy = \frac{i}{2} dz \wedge d\bar{z} \tag{1.24}$$

给出.

若 ds^2 又能写成

$$ds^2 = \frac{1}{|\mu|^2} dw\, d\bar{w}, \tag{1.25}$$

则 dw 或是 dz 的倍数,或是 $d\bar{z}$ 的倍数. 如果复坐标 z 和 w 给出了曲面的同一个定向,则 dw 必是 dz 的倍数,因此 w 是 z 的全纯函数. 由此可见,二维定向曲面必有复流形构造,使它成为一维复流形. 一维复流形又称为**黎曼曲面**,是单元复变函数论的基本研究对象.

§2　矢量空间上的复结构

为了深入研究复流形的构造,需要弄清楚矢量空间上的复结构.

定义 2.1　设 V 是 m 维实矢量空间. 所谓 V 上的一个**复结构** J 是 V 到自身的一个线性变换 $J: V \to V$,使得

$$J^2 = -\mathrm{id}: V \to V. \tag{2.1}$$

注记　实质上 J 是把矢量乘以 i. 若命 $i \cdot X = JX$,则矢量空间 V 成为复数域上的矢量空间. 反之,若 V 是复矢量空间,命 $JX = i \cdot X$,则把 V 当作实矢量空间时,J 是 V 上的复结构.

设 V^* 是 V 的对偶空间,则 V 上的复结构 J 也在 V^* 上诱导出一个复结构,仍记它为 J,其定义如下:设 $\alpha \in V^*, x \in V$,则

218

$$\langle x, J\alpha \rangle = \langle Jx, \alpha \rangle. \tag{2.2}$$

显然 $J^2\alpha = -\alpha$，所以 J 确实是 V^* 上的复结构.

取 V 的一个基底 e_r，$1 \leqslant r \leqslant m$；设复结构 J 关于基底 $\{e_r\}$ 的矩阵是 $A = (a_i^j)$，即

$$J \begin{pmatrix} e_1 \\ \vdots \\ e_m \end{pmatrix} = A \cdot \begin{pmatrix} e_1 \\ \vdots \\ e_m \end{pmatrix}, \tag{2.3}$$

其中 a_i^j 是实数. 由于 $J^2 = -\mathrm{id}$，所以

$$A^2 = -I, \tag{2.4}$$

其中 I 表示 $m \times m$ 阶单位矩阵. 显然，矩阵 A 的特征值是 $\pm \mathrm{i}$，而且必须成对出现，所以 V 的实维数必是偶数. 设 $m = 2n$.

设 V^* 中与 $\{e_r, 1 \leqslant r \leqslant 2n\}$ 对偶的基底是 $\{e^{*r}, 1 \leqslant r \leqslant 2n\}$，根据(2.2)式得到

$$J \begin{pmatrix} e^{*1} \\ \vdots \\ e^{*2n} \end{pmatrix} = {}^{\mathrm{t}}A \cdot \begin{pmatrix} e^{*1} \\ \vdots \\ e^{*2n} \end{pmatrix}, \tag{2.5}$$

即 V^* 中的复结构 J 关于基底 $\{e^{*r}, 1 \leqslant r \leqslant 2n\}$ 的矩阵是 ${}^{\mathrm{t}}A$，它与 A 有相同的特征值.

因为 A 的特征值是纯虚数，所以考虑 V^* 的复化空间 $V^* \otimes C$ 比较方便. $V^* \otimes C$ 是 V 上复值线性函数的集合，它是复 m 维矢量空间. 设 λ 是 $V^* \otimes C$ 中任意一个元素，则 λ 可以表成

$$\lambda = \alpha + \mathrm{i}\beta, \tag{2.6}$$

其中 $\alpha, \beta \in V^*$. 很明显，V^* 的基底可作为 $V^* \otimes C$ 的基底，V^* 上的复结构 J 可自然地扩展为复化空间 $V^* \otimes C$ 的复结构 J，只要规定

$$J\lambda = J\alpha + \mathrm{i}J\beta. \tag{2.7}$$

现在 $V^* \otimes C$ 是复矢量空间，复结构 J 的特征值是 $\pm \mathrm{i}$，所以对应于特征值 $\pm \mathrm{i}$ 的特征矢量必然是存在的. 在 $V^* \otimes C$ 中复结构 J 的对应于 i 的特征矢量称为 **$(1,0)$ 型元素**，对应于 $-\mathrm{i}$ 的特征

矢量称为 $(0,1)$ **型元素**. 显然, $V^* \otimes C$ 中全体 $(1,0)$ 型元素组成 $V^* \otimes C$ 的复子空间, 记作 V_c, 全体 $(0,1)$ 型元素也组成 $V^* \otimes C$ 的复子空间, 记作 $\overline{V}_c$. 空间 V_c 和 $\overline{V}_c$ 在复共轭下有一一对应关系. 实际上, 如果 $\lambda = \alpha + i\beta \in V_c$, 则由 (2.7) 式得

$$J\lambda = J\alpha + iJ\beta$$
$$= i(\alpha + i\beta) = -\beta + i\alpha.$$

所以

$$J\alpha = -\beta, \quad J\beta = \alpha. \tag{2.8}$$

由此可见

$$J\overline{\lambda} = J(\alpha - i\beta) = -i(\alpha - i\beta) = -i\overline{\lambda},$$

即 $\overline{\lambda} \in \overline{V}_c$. 容易验证, $V_c \cap \overline{V}_c = \{0\}$. 另外 $V^* \otimes C$ 中任意一个元素都可表成 $(1,0)$ 型元素与 $(0,1)$ 型元素的和. 设 $f \in W^* \otimes C$, 命

$$f_1 = \frac{1}{2}(f - i \cdot Jf), \quad f_2 = \frac{1}{2}(f + i \cdot Jf), \tag{2.9}$$

则 $f = f_1 + f_2$, 并且

$$Jf_1 = i \cdot f_1, \quad Jf_2 = -i \cdot f_2, \tag{2.10}$$

即 $f_1 \in V_c, f_2 \in \overline{V}_c$. 所以 $V^* \otimes C$ 可以表示成 V_c 与 $\overline{V}_c$ 的直和. 这又说明 V_c 和 $\overline{V}_c$ 都是 $n = m/2$ 维复矢量空间.

在 V_c 中任取一个基底 $\lambda^j, 1 \leqslant j \leqslant n$; 则 $\{\lambda^j, \overline{\lambda}^j, 1 \leqslant j \leqslant n\}$ 构成 $V^* \otimes C$ 的一个基底. 在此基底下, 复结构 J 的矩阵化成标准型

$$\begin{pmatrix} i & & & & & & \\ & \ddots & & & & & \\ & & i & & & & \\ & & & -i & & & \\ & & & & \ddots & & \\ & & & & & -i \end{pmatrix}. \tag{2.11}$$

现在把 V 上的复值线性函数 λ^j 分解成实部和虚部, 命

$$\lambda^j = e^{*j} + i \cdot e^{* \, n+j}, \tag{2.12}$$

其中 e^{*j} 和 $e^{* \, n+j}$ 是 V^* 中的元素. 由于 $J\lambda^j = i \cdot \lambda^j$, 由 (2.7) 式可得

220

$$Je^{*j} = -e^{*\,n+j}, \quad Je^{*\,n+j} = e^{*j}. \tag{2.13}$$

另外,从(2.12)式得到

$$\begin{cases} e^{*j} = \dfrac{1}{2}(\lambda^j + \bar{\lambda}^j), \\ e^{*\,n+j} = -\dfrac{\mathrm{i}}{2}(\lambda^j - \bar{\lambda}^j). \end{cases} \tag{2.14}$$

由此可见,这 $2n$ 个 V 上的实值线性函数 $e^{*j}, e^{*\,n+j}, 1 \leqslant j \leqslant n$ 可以和 $\{\lambda^j, \bar{\lambda}^j, 1 \leqslant j \leqslant n\}$ 互相复线性表示,因此它们是 $V^* \otimes C$ 的一个基底,因而也是 V^* 的一个基底.

设 $\{e_j, e_{n+j}, 1 \leqslant j \leqslant n\}$ 是 V 中与上面的 $\{e^{*j}, e^{*\,n+j}, 1 \leqslant j \leqslant n\}$ 对偶的基底,则容易验证

$$Je_j = e_{n+j}, \quad Je_{n+j} = -e_j. \tag{2.15}$$

定理 2.1 设 J 是实矢量空间 V 上的一个复结构,则 V 的维数 m 必是偶数,记 $m = 2n$;而且在空间 V 中必有基底 $\{e_j, Je_j, 1 \leqslant j \leqslant n\}$.此外,任意两个这样的基底赋予 V 的定向是相同的.

证明 空间 V 中形如 $\{e_j, Je_j, 1 \leqslant j \leqslant n\}$ 的基底的存在性已在前面的讨论中证明了.现在只需证明它们给出了 V 的确定的定向.

如前面所述,在 V^* 中有对偶基底 $\{e^{*j}, -Je^{*j}, 1 \leqslant j \leqslant n\}$.设 λ^j 如(2.12)式所定义,则

$$e^{*j} \wedge Je^{*j} = -e^{*j} \wedge e^{*\,n+j} = -\frac{\mathrm{i}}{2}\lambda^j \wedge \bar{\lambda}^j,$$

故

$$\bigwedge_{1 \leqslant j \leqslant n}(e^{*j} \wedge Je^{*j}) = \left(-\frac{\mathrm{i}}{2}\right)^n \bigwedge_{1 \leqslant j \leqslant n}(\lambda^j \wedge \bar{\lambda}^j). \tag{2.16}$$

如果在 $V^* \otimes C$ 中取另一个基底 $\{\mu^j, \bar{\mu}^j, 1 \leqslant j \leqslant n\}$,其中 μ^j 是 $V^* \otimes C$ 中的 $(1,0)$ 型元素,则有 $n \times n$ 阶非退化复矩阵 G,使

$$(\mu^1, \cdots, \mu^n) = (\lambda^1, \cdots, \lambda^n) \cdot G, \tag{2.17}$$

因此

$$\begin{cases} \mu^1 \wedge \cdots \wedge \mu^n = (\det G) \lambda^1 \wedge \cdots \wedge \lambda^n, \\ \bigwedge_{1 \leqslant j \leqslant n} (\mu^j \wedge \bar{\mu}^j) = |\det G|^2 \bigwedge_{1 \leqslant j \leqslant n} (\lambda^j \wedge \bar{\lambda}^j). \end{cases} \quad (2.18)$$

上式表明等号两边的两个 $2n$ 次外形式只差一正数因子 $|\det G|^2$, 这就证明了, 如果 $\{a_j, Ja_j, 1 \leqslant j \leqslant n\}$ 是 V 中由 $\{\mu^j, \bar{\mu}^j, 1 \leqslant j \leqslant n\}$ 决定的另一个基底, 则它与 $\{e_j, Je_j, 1 \leqslant j \leqslant n\}$ 给出的 V 的定向是相同的.

前面已经证明, 如果在 V 上给定了一个复结构 J, 则 $V^* \otimes C$ 有唯一的直和分解 $V_c \oplus \bar{V}_c$, 后面的两个子空间在复共轭下有一一对应关系. 反过来, $V^* \otimes C$ 的任意一个这样的直和分解也在 V 上确定了一个复结构.

定理 2.2 设 V 是实 $2n$ 维矢量空间. 若 $V^* \otimes C$ 有任意一个直和分解 $V_c \otimes \bar{V}_c$, 使得 V_c 和 $\bar{V}_c$ 在复共轭下有一一对应关系, 则在 V 中有唯一的一个复结构 J, 使 J 以 V_c 中的元素为 $(1,0)$ 型元素, 以 $\bar{V}_c$ 中的元素为 $(0,1)$ 型元素.

证明 定义线性变换 $J: V^* \otimes C \rightarrow V^* \otimes C$ 如下:

$$\begin{cases} Jf = \mathrm{i} \cdot f, & f \in V_c, \\ Jf = -\mathrm{i} \cdot f, & f \in \bar{V}_c. \end{cases} \quad (2.19)$$

因为 $V^* \otimes C = V_c \otimes \bar{V}_c$, 所以映射 J 是由 (2.19) 式完全确定的. 在 V_c 中取基底 $\lambda^j, 1 \leqslant j \leqslant n$, 命

$$e^{*j} = \frac{1}{2}(\lambda^j + \bar{\lambda}^j), \quad e^{*n+j} = -\frac{\mathrm{i}}{2}(\lambda^j - \bar{\lambda}^j). \quad (2.20)$$

则 e^{*j} 和 e^{*n+j} 都是空间 V 上的实值线性函数, 所以 $\{e^{*j}, e^{*n+j}, 1 \leqslant j \leqslant n\}$ 既是 $V^* \otimes C$ 的基底, 也是 V^* 的基底. 因为

$$\begin{cases} Je^{*j} = \frac{1}{2}(\mathrm{i} \cdot \lambda^j - \mathrm{i} \cdot \bar{\lambda}^j) = -e^{*n+j}, \\ Je^{*n+j} = -\frac{\mathrm{i}}{2}(\mathrm{i} \cdot \lambda^j + \mathrm{i} \cdot \bar{\lambda}^j) = e^{*j}, \end{cases} \quad (2.21)$$

所以 J 是 V^* 上的复结构, 因而在 V 上定义了一个复结构 J. 由 (2.19) 式可知, V_c 和 $\bar{V}_c$ 分别是关于 J 的 $(1,0)$ 型元素和 $(0,1)$ 型

元素构成的复子空间.唯一性是显然的;因为,如果 J 是适合定理要求的复结构,则(2.19)式必须成立.证毕.

现在我们来考虑空间 $\Lambda^r(V^* \otimes C)$,它的元素是 V 上复数值 r 重反对称线性函数.显然,该空间可表成直和:

$$\Lambda^r(V^* \otimes C) = \sum_{p+q=r} (\Lambda^p V_C) \wedge (\Lambda^q \overline{V}_C), \qquad (2.22)$$

其中 $(\Lambda^p V_C) \wedge (\Lambda^q \overline{V}_C)$ 中的元素可以表示成

$$\sum C_{i_1 \cdots i_p, \bar{j}_1 \cdots \bar{j}_q} \lambda^{i_1} \wedge \cdots \wedge \lambda^{i_p} \wedge \bar{\lambda}^{j_1} \wedge \cdots \wedge \bar{\lambda}^{j_q}, \qquad (2.23)$$

这种元素称为 (p,q) **次外形式**.

若用 $\prod\limits_{p,q}$ 记空间 $\Lambda^r(V^* \otimes C)$ 到 (p,q) 次外形式空间

$$(\Lambda^p V_C) \wedge (\Lambda^q \overline{V}_C) \quad (p+q=r)$$

的自然投影;命

$$\alpha_{p,q} = \prod_{p,q} \alpha, \qquad (2.24)$$

则

$$\alpha = \sum_{p+q=r} \alpha_{p,q}. \qquad (2.25)$$

下列性质是明显的:

(1) 若 α 是 (p,q) 次外形式,则 $\bar{\alpha}$ 是 (q,p) 次外形式;

(1) 若 α 是 (p,q) 次外形式,则 $\bar{\alpha}$ 是 (q,p) 次外形式;

(2) 若 α 是 (p,q) 次外形式,β 是 (r,s) 次外形式,则 $\alpha \wedge \beta$ 是 $(p+r,q+s)$ 次外形式;

(3) 若 p 或 $q > n$,则 (p,q) 次外形式必为零.

注记 在上面的叙述中我们着重讨论的是 V 的对偶空间 V^* 的复化空间,这是因为 V^* 的元素是 V 上的实值线性函数,因此它乘以 i(虚数单位)的意义是很明白的.反过来也可以考虑 V 的复化空间 $V \otimes C$,这时把 V 看作 V^* 上的对偶空间.我们把复结构 J 在 $V \otimes C$ 中对应于特征值 $\pm i$ 的特征矢量分别称为 $(1,0)$ **型矢量** 和 $(0,1)$ **型矢量**.根据定理2.1,在 V 中存在基底 $\{e_j, Je_j, 1 \leqslant j \leqslant n\}$;若命

$$\begin{cases} \xi_j = \dfrac{1}{2}(e_j - \mathrm{i}Je_j), \\[2mm] \bar{\xi}_j = \dfrac{1}{2}(e_j + \mathrm{i}Je_j), \end{cases} \quad 1 \leqslant j \leqslant n, \qquad (2.26)$$

则 $\xi_j, \bar{\xi}_j$ 分别是 $V \otimes \boldsymbol{C}$ 中的 $(1,0)$ 型矢量和 $(0,1)$ 型矢量,并且它们构成 $V \otimes \boldsymbol{C}$ 的基底. 把确定 V 和 V^* 的对偶关系的配合作复线性扩张,则定理 2.1 中的 $\{\lambda^j, \bar{\lambda}^j, 1 \leqslant j \leqslant n\}$ 和 $\{\xi_j, \bar{\xi}_j, 1 \leqslant j \leqslant n\}$ 恰好是彼此对偶的基底. 实际上

$$\begin{aligned} \langle \xi_j, \lambda^k \rangle &= \frac{1}{2} \langle e_j - \mathrm{i}Je_j, e^{*k} - \mathrm{i}Je^{*k} \rangle \\ &= \frac{1}{2} \{ \langle e_j, e^{*k} \rangle - \langle Je_j, Je^{*k} \rangle \\ &\qquad - \mathrm{i}\langle Je_j, e^{*k} \rangle - \mathrm{i}\langle e_j, Je^{*k} \rangle \} \\ &= \delta_j^k, \end{aligned}$$

同理

$$\langle \bar{\xi}_j, \lambda^k \rangle = \langle \xi_j, \bar{\lambda}^k \rangle = 0, \quad \langle \bar{\xi}_j, \bar{\lambda}^k \rangle = \delta_j^k.$$

定义 2.2 设 V 是有复结构 J 的实矢量空间. 若 $H: V \times V \to \boldsymbol{C}$ 是二元复数值函数,它满足下列条件:

(1) 对任意的 $x_1, x_2, y \in V, a_1, a_2 \in \boldsymbol{R}$,则

$$H(a_1 x_1 + a_2 x_2, y) = a_1 H(x_1, y) + a_2 H(x_2, y);$$

(2) 对任意的 $x, y \in V$,则有

$$H(y, x) = \overline{H(x, y)};$$

(3) $H(Jx, y) = \mathrm{i}H(x, y)$,

则称 H 是实矢量空间 V 的一个 **Hermite 结构**.

若从 $H(x, y)$ 分出实部和虚部,写成

$$H(x, y) = F(x, y) + \mathrm{i}G(x, y), \qquad (2.27)$$

则 F 和 G 都是 V 上的实数值双线性函数. 从条件(2)得

$$F(y, x) + \mathrm{i}G(y, x) = F(x, y) - \mathrm{i}G(x, y),$$

所以

$$F(y, x) = F(x, y), \quad G(y, x) = -G(x, y), \qquad (2.28)$$

224

即 F 是对称双线性函数, G 是反对称双线性函数. 由条件(3)得

$$F(Jx,y) = -G(x,y), \quad G(Jx,y) = F(x,y). \quad (2.29)$$

由此可知

$$F(Jx,Jy) = F(x,y), \quad G(Jx,Jy) = G(x,y). \quad (2.30)$$

即 F 和 G 都是在 J 下是不变的. 因此, 在 V 上给定一个 Hermite 结构, 则在 V 上决定了两个在 J 下不变的实数值双线性函数, 其中一个是对称的, 另一个是反对称的, 这两者可以通过复结构 J 互相表示.

反过来, 如果在有复结构 J 的实矢量空间 V 上给定一个在 J 下不变的实数值对称双线性函数 F(或反对称双线性函数 G), 则通过(2.29)和(2.27)两式, 在 V 上确定了一个 Hermite 结构 H (请读者自己验证).

若 Hermite 结构 H 所对应的实数值对称双线性函数 $F(x,y)$ 是正定的, 则称 Hermite 结构 H 是正定的. 显然, 正定的 Hermite 结构 H 在 V 上定义了一个在 J 下不变的内积: 对于 $x,y \in V$, 命

$$x \cdot y = F(x,y) = \frac{1}{2}(H(x,y) + \overline{H(x,y)}). \quad (2.31)$$

现在把 Hermite 结构 H 用 V_C 中的基底 λ^k 表示出来. 设 $x,y \in V$, 则它们可表成

$$\begin{cases} x = \sum_{j=1}^{n}(x^j e_j + x^{n+j} J e_j), \\ y = \sum_{i=1}^{n}(y^i e_j + y^{n+j} J e_j), \end{cases} \quad x^j, y^j \in \mathbf{R}. \quad (2.32)$$

因此

$$H(x,y) = \sum_{j,k=1}^{n}(x^j + \mathrm{i} x^{n+j})(y^k - \mathrm{i} y^{n+k}) H(e_j, e_k). \quad (2.33)$$

另一方面, 由于 $\{e_j, J e_j, 1 \leqslant j \leqslant n\}$ 与 $\{e^{*j}, -J e^{*j}, 1 \leqslant j \leqslant n\}$ 的对偶性, 我们有

$$\lambda^j(x) = e^{*j}(x) - \mathrm{i} \cdot J e^{*j}(x)$$
$$= x^j + \mathrm{i} \cdot x^{n+j},$$

同理

$$\bar{\lambda}^k(y) = y^k - \mathrm{i} \cdot y^{n+k},$$

所以

$$H(x,y) = \sum h_{j\bar{k}} \lambda^j(x) \bar{\lambda}^k(y), \tag{2.34}$$

其中

$$h_{j\bar{k}} = H(e_j, e_k), \quad \bar{h}_{j\bar{k}} = h_{k\bar{j}}, \tag{2.35}$$

即

$$H = \sum h_{j\bar{k}} \lambda^j \otimes \bar{\lambda}^k. \tag{2.36}$$

因为 $G(x,y)$ 是 V 上实数值反对称双线性函数,所以它对应于一个二次外形式 $\hat{H}$,使得

$$\langle x \wedge y, \hat{H} \rangle = -G(x,y). \tag{2.37}$$

$\hat{H}$ 称为 Hermite 结构 H 的 **Kähler 形式**. 因为

$$\begin{aligned}
-G(x,y) &= \frac{\mathrm{i}}{2}(H(x,y) - \overline{H(x,y)}) \\
&= \frac{\mathrm{i}}{2} \sum_{jk} h_{j\bar{k}} (\lambda^j(x)\bar{\lambda}^k(y) - \lambda^j(y)\bar{\lambda}^k(x)) \\
&= \left\langle x \wedge y, \frac{\mathrm{i}}{2} \sum h_{j\bar{k}} \lambda^j \wedge \bar{\lambda}^k \right\rangle,
\end{aligned}$$

故

$$\hat{H} = \frac{\mathrm{i}}{2} \sum h_{j\bar{k}} \lambda^j \wedge \bar{\lambda}^k. \tag{2.38}$$

§3　近复流形

定义 3.1　设 M 是 m 维光滑流形. 设 J 是 M 上一个光滑的 $(1,1)$ 型张量场,即对每一点 $x \in M, J_x$ 是切空间 $T_x(M)$ 到自身的线性变换. 如果每一个 $J_x(x \in M)$ 都是切空间 $T_x(M)$ 的复结构,则称张量场 J 是 M 的一个**近复结构**. 给定一个近复结构的光滑流形

称为**近复流形**(almost complex manifold).

张量场 J 的光滑性是指：若 X 是 M 上的光滑切矢量场，则 JX 也是 M 上的光滑切矢量场. 显然，并不是所有的流形都有近复结构的；例如，根据定理 2.1 我们有

定理 3.1 近复流形必是偶维的可定向流形.

注记 偶维和可定向的条件并不足以保证流形有近复结构. Ehresmann 和 Hopf 证明了，四维球 S^4 不能有近复结构(参见参考文献[20]，第 217 页).

现设 M 是 $m=2n$ 维近复流形，用 A 记光滑的复数值$(1,0)$次微分式所成的空间，$\overline{A}$ 是 A 的复共轭空间，于是在每一点 $x \in M$ 有直和分解

$$T_x^*(M) \bigotimes \boldsymbol{C} = A_x \bigoplus \overline{A}_x. \tag{3.1}$$

设 $x^\alpha (1 \leqslant \alpha \leqslant 2n)$ 是流形 M 上的局部坐标系. 在切空间的自然基底 $\dfrac{\partial}{\partial x^\alpha}$ 下，近复结构 J 可以表成

$$J_x \left(\frac{\partial}{\partial x^\alpha} \right) = \sum_\beta a_\alpha^\beta(x) \frac{\partial}{\partial x^\beta}, \tag{3.2}$$

其中 a_α^β 是 M 的一个邻域上的光滑函数，并且

$$\sum_{\gamma=1}^{2n} a_\alpha^\gamma a_\gamma^\beta = -\delta_\alpha^\beta, \tag{3.3}$$

显然在每一点 $x \in M$，形式

$$\sum_\beta (a_\beta^\alpha + \mathrm{i}\delta_\beta^\alpha) \mathrm{d}x^\beta, \quad 1 \leqslant \alpha \leqslant 2n \tag{3.4}$$

是$(1,0)$次外形式. 根据 §2 的讨论，在这 $2n$ 个$(1,0)$次外形式中恰有 n 个是复线性无关的.

定理 3.2 复流形自然是一个近复流形.

证明 一个 n 维复流形 M 可以看作 $2n$ 维实光滑流形. 设 $\{z^k, 1 \leqslant k \leqslant n\}$ 是复流形 M 的局部坐标系，记 $z^k = x^k + \mathrm{i}y^k$，则 $\{x^k, y^k, 1 \leqslant k \leqslant n\}$ 是实流形 M 的局部坐标系，$\left\{ \dfrac{\partial}{\partial x^k}, \dfrac{\partial}{\partial y^k}, 1 \leqslant k \leqslant n \right\}$ 给出

了流形 M 在坐标域上的自然基底.

设在每一点 $x \in M$, 线性变换 $J_x: T_x(M) \to T_x(M)$ 定义为

$$J_x\left(\frac{\partial}{\partial x^k}\right) = \frac{\partial}{\partial y^k}, \quad J_x\left(\frac{\partial}{\partial y^k}\right) = -\frac{\partial}{\partial x^k}. \tag{3.5}$$

显然 $J_x^2 = -\mathrm{id}: T_x(M) \to T_x(M)$. 下面我们要证明, J_x 的定义与复坐标 z^k 的选取无关, 因而上面给出的线性变换场是 M 上大范围定义的近复结构.

为证明这一点, 设 w^k 是 x 附近的另一个局部复坐标系, 则 z^j 是 w^k 的全纯函数. 设 $w^k = u^k + iv^k$, 则有 Cauchy-Riemann 方程

$$\frac{\partial x^j}{\partial u^k} = \frac{\partial y^j}{\partial v^k}, \quad \frac{\partial x^j}{\partial v^k} = -\frac{\partial y^j}{\partial u^k}. \tag{3.6}$$

因此, (3.5)式所定义的 J_x 作用在 $\dfrac{\partial}{\partial u^k}, \dfrac{\partial}{\partial v^k}$ 上有

$$\begin{cases} J_x\left(\dfrac{\partial}{\partial u^k}\right) = J_x\left(\displaystyle\sum_j \frac{\partial x^j}{\partial u^k}\frac{\partial}{\partial x^j} + \sum_j \frac{\partial y^j}{\partial u^k}\frac{\partial}{\partial y^j}\right) = \dfrac{\partial}{\partial v^k}, \\[4mm] J_x\left(\dfrac{\partial}{\partial v^k}\right) = J_x\left(\displaystyle\sum_j \frac{\partial x^j}{\partial v^k}\frac{\partial}{\partial x^j} + \sum_j \frac{\partial y^j}{\partial v^k}\frac{\partial}{\partial y^j}\right) = -\dfrac{\partial}{\partial u^k}. \end{cases}$$

$$\tag{3.7}$$

即 J_x 在 $\left\{\dfrac{\partial}{\partial u^k}, \dfrac{\partial}{\partial v^k}, 1 \leqslant k \leqslant n\right\}$ 上的作用具有如(3.5)式给出的形式. 证毕.

(3.5)式所定义的近复结构称为复流形 M 的典型的近复结构. 这时

$$J_x(\mathrm{d}x^k) = -\mathrm{d}y^k, \quad J_x(\mathrm{d}y^k) = \mathrm{d}x^k, \tag{3.8}$$

所以 $\mathrm{d}z^k = \mathrm{d}x^k + \mathrm{i} \cdot \mathrm{d}y^k$ 是 $(1,0)$ 次微分式, $\mathrm{d}\bar{z}^k = \mathrm{d}x^k - \mathrm{i} \cdot \mathrm{d}y^k$ 是 $(0,1)$ 次微分式. 在切空间的复化空间 $T_x(M) \otimes \boldsymbol{C}$ 中, 命

$$\frac{\partial}{\partial z^k} = \frac{1}{2}\left(\frac{\partial}{\partial x^k} - \mathrm{i} \cdot \frac{\partial}{\partial y^k}\right), \quad 1 \leqslant k \leqslant n, \tag{3.9}$$

$$\frac{\partial}{\partial \bar{z}^k} = \frac{1}{2}\left(\frac{\partial}{\partial x^k} + \mathrm{i} \cdot \frac{\partial}{\partial y^k}\right), \quad 1 \leqslant k \leqslant n. \tag{3.10}$$

则它们分别是 $(1,0)$ 型切矢量和 $(0,1)$ 型切矢量, 合起来构成了

$T_x(M) \otimes C$ 的基底(见 §2 的(2.26)式).

十分自然的一个问题是：是否每一个 $2n$ 维近复流形都有复流形结构？当 $n=1$ 时,答案是肯定的；一般情形则不然.

假定近复结构在局部上由 n 个复线性无关的一次微分式 $\theta^k(1 \leqslant k \leqslant n)$ 所确定,使 θ^k 是相应的 $(1,0)$ 次微分式. $d\theta^k$ 是二次外微分式,它可表成

$$d\theta^k = \frac{1}{2} \sum_{j,l} A_{jl}^k \theta^j \wedge \theta^l + \sum_{j,l} B_{jl}^k \theta^j \wedge \bar{\theta}^l$$
$$+ \frac{1}{2} \sum_{j,l} C_{jl}^k \bar{\theta}^j \wedge \bar{\theta}^l, \tag{3.11}$$

其中 A_{jl}^k 和 C_{jl}^k 对下指标是反对称的. 条件

$$d\theta^k \equiv 0 \pmod{\theta^j} \tag{3.12}$$

与 $\{\theta^k\}$ 的选取是无关的. 因为若有另外 n 个 $(1,0)$ 次微分式 λ^k,它们也是复线性无关的,则可表成

$$\lambda^k = \sum_j \mu_j^k \theta^j, \tag{3.13}$$

其中 μ_j^k 是复数值光滑函数,并且 $\det(\mu_j^k) \neq 0$. 设

$$d\lambda^k = \frac{1}{2} \sum_{j,l} A_{jl}'^k \lambda^j \wedge \lambda^l + \sum_{j,l} B_{jl}'^k \lambda^j \wedge \bar{\lambda}^l$$
$$+ \frac{1}{2} \sum_{j,l} C_{jl}'^k \bar{\lambda}^j \wedge \bar{\lambda}^l, \tag{3.14}$$

则

$$C_{pq}'^k \mu_j^p \mu_l^q = C_{jl}^r \mu_r^k, \tag{3.15}$$

所以 $C_{jl}^k = 0$ 当且仅当 $C_{jl}'^k = 0$,这就是说(3.12)式等价于

$$d\lambda^k \equiv 0 \pmod{\lambda^j}.$$

因此(3.12)是在整个近复流形上有意义的条件.

定义 3.2　条件(3.12)称为近复流形 M 的**可积条件**. 如果在一个近复流形上可积条件成立,则称该近复流形是可积的.

二维近复流形总是可积的. 维数 $\geqslant 4$ 时,任意一个近复流形上总有一个不可积的近复结构；甚至原来是可积的近复结构,在稍作

扰动之后,便能成为一个不可积的近复结构;证明都并不容易.

设 M 是复流形,则对于 M 上典型的近复结构,$\mathrm{d}z^k$ 是 $(1,0)$ 次微分式. 取 $\theta^k = \mathrm{d}z^k$,则可积条件 (3.12) 显然成立,所以复流形上典型的近复结构总是可积的. 重要的是,逆命题也对.

定理 3.3 如果流形 M 上有一个可积的近复结构,则它必然是一个复流形结构诱导的典型的近复结构.

Newlander 和 Nirenberg 在近复结构是光滑的假定下给出了定理的证明[1]. Nijenhuis 和 Woolf,Kohn,以及 Hörmander 进一步证明了定理在更弱的可微性条件下也成立. 这些定理都很艰深,故不在此赘述.

当近复结构是实解析的情形,定理 3.3 很容易证明. 由于条件 (3.12) 成立,根据 Frobenius 定理,存在局部复坐标系 z^k,使得 $(1,0)$ 次微分式是 $\mathrm{d}z^k$ 的线性组合. 若在同一个邻域内有两个这样的坐标系 z^k 和 w^j,则 $\mathrm{d}w^j$ 是 $\mathrm{d}z^k$ 的线性组合. 这意味着 w^i 是 z^k 的全纯函数. 这些坐标系就在 M 上定义了复流形构造.

下面我们把可积条件用近复结构张量本身表达出来. 由 (3.2) 式,在局部坐标系 $x^\alpha (1 \leqslant \alpha \leqslant 2n)$ 下近复结构 J 的矩阵是 (a_α^β),它满足条件 (3.3). 所有的 $(1,0)$ 次微分式在局部上必然可以写成

$$\sum_\beta (a_\beta^\alpha + \mathrm{i}\delta_\beta^\alpha)\mathrm{d}x^\beta, \quad 1 \leqslant \alpha \leqslant 2n$$

的线性组合,因此可积条件 (3.12) 成为

$$
\begin{aligned}
&\mathrm{d}\Big(\sum_\beta (a_\beta^\alpha + \mathrm{i}\delta_\beta^\alpha)\mathrm{d}x^\beta \Big) \\
&= \sum_{\beta,\gamma} a_{\beta\gamma}^\alpha \, \mathrm{d}x^\gamma \wedge \mathrm{d}x^\beta \\
&\equiv 0 \, \Big(\mathrm{mod}\Big(\sum_\lambda (a_\lambda^\theta + \mathrm{i}\delta_\lambda^\theta)\mathrm{d}x^\lambda, \quad 1 \leqslant \theta \leqslant 2n \Big) \Big),
\end{aligned}
$$

$$\tag{3.16}$$

① 请参见 A. Newlander and L. Nirenberg,"Complex analytic coordinates in almost complex manifolds",*Ann. of Math*,**65**(1957),391~404.

其中

$$a^{\alpha}_{\beta\gamma} = \frac{\partial a^{\alpha}_{\beta}}{\partial x^{\gamma}} - \frac{\partial a^{\alpha}_{\gamma}}{\partial x^{\beta}}. \tag{3.17}$$

因为关于 $\mathrm{d}x^{\beta}$ 的线性方程组

$$\sum_{\beta} (a^{\alpha}_{\beta} + \mathrm{i}\delta^{\alpha}_{\beta}) \mathrm{d}x^{\beta} = 0, \quad 1 \leqslant \alpha \leqslant 2n \tag{3.18}$$

在 $T_x(M) \otimes C$ 中决定了 $(1,0)$ 型切矢量所成的复子空间,而后者是由 $(1,0)$ 型切矢量

$$\sum_{\alpha} (a^{\alpha}_{\beta} - \mathrm{i}\delta^{\alpha}_{\beta}) \frac{\partial}{\partial x^{\alpha}}, \quad 1 \leqslant \beta \leqslant 2n$$

张成的;因此,(3.18)的解组

$$y_{(\beta)} = (a^{1}_{\beta} - \mathrm{i}\delta^{1}_{\beta}, \cdots, a^{2n}_{\beta} - \mathrm{i}\delta^{2n}_{\beta}), \quad 1 \leqslant \beta \leqslant 2n \tag{3.19}$$

中的最大线性无关组给出了(3.18)的基本解组. 所以从(3.16)式得到

$$\sum_{\beta,\gamma} a^{\alpha}_{\beta\gamma}(a^{\beta}_{\lambda} - \mathrm{i}\delta^{\beta}_{\lambda})(a^{\gamma}_{\mu} - \mathrm{i}\delta^{\gamma}_{\mu}) = 0,$$

即

$$a^{\alpha}_{\beta\mu} a^{\beta}_{\lambda} - a^{\alpha}_{\beta\lambda} a^{\beta}_{\mu} = 0. \tag{3.20}$$

命

$$t^{\alpha}_{\beta\gamma} = a^{\alpha}_{\beta\rho} a^{\rho}_{\gamma} - a^{\alpha}_{\gamma\rho} a^{\rho}_{\beta}. \tag{3.21}$$

容易验证这是 M 上的 $(1,2)$ 型张量场,叫做近复结构 J 的**挠率张量**. 这样,上面的结果可叙述成:

定理 3.4 设 J 是流形 M 上的近复结构,则 J 是可积的充分必要条件是它的挠率张量为零.

定义 3.3 设 ω 是近复流形 M 上光滑的复数值外微分式. 若在每一点 $x \in M, \omega(x)$ 是 $T_x(M)$ 上的 (p,q) 次外形式,则称 ω 是 (p,q)**次外微分式**. 全体 (p,q) 次外微分式的集合记作 $A_{p,q}$.

很明显,$A_{p,q}$ 是复数值光滑函数环上的模,它有下列简单的性质:

(1) 若 $\alpha \in A_{p,q}$,则 $\bar{\alpha} \in A_{q,p}$;

(2) 若 $\alpha \in A_{p,q}, \beta \in A_{r,s}$，则 $\alpha \wedge \beta \in A_{p+r,q+s}$；

(3) $\mathrm{d}A_{p,q} \subset A_{p+2,q-1} + A_{p+1,q} + A_{p,q+1} + A_{p-1,q+2}$；

(4) 若 p 或 $q > n \left(= \dfrac{1}{2} \dim M \right)$，则 $A_{p,q} = 0$。

性质(3)需要作些说明．因为 $A_{p,q}$ 在局部上是由复数值光滑函数、$(1,0)$ 次外微分式和 $(0,1)$ 次外微分式生成的，然而

$$\mathrm{d}A_{0,0} \subset A_{1,0} + A_{0,1},$$

$$\mathrm{d}A_{1,0} \subset A_{2,0} + A_{1,1} + A_{0,2},$$

$$\mathrm{d}A_{0,1} \subset A_{2,0} + A_{1,1} + A_{0,2},$$

所以根据外微分的定义，用归纳法立即得到性质(3)．

设 $\omega \in A_{p,q}$．命

$$\partial \omega = \prod_{p+1,q} \mathrm{d}\omega, \quad \bar{\partial}\omega = \prod_{p,q+1} \mathrm{d}\omega. \tag{3.22}$$

则 $\partial: A_{p,q} \to A_{p+1,q}$ 和 $\bar{\partial}: A_{p,q} \to A_{p,q+1}$ 都是线性映射．

定理 3.5　设 J 是流形 M 上的近复结构，则 J 是可积的充分必要条件是

$$\mathrm{d} = \partial + \bar{\partial}. \tag{3.23}$$

证明　充分性．设 $\theta^k (1 \leqslant k \leqslant n)$ 是关于 J 的、在局部上线性无关的 $(1,0)$ 次微分式．由于 $\mathrm{d} = \partial + \bar{\partial}$，所以

$$\prod_{0,2} \mathrm{d}\theta^k = 0,$$

即可积条件

$$\mathrm{d}\theta^k \equiv 0 \pmod{\theta^j}, \quad 1 \leqslant k \leqslant n \tag{3.24}$$

成立．

必要性．若(3.24)成立，则

$$\mathrm{d}A_{1,0} \subset A_{2,0} + A_{1,1}, \quad \mathrm{d}A_{0,1} \subset A_{1,1} + A_{0,2}. \tag{3.25}$$

用归纳法不难证明

$$\mathrm{d}A_{p,q} \subset A_{p+1,q} + A_{p,q+1},$$

所以

$$\mathrm{d} = \partial + \bar{\partial}.$$

定理 3.6　流形 M 上的近复结构 J 是可积的,当且仅当

$$\bar{\partial}^2 = 0. \tag{3.26}$$

证明　必要性. 设 J 是可积的,则 $\mathrm{d} = \partial + \bar{\partial}$,因此

$$0 = \mathrm{d}^2 = \partial^2 + (\partial \circ \bar{\partial} + \bar{\partial} \circ \partial) + \bar{\partial}^2.$$

设 $\omega \in A_{p,q}$,则

$$\partial^2 \omega \in A_{p+2,q}, \quad (\partial \circ \bar{\partial} + \bar{\partial} \circ \partial)\omega \in A_{p+1,q+1}, \quad \bar{\partial}^2 \omega \in A_{p,q+2},$$

所以

$$\partial^2 \omega = 0, \quad (\partial \circ \bar{\partial} + \bar{\partial} \circ \partial)\omega = 0, \quad \bar{\partial}^2 \omega = 0. \tag{3.27}$$

故(3.26)式成立.

充分性. 设 $\bar{\partial}^2 = 0$. 若 F 是 M 上的复数值光滑函数,则可记

$$\mathrm{d}F = \sum_k F_k \theta^k + \sum_k G_k \bar{\theta}^k, \tag{3.28}$$

于是利用(3.11)式得到

$$\partial F = \sum_k F_k \theta^k, \quad \bar{\partial} F = \sum_k G_k \bar{\theta}^k, \tag{3.29}$$

$$\bar{\partial}^2 F = \prod_{0,2} \mathrm{d}(\bar{\partial} F) = \prod_{0,2} \mathrm{d}(\bar{\partial} - \mathrm{d})F$$

$$= -\prod_{0,2} \mathrm{d}(\partial F)$$

$$= -\frac{1}{2} \sum_{k,j,l} F_k C^k_{jl} \bar{\theta}^j \wedge \bar{\theta}^l. \tag{3.30}$$

因为对任意的 F 都有 $\bar{\partial}^2 F = 0$,所以 $C^k_{jl} = 0$,即可积条件成立.

现在假定 M 是 n 维复流形 局部复坐标系是 $z^k = x^k + \mathrm{i}y^k$,$1 \leqslant k \leqslant n$,则 $\mathrm{d}z^k$ 是 M 上关于典型的近复结构的 $(1,0)$ 次微分式. 因此,M 上的 (p,q) 次光滑的外微分式 α 在局部上可以表成

$$\alpha = \sum a_{k_1 \cdots k_p, \bar{l}_1 \cdots \bar{l}_q} \mathrm{d}z^{k_1}$$

$$\wedge \cdots \wedge \mathrm{d}z^{k_p} \wedge \mathrm{d}\bar{z}^{l_1} \wedge \cdots \wedge \mathrm{d}\bar{z}^{l_q}, \tag{3.31}$$

其中 $a_{k_1 \cdots k_p, \bar{l}_1 \cdots \bar{l}_q}$ 是复数值光滑函数.

若 f 是 M 上的复数值光滑函数,则

$$\mathrm{d}f = \sum_{k=1}^{n} \left(\frac{\partial f}{\partial x^k} \mathrm{d}x^k + \frac{\partial f}{\partial y^k} \mathrm{d}y^k \right)$$

$$= \sum_{k=1}^{n} \left(\frac{\partial f}{\partial z^k} \mathrm{d}z^k + \frac{\partial f}{\partial \bar{z}^k} \mathrm{d}\bar{z}^k \right),$$

其中 $\dfrac{\partial}{\partial z^k}$ 和 $\dfrac{\partial}{\partial \bar{z}^k}$ 分别是(3.9)和(3.10)两式定义的算子. 所以

$$\partial f = \sum_{k=1}^{n} \frac{\partial f}{\partial z^k} \mathrm{d}z^k, \quad \overline{\partial} f = \sum_{k=1}^{n} \frac{\partial f}{\partial \bar{z}^k} \mathrm{d}\bar{z}^k. \tag{3.32}$$

因此从(3.31)式得到

$$\partial \alpha = \sum \partial a_{k_1 \cdots k_p, \bar{l}_1 \cdots \bar{l}_q} \wedge \mathrm{d}z^{k_1}$$

$$\wedge \cdots \wedge \mathrm{d}z^{k_p} \wedge \mathrm{d}\bar{z}^{l_1} \wedge \cdots \wedge \mathrm{d}\bar{z}^{l_q}$$

$$= \sum \frac{\partial a_{k_1 \cdots k_p, \bar{l}_1 \cdots \bar{l}_q}}{\partial z^k} \mathrm{d}z^k$$

$$\wedge \mathrm{d}z^{k_1} \wedge \cdots \wedge \mathrm{d}z^{k_p} \wedge \mathrm{d}\bar{z}^{l_1} \wedge \cdots \wedge \mathrm{d}\bar{z}^{l_q}, \tag{3.33}$$

同理

$$\overline{\partial} \alpha = (-1)^p \sum \frac{\partial a_{k_1 \cdots k_p, \bar{l} \cdots \bar{l}_q}}{\partial \bar{z}^l} \mathrm{d}z^{k_1}$$

$$\wedge \cdots \wedge \mathrm{d}z^{k_p} \wedge \mathrm{d}\bar{z}^l \wedge \mathrm{d}\bar{z}^{l_1} \wedge \cdots \wedge \mathrm{d}\bar{z}^{l_q}. \tag{3.34}$$

若记

$$f(z^1, \cdots, z^n) = g(z^1, \cdots, z^n) + \mathrm{i}h(z^1, \cdots, z^n), \tag{3.35}$$

则

$$\frac{\partial f}{\partial \bar{z}^k} = \frac{1}{2} \left(\frac{\partial}{\partial x^k} + \mathrm{i} \frac{\partial}{\partial y^k} \right) (g + \mathrm{i}h)$$

$$= \frac{1}{2} \left(\frac{\partial g}{\partial x^k} - \frac{\partial h}{\partial y^k} \right) + \frac{\mathrm{i}}{2} \left(\frac{\partial h}{\partial x^k} + \frac{\partial g}{\partial y^k} \right). \tag{3.36}$$

由此引出:

定理 3.7 设 f 是复流形 M 上的复值光滑函数,则 f 是全纯函数的充分必要条件是 $\overline{\partial} f = 0$.

证明 f 的 Cauchy-Riemann 条件是

$$\frac{\partial g}{\partial x^k} = \frac{\partial h}{\partial y^k}, \quad \frac{\partial g}{\partial y^k} = -\frac{\partial h}{\partial x^k}, \quad 1 \leqslant k \leqslant n.$$

根据(3.32)和(3.36)两式,上面的条件与 $\bar{\partial} f = 0$ 是等价的,即 f 是全纯函数的条件是 $\bar{\partial} f = 0$.

如果 α 是 $(p,0)$ 次微分式,它在局部上表成

$$\alpha = \sum a_{k_1 \cdots k_p} \mathrm{d} z^{k_1} \wedge \cdots \wedge \mathrm{d} z^{k_p}.$$

当 $a_{k_1 \cdots k_p}$ 是全纯函数时,则由定理 3.6 得到

$$\mathrm{d}\alpha = \partial\alpha = \sum \frac{\partial a_{k_1 \cdots k_p}}{\partial z^k} \mathrm{d} z^k \wedge \mathrm{d} z^{k_1} \wedge \cdots \wedge \mathrm{d} z^{k_p}.$$

所以,算子 ∂ 把全纯的 $(p,0)$ 次微分式复线性地映射为全纯的 $(p+1,0)$ 次微分式.

§4 复矢量丛上的联络

在第三章 §1 已讨论过流形 M 上的矢量丛 (E,M,π). 当纤维型是 q 维复矢量空间 V 时,所得的矢量丛就是 M 上的复 q 维矢量丛. 这时,结构群是

$$\mathrm{GL}(V) \cong \mathrm{GL}(q;\boldsymbol{C}).$$

假定 M 是 m 维光滑流形,(E,M,π) 是 M 上的复 q 维矢量丛,则截面空间 $\Gamma(E)$ 有复线性结构,它也是 M 上光滑的复值函数环上的模. 在第四章 §1 关于实矢量丛上的联络的讨论可以平行地搬到复矢量丛 (E,M,π) 上来,只要把那里的实数域换成复数域即可. 在这里我们不再重复那些讨论了.

设 $\{s_\alpha, 1 \leqslant \alpha \leqslant q\}$ 是复矢量丛 E 在邻域 $U \subset M$ 上的局部标架场,则 E 上的联络 D 的作用可表为

$$\mathrm{D} s_\alpha = \sum_\beta \omega_\alpha^\beta s_\beta, \tag{4.1}$$

这里 ω_α^β 是 U 上的复数值一次微分式. 若用矩阵记号,(4.1)式可写成

$$DS = \omega \cdot S, \tag{4.2}$$

其中

$$S = {}^{t}(s_1, \cdots, s_q), \tag{4.3}$$

$$\omega = \begin{pmatrix} \omega_1^1 & \cdots & \omega_1^q \\ \vdots & & \vdots \\ \omega_q^1 & \cdots & \omega_q^q \end{pmatrix}. \tag{4.4}$$

因此,联络的曲率矩阵是

$$\Omega = (\Omega_\alpha^\beta) = d\omega - \omega \wedge \omega. \tag{4.5}$$

外微分(4.5)式则得 Bianchi 恒等式

$$d\Omega = \omega \wedge \Omega - \Omega \wedge \omega. \tag{4.6}$$

若取另一个局部标架场 S',设

$$S' = A \cdot S, \tag{4.7}$$

其中 $\det A \neq 0$,则有(见第四章 §1 的(1.29)式)

$$\Omega' = A \cdot \Omega \cdot A^{-1}. \tag{4.8}$$

上述变换公式启示我们给出下面的定义.

定义 4.1 若对于矢量丛 (E, M, π) 的每一个局部标架场 S 都指定了一个由 k 次外微分式组成的 $q \times q$ 阶矩阵 Φ_S,它们在标架场 S 作变换(4.7)时遵从变换规律

$$\Phi_{S'} = A \cdot \Phi_S \cdot A^{-1}, \tag{4.9}$$

则称 $\{\Phi_S\}$ 为**伴随型张量矩阵**.

因为联络矩阵 ω 在标架场 S 作变换(4.7)时的变换公式是

$$\omega' \cdot A = dA + A \cdot \omega, \tag{4.10}$$

所以外微分(4.9)式得到

$$d\Phi_S = dA \wedge \Phi_S \cdot A^{-1} + A \cdot d\Phi_S \cdot A^{-1}$$
$$+ (-1)^k A \cdot \Phi_S \wedge dA^{-1}.$$

用(4.10)式代入,整理后便有

$$D\Phi_{S'} = A \cdot D\Phi_S \cdot A^{-1}, \tag{4.11}$$

其中

$$\mathrm{D}\Phi_S = \mathrm{d}\Phi_S - \omega \wedge \Phi_S + (-1)^k \Phi_S \wedge \omega. \tag{4.12}$$

由此可见，$\{\mathrm{D}\Phi_S\}$ 仍是伴随型张量矩阵，其元素是 $k+1$ 次外微分式. 我们把 $\mathrm{D}\Phi_S$ 称为 Φ_S 的协变微分.

根据上面的定义，Bianchi 恒等式（4.6）说明曲率矩阵 Ω 的协变微分是零，即

$$\mathrm{D}\Omega = 0. \tag{4.13}$$

为记号简单起见，在讨论伴随型张量矩阵时，如果只在一个标架场下计算，常略去指示所在标架场的下指标 S.

将（4.12）式再一次协变微分，则得

$$\mathrm{D}^2\Phi = \Phi \wedge \Omega - \Omega \wedge \Phi \tag{4.14}$$

（请读者自证）. 我们把上式右端记作

$$[\Phi, \Omega] = \Phi \wedge \Omega - \Omega \wedge \Phi, \tag{4.15}$$

所以（4.14）式成为

$$\mathrm{D}^2\Phi = [\Phi, \Omega]. \tag{4.16}$$

现在考虑 $q \times q$ 阶矩阵 $A_i (1 \leqslant i \leqslant r)$ 的 r 重复线性函数 $P(A_1, \cdots, A_r)$. 若设

$$A_i = (a^i_{\alpha\beta}), \quad 1 \leqslant \alpha, \beta \leqslant q, \ 1 \leqslant i \leqslant r, \tag{4.17}$$

则函数 P 可表成

$$P(A_1, \cdots, A_r) = \sum_{1 \leqslant \alpha_i, \beta_i \leqslant q} \lambda_{\alpha_1 \cdots \alpha_r, \beta_1 \cdots \beta_r} a^1_{\alpha_1 \beta_1} \cdots a^r_{\alpha_r \beta_r}, \tag{4.18}$$

其中 $\lambda_{\alpha_1 \cdots \alpha_r, \beta_1 \cdots \beta_r}$ 是复数. 若对 $\{1, \cdots, r\}$ 的任意一个排列 σ 都有

$$P(A_{\sigma(1)}, \cdots, A_{\sigma(r)}) = P(A_1, \cdots, A_r), \tag{4.19}$$

则称 P 是对称的；若对任意的 $B \in \mathrm{GL}(q; C)$ 都有

$$P(BA_1B^{-1}, \cdots, BA_rB^{-1}) = P(A_1, \cdots, A_r), \tag{4.20}$$

则称 P 是不变多项式.

用下面的方法可以得到一系列对称的不变多项式. 设 I 是 $q \times q$ 阶单位矩阵，命

$$\det\left(I + \frac{\mathrm{i}}{2\pi} A\right) = \sum_{0 \leqslant j \leqslant q} \binom{q}{j} P_j(A), \tag{4.21}$$

其中 $P_j(A)$ 是 A 的元素的 j 次齐次多项式. 对于任意的非退化 q $\times q$ 阶矩阵 B,因为

$$I + \frac{\mathrm{i}}{2\pi} BAB^{-1} = B\left(I + \frac{\mathrm{i}}{2\pi} A \right) B^{-1},$$

所以

$$\det\left(I + \frac{\mathrm{i}}{2\pi} BAB^{-1} \right) = \det\left(I + \frac{\mathrm{i}}{2\pi} A \right), \qquad (4.22)$$

于是

$$P_j(BAB^{-1}) = P_j(A), \qquad (4.23)$$

即 $P_j(A)$ 是不变多项式.

设 $P_j(A_1,\cdots,A_j)$ 是 $P_j(A)$ 的完全极化多项式,即 $P_j(A_1,\cdots,A_j)$ 是 $A_1,\cdots,A_j$ 的 j 重对称的线性函数,并且使

$$P_j(A,\cdots,A) = P_j(A). \qquad (4.24)$$

容易证明 $P_j(A_1,\cdots,A_j)$ 可以用 $P_j(A)$ 表示出来,例如:

$$P_2(A_1,A_2) = \frac{1}{2}\{P_2(A_1 + A_2) - P_2(A_1) - P_2(A_2)\},$$

$$P_3(A_1,A_2,A_3)$$
$$= \frac{1}{6}\{P_3(A_1 + A_2 + A_3) - P_3(A_1 + A_2)$$
$$- P_3(A_1 + A_3) - P_3(A_2 + A_3) + P_3(A_1)$$
$$+ P_3(A_2) + P_3(A_3)\}.$$

$$(4.25)$$

所以 $P_j(A_1,\cdots,A_j)$ 是不变的对称的 j 重线性函数.

假定 $P(A_1,\cdots,A_r)$ 是不变多项式,将非退化矩阵 B 记成

$$B = I + B', \qquad (4.26)$$

则

$$B^{-1} = 1 - B' + \cdots, \qquad (4.27)$$

其中省略的部分包含了矩阵 B' 的元素的高次幂. 代入(4.20)式, 并取 B' 的线性部分,则得

238

$$\sum_{1 \leqslant i \leqslant r} P(A_1, \cdots, B'A_i - A_iB', \cdots, A_r) = 0. \qquad (4.28)$$

如果 A_i 是以外微分式为元素的矩阵[①],则(4.28)式仍旧成立.

设 A_i 是 d_i 次外微分式构成的矩阵,则对任意的一次微分式构成的 $q \times q$ 阶矩阵 θ 有

$$\sum_{1 \leqslant i \leqslant r} (-1)^{d_1 + \cdots + d_{i-1}} P(A_1, \cdots, \theta \wedge A_i, \cdots, A_r)$$

$$+ \sum_{1 \leqslant i \leqslant r} (-1)^{d_1 + \cdots + d_i + 1} P(A_1, \cdots, A_i \wedge \theta, \cdots, A_r)$$

$$= 0. \qquad (4.29)$$

要证明此式,只需注意 θ 是形如 $B' \cdot a$ 的矩阵之和,其中 B' 是 $q \times q$ 阶数量矩阵,a 是一次微分式.利用 P 的多重线性的性质;只要对 $\theta = B' \cdot a$ 验证(4.29)式即可.若将 $\theta = B' \cdot a$ 代入(4.29)的左端,则得

$$a \wedge \left\{ \sum_{1 \leqslant i \leqslant r} P(A_1, \cdots, B' \cdot A_i, \cdots, A_r) \right.$$

$$\left. - \sum_{1 \leqslant i \leqslant r} P(A_1, \cdots, A_i \cdot B', \cdots, A_r) \right\};$$

由(4.28)式,上式括号内为零,故(4.29)式成立.

不变多项式建立了联络的局部性质和整体性质之间的联系. 设 $P(A_1, \cdots, A_r)$ 是不变多项式,把 A_i 取成 d_i 次外微分式构成的伴随型张量矩阵,显然 $P(A_1, \cdots, A_r)$ 是与局部标架场的选取无关的 $d_1 + d_2 + \cdots + d_r$ 次外微分式,因而是在 M 上大范围定义的外微分式.根据(4.12)和(4.29)两式,

$$dP(A_1, \cdots, A_r)$$

$$= \sum_{1 \leqslant i \leqslant r} (-1)^{d_1 + \cdots + d_{i-1}} P(A_1, \cdots, dA_i, \cdots, A_r)$$

_____

① 若 $P(A_1, \cdots, A_r)$ 可表成(4.28)式,当 $A_i = (a_{\alpha\beta}^i)$ 是外微分式构成的矩阵时,则命

$$P(A_1, \cdots, A_r) = \sum_{1 \leqslant \alpha_i, \beta_i \leqslant q} \lambda_{\alpha_1 \cdots \alpha_r, \beta_1 \cdots \beta_r} a_{\alpha_1 \beta_1}^1 \wedge \cdots \wedge a_{\alpha_r \beta_r}^r.$$

$$= \sum_{1 \leqslant i \leqslant r} (-1)^{d_1 + \cdots + d_{i-1}} [P(A_1, \cdots, DA_i, \cdots, A_r)$$

$$+ P(A_1, \cdots, \omega \wedge A_i + (-1)^{d_i+1} A_i \wedge \omega, \cdots, A_r)]$$

$$= \sum_{1 \leqslant i \leqslant r} (-1)^{d_1 + \cdots + d_{i-1}} P(A_1, \cdots, DA_i, \cdots, A_r). \quad (4.30)$$

特别是,对于不变多项式 $P_j(A)$,取 A 为联络的曲率矩阵 Ω,则 $D\Omega = 0$,所以

$$\mathrm{d}P_j(\Omega) = 0, \quad (4.31)$$

即 $P_j(\Omega)$ 是在 M 上大范围定义的 $2j$ 次闭外微分式.

定理 4.1 设 (E, M, π) 是 m 维光滑流形 M 上的 q 维复矢量丛,Ω 和 $\widetilde{\Omega}$ 分别是对应于联络 ω 和 $\widetilde{\omega}$ 的曲率形式. 若 $P(A_1, \cdots, A_r)$ 是对称的不变多项式,则在 M 上存在 $2r-1$ 次外微分式 Q,使

$$P(\widetilde{\Omega}) - P(\Omega) = \mathrm{d}Q. \quad (4.32)$$

证明 命

$$\eta = \widetilde{\omega} - \omega. \quad (4.33)$$

若取另一个局部标架场 $S' = B \cdot S$,则

$$\widetilde{\omega}' \cdot B = \mathrm{d}B + B \cdot \widetilde{\omega},$$

$$\omega' \cdot B = \mathrm{d}B + B \cdot \omega,$$

其中 $\widetilde{\omega}', \omega'$ 分别表示在局部标架场 S' 下相应联络的矩阵. 所以 $\eta' = \widetilde{\omega}' - \omega'$ 和 η 有下面的关系式:

$$\eta' \cdot B = B \cdot \eta, \quad (4.34)$$

即 η 是伴随型张量矩阵,其元素是一次微分式. 命

$$\omega_t = \omega + t\eta, \quad 0 \leqslant t \leqslant 1, \quad (4.35)$$

则 ω_t 给出了依赖一个参数 t 的一族联络,在 $t=0$ 和 $t=1$ 时分别给出 ω 和 $\widetilde{\omega}$. 联络 ω_t 的曲率矩阵是

$$\Omega_t = \mathrm{d}\omega_t - \omega_t \wedge \omega_t = \Omega + t\mathrm{D}\eta - t^2\eta \wedge \eta, \quad (4.36)$$

所以

$$\frac{\mathrm{d}}{\mathrm{d}t}\Omega_t = \mathrm{D}\eta - 2t\eta \wedge \eta, \quad (4.37)$$

其中协变微分 D 是关于联络 ω 取的.

设 $P(A_1,\cdots,A_r)$ 是对称的不变多项式, 命

$$\begin{cases} P(A) = P(A,\cdots,A), \\ Q(B,A) = rP(B,A,\cdots,A), \end{cases} \tag{4.38}$$

则

$$\frac{\mathrm{d}}{\mathrm{d}t}P(\Omega_t) = rP\left(\frac{\mathrm{d}\Omega_t}{\mathrm{d}t},\Omega_t,\cdots,\Omega_t\right)$$

$$= Q(\mathrm{D}\eta,\Omega_t) - 2tQ(\eta \wedge \eta,\Omega_t). \tag{4.39}$$

根据协变微分的定义, 从 (4.36) 式得到

$$\mathrm{D}\Omega_t = t\mathrm{D}^2\eta - t^2\mathrm{D}(\eta \wedge \eta)$$

$$= t(\eta \wedge \Omega - \Omega \wedge \eta) + t^2(\eta \wedge \mathrm{D}\eta - \mathrm{D}\eta \wedge \eta)$$

$$= t[\eta,\Omega] + t^2[\eta,\mathrm{D}\eta]$$

$$= t[\eta,\Omega_t], \tag{4.40}$$

所以

$$\mathrm{d}\Omega(\eta,\Omega_t) = r\mathrm{d}P(\eta,\Omega_t,\cdots,\Omega_t)$$

$$= rP(\mathrm{D}\eta,\Omega_t,\cdots,\Omega_t)$$

$$\quad - r(r-1)P(\eta,\mathrm{D}\Omega_t,\Omega_t,\cdots,\Omega_t)$$

$$= Q(\mathrm{D}\eta,\Omega_t)$$

$$\quad - r(r-1)tP(\eta,[\eta,\Omega_t],\Omega_t,\cdots,\Omega_t). \tag{4.41}$$

在 (4.29) 式中命 $\theta = A_1 = \eta, A_2 = \cdots = A_r = \Omega_t$, 则得

$$2P(\eta \wedge \eta,\Omega_t,\cdots,\Omega_t)$$

$$\quad - (r-1)P(\eta,[\eta,\Omega_t],\Omega_t,\cdots,\Omega_t) = 0,$$

即

$$2Q(\eta \wedge \eta,\Omega_t) - r(r-1)P(\eta,[\eta,\Omega_t],\Omega_t,\cdots,\Omega_t) = 0. \tag{4.42}$$

比较 (4.41) 和 (4.42) 两式便有

$$\mathrm{d}Q(\eta,\Omega_t) = Q(\mathrm{D}\eta,\Omega_t) - 2tQ(\eta \wedge \eta,\Omega_t)$$

$$= \frac{\mathrm{d}}{\mathrm{d}t}P(\Omega_t). \tag{4.43}$$

两边对 t 积分,则得

$$P(\widetilde{\Omega}) - P(\Omega) = \mathrm{d}\left(\int_0^1 Q(\eta, \Omega_t)\mathrm{d}t\right),$$

命

$$Q = \int_0^1 Q(\eta, \Omega_t)\mathrm{d}t, \tag{4.44}$$

则 Q 就是定理所要求的 M 上的 $2r-1$ 次外微分式.

如同 (4.31) 式,$P(\Omega)$ 是闭外微分式. 如果它是实值外微分式,则它决定了流形 M 上的 de Rham 上同调群 $H^{2r}(M; \mathbf{R})$ 中的一个元素. 定理 4.1 的意义是:外微分式 $P(\Omega)$ 是依据联络而定义的,但是它所决定的 de Rham 上同调类与复矢量丛 E 上联络的取法是无关的. 现在我们要在复矢量丛 E 上引进 Hermite 结构;对于 Hermite 结构的容许联络来说,$P(\Omega)$ 确定是实值外微分式. 由此可见,每一个对称的不变多项式 P 对应着一个 de Rham 上同调类.

定义 4.2 设 V 是复矢量空间. 若有定义在 $V \times V$ 上的复值函数 $H(\xi, \eta)$,$\xi, \eta \in V$,满足下列条件:

(1) 对任意的 $\lambda_1, \lambda_2 \in \mathbf{C}$, $\xi_1, \xi_2, \eta \in V$ 有

$$H(\lambda_1 \xi_1 + \lambda_2 \xi_2, \eta) = \lambda_1 H(\xi_1, \eta) + \lambda_2 H(\xi_2, \eta);$$

(2) $\overline{H(\xi, \eta)} = H(\eta, \xi)$,

则称 $H(\xi, \eta)$ 是 V 上的 **Hermite 结构**. 若对任意的 $\xi \in V, \xi \neq 0$,都有

$$H(\xi, \xi) > 0,$$

则称 Hermite 结构 H 是正定的.

注记 设 J 是 $2n$ 维实矢量空间 V 上的复结构. 规定

$$\mathrm{i} \cdot X = JX, \quad X \in V, \tag{4.45}$$

则 V 成为 n 维复矢量空间. 这样,定义 2.2 所给出的有复结构的实矢量空间 V 上的 Hermite 结构,与定义 4.2 给出的复矢量空间 V 上的 Hermite 结构恰好是彼此对应的.

242

定义 4.3　设(E,M,π)是m维光滑流形M上的q维复矢量丛.若在每一点$x\in M$,以光滑的方式在纤维$\pi^{-1}(x)$上给定一个正定的 Hermite 结构,则称在E上给定了一个 Hermite 结构.有给定的 Hermite 结构的复矢量丛称为**Hermite 矢量丛**.

所谓"以光滑的方式"是指:若ξ,η是丛的任意两个光滑截面,则$H(\xi,\eta)$作为M上的复数值函数是光滑的.

根据单位分解定理不难证明(与流形M上黎曼度量存在性的证明相仿),在每个复矢量丛上必有 Hermite 结构.对于任意一个局部标架场

$$S = {}^{\mathrm{t}}(s_1,\cdots,s_q),$$

Hermite 结构H对应于一个 Hermite 矩阵

$$H_S = (h_{\alpha\bar{\beta}}) = {}^{\mathrm{t}}\overline{H}_S, \tag{4.46}$$

其中

$$h_{\alpha\bar{\beta}} = H(s_\alpha,s_\beta). \tag{4.47}$$

设$\xi=\sum_\alpha \xi^\alpha s_\alpha$,$\eta=\sum_\beta \eta^\beta s_\beta$,则

$$H(\xi,\eta) = \sum_{\alpha,\beta} h_{\alpha\bar{\beta}}\xi^\alpha\,\overline{\eta}^\beta. \tag{4.48}$$

定义 4.4　设 D 是 Hermite 矢量丛上的联络.若对于沿任意一条曲线平行的任意两个矢量场ξ,η,$H(\xi,\eta)$是常数,则称 D 是该矢量丛上的**容许联络**.

因为ξ和η沿曲线C是平行的,所以沿曲线C有

$$\mathrm{D}\xi^\alpha = \mathrm{d}\xi^\alpha - \sum_\beta \xi^\beta \omega^\alpha_\beta = 0,$$

$$\mathrm{D}\eta^\alpha = \mathrm{d}\eta^\alpha - \sum_\beta \eta^\beta \omega^\alpha_\beta = 0.$$

因此从(4.48)式得到

$$\mathrm{d}H(\xi,\eta) = \sum_{\alpha,\beta}\Big(\mathrm{d}h_{\alpha\bar{\beta}} - \sum_\gamma h_{\gamma\bar{\beta}}\omega^\gamma_\alpha - \sum_\gamma h_{\alpha\bar{\gamma}}\,\overline{\omega^\gamma_\beta}\Big)\xi^\alpha\,\overline{\eta}^\beta.$$

由此可见,ω是容许联络的条件是

$$\mathrm{d}h_{\alpha\bar{\beta}} - \sum_{\gamma} h_{\gamma\bar{\beta}}\omega_{\alpha}^{\gamma} - \sum_{\gamma} h_{\alpha\bar{\gamma}}\overline{\omega_{\beta}^{\gamma}} = 0, \tag{4.49}$$

或用矩阵记成

$$\mathrm{d}H = \omega \cdot H + H \cdot {}^{t}\bar{\omega}. \tag{4.50}$$

注记 在 Hermite 矢量丛上,容许联络是必然存在的. 请读者自证.

外微分(4.50)式,则得

$$\Omega \cdot H + H \cdot {}^{t}\overline{\Omega} = 0, \tag{4.51}$$

所以矩阵 $\Omega \cdot H$ 是 Hermite 反对称的. 这样,对于 Hermite 矢量丛 E 上的容许联络而言,

$$\begin{aligned}
\overline{\det\left(I + \frac{\mathrm{i}}{2\pi}\Omega\right)} &= \det\left(I - \frac{\mathrm{i}}{2\pi}\overline{\Omega}\right) \\
&= \det\left(I + \frac{\mathrm{i}}{2\pi}H^{-1} \cdot \Omega \cdot H\right) \\
&= \det\left(I + \frac{\mathrm{i}}{2\pi}\Omega\right),
\end{aligned}$$

所以

$$\overline{P_j(\Omega)} = P_j(\Omega).$$

因此,$P_j(\Omega)$ 是 M 上实数值 $2j$ 次闭外微分式. $P_j(\Omega)$ 所决定的 de Rham 上同调类 $c_j(E)$ 与 E 的 Hermite 结构及容许联络的选取无关,称为复矢量丛 E 的实系数的第 j 个**陈类**(Chern Class).

将行列式(4.21)展开,不难得到 $P_j(\Omega)$ 的表式是

$$P_j(\Omega) = \frac{1}{j!}\left(\frac{\mathrm{i}}{2\pi}\right)^{j} \sum_{1 \leqslant \alpha_r, \beta_r \leqslant q} \delta_{\beta_1 \cdots \beta_j}^{\alpha_1 \cdots \alpha_j} \Omega_{\alpha_1}^{\beta_1} \wedge \cdots \wedge \Omega_{\alpha_j}^{\beta_j}, \tag{4.52}$$

其中 $\Omega = (\Omega_{\alpha}^{\beta})$ 是 Hermite 矢量丛 E 的容许联络的曲率矩阵.

注记 如果 E 是 M 上以 V 为纤维型的 q 维实矢量丛. 命 $E \otimes C$ 是 E 的复化,它是以 q 维复矢量空间 $V \otimes C$ 为纤维型的复矢量丛. 设 c_{2j} 是复矢量丛 $E \otimes C$ 的第 $2j$ 个陈类,则称

$$p_j(E) = (-1)^j c_{2j} \in H^{4j}(M; R) \tag{4.53}$$

是第 j 个 **Pontrjagin 类**(参阅参考文献[14]). 如果实矢量丛 E 上

244

的联络 ω 的曲率矩阵是

$$\Omega = (\Omega_\alpha^\beta),$$

则 de Rham 上同调类 $p_j(E)$ 是由实数值 $4j$ 次闭外微分式

$$\frac{1}{(2j)!(2\pi)^{2j}} \sum_{1 \le \alpha_r, \beta_r \le q} \delta_{\beta_1 \cdots \beta_{2j}}^{\alpha_1 \cdots \alpha_{2j}} \Omega_{\alpha_1}^{\beta_1} \wedge \cdots \wedge \Omega_{\alpha_{2j}}^{\beta_{2j}} \quad (4.54)$$

决定的.

定义 4. 5 设 M 是 m 维复流形, $\pi: E \to M$ 是 M 上的 q 维复矢量丛. 若对于 M 上任意两个相交的局部坐标域 U 和 W, 转移函数

$$g_{UW}: U \bigcap W \to \mathrm{GL}(q;C)$$

都是全纯映射, 则称 E 是 M 上的**全纯矢量丛**.

若全纯矢量丛 E 的纤维型是复一维矢量空间, 则称它是复流形 M 上的**全纯线丛**.

显然, 全纯矢量丛的丛空间是一个复流形.

把 m 维复流形看作 $2m$ 维实流形有典型的近复结构, 那么 M 上关于典型近复结构的全体 $(1,0)$ 型切矢量构成的集合是复流形 M 上的全纯矢量丛, 称为复流形 M 的切丛. 这是因为, 对于 M 的任意一个局部复坐标系 $(z^1, \cdots, z^m)$, $\left(\dfrac{\partial}{\partial z^1}, \cdots, \dfrac{\partial}{\partial z^m} \right)$ 恰好构成切丛的局部标架场. 显然, 任意两个这样的标架场是全纯相关的, 所以切丛是全纯矢量丛.

设 $\gamma: U \to E$ 是全纯矢量丛 E 在邻域 $U \subset M$ 上的一个截面. 若 γ 是全纯映射, 则称 γ 是**全纯截面**. 设 S 和 S' 是两个全纯的局部标架场, 则在它们的公共定义域上有表达式

$$S' = A \cdot S, \quad (4.55)$$

其中 A 是全纯函数所组成的非退化矩阵.

定义 4. 6 设 D 是全纯矢量丛 (E, M, π) 上的一个联络. 若对任意一个全纯的局部标架场 S, 联络矩阵 ω 关于 M 上的典型近复结构是由 $(1,0)$ 次微分式组成的, 则称 D 是 $(1,0)$**型联络**.

上面的定义是有意义的,即 ω 是$(1,0)$型矩阵与局部标架场 S 的选择无关. 因为在全纯的局部标架场的变换(4.55)下,A 是由全纯函数组成的矩阵,所以由定理 3.6 可知,$\bar{\partial}A=0$. 因此

$$\omega' = \mathrm{d}A \cdot A^{-1} + A \cdot \omega \cdot A^{-1}$$
$$= \partial A \cdot A^{-1} + A \cdot \omega \cdot A^{-1},$$

如果 ω 是$(1,0)$型矩阵,则 ω' 也是;反之亦然.

若 E 是 Hermite 全纯矢量丛,则在 E 上有唯一确定的$(1,0)$型容许联络. 实际上,ω 是容许联络的条件是

$$\mathrm{d}H = \omega \cdot H + H \cdot {}^{t}\bar{\omega}.$$

若 ω 是$(1,0)$型矩阵,则 $\bar{\omega}$ 是$(0,1)$型矩阵,所以

$$\partial H = \omega \cdot H. \tag{4.56}$$

由此得到$(1,0)$型容许联络 ω 必须是

$$\omega = \partial H \cdot H^{-1}. \tag{4.57}$$

容易验证,上式确实给出了 E 上的一个联络.

Hermite 全纯矢量丛 E 上$(1,0)$型容许联络的曲率矩阵是

$$\Omega = \mathrm{d}(\partial H \cdot H^{-1}) - (\partial H \cdot H^{-1}) \wedge (\partial H \cdot H^{-1})$$
$$= -\partial\bar{\partial}H \cdot H^{-1} + \partial H \cdot H^{-1} \wedge \bar{\partial}H \cdot H^{-1}, \tag{4.58}$$

所以 Ω 是$(1,1)$次微分式构成的矩阵.

§5 Hermite 流形和 Kähler 流形

定义 5.1 设 M 是 m 维复流形. 若在 M 的切丛上给定一个正定的 Hermite 结构 H,则称 M 是 **Hermite 流形**.

对于局部复坐标系$(U;z^1,\cdots,z^m)$,切丛的局部标架场是

$$s_i = \frac{\partial}{\partial z^i}; \tag{5.1}$$

在本节,指标的取值范围规定为

$$1 \leqslant i,j,k,l \leqslant m,$$

并采用省略和号的和式约定. 命

$$h_{i\bar{k}} = h_{\bar{k}i} = H\left(\frac{\partial}{\partial z^i}, \frac{\partial}{\partial z^k}\right). \tag{5.2}$$

则

$$\bar{h}_{\bar{k}i} = h_{\bar{k}i}, \tag{5.3}$$

且矩阵 $H = (h_{i\bar{k}})$ 是正定的. 若 ξ, η 是 U 上两个 $(1,0)$ 型切矢量场, 它们可表成

$$\xi = \xi^i \frac{\partial}{\partial z^i}, \quad \eta = \eta^k \frac{\partial}{\partial z^k}, \tag{5.4}$$

其中 ξ^i, η^k 都是 U 上的复数值光滑函数, 则

$$H(\xi, \eta) = h_{i\bar{k}} \xi^i \bar{\eta}^k, \tag{5.5}$$

M 上的 Kähler 形式

$$\hat{H} = \frac{\mathrm{i}}{2} h_{i\bar{k}} \mathrm{d} z^i \wedge \mathrm{d}\bar{z}^k \tag{5.6}$$

是实数值 $(1,1)$ 型微分式.

切丛上的联络有挠率矩阵. 设与局部标架场 $S = {}^{\mathrm{t}}(s_1, \cdots, s_m)$ 对偶的余标架场是 $\sigma = (\sigma^1, \cdots, \sigma^m)$. 若有另一个局部标架场

$$S' = A \cdot S, \tag{5.7}$$

则对偶的余标架场是

$$\sigma' = \sigma \cdot A^{-1},$$

或

$$\sigma = \sigma' \cdot A. \tag{5.8}$$

外微分 (5.8) 式, 得

$$\mathrm{d}\sigma = \mathrm{d}\sigma' \cdot A - \sigma' \wedge \mathrm{d}A$$
$$= (\mathrm{d}\sigma' - \sigma' \wedge \omega')A + \sigma \wedge \omega,$$

即

$$\tau = \tau' \cdot A, \tag{5.9}$$

其中

$$\tau = \mathrm{d}\sigma - \sigma \wedge \omega, \quad \tau' = \mathrm{d}\sigma' - \sigma' \wedge \omega'. \tag{5.10}$$

τ 是复数值二次外微分式组成的 $(1 \times m)$ 阶矩阵, 称为在复流形的

切丛上的联络的挠率矩阵.

定理 5.1 设 M 是 Hermite 流形. D 是 M 的切丛上的 $(1,0)$ 型联络的充分必要条件是：它的挠率矩阵是由 $(2,0)$ 次微分式组成的.

证明 设 $\sigma = (\sigma^1, \cdots, \sigma^m)$ 是全纯标架场 S 的对偶的余标架场，则每一个 σ^i 是全纯的 $(1,0)$ 次微分式，即对于局部复坐标系 z^i, σ^i 可表成

$$\sigma^i = a^i_j \mathrm{d}z^j,$$

其中 a^i_j 是全纯函数. 因此

$$\overline{\partial}\sigma = 0. \tag{5.11}$$

联络矩阵 ω 可以唯一地分解成

$$\omega = \omega_1 + \omega_2, \tag{5.12}$$

其中 ω_1 和 ω_2 分别是 $(1,0)$ 次和 $(0,1)$ 次微分式组成的矩阵. 这样，挠率矩阵 τ 可表成

$$\tau = \mathrm{d}\sigma - \sigma \wedge \omega = (\partial\sigma - \sigma \wedge \omega_1) - \sigma \wedge \omega_2, \tag{5.13}$$

右端已分解成 $(2,0)$ 型矩阵和 $(1,1)$ 型矩阵之和. 由此可见，挠率矩阵是由 $(2,0)$ 次微分式组成的充分必要条件是

$$\sigma \wedge \omega_2 = 0. \tag{5.14}$$

假定 $\omega_2 = (\theta^k_j)$，则 (5.14) 式成为

$$\sigma^j \wedge \theta^k_j = 0, \tag{5.15}$$

根据 Cartan 引理得到

$$\theta^k_j = a^k_{ij} \sigma^i, \tag{5.16}$$

其中 a^k_{ij} 是复数值光滑函数. 因为 σ^j 是 $(1,0)$ 次微分式，而 θ^k_j 是 $(0,1)$ 次微分式，所以条件 (5.14) 等价于

$$a^k_{ij} = 0, \quad 即 \omega_2 = 0, \tag{5.17}$$

也就是 ω 是 $(1,0)$ 型的.

在叙述 $(1,0)$ 型联络的定义时要用到全纯标架场，而定理 5.1 给出的判别法只要求局部标架场是光滑的；因为 (5.9) 式表明，局

部标架场的变换(5.7)不改变挠率形式 τ^i 的双次,即不改变挠率矩阵的型. 这对研究 Hermite 流形是方便的,事实上规范标架场 $\{s_i; H(s_i, s_j) = \delta_{ij}\}$ 是光滑的,而不一定是全纯的.

根据上一节最后一段的讨论,在 Hermite 流形的切丛上存在唯一确定的 $(1,0)$ 型容许联络;它的挠率矩阵必是 $(2,0)$ 型的,曲率矩阵是 $(1,1)$ 型的. 通常把这个联络称为 Hermite 联络.

定义 5.2 如果 Hermite 流形 M 的 Kähler 形式 $\hat{H}$ 是闭外微分式,即

$$\mathrm{d}\hat{H} = 0, \tag{5.18}$$

则称 M 是 **Kähler 流形**.

定理 5.2 Hermite 流形 M 是 Kähler 流形的充分且必要条件是: M 上的 Hermite 联络的挠率矩阵是零.

证明 显然,在定理中所提到的两个条件都与标架场的选取是无关的,因此只要在自然标架(5.1)下验证定理就行了. 设与(5.1)对偶的余标架场是

$$\sigma = (\mathrm{d}z^1, \cdots, \mathrm{d}z^m),$$

所以 $\mathrm{d}\sigma = 0$. 因为 Hermite 联络是 $\omega = \partial H \cdot H^{-1}$,其中 H 如(5.2)式所给出,因此挠率矩阵 $\tau = 0$ 的充分必要条件是

$$\sigma \wedge \partial H = 0, \tag{5.19}$$

或

$$\sum_{i,j} \frac{\partial h_{i\bar{k}}}{\partial z^j} \mathrm{d}z^j \wedge \mathrm{d}z^i = 0,$$

$$\frac{\partial h_{i\bar{k}}}{\partial z^j} - \frac{\partial h_{i\bar{k}}}{\partial z^i} = 0, \qquad 1 \leqslant i, j, k \leqslant m. \tag{5.20}$$

但是 Kähler 形式 $\hat{H}$ 的外微分是

$$\mathrm{d}\hat{H} = \frac{\mathrm{i}}{2} \left(\frac{\partial h_{i\bar{k}}}{\partial z^j} \mathrm{d}z^j + \frac{\partial h_{i\bar{k}}}{\partial \bar{z}^j} \mathrm{d}\bar{z}^j \right) \wedge \mathrm{d}z^i \wedge \mathrm{d}\bar{z}^k$$

$$= \frac{\mathrm{i}}{2} \left\{ \frac{\partial h_{i\bar{k}}}{\partial z^j} \mathrm{d}z^j \wedge \mathrm{d}z^i \wedge \mathrm{d}\bar{z}^k \right.$$

$$-\overline{\frac{\partial h_{i\bar{k}}}{\partial z^j}\mathrm{d}z^j \wedge \mathrm{d}z^k \wedge \mathrm{d}\bar{z}^i}\Bigg\}. \qquad (5.21)$$

所以 $\mathrm{d}\hat{H}=0$ 与(5.20)式是等价的,定理证毕.

当局部标架场改变时,我们有下面的公式:

$$\begin{aligned}
S' &= A \cdot S, \\
\sigma &= \sigma' \cdot A, \\
\Omega' \cdot A &= A \cdot \Omega, \\
H' &= A \cdot H \cdot {}^{\mathrm{t}}\overline{A}.
\end{aligned} \qquad (5.22)$$

所以

$$\Omega' \cdot H' = A \cdot (\Omega \cdot H) \cdot {}^{\mathrm{t}}\overline{A}. \qquad (5.23)$$

另外,曲率矩阵 $\Omega \cdot H$ 是 Hermite 反对称的(§4 的(4.51)式),即

$$\Omega \cdot H = -\overline{{}^{\mathrm{t}}(\Omega \cdot H)}. \qquad (5.24)$$

因为 $\Omega \cdot H$ 是$(1,1)$次微分式构成的矩阵,所以可设

$$\begin{aligned}
\Omega \cdot H &= (\Omega_{i\bar{k}}), \\
\Omega_{i\bar{k}} &= \sum_{j,l} R_{i\bar{k}j\bar{l}}\, \sigma^j \wedge \bar{\sigma}^l.
\end{aligned} \qquad (5.25)$$

由(5.24)式得到

$$\Omega_{i\bar{k}} = -\overline{\Omega_{k\bar{i}}}, \qquad (5.26)$$

所以

$$R_{i\bar{k}j\bar{l}}\sigma^j \wedge \bar{\sigma}^l = -\overline{R_{k\bar{i}j\bar{l}}}\,\bar{\sigma}^j \wedge \sigma^l = \overline{R_{k\bar{i}l\bar{j}}}\,\sigma^j \wedge \bar{\sigma}^l,$$

即

$$R_{i\bar{k}j\bar{l}} = \overline{R_{k\bar{i}l\bar{j}}}. \qquad (5.27)$$

设 $A=(A_i^j)$,则(5.23)式就是

$$\Omega'_{i\bar{k}} = \sum_{p,q} A_i^p\,\overline{A}_k^q\,\Omega_{p\bar{q}},$$

其中 $\Omega' \cdot H' = (\Omega'_{i\bar{k}})$. 若仍记

$$\Omega'_{i\bar{k}} = \sum_{j,l} R'_{i\bar{k}j\bar{l}}\,\sigma'^j \wedge \bar{\sigma}'^l,$$

则

250

$$R'_{i\bar{k}j\bar{l}} = \sum_{p,q,u,v} A_i^p \overline{A}_k^q A_j^u \overline{A}_l^v R_{p\bar{q}u\bar{v}}. \tag{5.28}$$

取 M 在点 x 的 $(1,0)$ 型切矢量 ξ，它在标架场 S 和 S' 下分别有分量 ξ^i 和 ξ'^i，则

$$\xi^i = \sum_j A_j^i \xi'^j, \tag{5.29}$$

所以

$$\sum_{i,k,j,l} R'_{i\bar{k}j\bar{l}} \xi'^i \bar{\xi}'^k \xi'^j \bar{\xi}'^l$$

$$= \sum_{p,q,u,v} R_{p\bar{q}u\bar{v}} \xi^p \bar{\xi}^q \xi^u \bar{\xi}^v, \tag{5.30}$$

可见上述表达式不依赖于局部标架场的选取. 若 $(1,0)$ 型切矢量 $\xi \neq 0$，则命

$$R(x,\xi) = \frac{2\sum_{i,k,j,l} R_{i\bar{k}j\bar{l}} \xi^i \bar{\xi}^k \xi^j \bar{\xi}^l}{\left(\sum_{i,k} h_{i\bar{k}} \xi^i \bar{\xi}^k\right)^2}, \tag{5.31}$$

称为 Hermite 流形 M 在 (x,ξ) 的**全纯截面曲率**.

由 (5.22) 的第三式得到

$$\operatorname{Tr} \Omega' = \operatorname{Tr} \Omega. \tag{5.32}$$

因此 $\Phi = \operatorname{Tr} \Omega$ 是在 M 上大范围定义的 $(1,1)$ 型微分式，称为 Hermite 流形 M 的 Ricci 形式.

设 $h^{i\bar{k}}$ 是矩阵 H^{-1} 的元素，则

$$R = \sum_{i,k,j,l} R_{i\bar{k}j\bar{l}} h^{i\bar{k}} h^{j\bar{l}} \tag{5.33}$$

与局部标架场的选取也是无关的，并且

$$\overline{R} = \sum_{i,k,j,l} \overline{R_{i\bar{k}j\bar{l}}} \, \overline{h^{i\bar{k}}} \, \overline{h^{j\bar{l}}} = \sum_{i,k,j,l} R_{k\bar{i}l\bar{j}} h^{k\bar{i}} h^{l\bar{j}} = R,$$

所以 (5.33) 式定义了流形 M 上的一个实函数，称为 Hermite 流形的数量曲率.

紧致的 Kähler 流形在拓扑上有很强的限制，例如：紧致 Kähler 流形的第二个 Betti 数不能是零. 这是因为 Kähler 形式 $\hat{H}$

是实数值闭外微分式,所以它决定了第二个 de Rham 群 $H^2(M, \mathbf{R})$ 中的一个元素 u. 容易看到 $u \neq 0$. 实际上,根据 Kähler 形式的局部表达式

$$\hat{H} = \frac{\mathrm{i}}{2} \sum_{i,k} h_{i\bar{k}} \mathrm{d}z^i \wedge \mathrm{d}\bar{z}^k,$$

所以

$$\hat{H}^m = \left(\frac{\mathrm{i}}{2} \right)^m m!\, (\det H) \bigwedge_k (\mathrm{d}z^k \wedge \mathrm{d}\bar{z}^k).$$

因为矩阵 H 是正定的,$\det H > 0$,所以

$$\int_M \hat{H}^m > 0.$$

$\hat{H}^m$ 对应于 $H^{2m}(M, \mathbf{R})$ 中的元素 u^m(即指 m 个 u 的上积(cup product)),而 $\int_M \hat{H}^m$ 就是上同调类 u^m 在基本类 M 上的值. 因此 $u^m \neq 0, u \neq 0$,这就证明了上面的论断.

设 M 和 N 分别是 m 维和 n 维的复流形,$f: M \to N$ 是全纯映射. 若 $m \leqslant n$,且映射 f 的 Jacobi 矩阵的秩处处是 m,则称 f 是浸入. 如果 f 还是单一的,即对于任意的 $x \neq y \in M$,都有 $f(x) \neq f(y)$,则称 f 是嵌入.

定理 5.3 设 N 是 Kähler 流形,$f: M \to N$ 是全纯浸入,则 M 上有从 N 诱导的 Kähler 结构.

证明 设 $p \in M$,$(z^1, \cdots, z^n)$ 是流形 N 在点 $q = f(p)$ 的复坐标,$(w^1, \cdots, w^m)$ 是流形 M 在点 p 的复坐标系,则映射 f 在局部上可表成

$$z^\alpha = f^\alpha(w^1, \cdots, w^m).$$

设 N 上的 Hermite 结构是

$$H = \sum_{\alpha, \beta} h_{\alpha\bar{\beta}} \mathrm{d}z^\alpha \mathrm{d}\bar{z}^\beta,$$

Kähler 形式是

$$\hat{H} = \frac{\mathrm{i}}{2} \sum_{\alpha, \beta} h_{\alpha\bar{\beta}} \mathrm{d}z^\alpha \wedge \mathrm{d}\bar{z}^\beta,$$

并且 $d\hat{H} = 0$. 命

$$h'_{i\bar{j}} = \sum_{\alpha,\beta} (h_{\alpha\bar{\beta}} \circ f) \frac{\partial z^\alpha}{\partial w^i} \frac{\partial \bar{z}^\beta}{\partial \bar{w}^j},$$

则矩阵 $H' = (h'_{i\bar{j}})$ 仍然是正定的,它给出了 M 上的正定的 Hermite 结构

$$H' = \sum_{i,j} h'_{i\bar{j}} \, dw^i d\bar{w}^j,$$

其 Kähler 形式是

$$\hat{H}' = \frac{i}{2} \sum_{i,j} h'_{i\bar{j}} \, dw^i \wedge d\bar{w}^j.$$

显然

$$\hat{H}' = f^* \hat{H},$$

且

$$d\hat{H}' = d \circ f^* \hat{H} = f^* (d\hat{H}) = 0,$$

所以复流形 M 关于诱导的 Hermite 结构 H' 成为一个 Kähler 流形.

第八章　Finsler 几何

§1　引　言

在第五章已经讨论过黎曼几何学,即基于正定的(至少是非退化的)二次微分式

$$\mathrm{d}s^2 = g_{ij}(u)\mathrm{d}u^i \otimes \mathrm{d}u^j$$

的度量几何学,其中 u^i 是局部坐标, $g_{ij} = g_{ji}$ 是该流形上的光滑函数.

在本章,我们将考虑更一般的情形,不受度量形式是二次式的限制. 为此假定

$$\mathrm{d}s = F(u^1, \cdots, u^m; \mathrm{d}u^1, \cdots, \mathrm{d}u^m), \tag{1.1}$$

其中 $F(x; y)$ 是有 $2m$ 个自变量的非负光滑函数,并且仅当 $y = 0$ 时为零,称为 **Finsler 函数**. 还要求 $F(x; y)$ 关于自变量 y 是一阶齐次函数,即

$$
\begin{aligned}
&F(x^1, \cdots, x^m; \lambda y^1, \cdots, \lambda y^m) \\
&\quad = |\lambda| F(x^1, \cdots, x^m; y^1, \cdots, y^m), \quad \forall \lambda \in \mathbf{R}. \tag{1.2}
\end{aligned}
$$

黎曼在 1854 年所作的具有历史意义的就职演说中已经引进了这种情形[①]. 因此,更确切地说,以(1.1)式为基础的几何学应该称为 Riemann-Finsler 几何学. 为了简单起见,我们仍按习惯称之为 Finsler 几何,以此来承认 Finsler 在 1918 年的学位论文对该领域所作的贡献. Finsler 几何的出发点是微积分学的首要概念,也

---

① 关于该演说的英文译本及其评注请见参考文献[19, vol. Ⅱ, 1979 的第 4A 章和第 4B 章]. 与其有关的关于 Finsler 几何方面发展的评述请见 S. S. Chern, "Finsler geometry is just Riemannian geometry without the quadratic restriction", *Notice of AMS* (Sep. 1996), 959~963.

就是计算曲线的弧长,而其各种不同的应用则要求(1.1)式的普遍性.例如,固态物理涉及晶格,其几何自然是 Finsler 几何.在复流形上有 Cara- theodory 度量和 Kobayashi 度量等许多内蕴度量,一般说来,它们不是黎曼度量,而是 Finsler 度量.(关于 Finsler 几何应用的最新综述,请见 D. Bao, S. S. Chern and Z. Shen, ed. , *Finsler Geometry* (Proceedings of the Joint Summer Research Conference on Finsler Geometry, July 16~20, 1995, Seattle, Washington), Contemporary Mathematics, Vol. **196**, AMS, Providence (1996).)

我们在这里的论述起源于本书第一作者在 1948 年的一篇论文[①].这篇论文在很长一段时间里没有引起重视,但是,近些年来在这方面取得了显著的进展[②].在本章,我们将介绍从这个进展所引发的一系列重要的成果,借以说明 Finsler 度量是研究黎曼几何的更自然的出发点.

关键的观念是考虑 Finsler 流形 M 上的射影化切丛 PTM,或者球丛 SM,而不是按常规只考虑切丛 TM.而黎曼似乎尚未认识到这一点.比较射影化切丛 PTM 与球丛 SM 的优缺点是微妙的,对其作出判断则超出了本节的范围.在此我们只是指出:从几何观点看,采用 PTM 是更简单、更自然的做法;而无论是从理论上还是从应用的角度而言,SM 则容许一类更广泛的、有意义的 Finsler 空间.为简便起见,在我们的叙述中将采用 PTM,同时认为许多结果同样适用于 SM(关于 SM 情形的详细讨论请见参考文献[2]).

---

① S. S. Chern, "Local equivalence and Euclidean Connections in Finsler Spaces", *Science Report, Tsinghua University*, **5**(1948), 95~121. 也可参见 S. S. Chern, *Selected Papers*, Ⅱ(Springer-Verlag, 1989), 194~212.

② 参见: D. Bao and S. S. Chern, "On a notable Connection in Finsler geometry", *Houston J. of Math.*, **19**(1993), 135~180.

S. S. Chern, "Riemannian geometry as a special case of Finsler geometry", *Contemporary Math.*, **196**(1996), 51~58.

在以 PTM 为底流形的典型诱导丛 $p^*TM \rightarrow PTM$ 上能引进活动标架. 所谓的 Hilbert 形式是余标架场的一个特殊的截面, 它决定了 PTM 的一个切触结构. Hilbert 形式及余标架场的其余的截面的外微分导致唯一的无挠的、且"几乎与度量相容"的联络, 称为 Chern 联络, 它有特别的性质. 该联络可以看作是黎曼几何中 Christoffel-Levi-Civita 联络的推广, 为 Finsler 几何中的等价问题提供了一个解答.

Chern 联络的无挠性以及几乎与度量相容的性质也保证了 Finsler 几何中弧长的第一变分公式和第二变分公式具有如同在黎曼几何情形的熟悉的形式. 因此, 在黎曼几何中把曲率和拓扑联系起来的许多重要的定理都能够很容易地推广到 Finsler 几何的情形.

上面所述的一些想法将在以下各节作详细的解说. 关于 Chern 联络的存在性及其特别的性质叙述为定理 3.1 和定理 3.2 (Chern 定理), 这是本章的主要定理.

§2　射影化切丛 PTM 的几何与 Hilbert 形式

在本章, 如无特别的声明, 小写拉丁字母 (m 除外) 指标取 1 到 m 的值 (m 是指 Finsler 流形的维数); 小写希腊字母指标取 1 到 $m-1$ 的值.

定义 2.1　设 M 是一个 m 维流形. 如果在它上面的任意一条曲线

$$t \mapsto (u^1(t), \cdots, u^m(t)), \quad a \leqslant t \leqslant b$$

的长度 s 由积分

$$s = \int_a^b F\left(u^1, \cdots, u^m; \frac{\mathrm{d}u^1}{\mathrm{d}t}, \cdots, \frac{\mathrm{d}u^m}{\mathrm{d}t}\right) \mathrm{d}t \tag{2.1}$$

给出, 其中 F 是具有 §1 的 (1.1) 式下面所述的性质的函数, 则称 M 是一个 **Finsler 流形**.

注记 加在 F 上的一阶齐次的性质使得弧长 s 在曲线作参数变换时保持不变.

Finsler 流形 M 有切丛 $\pi: TM \to M$ 和余切丛 $\pi^*: T^*M \to M$. 在切丛 TM 上,把彼此差一个非零实因子的非零矢量等同起来,便得到 M 上的**射影化切丛** PTM. 从几何上看,PTM 是 M 上的线元所构成的空间. 设 $u^i, 1 \leqslant i \leqslant m$,是 M 上的局部坐标,则非零切矢量能够表示为

$$X = X^i \frac{\partial}{\partial u^i},$$

其中 X^i 不全为零. 于是 u^i, X^i 成为 TM 上的局部坐标,也是 PTM 上的局部坐标,只是把 X^i 看作齐次坐标(它们被确定到差一个非零实因子). 用 $p: PTM \to M$ 记丛投影

$$p(u^i, X^i) = (u^i).$$

我们的基本观念是考虑以 PTM 为底流形的诱导矢量丛 p^*TM. 这个丛的纤维是 m 维矢量空间,而底流形 PTM 的维数是 $2m-1$ (参看图 14). 因为函数 $F(u^i, X^i)$ 关于 X^i 是一阶齐次的,则由齐次函数的 Euler 定理得知

$$X^i \frac{\partial F}{\partial X^i} = F. \tag{2.2}$$

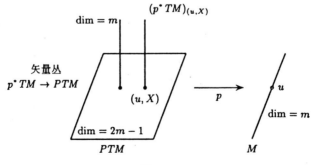

图 14

再次求导得到

$$X^i \frac{\partial^2 F}{\partial X^i \partial X^j} = 0. \tag{2.3}$$

后者表明 $\dfrac{\partial F}{\partial X^i}$ 是关于 X^i 的零阶齐次函数，因而也是 PTM 上的函数.

设 (v^j, Y^j) 是 PTM 上的另一个局部坐标系，则我们有

$$Y^i = \frac{\partial v^i}{\partial u^j} X^j, \tag{2.4}$$

因此

$$\frac{\partial F}{\partial X^i} = \frac{\partial F}{\partial Y^j} \cdot \frac{\partial v^j}{\partial u^i}. \tag{2.5}$$

由此可见，

$$\omega \equiv \frac{\partial F}{\partial X^i} \mathrm{d}u^i = \frac{\partial F}{\partial Y^i} \mathrm{d}v^i \tag{2.6}$$

与局部坐标的选取无关，是内在地定义在 PTM 上的 1-形式，称为 **Hilbert 形式**. 根据 Euler 定理（(2.2)式)，M 上的弧长积分(2.1) 能够改写为 Hilbert 的不变积分

$$s = \int_a^b \omega. \tag{2.7}$$

Hilbert 形式含有丰富的信息. 在下一节中我们将会看到通过它的外微分能产生具有特别性质的联络. Hilbert 已经认识到这个 1-形式在变分学中的几何意义，并作为他在 1900 年列举的著名的 23 个问题的最后一个问题①.

现在我们来计算外微分 $\mathrm{d}\omega$，并采用活动标架. 在这里，以及在今后的类似计算中，要紧的是要记住 p^*TM 的底流形是 PTM，因而所引进的微分式都是 PTM 上的微分式. PTM 上的微分式能够表示为 TM 上的微分式，只要后者在 X^i 乘以一个实数因子时保

---

① 关于 Hilbert 的第 23 个问题与 Finsler 几何的联系的评述，请见 S. S. Chern, "Remarks on Hilbert's 23rd Problem", *The Math. Intellig.*, **18**(1996), No. 4, 7~8.

持不变，并且在 $X^i \dfrac{\partial}{\partial X^i}$ 上的值为零①. 在这里，PTM 上的微分式都是这样来表示的，并且 PTM 上的外微分是通过 TM 上的外微分来获得的.

设

$$G = g_{ij}\,\mathrm{d}u^i \otimes \mathrm{d}u^j$$

$$= \frac{\partial^2}{\partial X^i \partial X^j}\Big(\frac{1}{2}F^2\Big)\mathrm{d}u^i \otimes \mathrm{d}u^j$$

$$= \Big(F\,\frac{\partial^2 F}{\partial X^i \partial X^j} + \frac{\partial F}{\partial X^i}\,\frac{\partial F}{\partial X^j}\Big)\mathrm{d}u^i \otimes \mathrm{d}u^j, \qquad (2.8)$$

这是内在地定义在 p^*TM 的纤维上的、对称的 2 阶协变张量（基本张量）. 假定这个张量是正定的（强凸性假设），并且称它为 **Finsler 度量**. 设

$$e_i = p_i^j\,\frac{\partial}{\partial u^j} \qquad (2.9)$$

---

① 设 $(u^i, X^i), i = 1, \cdots, m$，是 PTM 的局部坐标，其中 X^i 是齐次坐标. 假定
$$\omega = f_i\,\mathrm{d}X^i + g_i\,\mathrm{d}u^i$$
是 TM 上的 1-形式，它在 $X^i \dfrac{\partial}{\partial X^i}$ 上的值为零，并且在 X^i 乘以实数因子时保持不变，于是
$$f_i X^i = 0,$$
$$f_i(u^j, \lambda X^k) = \frac{1}{\lambda} \cdot f_i(u^j, X^k), \quad \lambda \neq 0,$$
且
$$g_i(u^j, \lambda X^k) = g_i(u^j, X^k), \quad \lambda \neq 0.$$
上面的第一个方程意味着
$$f_m = -\frac{f_\alpha X^\alpha}{X^m}.$$
因此
$$\omega = f_\alpha\,\mathrm{d}X^\alpha + f_m\,\mathrm{d}X^m + g_i\,\mathrm{d}u^i$$
$$= f_\alpha\Big(\mathrm{d}X^\alpha - \frac{X^\alpha}{X^m}\mathrm{d}X^m\Big) + g_i\,\mathrm{d}u^i$$
$$= f_\alpha\Big(u^i, \frac{X^\beta}{X^m}\Big)\mathrm{d}\Big(\frac{X^\alpha}{X^m}\Big) + g_i\Big(u^j, \frac{X^\beta}{X^m}\Big)\mathrm{d}u^i,$$
$$X^m \neq 0.$$
这是 PTM 上的 1-形式.

是矢量丛 p^*TM 的关于基本张量 G 的单位正交标架场,且设

$$\omega^j = q_k^j \mathrm{d} u^k \qquad (2.10)$$

是与其对偶的余标架场,所以

$$(e_i, e_j) \equiv p_i^l g_{lk} p_j^k = \delta_{ij},$$
$$\langle e_i, \omega^j \rangle = \delta_i^j. \qquad (2.11)$$

前者是单位正交性条件;后者是对偶性条件,等价于

$$p_i^j q_j^k = \delta_i^k, \qquad (2.12)$$

即 (p_i^j) 和 (q_j^k) 是互逆矩阵.

注记 在黎曼的情形,

$$F^2(u^i, X^j) = g_{ij}(u) X^i X^j, \qquad (2.13)$$

其中 g_{ij} 只是 u^i 的函数. 在 Finsler 几何的情形,一般说来(2.8)式中的 g_{ij} 是 u^i 和 X^i 的函数,但是关于 X^i 是零阶齐次的.因此 g_{ij} 是 PTM 上的函数.

现在指定 e_m, ω^m 分别是 p^*TM 和 p^*T^*M 的大范围截面,即

$$e_m = \frac{X^i}{F} \frac{\partial}{\partial u^i}, \qquad (2.14)$$

$$\omega^m = \frac{\partial F}{\partial X^i} \mathrm{d} u^i = \omega. \qquad (2.15)$$

这意味着

$$q_k^m = \frac{\partial F}{\partial X^k}, \quad p_m^l = \frac{X^l}{F}, \qquad (2.16)$$

代入(2.12)式得到

$$q_k^a X^k = 0, \quad \frac{\partial F}{\partial X^k} p_a^k = 0. \qquad (2.17)$$

根据(2.8)式前面的段落的讨论,以及 $\frac{\partial F}{\partial X^k}$ 关于 X^i 是零阶齐次函数的事实,倘若 $q_k^a(u^i, X^j)$ 关于 X^j 是零阶齐次的,则 $\omega^i (i=1, \cdots, m)$ 确实是 PTM 上的 1-形式.

在 PTM 上求 Hilbert 形式 ω 的外微分,得到

$$d\omega^m = \frac{\partial^2 F}{\partial u^i \partial X^k}du^i \wedge du^k + \frac{\partial^2 F}{\partial X^j \partial X^k}dX^j \wedge dX^k$$

$$= \frac{\partial^2 F}{\partial u^i \partial X^k}p_j^i p_l^k \omega^j \wedge \omega^l + \frac{\partial^2 F}{\partial X^j \partial X^k}p_l^k dX^j \wedge \omega^l. \quad (2.18)$$

根据 Euler 定理((2.3)式),上式最后一个表达式中 $dX^j \wedge \omega^m$ 的系数为零,由此得到

$$d\omega^m = \omega^\alpha \wedge \omega_\alpha^m, \quad (2.19)$$

其中 1-形式 ω_α^m 的最一般表达式是

$$\omega_\alpha^m = -p_\alpha^i \frac{\partial^2 F}{\partial X^i \partial X^j}dX^j + \frac{p_\alpha^i}{F}\left(\frac{\partial F}{\partial u^i} - X^j \frac{\partial^2 F}{\partial X^i \partial u^j}\right)\omega^m$$

$$+ p_\alpha^i p_\beta^j \frac{\partial^2 F}{\partial u^i \partial X^j}\omega^\beta + \lambda_{\alpha\beta}\omega^\beta \quad (\alpha = 1, \cdots, m-1). \quad (2.20)$$

在上式所引进的系数 $\lambda_{\alpha\beta}$ 必须满足条件 $\lambda_{\alpha\beta} = \lambda_{\beta\alpha}$,除此之外是任意的.下一节在求 Chern 联络时将会把 $\lambda_{\alpha\beta}$ 确定下来.

我们暂时离开主题来建立 Hilbert 形式的一个重要性质.

引理 1 *PTM* 上的 Hilbert 形式

$$\omega = \frac{\partial F}{\partial X^i}du^i$$

满足条件

$$\omega \wedge (d\omega)^{m-1} \neq 0. \quad (2.21)$$

证明 记 $A = \omega \wedge (d\omega)^{m-1}$. 取 $\omega^m = \omega$,并用(2.19)式求 $d\omega$,其中 ω_α^m 由(2.20)式给出,则得

$$A = \pm (m-1)! \bigwedge_i \omega^i \bigwedge_\alpha \omega_\alpha^m$$

$$= \pm (m-1)! \bigwedge_i \omega^i \bigwedge_\alpha p_\alpha^j \frac{\partial^2 F}{\partial X^j \partial X^k}dX^k. \quad (2.22)$$

由于外积的反交换性质,在 ω_α^m 的表达式(2.20)中涉及 ω^m 和 ω^β 的项全都消失了.根据(2.8)式,A 能够改写为

$$A = \pm \frac{(m-1)!}{F} \bigwedge_i \omega^i \bigwedge_\alpha p_\alpha^j\left(g_{jk} - \frac{\partial F}{\partial X^j}\frac{\partial F}{\partial X^k}\right)dX^k$$

261

$$= \pm \frac{(m-1)!}{F} \bigwedge_i \omega^i \bigwedge_\alpha p_\alpha^j g_{jk} \mathrm{d} X^k$$

$$= \pm \frac{(m-1)!}{F} \bigwedge_i \omega^i \bigwedge_\alpha q_i^\alpha \mathrm{d} X^i, \tag{2.23}$$

其中第二个等号用到了(2.17)式,第三个等号用到了(2.11)的第一式. 由于(q_i^j)是可逆矩阵,在非齐次坐标下,$q_i^\alpha \mathrm{d} X^i, \alpha = 1, \cdots, m-1$,仍然是线性无关的 1-形式. 最后,由于 ω^i 不涉及 $\mathrm{d} X^k$ (参见(2.10) 式),故 $2m-1$ 个 1-形式 $\omega^i, q_i^\alpha \mathrm{d} X^i$ 线性无关. 根据第二章定理 3.3,引理成立.

若 ω 乘以一个非零光滑函数,则(2.21)式仍然成立. 一般说来,若在一个 $2m-1$ 维流形上存在一个确定到差一个因子的 1-形式 ω 满足(2.21)式,则称该流形有一个**切触结构**;1-形式 ω 称为**切触形式**. 这样,流形 PTM 的一个重要性质是:它具有切触结构.

注记 维数为 $2m-1$ 的奇数维流形上的切触结构与维数为 $2m$ 的偶数维流形上的**辛结构**有密切关系. 所谓的辛结构是指该流形上的一个非退化的闭的 2-形式. 在 PTM 上以 Hilbert 形式 ω 为它的切触形式,则以 PTM 为底流形可构造一个线丛,使得在 $p \in PTM$ 的纤维是集合 $\lambda \omega_p, \lambda \neq 0$. 这个丛的维数是 $2m$,称为 PTM 的辛化流形,记为 S. 在 S 上能定义典型的 1-形式 ω',使得

$$\omega'_{p'}(T') = p'(\pi_* T'), \quad \forall \, p' \in S, \, T' \in T_{p'} S,$$

其中

$$\pi : S \to PTM$$

是丛投影 $(p, \lambda \omega_p) \mapsto p, \lambda \neq 0$. 在 S 上由 ω 诱导的唯一的一个辛结构是由非退化的 2-形式 $\mathrm{d}\omega'$ 给出的,其非退化性是由 ω 所满足的条件(2.21)保证的.

§3 Chern 联络

在与 Finsler 流形 M 有关的空间之间有下列图表:

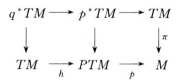

其中 $q = p \circ h$. 虽然在有些计算中也用到丛 q^*TM(参看(2.8)式前的注解以及§3.3的讨论),我们主要关心的是位于中间一列的丛.

如同在§2所指出的,丛 $p^*TM \to PTM$ 的纤维是 m 维矢量空间,并且由 PTM 上的函数组 g_{ij}, $\det(g_{ij}) \neq 0$,提供了数量积.选取单位正交标架场 $\{e_i\}$((2.9)式)和对偶标架场 $\{\omega^i\}$((2.10)式),使得单位正交性和对偶性条件(2.11)成立.丛上的联络由

$$\mathrm{D}e_i = \omega_i^j e_j \qquad (3.1)$$

给出,其中 ω_i^j 是 PTM 上的 1-形式.利用内在定义的张量场 $e_i \otimes \omega^i$,如果它的 Cartan 协变导数为零,即

$$\mathrm{D}(e_i \otimes \omega^i) = \omega_i^j e_j \wedge \omega^i + e_i \mathrm{d}\omega^i = 0, \qquad (3.2)$$

或者等价地, ω_i^j 满足条件

$$\mathrm{d}\omega^i = \omega^j \wedge \omega_j^i, \qquad (3.3)$$

则称该联络是**无挠的**(参看第五章,(1.37)式).

在本节,我们将建立一个惊人的事实:在 M 上给定 Finsler 结构之后,在矢量丛 $p^*TM \to PTM$ 上存在一个唯一确定的无挠联络.这个联络是黎曼几何 Christoffel-Levi-Civita 联络的推广,从而使得黎曼几何成为 Finsler 几何的特别情形.

3.1 联络的确定

确定所要求的无挠联络就是要决定满足(3.3)式的联络形式 ω_j^i. 对于 $i = m$, $\mathrm{d}\omega^m$ 已经由(2.19)式给出,其中 ω_a^m 的表达式是(2.20).若设

$$\omega_m^m = 0, \qquad \omega_a^m + \omega_m^a = 0, \qquad (3.4)$$

263

则 $d\omega^m$ 的表达式(2.19)和(3.3)式便一致起来了；并且，以后会看到(参看(3.46)式及其后面的讨论)方程(3.4)式的几何意义是：$G(e_i, e_m)$ 在 e_i, e_m 的平行移动下保持为常值，即 $DG(e_i, e_m)=0$.

对(2.10)式给出的 1 次微分式 ω^α 继续求外微分，得到

$$d\omega^\alpha = dq_j^\alpha \wedge du^j = p_i^j dq_j^\alpha \wedge \omega^i$$
$$= -q_j^\alpha dp_\beta^j \wedge \omega^\beta - q_j^\alpha dp_m^j \wedge \omega^m$$
$$= \omega^\beta \wedge q_j^\alpha dp_\beta^j + \omega^m \wedge \left(\frac{1}{F} q_j^\alpha dX^j \right), \quad (3.5)$$

在最后一个等号中已经用了(2.16)、(2.17)两式. 为了使(3.3)式对于 $i=\alpha$ 的情形成立，即

$$d\omega^\alpha = \omega^\beta \wedge \omega_\beta^\alpha + \omega^m \wedge \omega_m^\alpha, \quad (3.6)$$

并且 ω_m^α 满足条件(3.4)，则 $-\dfrac{1}{F} q_j^\alpha$ 必须等于(2.20)式中 dX^j 的系数，即

$$\frac{1}{F} q_j^\alpha = p_\alpha^i \frac{\partial^2 F}{\partial X^i \partial X^j},$$

或者

$$q_j^\beta \delta_{\beta\alpha} = p_\alpha^i G_{ij}, \quad (3.7)$$

其中

$$G_{ij} = F \cdot \frac{\partial^2 F}{\partial X^i \partial X^j} \quad (3.8)$$

是定义在 PTM 上的函数. 由于

$$p_m^i G_{ij} = X^i \frac{\partial^2 F}{\partial X^i \partial X^j} = 0$$

(参看(2.3)式)，因而从(3.7)式能够得到

$$G_{ij} = q_j^\beta \, \delta_{\beta k} \, q_i^k = \delta_{\alpha\beta} \, q_i^\alpha q_j^\beta. \quad (3.9)$$

将 $\omega_\alpha^m = -\omega_m^\alpha$ 的表达式(2.20)代入(3.6)式，并且与(3.5)式相对照得到

$$\omega_\beta^\alpha = q_k^\alpha dp_\beta^k - \delta^{\alpha\gamma} \left(p_\beta^i p_\gamma^j \frac{\partial^2 F}{\partial u^i \partial X^j} + \lambda_{\beta\gamma} \right) \omega^m + \mu_{\beta\gamma}^\alpha \omega^\gamma, \quad (3.10)$$

264

其中 $\mu^{\alpha}_{\beta\gamma}$ 是待定的系数.

经过直接计算得到

$$\delta_{\alpha\sigma}\omega^{\alpha}_{\rho} + \delta_{\alpha\rho}\omega^{\alpha}_{\sigma} = q^{\sigma}_{k}\mathrm{d}p^{k}_{\rho} + q^{\rho}_{k}\mathrm{d}p^{k}_{\sigma} + (\mu^{\sigma}_{\rho\gamma} + \mu^{\rho}_{\sigma\gamma})\omega^{\gamma}$$
$$- \Big(p^{i}_{\sigma}p^{j}_{\rho}\Big(\frac{\partial^2 F}{\partial u^i \partial X^j} + \frac{\partial^2 F}{\partial u^j \partial X^i}\Big) + 2\lambda_{\sigma\rho}\Big)\omega^{m}. \quad (3.11)$$

从(3.7)式得到

$$p^{i}_{\alpha}p^{j}_{\beta}G_{ij} = \delta_{\alpha\beta}, \quad (3.12)$$

于是

$$0 = \mathrm{d}p^{i}_{\alpha}p^{j}_{\beta}G_{ij} + p^{i}_{\alpha}\mathrm{d}p^{j}_{\beta}G_{ij} + p^{i}_{\alpha}p^{j}_{\beta}\mathrm{d}G_{ij},$$

再次用(3.7)式代入得到

$$- p^{i}_{\alpha}p^{j}_{\beta}\mathrm{d}G_{ij} = q^{\beta}_{i}\mathrm{d}p^{i}_{\alpha} + q^{\alpha}_{i}\mathrm{d}p^{i}_{\beta}. \quad (3.13)$$

注意到 G_{ij} 是 PTM 上的函数,并且 ω^i 和 ω^m_{α} 一起构成 PTM 上的余标架场(参看(2.23)式),故可设

$$\mathrm{d}G_{ij} = S^{\alpha}_{ij}\omega^{m}_{\alpha} + G_{ijl}\omega^{l}, \quad (3.14)$$

其中 S^{α}_{ij},G_{ijl} 关于 i,j 是对称的. 将(3.13)和(3.14)式代入(3.11)式得到

$$\delta_{\alpha\sigma}\omega^{\alpha}_{\rho} + \delta_{\alpha\rho}\omega^{\alpha}_{\sigma}$$
$$= - S^{\alpha}_{ij}p^{i}_{\sigma}p^{j}_{\rho}\omega^{m}_{\alpha} + (\mu^{\sigma}_{\rho\gamma} + \mu^{\rho}_{\sigma\gamma} - G_{ij\gamma}p^{i}_{\sigma}p^{j}_{\rho})\omega^{\gamma}$$
$$- \Big\{\Big(G_{ijm} + \frac{\partial^2 F}{\partial u^i \partial X^j} + \frac{\partial^3 F}{\partial u^j \partial X^i}\Big)p^{i}_{\sigma}p^{j}_{\rho} + 2\lambda_{\sigma\rho}\Big\}\omega^{m}.$$

如果取

$$\lambda_{\sigma\rho} = - \frac{1}{2}p^{i}_{\sigma}p^{j}_{\rho}\Big(G_{ijm} + \frac{\partial^2 F}{\partial u^i \partial X^j} + \frac{\partial^2 F}{\partial u^j \partial X^i}\Big) \quad (3.15)$$

$$\mu^{\alpha}_{\sigma\rho} = \frac{1}{2}\delta^{\alpha\gamma}(\xi_{\sigma\gamma\rho} + \xi_{\rho\gamma\sigma} - \xi_{\sigma\rho\gamma}), \quad (3.16)$$

其中

$$\xi_{\sigma\rho\gamma} = G_{ij\gamma}p^{i}_{\sigma}p^{j}_{\rho}, \quad (3.17)$$

则前面的式子成为

$$\delta_{\alpha\sigma}\omega^{\alpha}_{\rho} + \delta_{\alpha\rho}\omega^{\alpha}_{\sigma} = - S^{\alpha}_{ij}p^{i}_{\sigma}p^{j}_{\rho}\omega^{m}_{\alpha} \equiv 0 \ (\mathrm{mod}\ \omega^{m}_{\alpha}). \quad (3.18)$$

265

由此可见,在条件(3.3),(3.4)和(3.18)下联络形式 ω_i^j 是唯一确定的.

为了把 ω_i^j 具体地表示出来,需要求出 S_{ij}^α 和 G_{ijl} 的表达式. 将 (3.14)式在矢量 $Fp_\beta^k \dfrac{\partial}{\partial X^k}$ 上求值,其中的 ω_α^m 用(2.20)式代入,则得

$$F p_\beta^k \frac{\partial}{\partial X^k}\Big(F \cdot \frac{\partial^2 F}{\partial X^i \partial X^j}\Big) = - S_{ij}^\alpha p_\alpha^k p_\beta^l F \cdot \frac{\partial^2 F}{\partial X^k \partial X^l} = - S_{ij}^\alpha \delta_{\alpha\beta},$$

其中第二个等号用到了(3.12)式. 这样,由(2.11)式得到

$$S_{ij}^\alpha = - F p_\alpha^k \frac{\partial}{\partial X^k}\Big(F \cdot \frac{\partial^2 F}{\partial X^i \partial X^j}\Big) = - F q_l^\alpha g^{lk} \frac{\partial}{\partial X^k}\Big(F \cdot \frac{\partial^2 F}{\partial X^i \partial X^j}\Big).$$

$$(3.19)$$

将(3.14)式在 e_m 上求值,得到

$$G_{ijm} = \frac{X^k}{F} \frac{\partial}{\partial u^k}\Big(F \cdot \frac{\partial^2 F}{\partial X^i \partial X^j}\Big) - S_{ij}^\alpha \frac{p_\alpha^k}{F}\Big(\frac{\partial F}{\partial u^k} - X^l \frac{\partial^2 F}{\partial X^k \partial u^l}\Big).$$

$$(3.20)$$

将 S_{ij}^α 用(3.19)式代入,则右边的第二项成为

$$q_r^\alpha p_\alpha^k g^{rs} \frac{\partial}{\partial X^s}\Big(F \cdot \frac{\partial^2 F}{\partial X^i \partial X^j}\Big)\Big(\frac{\partial F}{\partial u^k} - X^l \frac{\partial^2 F}{\partial X^k \partial u^l}\Big)$$

$$= \Big(\delta_r^k - \frac{X^k}{F} \frac{\partial F}{\partial X^r}\Big) g^{rs} \frac{\partial}{\partial X^s}\Big(F \cdot \frac{\partial^2 F}{\partial X^i \partial X^j}\Big)\Big(\frac{\partial F}{\partial u^k} - X^l \frac{\partial^2 F}{\partial X^k \partial u^l}\Big)$$

$$= g^{ks} F \frac{\partial^3 F}{\partial X^s \partial X^i \partial X^j}\Big(\frac{\partial F}{\partial u^k} - X^l \frac{\partial^2 F}{\partial X^k \partial u^l}\Big),$$

$$(3.21)$$

其中第二个等号已经用了下面的事实:

$$g^{rs} \frac{\partial F}{\partial X^s} = \delta^{cd} p_c^r p_d^s \frac{\partial F}{\partial X^s} = \delta^{cd} p_c^r p_d^s q_s^m = \frac{X^r}{F}, \qquad (3.22)$$

$$\Big(\delta_r^k - \frac{X^k}{F} \frac{\partial F}{\partial X^r}\Big) g^{rs} \frac{\partial F}{\partial X^s} = \frac{X^r}{F}\Big(\delta_r^k - \frac{X^k}{F} \frac{\partial F}{\partial X^r}\Big) = 0, \quad (3.23)$$

$$\frac{X^k}{F}\Big(\frac{\partial F}{\partial u^k} - X^l \frac{\partial^2 F}{\partial X^k \partial u^l}\Big) = 0, \qquad (3.24)$$

在后面两式中都用到了 Euler 定理(参看(2.2)式).综合(3.21)和

(3.20)两式得到

$$G_{ijm} = X^k \frac{\partial^3 F}{\partial u^k \partial X^i \partial X^j} + \frac{X^k}{F} \frac{\partial F}{\partial u^k} \frac{\partial^2 F}{\partial X^i \partial X^j}$$

$$+ g^{ks} F \frac{\partial^3 F}{\partial X^s \partial X^i \partial X^j} \left(\frac{\partial F}{\partial u^k} - X^l \frac{\partial^2 F}{\partial X^k \partial u^l} \right). \quad (3.25)$$

为了确定 $G_{ij\beta}$，将(3.14)式在 e_β 上求值，得到

$$G_{ij\beta} = p_\beta^k \frac{\partial}{\partial u^k} \left(F \cdot \frac{\partial^2 F}{\partial X^i \partial X^j} \right) - S_{ij}^\alpha \langle \omega_\alpha^m, e_\beta \rangle$$

$$= p_\beta^k \frac{\partial}{\partial u^k} \left(F \cdot \frac{\partial^2 F}{\partial X^i \partial X^j} \right) - S_{ij}^\alpha \left(p_\alpha^k p_\beta^l \frac{\partial^2 F}{\partial u^k \partial X^l} + \lambda_{\alpha\beta} \right)$$

$$= p_\beta^k \frac{\partial}{\partial u^k} \left(F \cdot \frac{\partial^2 F}{\partial X^i \partial X^j} \right)$$

$$+ \frac{1}{2} S_{ij}^\alpha p_\alpha^k p_\beta^l \left(G_{klm} + \frac{\partial^2 F}{\partial X^k \partial u^l} - \frac{\partial^2 F}{\partial X^l \partial u^k} \right). \quad (3.26)$$

上式中的 S_{ij}^α 用(3.19)式代入后、并且根据(3.23)式得到

$$-\frac{1}{2} F \left(\delta_r^k - \frac{X^k}{F} \frac{\partial F}{\partial X^r} \right) p_\beta^l g^{rs} \frac{\partial}{\partial X^s} \left(F \cdot \frac{\partial^2 F}{\partial X^i \partial X^j} \right)$$

$$\cdot \left(G_{klm} + \frac{\partial^2 F}{\partial X^k \partial u^l} - \frac{\partial^2 F}{\partial X^l \partial u^k} \right)$$

$$= -\frac{1}{2} F^2 \left(\delta_r^k - \frac{X^k}{F} \frac{\partial F}{\partial X^r} \right) p_\beta^l g^{rs} \frac{\partial^3 F}{\partial X^s \partial X^i \partial X^j} \left(G_{klm} + \frac{\partial^2 F}{\partial X^k \partial u^l} - \frac{\partial^2 F}{\partial X^l \partial u^k} \right)$$

$$= -\frac{1}{2} F^2 p_\beta^l g^{ks} \frac{\partial^3 F}{\partial X^s \partial X^i \partial X^j} \left(G_{klm} + \frac{\partial^2 F}{\partial X^k \partial u^l} - \frac{\partial^2 F}{\partial X^l \partial u^k} \right)$$

$$- \frac{1}{2} X^k p_\beta^l \frac{\partial^2 F}{\partial X^i \partial X^j} \left(G_{klm} + \frac{\partial^2 F}{\partial X^k \partial u^l} - \frac{\partial^2 F}{\partial X^l \partial u^k} \right)$$

$$= -\frac{1}{2} p_\beta^l \left(G_{klm} + \frac{\partial^2 F}{\partial X^k \partial u^l} - \frac{\partial^2 F}{\partial X^l \partial u^k} \right)$$

$$\cdot \left(F^2 g^{ks} \frac{\partial^3 F}{\partial X^s \partial X^i \partial X^j} + X^k \frac{\partial^2 F}{\partial X^i \partial X^j} \right),$$

最后得到

$$G_{ij\beta} = p_\beta^l \left\{ -\frac{1}{2} \left(G_{klm} + \frac{\partial^2 F}{\partial X^k \partial u^l} - \frac{\partial^2 F}{\partial X^l \partial u^k} \right) \right.$$

$$\cdot \left(F^2 g^{ks} \frac{\partial^3 F}{\partial X^s \partial X^i \partial X^j} + X^k \frac{\partial^2 F}{\partial X^i \partial X^j} \right)$$

$$+ \frac{\partial F}{\partial u^i} \frac{\partial^2 F}{\partial X^i \partial X^j} + F \frac{\partial^3 F}{\partial u^i \partial X^i \partial X^j} \Big\}. \tag{3.27}$$

将(3.19),(3.25)和(3.27)各式代入 $\lambda_{\alpha\rho}, \mu^{\alpha}_{\alpha\rho}$ 的表达式,然后代入 $\omega^m_{\alpha}, \omega^{\beta}_{\alpha}$ 的表达式,则把联络形式 ω^j_i 用 Finsler 函数 F 及其导数和矢量丛 $p^*TM \to PTM$ 的局部标架场完全地表示出来了. 经过直接验证可知,上面求出的 ω^j_i 与 PTM 上的局部坐标系的选取无关,并且在矢量丛 $p^*TM \to PTM$ 的局部标架场 $\{e_i\}$ 的变换下遵循联络形式的变换规律. 由此可见,1 次微分式 ω^j_i 通过(3.1)式在矢量丛 $p^*TM \to PTM$ 上定义好一个联络. 我们把上面的结果概括成下列定理:

定理 3.1(Chern) 设 M 是一个 Finsler 流形,其 Finsler 函数为 F. 假定 $e_i = p^j_i \frac{\partial}{\partial u^j}, 1 \leqslant i \leqslant m$ 是矢量丛 $p^*TM \to PTM$ 上的单位正交标架场,$\omega^i = q^i_j du^j$ 是矢量丛 $p^*T^*M \to PTM$ 上与之对偶的单位正交余标架场,其中

$$e_m = \frac{X^i}{F} \frac{\partial}{\partial u^i}, \quad \omega^m = \frac{\partial F}{\partial X^i} du^i$$

是特定的大范围截面,这里 u^i, X^i 是 M 和 TM 的局部坐标系. 则在该矢量丛上有唯一的一个联络

$$D: \Gamma(p^*TM) \to \Gamma(T^*(PTM) \otimes p^*TM),$$

记为

$$De_i = \omega^j_i e_j,$$

满足下列条件:

$$d\omega^i = \omega^j \wedge \omega^i_j \quad (\text{无挠性}),$$
$$\omega^m_m = 0,$$
$$\omega^m_\alpha + \omega^\alpha_m = 0, \tag{3.38}$$
$$\omega^\beta_\alpha + \omega^\alpha_\beta \equiv 0 \pmod{\omega^m_\gamma} \quad (\text{几乎与度量相容性}).$$

该联络称为 **Chern 联络**.

为了以后应用的方便,我们把上面所得到的 Chern 联络形式

268

的表达式综述如下：

$$
\left\{
\begin{aligned}
&\omega_m^m = 0, \\
&\omega_\alpha^m = -\omega_m^\alpha \\
&\qquad = -p_\alpha^i \frac{\partial^2 F}{\partial X^i \partial X^j} dX^j + \frac{p_\alpha^i}{F}\left(\frac{\partial F}{\partial u^i} - X^j \frac{\partial^2 F}{\partial X^i \partial u^j}\right)\omega^m \\
&\qquad\quad - \frac{1}{2} p_\alpha^i p_\beta^j \left(G_{ijm} + \frac{\partial^2 F}{\partial X^i \partial u^j} - \frac{\partial^2 F}{\partial X^j \partial u^i}\right)\omega^\beta, \\
&\omega_\alpha^\beta = q_k^\beta dp_\alpha^k + \frac{1}{2}\delta^{\beta\gamma} p_\gamma^i p_\alpha^j \left(G_{ijm} + \frac{\partial^2 F}{\partial X^i \partial u^j} - \frac{\partial^2 F}{\partial X^j \partial u^i}\right)\omega^m \\
&\qquad\quad + \frac{1}{2}\delta^{\beta\gamma} p_\alpha^i p_\gamma^j p_\sigma^k (H_{ijk} + H_{kji} - H_{ikj})\omega^\sigma,
\end{aligned}
\right. \tag{3.29}
$$

其中

$$
\begin{aligned}
H_{ijk} &= -\frac{1}{2}\left(G_{klm} + \frac{\partial^2 F}{\partial X^k \partial u^l} - \frac{\partial^2 F}{\partial X^l \partial u^k}\right) \\
&\quad \cdot \left(F^2 g^{ls}\frac{\partial^3 F}{\partial X^s \partial X^i \partial X^j} + X^l \frac{\partial^2 F}{\partial X^i \partial X^j}\right) \\
&\quad + \frac{\partial F}{\partial u^k}\frac{\partial^2 F}{\partial X^i \partial X^j} + F\frac{\partial^3 F}{\partial u^k \partial X^i \partial X^j},
\end{aligned} \tag{3.30}
$$

$$
\begin{aligned}
G_{ijm} &= X^s \frac{\partial^3 F}{\partial u^s \partial X^i \partial X^j} + \frac{X^s}{F}\frac{\partial F}{\partial u^s}\frac{\partial^2 F}{\partial X^i \partial X^j} \\
&\quad + F g^{ks}\frac{\partial^3 F}{\partial X^k \partial X^i \partial X^j}\left(\frac{\partial F}{\partial u^s} - X^r \frac{\partial^2 F}{\partial X^s \partial u^r}\right).
\end{aligned} \tag{3.31}
$$

注记 在定理 3.1 中给出的线性无关的 Pfaff 形式 $\omega^i, \omega_i^j (i < j)$ 的个数恰好等于在 Finsler 情形主变量的总数：PTM 有 $2m-1$ 个局部坐标 u^i, X^i（记住 X^i 是齐次坐标）；另外，所考虑的单位正交标架场 $(e_i, \cdots, e_m)$ 有 $\frac{1}{2}(m-1)(m-2)$ 个自由度，其中 e_m 是由 (2.14) 式给出的. 这些线性无关的 Pfaff 形式为 Finsler 几何中的所谓等价问题（即决定两个 Finsler 度量何时在局部上是等价的）提供了一个解. 设两个 Finsler 度量分别是由 Finsler 函数 $F(u^i, X^i)$ 和 $F'(u'^i, X'^i)$ 给出的. 根据定理 3.1，对应的有两组线性无关

的 Pfaff 形式 (ω^i, ω_i^j) 和 (ω'^i, ω'_i^j). 则这两个 Finsler 度量是局部等价的,当且仅当在所考虑的空间之间存在一个可微同胚,使得

$$\omega^i = \omega'^i, \quad \omega_i^j = \omega'_i^j.$$

细节请看第 255 页的脚注①所列的论文.

3.2 Cartan 张量与黎曼几何的特征

我们可以把(3.18)式写成

$$\omega_\rho^a \delta_{a\sigma} + \omega_\sigma^a \delta_{a\rho} = 2A_{\rho\sigma a}^a \omega_a^m = -2A_{\rho\sigma a} \omega_m^a, \tag{3.32}$$

其中

$$A_{\rho\sigma a} = A_{\rho\sigma}^\beta \delta_{\beta a}, \tag{3.33}$$

$$A_{\rho\sigma}^a \equiv -\frac{1}{2} p_\rho^i p_\sigma^j S_{ij}^a. \tag{3.34}$$

如果扩充 A_{ijk} 的定义,使得在指标 i, j, k 中只要有一个取值为 m 时便假定

$$A_{ijk} = 0, \tag{3.35}$$

则(3.32)式能写成

$$\omega_{ik} + \omega_{ki} = -2A_{ikj} \omega_m^j, \tag{3.36}$$

其中

$$\omega_{ik} = \omega_i^j \delta_{jk}. \tag{3.37}$$

$(0,3)$ 型张量

$$A = A_{ijk} \omega^i \otimes \omega^j \otimes \omega^k \tag{3.38}$$

称为 Cartan 张量.

在(3.34)式中将 S_{ij}^a 用(3.19)式代入就能得到用 Finsler 函数 F 表示的 A_{ijk} 的表达式. 由(2.11)式可知

$$g^{lk} = p_r^l \delta^{rs} p_s^k,$$

于是

$$A_{\rho\sigma a} = \frac{F}{2} p_\sigma^j p_\rho^i p_a^k \left[\frac{\partial F}{\partial X^k} \frac{\partial^2 F}{\partial X^i \partial X^j} + F \frac{\partial^3 F}{\partial X^i \partial X^j \partial X^k} \right]. \tag{3.39}$$

270

由于(2.17)式,在上式中方括号里的第一项实际上不起作用,因此我们能够在方括号内增加类似的两项,从而把上式改写为

$$A_{\rho\sigma\alpha} = \frac{F}{2} p^j_\sigma p^i_\rho p^k_\alpha \left[\frac{\partial F}{\partial X^k} \frac{\partial^2 F}{\partial X^i \partial X^j} + \frac{\partial F}{\partial X^j} \frac{\partial^2 F}{\partial X^i \partial X^k} \right.$$

$$\left. + \frac{\partial F}{\partial X^i} \frac{\partial^2 F}{\partial X^j \partial X^k} + F \frac{\partial^3 F}{\partial X^i \partial X^j \partial X^k} \right]$$

$$= \frac{F}{2} \frac{\partial^3 (F^2/2)}{\partial X^i \partial X^j \partial X^k} p^j_\sigma p^i_\rho p^k_\alpha$$

$$= \frac{F}{2} \frac{\partial g_{ij}}{\partial X^k} p^j_\sigma p^i_\rho p^k_\alpha. \tag{3.40}$$

由(2.8)式和 Euler 定理得

$$X^j \frac{\partial g_{lk}}{\partial X^j} = X^l \frac{\partial g_{lk}}{\partial X^j} = X^k \frac{\partial g_{lk}}{\partial X^j} = 0, \tag{3.41}$$

故在(3.40)式中允许所有的指标取值从 1 到 m,最后得到

$$A_{ijk} = \frac{F}{2} \frac{\partial^3 (F^2/2)}{\partial X^r \partial X^s \partial X^t} p^r_i p^s_j p^t_k. \tag{3.42}$$

上面的方程给出的是 Cartan 张量关于 ω^i 的分量. 若考虑它关于自然基底 $\mathrm{d}u^i$ 的分量,则由(2.10),(2.12)及(2.8)式得到

$$A_{abc} = \frac{F}{2} \frac{\partial^3 (F^2/2)}{\partial X^a \partial X^b \partial X^c}$$

$$= \frac{F}{2} \frac{\partial g_{bc}}{\partial X^a} = \frac{F}{2} \frac{\partial g_{ab}}{\partial X^c} = \frac{F}{2} \frac{\partial g_{ac}}{\partial X^b}, \tag{3.43}$$

且

$$A = A_{abc} \mathrm{d}u^a \otimes \mathrm{d}u^b \otimes \mathrm{d}u^c. \tag{3.44}$$

显然,A_{ijk} 和 A_{abc} 关于下指标是全对称的. 根据(2.16)和(3.41)两式,由(3.42)式给出的 A_{ijk} 在其中一个指标取值为 m 时化为零,这与(3.35)式的要求是一致的.

因为

$$G = g_{ij} \mathrm{d}u^i \otimes \mathrm{d}u^j = \delta_{ij} \omega^i \otimes \omega^j, \tag{3.45}$$

从第四章的(1.47)式及前面的(3.36)式得到:对于任意给定的 v

$\in TM$ 有

$$(D_vG)(e_i,e_j) = -\langle v,\omega_i^j\rangle - \langle v,\omega_j^i\rangle$$
$$= 2A_{ijk}\langle v,\omega_m^k\rangle. \tag{3.46}$$

因此 $G(e_m,e_j)$ 和 $G(e_i,e_m)$ 沿所有的方向都是协变常数,同时 $G(e_\alpha,e_\beta)$ 沿着满足

$$\langle v,\omega_m^k\rangle = 0$$

的方向 v(即 e_m 沿该方向是平行的)是协变常数. 在这种情况下,我们称 Chern 联络是**几乎与度量相容的**,它和黎曼几何中的 Christoffel-Levi-Civita 联络(与度量的完全相容性)是相对照的.

方程(3.42)和(3.43)导致 Cartan 张量的最重要性质:Cartan 张量为零当且仅当 Finsler 度量 G(参看(2.12)式)是黎曼的,即 g_{ij} 与 X^k 无关. 本节的推导概括为下列定理,它是第五章的定理 1.3 在 Finsler 情形的推广.

定理 3.2(Chern) 在 Finsler 丛 $p^*TM \to PTM$ 上的 Chern 联络形式 ω_i^j 是结构方程

$$d\omega^i = \omega^j \wedge \omega_j^i \quad (\text{无挠性})$$

和

$$\omega_{ij} + \omega_{ji} = -2A_{ijk}\omega_m^k \quad (\text{几乎与度量相容性})$$

的唯一解,其中 $\omega_{ij} = \omega_i^k\delta_{kj}$,Cartan 张量

$$A = A_{ijk}\omega^i \otimes \omega^j \otimes \omega^k$$

由

$$A_{ijk} = \frac{F}{2} \cdot \frac{\partial^3(F^2/2)}{\partial X^r\partial X^s\partial X^t}p_i^r p_j^s p_k^t$$

给出. Finsler 度量 g_{ij} 是黎曼度量,当且仅当其 Cartan 张量为零. 而且,除非该 Finsler 结构是黎曼结构,否则无挠联络不可能同时与度量是完全相容的.

这样,我们所展开的理论包括黎曼几何作为特殊情形,Chern 联络是 Christoffel-Levi-Civita 联络的自然推广.

272

3.3 联络形式在局部坐标系下的表达式

我们从联络形式 ω_α^m 着手,把它们用自然基底 $\mathrm{d}u^i, \mathrm{d}X^i$ 表示出来. 为方便起见,定义下面各个量:

$$\mathscr{G} \equiv \frac{1}{2} F^2, \tag{3.47}$$

$$\begin{aligned}
\mathscr{G}_l &\equiv \frac{1}{2}\left(X^s \frac{\partial^2 \mathscr{G}}{\partial X^l \partial u^s} - \frac{\partial \mathscr{G}}{\partial u^l}\right) \\
&= \frac{1}{2}\left(X^s \frac{\partial F}{\partial u^s} \frac{\partial F}{\partial X^l} + X^s F \cdot \frac{\partial^2 F}{\partial X^l \partial u^s} - F \frac{\partial F}{\partial u^l}\right),
\end{aligned} \tag{3.48}$$

$$\mathscr{G}^i \equiv g^{il} \mathscr{G}_l. \tag{3.49}$$

首先,用(2.10)、(2.15)式把 ω_α^m 的(3.28)式改写为

$$\begin{aligned}
\omega_\alpha^m = &- p_\alpha^i \frac{\partial^2 F}{\partial X^i \partial X^j} \mathrm{d}X^j \\
&+ p_\alpha^i \left[\frac{X^j}{F} \frac{\partial F}{\partial X^k}\left(G_{ijm} + \frac{\partial^2 F}{\partial X^j \partial u^i} - \frac{\partial^2 F}{\partial X^i \partial u^j}\right)\right. \\
&\left.- \frac{1}{2}\left(G_{ikm} + \frac{\partial^2 F}{\partial X^i \partial u^k} - \frac{\partial^2 F}{\partial X^k \partial u^i}\right)\right] \mathrm{d}u^k.
\end{aligned} \tag{3.50}$$

借助于 G_{ijm} 的表达式(3.25),经过略微有点冗长、但是直接的代数运算之后,上式方括号内的表达式能够写成

$$\begin{aligned}
&- \frac{g_{it}}{F} \frac{\partial \mathscr{G}^t}{\partial X^k} + \frac{1}{2F} \cdot \frac{\partial F}{\partial X^i}\left\{F \cdot \frac{\partial^2 F}{\partial X^k \partial X^l} g^{tl}\left(\frac{\partial F}{\partial u^l} - X^r \frac{\partial^2 F}{\partial X^l \partial u^r}\right)\right. \\
&\left.+ \frac{\partial F}{\partial u^k} + X^r \frac{\partial^2 F}{\partial X^k \partial u^r}\right\}.
\end{aligned} \tag{3.51}$$

这样,ω_α^m 最后能表示成

$$\omega_\alpha^m = - p_\alpha^i \left[\frac{g_{ij}}{F} \frac{\partial \mathscr{G}^j}{\partial X^k} \mathrm{d}u^k + \frac{\partial^2 F}{\partial X^i \partial X^k} \mathrm{d}X^k\right], \tag{3.52}$$

其中已用到了(2.17)的第二式给出的对偶性条件. 现在把 ω_α^m 的(3.52)式,S_{ij}^α 的(3.19)式代入(3.14)式,然后把所得的方程在 e_k 上求值,便得到 G_{ijk} 的用局部坐标表示的更简单的表达式(把(3.25)式和(3.27)式合在一起):

$$G_{ijk} = p_k^l \left[\frac{\partial}{\partial u^i} \left(F \frac{\partial^2 F}{\partial X^i \partial X^j} \right) - \frac{\partial \mathscr{G}^r}{\partial X^i} \frac{\partial}{\partial X^r} \left(F \frac{\partial^2 F}{\partial X^i \partial X^j} \right) \right].$$

$$(3.53)$$

把上式代入(3.15)和(3.16)两式便得到 $\lambda_{\rho\sigma}$ 和 $\mu_{\rho\sigma}^a$ 在局部坐标系下的表达式.

现在利用局部坐标系 $u^i, X^i, i = 1, \cdots, m$,构造 $T(TM \backslash \{0\})$ 和 $T^*(TM \backslash \{0\})$ 的典型基底. 根据(3.4),(2.8)式,以及 $g_{ij} = q_i^k \delta_{kl} q_j^l$ (从(2.11)式得到),(3.52)式等价于

$$\omega_m^a = q_j^a \left(\frac{\mathrm{d}X^j}{F} + N_k^j \mathrm{d}u^k \right) = q_j^a \delta X^j, \qquad (3.54)$$

其中

$$N_j^i = \frac{1}{F} \frac{\partial \mathscr{G}^i}{\partial X^j}, \qquad (3.55)$$

$$\delta X^j = \frac{\mathrm{d}X^j}{F} + N_k^j \mathrm{d}u^k. \qquad (3.56)$$

注意到(3.54)式和用自然基底给出 ω^i 的表达式(2.10)的相似性,与 $T^*(PTM)$ 中的基底 $\omega^i = q_j^i \mathrm{d}u^j, \omega_m^a$ 对偶的、在 $T(PTM)$ 中的单位正交基底由

$$\hat{e}_i = p_i^j \frac{\delta}{\delta u^j}, \quad j = 1, \cdots, m \qquad (3.57)$$

和

$$\hat{e}_{m+a} = p_a^j \frac{\delta}{\delta X^j}, \quad \alpha = 1, \cdots, m-1 \qquad (3.58)$$

给出,其中

$$\frac{\delta}{\delta u^i} \equiv \frac{\partial}{\partial u^i} - F N_i^j \frac{\partial}{\partial X^j}, \qquad (3.59)$$

$$\frac{\delta}{\delta X^i} \equiv F \frac{\partial}{\partial X^i}. \qquad (3.60)$$

基底 $\left\langle \frac{\delta}{\delta u^i}, \frac{\delta}{\delta X^i} \right\rangle$ 和 $\{\mathrm{d}u^i, \delta X^i\}$ 自然是对偶的,它们分别是 $T(TM \backslash \{0\})$ 和 $T^*(TM \backslash \{0\})$ 的局部基底.

我们把单位正交标架场和余标架场与自然基底之间的关系总结成表1,其中位于两列的典型基底是彼此对偶的. 左端指明了各个 1-形式和矢量场所在的底流形.

表 1

PTM	$\omega^i = q^i_j \mathrm{d}u^j$ $\omega^a_m = q^a_j \delta X^j$	$\hat{e}_i = p^j_i \dfrac{\delta}{\delta u^j}$ $\hat{e}_{m+a} = p^j_a \dfrac{\delta}{\delta X^j}$
$TM \backslash \{0\}$	$\mathrm{d}u^i$ $\delta X^i = \dfrac{\mathrm{d}X^i}{F} + N^i_j \mathrm{d}u^j$	$\dfrac{\delta}{\delta u^i} = \dfrac{\partial}{\partial u^i} - F N^j_i \dfrac{\partial}{\partial X^j}$ $\dfrac{\delta}{\delta X^i} = F \dfrac{\partial}{\partial X^i}$

现在,我们已经为导出 Chern 联络

$$\mathrm{D}: \Gamma(p^*TM) \to \Gamma(p^*TM \otimes T^*(TM \backslash \{0\}))$$

在局部坐标系下的表达式作好了准备. 设

$$\mathrm{D}\frac{\partial}{\partial u^i} = \theta^j_i \frac{\partial}{\partial u^j}. \tag{3.61}$$

首先给出 θ^j_i 和 ω^b_a 之间的关系(规范变换). 将 D 用于(3.1)式得到

$$\mathrm{D}c_i = \omega^j_i c_j - \mathrm{D}\left(p^k_i \frac{\partial}{\partial u^k}\right),$$

因此

$$\omega^j_i p^l_j \frac{\partial}{\partial u^l} = \mathrm{d}p^l_i \frac{\partial}{\partial u^l} + p^k_i \theta^l_k \frac{\partial}{\partial u^l},$$

即

$$\omega^j_i p^l_j = \mathrm{d}p^l_i + p^k_i \theta^l_k.$$

将它与 q^j_l 作缩并得到

$$\omega^j_i = q^j_l(\mathrm{d}p^l_i + p^k_i \theta^l_k). \tag{3.62}$$

把上式倒过来得到

$$\theta^j_i = p^j_l(\mathrm{d}q^l_i + q^k_i \omega^l_k). \tag{3.63}$$

方程(3.62)和(3.63)和第四章的(1.12)式是等价的. 值得指出的是这些方程清楚地表明联络形式的非张量性质.

利用(3.62)式和对偶性条件(2.12),无挠性条件(3.3)等价于

$$\mathrm{d}u^i \wedge \theta_i^j = 0. \tag{3.64}$$

这意味着 Chern 联络形式 θ_i^j 不含有 $\mathrm{d}X^k$ 的项,即

$$\theta_i^j = \Gamma_{il}^j \mathrm{d}u^l. \tag{3.65}$$

(3.64)式还表明 Γ_{il}^j 关于下指标是对称的,即

$$\Gamma_{il}^j = \Gamma_{li}^j \tag{3.66}$$

(参看第四章的定义 2.2 和(2.31)式). 于是方程(3.61)能够写成

$$\mathrm{D}\frac{\partial}{\partial u^i} = \Gamma_{il}^j \mathrm{d}u^l \otimes \frac{\partial}{\partial u^j}. \tag{3.67}$$

要指出的是,诸如 $\mathrm{D}\dfrac{\partial}{\partial X^i}$ 的对象是没有定义的,因为协变微分 D 只作用在 p^*TM 和 p^*T^*M 的张量积的截面上.

为了得到在局部坐标系下反映出 Chern 联络的几乎与度量相容的性质的结构方程,我们把 D 用于

$$g_{ij} = G\left(\frac{\partial}{\partial u^i}, \frac{\partial}{\partial u^j}\right).$$

这样

$$\mathrm{d}g_{ij} = (\mathrm{D}G)\left(\frac{\partial}{\partial u^i}, \frac{\partial}{\partial u^j}\right) + G\left(\mathrm{D}\frac{\partial}{\partial u^i}, \frac{\partial}{\partial u^j}\right) + G\left(\frac{\partial}{\partial u^i}, \mathrm{D}\frac{\partial}{\partial u^j}\right).$$

$$\tag{3.68}$$

记

$$G = \delta_{ij} \omega^i \otimes \omega^j,$$

利用(3.46)式和(3.36)式得到

$$\begin{aligned}
\mathrm{D}G &= -(\omega_{ik} + \omega_{ki})\omega^i \otimes \omega^k \\
&= 2A_{ikl}\omega_m^j p_j^l \mathrm{d}u^i \otimes \mathrm{d}u^k \\
&= 2A_{ijk}\delta X^k \mathrm{d}u^i \otimes \mathrm{d}u^j, \tag{3.69}
\end{aligned}$$

其中 Cartan 张量的分量是 A_{ijk} 关于自然基底 $\mathrm{d}u^i$ 给出的(参看

276

(3.43) 式),在第三个等号中已用了(3.54)式. 因此

$$\mathrm{D}G\left(\frac{\partial}{\partial u^i}, \frac{\partial}{\partial u^j}\right) = 2A_{ijk}\delta X^k. \tag{3.70}$$

同时,利用(3.67)式得到

$$G\left(\mathrm{D}\frac{\partial}{\partial u^i}, \frac{\partial}{\partial u^j}\right) = \Gamma_{il}^k g_{kj}\,\mathrm{d}u^l = \Gamma_{ijl}\mathrm{d}u^l, \tag{3.71}$$

$$G\left(\frac{\partial}{\partial u^i}, \mathrm{D}\frac{\partial}{\partial u^j}\right) = \Gamma_{jl}^k g_{ik}\,\mathrm{d}u^l = \Gamma_{jil}\mathrm{d}u^l. \tag{3.72}$$

把上述方程代入(3.68)式,则得到几乎与度量相容的性质在局部坐标系下的表达式

$$\mathrm{d}g_{ij} = g_{kj}\theta_i^k + g_{ik}\theta_j^k + 2A_{ijk}\delta X^k. \tag{3.73}$$

比较 $\mathrm{d}u^k$ 的系数,且考虑到(3.56)式,则有

$$\Gamma_{ijk} + \Gamma_{jik} = \frac{\partial g_{ij}}{\partial u^k} - 2A_{ijl}N_k^l. \tag{3.74}$$

比较 $\mathrm{d}X^k$ 的系数,则再次得到 Cartan 张量的表达式(3.43).

现在来计算

$$(\Gamma_{ijk} + \Gamma_{jik}) - (\Gamma_{jki} + \Gamma_{kji}) + (\Gamma_{kij} + \Gamma_{ikj}).$$

利用(3.66)和(3.74)两式,我们求得

$$\Gamma_{ijk} = \frac{1}{2}\left(\frac{\partial g_{ij}}{\partial u^k} - \frac{\partial g_{ki}}{\partial u^j} + \frac{\partial g_{jk}}{\partial u^i}\right)$$

$$- \frac{F}{2}\left(\frac{\partial g_{ij}}{\partial X^l}N_k^l - \frac{\partial g_{ki}}{\partial X^l}N_j^l + \frac{\partial g_{jk}}{\partial X^l}N_i^l\right), \tag{3.75}$$

其中 N_j^i 由(3.55)式(以及下面的(3.79)式)给出. 注意到

$$\Gamma_{ik}^j = g^{jl}\Gamma_{ilk}, \tag{3.76}$$

便得 Γ_{ik}^j 的表达式.

如同在黎曼的情形一样,我们把表达式

$$\gamma_{ijk} = \frac{1}{2}\left(\frac{\partial g_{ij}}{\partial u^k} - \frac{\partial g_{ki}}{\partial u^j} + \frac{\partial g_{jk}}{\partial u^i}\right), \tag{3.77}$$

$$\gamma_{ik}^j = \frac{1}{2}g^{jl}\left(\frac{\partial g_{il}}{\partial u^k} - \frac{\partial g_{ki}}{\partial u^l} + \frac{\partial g_{lk}}{\partial u^i}\right) \tag{3.78}$$

分别称为第一种和第二种 Christoffel 记号. 为今后应用的方便起见, 我们把 N_j^i 用 Christoffel 记号和 Cartan 张量表示出来. 利用 (3.55), (3.49) 和 (3.78) 各式, 经过一些冗长的计算得到

$$N_j^i = \gamma_{jk}^i \frac{X^k}{F} - A_{jk}^i \gamma_{rs}^k \frac{X^r X^s}{F^2}, \tag{3.79}$$

其中

$$A_{jk}^i = g^{il} A_{ljk},$$

而 A_{ljk} 由 (3.43) 式给出. 从 (3.41) 和 (3.75) 两式得到

$$\Gamma_{jk}^i \frac{X^j}{F} = N_k^i, \tag{3.80}$$

或

$$N_k^i \mathrm{d} u^k = \theta_j^i \frac{X^j}{F}. \tag{3.81}$$

不妨把 (3.75) 式和第五章中给出黎曼几何的第一种 Christoffel 记号的 (1.34) 式进行对照. 显然, 在黎曼的情形, g_{ij} 只是 u^i 的函数, 张量

$$M_{ijk} \equiv F \frac{\partial g_{ij}}{\partial X^l} N_k^l \tag{3.82}$$

恒为零. 因此, 在这种情形, (3.75) 式的 Γ_{ijk} 化为第一种 Christoffel 记号, Chern 联络化为 Christoffel-Levi-Civita 联络. 所以, M_{ijk} 能够作为 Chern 联络偏离度量相容性的量度.

§4 结构方程和旗曲率

在本节, 我们将探讨 Chern 联络的曲率张量 Ω 的性质. 它们完全由描述无挠性和几乎与度量相容性的结构方程 (即方程 (3.3) 和 (3.36)) 所决定. 我们将看到 Ω 分成 R 和 P 两部分, 其中 R-部分是在第四章 §2 所引进的曲率张量的推广. R-部分、P-部分和 Cartan 张量一起在特殊 Finsler 空间的分类中担当基本的角色, 在 §4.3 中将给出它们的一些例子.

4.1 曲率张量

描述 Chern 联络无挠性的结构方程是((3.3)式)

$$d\omega^i = \omega^j \wedge \omega^i_j,$$

对此作外微分得到

$$\omega^k \wedge (d\omega^i_k - \omega^j_k \wedge \omega^i_j) = 0. \tag{4.1}$$

按照第四章的定义 1.2,我们把

$$\Omega^i_k = d\omega^i_k - \omega^j_k \wedge \omega^i_j \tag{4.2}$$

称为 Chern 联络的曲率形式. 作为 PTM 上的 2-形式,必定可以把它表示为形如 $\omega^i \wedge \omega^j$ 和 $\omega^i \wedge \omega^a_m$ 的 2-形式的线性组合. 而形如 $\omega^a_m \wedge \omega^\beta_m$ 的 2-形式将不会出现在表达式中,因为它们含有 $dX^i \wedge dX^j$ 的倍数(参看(3.52)式),与无挠性(见(4.1)式)相悖. 这样,Ω^i_k 的最一般的表达式是

$$\Omega^i_k = \frac{1}{2} R^i_{kjl} \omega^j \wedge \omega^l + P^i_{kja} \omega^j \wedge \omega^a_m, \tag{4.3}$$

在此,可以假定

$$R^i_{kjl} + R^i_{klj} = 0. \tag{4.4}$$

若在(4.3)式中没有 P-部分,则它在形式上与黎曼曲率的表达式(见第四章的(2.22)式)是一致的. 曲率张量的 R-部分称为水平-水平部分(h-h 部分),P 部分称为水平-垂直部分(h-v 部分). 我们把它们分别称为**第一种 Chern 曲率张量**和**第二种 Chern 曲率张量**. 我们将说明,曲率张量的这两个分离的部分和 Cartan 张量为特殊 Finsler 空间的分类提供了标识. 在 §3.2 中已经看到,Cartan 张量为零等价于该 Finsler 结构是黎曼结构. 在本章 §4.3 中,我们将会看到用曲率张量来刻画的 Finsler 空间的两个更重要的例子.

将(4.3)式代入(4.1)式,则得

$$\omega^k \wedge \left(\frac{1}{2} R^i_{kjl} \omega^j \wedge \omega^l + P^i_{kja} \omega^j \wedge \omega^a_m \right) = 0. \tag{4.5}$$

轮换指标 k, j, l 便得到另外两个类似的式子. 把它们相加,得到

$$\frac{1}{2}(R^i_{kjl} + R^i_{jlk} + R^i_{lkj})\omega^k \wedge \omega^j \wedge \omega^l$$

$$+ \frac{3}{2}(P^i_{kja} - P^i_{jka})\omega^k \wedge \omega^j \wedge \omega^a_m = 0, \qquad (4.6)$$

在(4.6)式中每一项的系数分别为零. 于是我们有 **Bianchi 恒等式**

$$R^i_{kjl} + R^i_{jlk} + R^i_{lkj} = 0, \qquad (4.7)$$

在形式上和黎曼几何中相应的恒等式是一致的(与第五章的(1.57)式相比较);另外,还有 P 的对称性质:

$$P^i_{kja} = P^i_{jka}. \qquad (4.8)$$

为了获得关于曲率张量 R 和 P 的更多信息,对 Chern 联络的几乎与度量相容性的结构方程(3.36)式求外微分. 利用(4.2)式及条件 $\omega^m_m = 0$,直接得到

$$\Omega_{ik} + \Omega_{ki} = \Omega^j_i \delta_{jk} + \Omega^j_k \delta_{ji}$$

$$= -2A_{kij}\Omega^j_m - 2(DA)_{kia} \wedge \omega^a_m, \qquad (4.9)$$

其中 DA 是 Cartan 张量 A 的协变导数(参看本章 §4.2 中的讨论),定义为

$$(DA)_{kia} = \mathrm{d}A_{kia} - A_{sia}\omega^s_k - A_{ksa}\omega^s_i - A_{Ais}\omega^s_a$$

$$= \frac{1}{2}(L_{kia\beta}\omega^\beta_m + Q_{kias}\omega^s). \qquad (4.10)$$

最后一个等号定义了张量 L, Q,分别称为 Cartan 张量的协变导数的垂直部分和水平部分. 由于 A 的全对称性,在上述方程中交换指标 k 和 i,则左边保持不变,因此

$$L_{kia\beta} = L_{ika\beta}, \qquad (4.11)$$

$$Q_{kias} = Q_{ikas}. \qquad (4.12)$$

进而在(4.10)式中命 $k = m$,并且利用 A_{ijk} 在其任意一个指标为 m 时化为零的事实,得到

$$Q_{mias} = 0. \qquad (4.13)$$

将(4.3)和(4.10)两式代入(4.9)式,则有

280

$$\frac{1}{2}(\delta_{ji}R^j_{kab} + \delta_{jk}R^j_{iab})\omega^a \wedge \omega^b + (\delta_{ji}P^j_{ksa} + \delta_{jk}P^j_{isa})\omega^s \wedge \omega^a_m$$

$$= -2A_{kij}\left(\frac{1}{2}R^j_{mab}\omega^a \wedge \omega^b + P^j_{msa}\omega^s \wedge \omega^a_m\right)$$

$$- L_{kia\beta}\omega^\beta_m \wedge \omega^a_m - Q_{kias}\omega^s \wedge \omega^a_m. \qquad (4.14)$$

右端涉及 $\omega^\beta_m \wedge \omega^a_m$ 的项必为零, 因此

$$L_{kia\beta} = L_{ki\beta a}. \qquad (4.15)$$

比较 (4.14) 式中 $\omega^a \wedge \omega^b$ 的系数, 则得

$$R_{kisl} + R_{iksl} = R^j_{ksl}\delta_{ji} + R^j_{isl}\delta_{jk}$$

$$= -2A_{kij}R^j_{msl}. \qquad (4.16)$$

这是第五章定理 1.4 所叙述的黎曼曲率张量的性质 (1) 的推广. 特别地, 在上式中命 $k = m$, 则有

$$R_{misl} + R_{imsl} = 0, \qquad (4.17)$$

因此

$$R_{mmsl} = 0. \qquad (4.18)$$

从 (4.4) 式和 Bianchi 恒等式 (4.7) 还能得到

$$R_{kmml} = R_{lmmk}. \qquad (4.19)$$

考虑到 (4.17) 式, 则 (4.19) 式等价于

$$R_{mkml} = R_{mlmk}. \qquad (4.20)$$

比较 (4.14) 式中 $\omega^s \wedge \omega^a_m$ 的系数能够得到另一个与 (4.16) 式类似的式子, 即

$$P_{kisa} + P_{iksa} = -2A_{kij}R^j_{msa} - Q_{kisa}, \qquad (4.21)$$

其中 $P_{kisa} = \delta_{ij}P^j_{ksa}$. 因而

$$2P_{kisa} = (P_{kisa} + P_{iksa}) - (P_{skia} + P_{ksia}) + (P_{iska} + P_{sika})$$

$$= -2A_{kij}P^j_{msa} + 2A_{skj}P^j_{mia} - 2A_{isj}P^j_{mka}$$

$$- Q_{kias} + Q_{skai} - Q_{isak}, \qquad (4.22)$$

其中第一个等号用到了 (4.8) 式. 令 $k = s = m$, 且由 (4.12), (4.13) 和 (3.40) 各式, 我们有

$$P_{mima} = 0. \tag{4.23}$$

若在(4.22)式中只令 $k=m$,且考虑到(4.21)式,则得

$$P_{misa} = -P_{imsa} = -\frac{1}{2}Q_{isam}. \tag{4.24}$$

因此

$$A_{ijk}P^{j}_{msa} = A_{ijk}\delta^{jl}P_{mlsa} = -\frac{1}{2}A^{j}_{ik}Q_{jsam}. \tag{4.25}$$

将(4.25)和(4.12)两式代入(4.22)式右端,则求得

$$P_{kisa} = \frac{1}{2}(A^{j}_{ik}Q_{jsam} - A^{j}_{ks}Q_{jiam} + A^{j}_{si}Q_{jkam})$$

$$- \frac{1}{2}(Q_{ikas} - Q_{ksai} + Q_{siak}). \tag{4.26}$$

这样,我们已经把第二个 Chern 曲率张量 P 用 Cartan 张量 A 及其协变导数的 Q 部分(水平部分)表示了出来. P 的对称性质由(4.8),(4.21)和(4.24)式给出.方程(4.21)和(4.26)蕴含着下列有用的事实:

引理 1 第二个 Chern 曲率张量 P^{j}_{isa} 为零当且仅当 Cartan 张量 A 的协变导数的水平部分 Q_{kias} 为零.

在结束本小节时我们要把第一个 Chern 曲率张量 R 用局部坐标系表示出来.回想起本章 §3.3 中的表 1 及方程(3.61)和(3.64),则(4.3)式等价于

$$\Omega^{i}_{k} = \mathrm{d}\theta^{i}_{k} - \theta^{j}_{k} \wedge \theta^{i}_{j}$$

$$= \frac{1}{2}R^{i}_{kjl}\mathrm{d}u^{j} \wedge \mathrm{d}u^{l} + P^{i}_{kjl}\mathrm{d}u^{j} \wedge \delta x^{l}, \tag{4.27}$$

其中 δX^{l} 由(3.56)式给出.考虑到无挠性条件(3.64),我们有

$$\mathrm{d}\theta^{i}_{k} = \mathrm{d}\Gamma^{i}_{kj} \wedge \mathrm{d}u^{j}. \tag{4.28}$$

引入新的量

$$\frac{\delta\Gamma^{i}_{kj}}{\delta u^{l}} = \left\langle \mathrm{d}\Gamma^{i}_{kj}, \frac{\delta}{\delta u^{l}} \right\rangle, \tag{4.29}$$

其中 $\dfrac{\delta}{\delta u^i}$ 由(3.59)式给出.将(4.27)式两边在 $\dfrac{\delta}{\delta u^j}, \dfrac{\delta}{\delta u^l}$ 上求值得到

$$R_{kjl}^j = \frac{\delta \Gamma_{kl}^i}{\delta u^j} - \frac{\delta \Gamma_{kj}^i}{\delta u^l} + \Gamma_{kl}^h \Gamma_{hj}^i - \Gamma_{kj}^h \Gamma_{hl}^i . \tag{4.30}$$

不妨把此式与黎曼几何中结构完全相同的公式进行对照(参看第四章的(2.23)式,在那里 $\dfrac{\delta \Gamma_{kl}^i}{\delta u^j}$ 用 $\dfrac{\partial \Gamma_{kl}^i}{\partial u^j}$ 来替代).类似地,让(4.27)式在 $\dfrac{\delta}{\delta u^j}, \dfrac{\delta}{\delta X^l}$ 上求值,得到

$$P_{kjl}^i = -\frac{\delta \Gamma_{kj}^i}{\partial X^l} = -F \frac{\partial \Gamma_{kj}^i}{\partial X^l} . \tag{4.31}$$

我们把 $R_{ijkl} = R_{ikl}^h g_{hj}$ 的对称性质总结成下面的定理[①],它是第五章的定理1.4在 Finsler 情形的推广.

定理 4.1 Finsler 流形上的第一个 Chern 曲率张量 R_{ijkl} (h-h 部分)满足下列关系式:

(1) $R_{ijkl} + R_{jikl} = -2 A_{ija} R_{bkl}^a \dfrac{X^b}{F} \equiv 2 B_{jkl}$,

(2) $R_{ijkl} + R_{kjli} + R_{ljik} = 0$ (Bianchi 恒等式),

(3) $R_{ijkl} - R_{klij} = (B_{ijkl} - B_{klij}) + (B_{iljk} + B_{jkil}) + (B_{ljkl} + B_{kilj})$,

(4) $R_{ijkl} = -R_{ijlk}$.

在关系式(1)中的 A_{iia} 是 Cartan 张量关于自然基底的分量.

证明 关系式(1)是(4.16)和(2.14)两式的直接推论,关系式(2)和(4)分别是(4.7)和(4.4)式的结果.要得到关系式(3),将 Bianchi 恒等式(即关系式(2))中的指标 $(ijkl)$ 作三次轮换,然后将所得4个方程相加;利用关系式(1)和(4),适当命名指标便得(3).

4.2 旗曲率和 Ricci 曲率

与黎曼情形完全一样(参看第五章(3.6)和(3.7)式),我们能够定义曲率算子

---

① 定理4.1的关系式(3)首先是在参考文献[2]中给出的.

$$R(X,Y): \Gamma(p^*TM) \to \Gamma(p^*TM),$$

使得

$$R(X,Y)Z = R^j_{ikl}Z^i X^k Y^l \frac{\partial}{\partial u^j}, \tag{4.32}$$

以及四重线性函数

$$R(X,Y,Z,W) = G(R(Z,W)X,Y), \tag{4.33}$$

其中 $X,Y,Z,W \in p^*TM$. 要注意的是, 与黎曼情形不同, g_{ij} 是 PTM 上的函数, 一般说来依赖于它在该处求值的 "参考矢量" 的选取. 与定理 4.1 给出的 R_{ijkl} 的对称性质相对应, 我们有 $R(X,Y,Z,W)$ 的下列对称性:

(1) $R(X,Y,Z,W)+R(Y,X,Z,W)$
$$= -2A(X,Y,R(Z,W)e_m)$$
$$\equiv 2B(X,Y,Z,W), \tag{4.34}$$

(2) $R(X,Y,Z,W)+R(Z,Y,W,X)+R(W,Y,X,Z)=0,$
$$\tag{4.35}$$

(3) $R(X,Y,Z,W)-R(Z,W,X,Y)$
$$=[B(X,Y,Z,W)-B(Z,W,X,Y)]$$
$$+[B(X,W,Y,Z)+B(Y,Z,X,W)]$$
$$+[B(W,Y,Z,X)+B(Z,X,W,Y)], \tag{4.36}$$

(4) $R(X,Y,Z,W)=-R(X,Y,W,Z).$ $\tag{4.37}$

上述各式推广了第五章 §3 中给出的黎曼曲率张量的性质 (1)～(3).

黎曼流形 M 在每一点 $p \in M$ 对于任意两个线性无关的切矢量 $X,Y \in T_pM$ 有截面曲率

$$K(X,Y) = \frac{-R(X,Y,X,Y)}{G(X,X)G(Y,Y)-(G(X,Y))^2}$$

(参看第五章 §3). 现在能够把它想象成定义在以 p 为基点、以 X 为旗杆、以 Y 为横边的 "旗" 上的量. 于是 $K(X,Y)$ 只是 T_pM 中包含这面旗在内的 2 维子空间的函数, 与旗杆和横边的特别选择无

284

关. 在 Finsler 情形，我们能够把黎曼几何中的截面曲率推广成**旗曲率**，即

$$K(e_m, Y) = \frac{-R(e_m, Y, e_m, Y)}{G(e_m, e_m)G(Y, Y) - (G(e_m, Y))^2} \cdot \quad (4.38)$$

在每一点 $p \in PTM$，总是把旗杆选成特别的 $e_m = \dfrac{X^i}{F}\dfrac{\partial}{\partial u^i}$，而横边可以是与 e_m 无关的任意一个矢量. 尽管 $G(e_m, e_m) = 1$，但是为了概念上的清晰性仍然保留上式分母中的 $G(e_m, e_m)$. 旗曲率是 $(u^i, X^i) \in PTM$ 和 $Y = Y^i \dfrac{\partial}{\partial u^i} \in (p^*TM)_{(u,X)}$ 的函数. 不难看出，它在 Y 乘以一个倍数时保持不变.

与旗曲率相伴随的一个基本量是定义在 PTM 上的 **Ricci 曲率** $\mathrm{Ric}_p, p \in PTM$. 对于 p^*TM 的一个单位正交标架场 $\{e_i; i = 1, \cdots, m\}$，其中 e_m 由 (2.14) 式所给出，则 Ric_p 定义为旗曲率 $K(e_m, e_\alpha), \alpha = 1, \cdots, m-1$ 的平均值：

$$\mathrm{Ric}_p \equiv \frac{1}{m-1}\sum_{\alpha=1}^{m-1} K(e_m, e_\alpha)$$

$$= -\frac{1}{m-1}\sum_{\alpha=1}^{m-1} R(e_m, e_\alpha, e_m, e_\alpha). \quad (4.39)$$

如同在黎曼情形一样，旗曲率和 Ricci 曲率包含了关于 Finsler 流形的大范围性质的重要信息. 在 §8 将给出一些例子.

4.3 特殊的 Finsler 空间

1. 黎曼空间

在历史上，这是 Finsler 空间的最重要的例子，在本章 3.2 小节中已经刻画了它的特征. 称一个 Finsler 流形 (M, F) 是黎曼的，如果 Finsler 度量 g_{ij} 只是 u^i 的函数. 定理 3.2(Chern) 断言：M 是黎曼的，当且仅当它的 Cartan 张量 A 为零.

2. Berwald 空间

称一个 Finsler 流形 (M, F) 是 **Berwald 空间**，如果它的第二个

Chern 曲率张量（即曲率张量的 h-v 部分）为零. 由于引理 1 和 (4.31) 式, 我们有下面的结果.

引理 2 设 (M, F) 是一个 Finsler 流形. 则下列命题是等价的:

(1) M 是 Berwald 空间;

(2) Cartan 张量的协变导数的水平部分 Q 为零;

(3) Chern 联络系数 Γ_{kj}^i 与 X^l 无关.

鉴于命题 (3) 和 (4.29) 式, 对于 Berwald 空间有

$$\frac{\delta \Gamma_{kl}^i}{\delta u^j} = \frac{\partial \Gamma_{kl}^i}{\partial u^j}, \tag{4.40}$$

$$R_{kjl}^i = \frac{\partial \Gamma_{kl}^i}{\partial u^j} - \frac{\partial \Gamma_{kj}^i}{\partial u^l} + \Gamma_{kl}^h \Gamma_{hj}^i - \Gamma_{kj}^h \Gamma_{hl}^i. \tag{4.41}$$

注记 方程 (4.41) 在形式上和在黎曼情形的对应公式 (第四章的 (2.23) 式) 是一致的, 但是 Chern 联络系数 Γ_{ik}^j (由 (3.75) 和 (3.76) 式给出) 与第二种 Christoffel 记号 (由 (3.78) 式给出) 是不同的.

关于 Berwald 空间的例子可以参见参考文献 [2], 其中所涉及的 Finsler 函数是正齐次的, Finsler 丛是 $p^* TM \longrightarrow SM$.

3. 局部 Minkowski 空间

称一个 Finsler 流形 (M, F) 是**局部 Minkowski 空间**, 如果它的第一个 Chern 曲率张量和第二个 Chern 曲率张量皆为零, 即 $R = P = 0$.

局部 Minkowski 空间的一个有用的特征性质如下:

引理 3 一个 Finsler 流形 (M, F) 是局部 Minkowski 的, 当且仅当在每一点 $p \in M$; 在 TM 上存在局部坐标系 (u^i, X^i), 使得 F 只是 X^i 的函数.

该引理的证明用到了关于一般的仿射联络空间的一个结果, 在此不加证明地叙述如下 (参见参考文献 [19], vol. 2):

引理 4 设 D 是有限维流形 M 上的一个无挠联络. 若该联络

的曲率在某一点 $p \in M$ 的邻域内为零,则存在点 p 附近的局部坐标系 (u^i) 使得所有的联络系数 Γ^j_{ik} 为零.

引理 3 的证明 假定存在局部坐标系 (u^i, X^i) 使得 $\dfrac{\partial F}{\partial u^i} = 0$,则由(2.8)式得知

$$\frac{\partial g_{ij}}{\partial u^k} = 0.$$

从(3.78)式得到 $\gamma^i_{jk} = 0$,由(3.79)式可知这意味着 $N^i_j = 0$. 根据(3.75)和(3.76)两式,Chern 联络系数 Γ^i_{ik} 为零. 于是从(4.30)和(4.31)两式得到 $R = P = 0$.

反过来,假定 $R = P = 0$. 由引理 2 得 $\dfrac{\partial \Gamma^j_{ik}}{\partial X^l} = 0$,而根据(4.41)式得

$$R^i_{kjl} = \frac{\partial \Gamma^i_{kl}}{\partial u^j} - \frac{\partial \Gamma^i_{kj}}{\partial u^l} + \Gamma^h_{kl}\Gamma^i_{hj} - \Gamma^h_{kj}\Gamma^i_{hl} = 0. \qquad (4.42)$$

这样,Γ^j_{ik} 在 M 上给出了一个曲率为零的无挠联络. 根据引理 4,在任意一点 $p \in M$ 的附近存在局部坐标系,使得 $\Gamma^j_{ik} = 0$. 于是(3.80)式蕴含着 $N^i_j = 0$,由(3.74)式得到

$$\frac{\partial g_{ij}}{\partial u^k} = 0.$$

因而 g_{ij} 与 u^k 无关;根据(2.8)式及 Euler 定理((2.2)式),

$$X^i X^j g_{ij} = F^2,$$

故 F 与 u^k 无关.

注记 在直观上通过在 M 的每一个切空间 $T_p M$ 上给定同一个 Minkowski 模可以构造出局部 Minkowski 流形. 但是在这个过程中存在典型的拓扑障碍. 关于局部 Minkowski 流形的几何与拓扑之间关系的深入讨论,请参见参考文献[2].

例 1 在 $\mathbf{R}^2$ 上一族有用的 Minkowski 模由

$$F(X^1, X^2) = \sqrt{(X^1)^2 + (X^2)^2 + \alpha \sqrt{(X^1)^4 + (X^2)^4}}, \alpha > 0$$

给出.

§5 弧长的第一变分公式和测地线

在上一节所引进的旗曲率在 Finsler 几何的变分问题中起重要的作用. 弧长的第一变分公式和第二变分公式证实了这一点. 在本节和下一节, 我们将说明令人惊异的事实: 利用 Chern 联络, 这两个公式在形式上和黎曼几何中的对应公式是一致的, 只是在第二变分公式中在黎曼情形下的截面曲率用 Finsler 情形下的旗曲率来替代. 因此, 在黎曼几何中从这两个公式导出的许多经典定理也能够推广到 Finsler 的情形. 在 §7 和 §8 将给出一些重要的例子. 我们将看到变分公式 (下面的公式 (5.24) 和 (6.8)) 是 Chern 联络的结构方程 (3.3) 和 (3.36) 的直接推论.

首先定义在流形上一条光滑曲线的变分的概念.

定义 5.1 设 $C:[0,a]\to M$ 是 M 中一条光滑曲线. C 的一个**变分**是指一个光滑映射 $\sigma:[0,a]\times(-\varepsilon,\varepsilon)\to M$ 使得 $\sigma(t,0)=C(t),\ t\in[0,a]$. $C(t)$ 称为变分的**基准曲线**. 对于每一个 $u\in(-\varepsilon,\varepsilon)$, 由 $\sigma_u(t)=\sigma(t,u)$ 定义的参数曲线 $\sigma_u:[0,a]\to M$ 称为**变分曲线** (t-曲线); 同时, 固定 t, 由 $\sigma_t(u)=\sigma(t,u)$ 定义的参数曲线称为变分的**横截曲线** (u-曲线).

变分 $\sigma(t,u)$ 在 M 上产生了两个矢量场:

$$T\equiv\sigma_*\left(\frac{\partial}{\partial t}\right)=\frac{\partial\sigma}{\partial t} \tag{5.1}$$

和

$$U\equiv\sigma_*\left(\frac{\partial}{\partial u}\right)=\frac{\partial\sigma}{\partial u}, \tag{5.2}$$

它们分别是 t-曲线和 u-曲线的切矢量场 (速度场). 特别地, 矢量场

$$U(t,0)=\frac{\partial\sigma(t,u)}{\partial u}\bigg|_{u=0}$$

称为变分 σ 沿基准曲线 $C(t)$ 的**变分场**.

在 Finsler 情形, t-曲线的长度是

$$L(u) = \int_0^a F(\sigma(t,u),T)\mathrm{d}t = \int_0^a \sqrt{G_T(T,T)}\,\mathrm{d}t, \quad (5.3)$$

其中 F 是 Finsler 函数, G_T 中的下指标 T 表示 Finsler 度量 G 是在 $\sigma(t,u)$ 的**典型提升**

$$\tilde{\sigma}(t,u) \equiv (\sigma(t,u),T(t,u)) \in PTM \quad (5.4)$$

处计算的. 这样, **弧长的第一变分**是

$$L'(u) = \int_0^a \frac{\partial}{\partial u} \sqrt{G_T(T,T)}\,\mathrm{d}t. \quad (5.5)$$

在 PTM 上定义下列矢量场:

$$\widetilde{T} \equiv \tilde{\sigma}_* \left(\frac{\partial}{\partial t} \right), \quad (5.6)$$

$$\widetilde{U} \equiv \tilde{\sigma}_* \left(\frac{\partial}{\partial u} \right), \quad (5.7)$$

并在 p^*TM 上取单位正交标架场 $e_i, i = 1, \cdots, m$, 使得在提升 (5.4) 处 e_m 是沿 T 的单位矢量:

$$e_m = \frac{X^i}{F} \frac{\partial}{\partial u^i} = \frac{T}{\sqrt{G_T(T,T)}}. \quad (5.8)$$

设 e_i 的对偶余标架场是 $\omega^i, i = 1, \cdots, m$. 更方便、更直观的是考虑把 ω^i 拉回到矩形区域 $[0,a] \times (-\varepsilon, \varepsilon)$ 上的形式:

$$\tilde{\sigma}^* \omega^i = a^i \mathrm{d}t + b^i \mathrm{d}u \quad (5.9)$$

和

$$\tilde{\sigma}^* \omega_i^j = a_i^j \mathrm{d}t + b_i^j \mathrm{d}u, \quad (5.10)$$

其中

$$a^i = \omega^i(\widetilde{T}), \quad (5.11)$$

$$b^i = \omega^i(\widetilde{U}), \quad (5.12)$$

$$a_i^j = \omega_i^j(\widetilde{T}), \quad (5.13)$$

$$b_i^j = \omega_i^j(\widetilde{U}). \quad (5.14)$$

因为 ω^i 不含有 $\mathrm{d}X^i$ 的项,故

$$a^i = \omega^i(\widetilde{T}) = \omega^i(T) = T^i, \tag{5.15}$$

$$b^i = \omega^i(\widetilde{U}) = \omega^i(U) = U^i. \tag{5.16}$$

在(5.8)式关于 e_m 的选取表明

$$a^a = \omega^a(T) = 0, \tag{5.17}$$

$$a^m = \omega^m(T) = \sqrt{G_T(T,T)}; \tag{5.18}$$

从(5.5)式得到

$$L'(u) = \int_0^a \frac{\partial a^m}{\partial u} \mathrm{d}t. \tag{5.19}$$

为了计算上述被积表达式中的导数,我们用 $\tilde{\sigma}^*$ 把 Chern 联络的无挠条件(见(3.3)式)

$$\mathrm{d}\omega^i = \omega^j \wedge \omega_j^i$$

拉回来. 因为 $\tilde{\sigma}^*$ 和外微分及外积是可交换的(参看第三章的(2.43)式和(2.42)式),故有

$$\mathrm{d}(\tilde{\sigma}^* \omega^i) = \tilde{\sigma}^* \omega^j \wedge \tilde{\sigma}^* \omega_j^i. \tag{5.20}$$

方程(5.9)意味着

$$\mathrm{d}(\tilde{\sigma}^* \omega^i) = \left(-\frac{\partial a^i}{\partial u} + \frac{\partial b^i}{\partial t} \right) \mathrm{d}t \wedge \mathrm{d}u. \tag{5.21}$$

把(5.21),(5.9)和(5.10)式代入(5.20)式,则得

$$-\frac{\partial a^i}{\partial u} + \frac{\partial b^i}{\partial t} = a^j b_j^i - b^j a_j^i. \tag{5.22}$$

回想起 $\omega_m^m = 0$((3.4)式),并将(5.13),(5.14)和(5.17)式用于(5.22)式,且让 $i=m$,则无挠条件成为

$$\frac{\partial a^m}{\partial u} = \frac{\partial b^m}{\partial t} + b^a a_a^m. \tag{5.23}$$

将这个结果用于(5.19)式,便得到 Finsler 几何中弧长第一变分的下述公式:

$$L'(u) = b^m \Big|_0^a + \int_0^a b^a a_a^m \mathrm{d}t. \tag{5.24}$$

我们指出,利用(5.11)到(5.16)各式,无挠条件(5.22)还能够写成

$$\mathrm{D}_T U = \mathrm{D}_U T, \tag{5.25}$$

其中协变导数是关于矢量丛 $p^* TM \to PTM$ 上的 Chern 联络做的. 如果回想起几乎与度量相容条件(3.36)等价于

$$\frac{\partial}{\partial t} G_T(X,Y) = G_T(\mathrm{D}_T X, Y) + G_T(X, \mathrm{D}_T Y)$$
$$+ 2X^i Y^j A_{ija} \omega_m^a(\widetilde{T}), \tag{5.26}$$

且观察到

$$\mathrm{D}_T \left(\frac{T}{\sqrt{G_T(T,T)}} \right) = \mathrm{D}_T e_m = -a_k^m \delta^{ki} e_i, \tag{5.27}$$

弧长的第一变分的公式(5.24)还能够写成内在的形式:

$$L'(u) = \int_0^a \left[\frac{\partial}{\partial t} G_T \left(U, \frac{T}{\sqrt{G_T(T,T)}} \right) \right.$$
$$\left. - G_T \left(U, \mathrm{D}_T \left(\frac{T}{\sqrt{G_T(T,T)}} \right) \right) \right] \mathrm{d}t$$
$$= G_T \left(U, \frac{T}{\sqrt{G_T(T,T)}} \right) \Bigg|_{t=0}^{t=a}$$
$$- \int_0^a G_T \left(U, \mathrm{D}_T \left(\frac{T}{\sqrt{G_T(T,T)}} \right) \right) \mathrm{d}t. \tag{5.28}$$

对于有固定端点的变分,变分场 U 满足 $U(0) = U(a) = 0$. 这样,在(5.28)中的边界项便消失了. 现在我们叙述在 Finsler 流形中测地线的概念.

定义 5.2 Finsler 流形 M 中的**测地线** $C: [0,a] \to M$ 是指弧长泛函 $L(u)$(见(5.3)式)关于有固定端点的所有光滑变分 σ 的临界曲线,即:C 是测地线,如果对于所有满足条件 $\sigma(0,u) = C(0)$,$\sigma(a,u) = C(a)$ 的变分 σ 有 $L'(0) = 0$.

根据(5.28),在 Finsler 空间中测地线的方程是

$$\mathrm{D}_T\left(\frac{T}{\sqrt{G_T(T,T)}}\right)=0. \tag{5.29}$$

若假定曲线满足匀速参数化条件,即 $G_T(T,T)=\mathrm{const}$,则(5.29)式化为黎曼几何中熟知的"自平行"条件(参看第四章的(2.20)式):

$$\mathrm{D}_T T=0. \tag{5.30}$$

使用余标架场 ω^i 和 Chern 联络形式 ω_i^j,测地线的条件(5.29)能够重述为:Finsler 空间 M 中的一条曲线 $C(t)$ 是测地线,如果它的典型提升 $\widetilde{C}(t)=(C(t),T(t))\in PTM$ 满足微分方程组:

$$a^\alpha=\omega^\alpha(\widetilde{T})=0,\quad a_m^\alpha=\omega_m^\alpha(\widetilde{T})=0, \tag{5.31}$$

其中 $\widetilde{T}=\widetilde{C}_*\left(\dfrac{\mathrm{d}}{\mathrm{d}t}\right)$(参看(5.13)和(5.17)式).

现在我们把 Finsler 情形和黎曼情形相对照,比较有关测地线的结果. 值得注意的是,在第五章§2 中关于黎曼几何的所有结果在 Finsler 情形仍然是成立的. 但是,在导致这些结果的论证中存在一些重要的差别,反映出 Finsler 情形的特点. 篇幅不允许我们在这里展开充分的讨论,在此只能就一些实质性要点作简明的介绍. 至于更深入的探讨,请见参考文献[2]. 我们的讨论基于匀速测地线.

根据(5.30),在 Finsler 流形上一条匀速测地线所满足的常微分方程在形式上和黎曼情形是一样的:

$$\frac{\mathrm{d}^2 u^i}{\mathrm{d}t^2}+\frac{\mathrm{d}u^k}{\mathrm{d}t}\frac{\mathrm{d}u^l}{\mathrm{d}t}(\Gamma_{kl}^i)_{\widetilde{C}}=0, \tag{5.32}$$

或等价地,

$$\frac{\mathrm{d}^2 u^i}{\mathrm{d}t^2}+\frac{\mathrm{d}u^k}{\mathrm{d}t}\frac{\mathrm{d}u^l}{\mathrm{d}t}\left\{\frac{g^{ij}}{2}\left(\frac{\partial g_{kj}}{\partial u^l}+\frac{\partial g_{jl}}{\partial u^k}-\frac{\partial g_{kl}}{\partial u^j}\right)\right\}=0, \tag{5.33}$$

这里 $\widetilde{C}$ 是 $C(t)$ 的典型提升,Γ_{kj}^i 是 Chern 联络在局部坐标系下的系数(参看(3.75)式). 注意到由于(3.41)式,在(5.32)式的第二项中有关 M_{ijk}(参看(3.82)式)的项在 2 重缩并时消失了.

注记 虽然测地线方程(5.33)在形式上和黎曼几何情形是一致的,但是度量张量 g_{ij} 不仅依赖于 u^i,也依赖于 $T^i(t) = \dfrac{\mathrm{d}u^i}{\mathrm{d}t}$. 因此在方程左边的第二项依赖速度 $\dfrac{\mathrm{d}u^i}{\mathrm{d}t}$ 的非线性程度可能高于 2 次. 然而在仿射变换 $t \to \alpha t + \beta$ 下,左边仍以预期的方式乘以一个倍数. 更确切地说,设 $w^i = u^i(\alpha s + \beta)$, $\tilde{w}(s) = \left(w^i(s), \dfrac{\mathrm{d}w^i}{\mathrm{d}s} \right)$,则由链法则以及在 PTM 上 $\tilde{w}^i(s)$ 和 $\tilde{u}^i(t)$ 是同一点,可得

$$\frac{\mathrm{d}^2 w^i}{\mathrm{d}s^2} + \frac{\mathrm{d}w^k}{\mathrm{d}s} \frac{\mathrm{d}w^l}{\mathrm{d}s} (\Gamma^i_{kl})_{\tilde{w}} = \alpha^2 \left[\frac{\mathrm{d}^2 u^i}{\mathrm{d}t^2} + \frac{\mathrm{d}u^k}{\mathrm{d}t} \frac{\mathrm{d}u^l}{\mathrm{d}t} (\Gamma^i_{kl})_{\tilde{u}} \right]_{t = \alpha s + \beta}.$$

(5.34)

当 Finsler 丛 p^*TM 的底流形 PTM 换成 TM,或者球丛 SM 时,上述断言一般来说不再成立. 方程(5.34)意味着,若

$$C(t) = (u^i(t))$$

是一条测地线,则它的反向曲线

$$w^i(s) = u^i(a - s), \quad 0 \leqslant s \leqslant a \tag{5.35}$$

也是一条测地线. 如果 p^*TM 的底流形是 SM,则该断言未必为真.

与第五章 §2 关于黎曼情形的做法相类似,将 2 阶常微分方程的理论用于(5.33),我们就能够定义 Finsler 流形中的测地法坐标和法坐标域. 在 Finsler 情形,我们在 T_pM 中定义半径是 r 的 **Finsler 球面**为

$$S_p(r) = \{X \in TM \,|\, F(p, X) = r\}, \tag{5.36}$$

Finsler 球为

$$B_p(r) = \{X \in TM \,|\, F(p, X) < r\}. \tag{5.37}$$

与第五章的(2.9)式相类似,对于充分小的 $B_p(r)$,可以定义**指数映射** $\exp_p : T_pM \to M$,它把经过 $0 \in T_pM$ 的射线映为唯一的一条从点 p 出发的测地线. 特别地,用第五章 §2 的记号,命

$$u^i = (\exp_x X)^i \equiv f^i(1, x^k, X^k). \tag{5.38}$$

指数映射在 $X \neq 0$ 时是光滑的,在 $X = 0$ 处是 C^1 的(参见参考文献[2]).而且 $(\exp_x)_*$ 在 $0 \in T_x M$ 处是恒同映射(参看第五章 (2.11) 式).因此,对于某个充分小的 $B_x(r)$,$\exp_x$ 是可微同胚.

第五章定理 2.5 中以 $x \in M$ 为中心的超球面 Σ_δ(测地球面)的推广是 $T_x M$ 中的 Finsler 球面 $S_x(\delta)$ 在指数映射下的像:

$$\Sigma_\delta = \exp_x(S_x(\delta)). \qquad (5.39)$$

每一个 $X \in S_x(\delta)$ 产生了一条**径向测地线**

$$\sigma(t) = \exp_x(tX), \quad 0 \leqslant t \leqslant 1,$$

它与以 x 为中心、半径 $\leqslant \delta$ 的所有测地球面都相交.于是第五章定理 2.3 的系有如下的类似命题:

引理 1(Gauss 引理) 以 $T(t)$ 为速度矢量的径向测地线 $\sigma(t)$ 与测地球面关于数量积 G_T 是正交的.

证明 对于 $X \in S_x(\delta)$, $\tau \in [0,1]$,考虑径向测地线

$$\sigma(t) = \exp_x(t\tau X), \quad 0 \leqslant t \leqslant 1. \qquad (5.40)$$

注意到 $\tau X \in S_x(\tau\delta)$.设 $Y(u)$ 是 $S_x(\tau\delta)$ 上任意一条曲线,使得 $Y(0) = \tau X$.定义径向测地线 $\sigma(t)$ 的变分 $\sigma : [0,1] \times (-\varepsilon, \varepsilon) \to M$,使得

$$\sigma(t, u) = \exp_x(tY(u)). \qquad (5.41)$$

把 $Y(u)$ 在 $u = 0$ 处的速度记为 V,则 $\sigma(t, u)$ 的变分场 $U(t, 0)$ 满足 $U(0,0) = 0$, $U(1,0) = (\exp_x)_* V$,后者是测地球面 $\exp_x(S_x(\tau\delta))$ 的切矢量.在变分 (5.41) 中每一条 t-曲线是从 x 出发、有常速度 $\tau\delta$ 的测地线.这样,它们的长度全相等,弧长的第一变分 $L'(0)$ 为零.把 $\exp_x(tX)$ 的速度场记为 T,于是 $\sigma(t)$ 的速度场为 τT.方程 (5.29) 和弧长的第一变分公式意味着

$$G_T((\exp_x)_* V, \tau T) = 0, \qquad (5.42)$$

引理证毕.

利用 Gauss 引理能够证明下列重要结果,它是第五章定理 2.4 的(2)在 Finsler 情形的推广:

定理 5.1 在 Finsler 流形上测地线在局部上是最短线.

294

为了证明这个定理,需要下面关于 Finsler 函数 $F(u,x)$ 的一个基本结果(该结果是根据参考文献[17]改写的,关于它的讨论可见参考文献[2]).

引理 2　对于 $(u,X),(u,V) \in PTM$,

$$\left(\frac{\partial F}{\partial X^i}\right)_{(u,X)} V^i \leqslant F(u,V). \tag{5.43}$$

证明　根据 Finsler 度量的正定性,对于任意的 $u \in M$ 以及 $X,V,W \in T_u M$ 有

$$G_{(u,X)}(V,W) \leqslant \sqrt{G_{(u,X)}(V,V)G_{(u,X)}(W,W)}, \tag{5.44}$$

其中的等号成立当且仅当 V 和 W 成比例.(5.44)式就是著名的 Cauchy-Schwarz 不等式.

利用 Finsler 度量的(2.8)式及 Euler 定理,我们有

$$g_{ij}(u,X)V^iV^j = F(u,X)V^iV^j \frac{\partial^2 F}{\partial X^i \partial X^j} + V^iV^j \frac{\partial F}{\partial X^i}\frac{\partial F}{\partial X^j}, \tag{5.45}$$

$$X^i g_{ij}(u,X) = F(u,X) \cdot \frac{\partial F}{\partial X^j}, \tag{5.46}$$

以及

$$X^i X^j g_{ij}(u,X) = F^2. \tag{5.47}$$

对于(5.45)式右边的第二项,用(5.46)式代替 $\frac{\partial F}{\partial X^i}$,再用 $W = X$ 时的 Cauchy-Schwarz 不等式,以及(5.47)式,则得

$$V^iV^j \frac{\partial F}{\partial X^i}\frac{\partial F}{\partial X^j} \leqslant g_{ij}(u,X)V^iV^j. \tag{5.48}$$

于是,(5.45)式蕴含着

$$\frac{\partial^2 F}{\partial X^i \partial X^j}V^iV^j \geqslant 0, \tag{5.49}$$

且等号成立当且仅当 V 和 X 成比例.现在把 $F(u,X)$ 展开成

$$F(u,V) = F(u,X) + (V^i - X^i)\frac{\partial F(u,X)}{\partial X^i}$$

$$+ (V^i - X^i)(V^j - X^j) \frac{\partial^2 F(u, X + \varepsilon(V - X))}{\partial X^i \partial X^j}$$

$$(0 < \varepsilon < 1). \qquad (5.50)$$

从(5.49)式得到：对于任意的 $V \in T_u M$ 有

$$F(u, X) + (V^i - X^i) \frac{\partial F(u, X)}{\partial X^i} \leqslant F(u, V). \qquad (5.51)$$

将 Euler 定理用于上式左边第二项，便得引理.

现在我们回来证明定理 5.1

定理 5.1 的证明　我们采用首先由 Bao，Chern（参看第 255 页脚注②所列的第一篇论文）给出的证明. 对于 $p \in M$，取充分小的 $\delta > 0$，使得指数映射 $(t, X) \mapsto \exp_p(tX)$，$0 \leqslant t \leqslant \delta$，$X \in T_p M$，$F(p, X) = 1$，是可微同胚. 该映射把单位矢量 X 映为径向测地线，取定 $t = \delta$，则它把 Finsler 球面 $S_p(1)$ 映到测地球面 $\exp_p(S_p(\delta))$ 上. 考虑与单位矢量 $Y \in T_p M$ 相对应的、长度为 δ 的径向测地线 $\exp_p(tY)$，$0 \leqslant t \leqslant \delta$. 此测地线的起点是 $p \in M$，终点是 $q \in \exp_p(S_p(\delta))$. 构造一条从 p 到 q 的邻近的比较曲线

$$C(u) = \exp_p(t(u)X(u)), \qquad (5.52)$$

其中 $0 \leqslant u \leqslant 1$，$F(p, X(u)) = 1$，$X(0) = X(1) = Y$，$t(0) = 0$，$t(1) = \delta$. 我们的目标是证明 $C(u)$ 的长度至少是 δ.

对于每一个 u，曲线 $C(u)$ 和从 p 点出发的径向测地线交于测地法坐标是 $(t(u)X^i(u))$ 的点. 这样，

$$C(u) = \sigma(t(u), u), \qquad (5.53)$$

这里 $\sigma(t, u)$ 是由

$$\sigma(t, u) = \exp_p(tX(u)), \quad 0 \leqslant t \leqslant \delta, 0 \leqslant u \leqslant 1 \qquad (5.54)$$

定义的 $\exp_p(tY)$ 的变分，其 t-曲线是所有长度为 δ 的、速度为 1 的径向测地线. 根据链法则，

$$\frac{dC}{du} = \frac{\partial \sigma}{\partial t} \frac{dt}{du} + \frac{\partial \sigma}{\partial u} = T \frac{dt}{du} + U. \qquad (5.55)$$

现在，$C(u)$ 的长度是

296

$$L(C(u)) = \int_0^1 F\left(C(u), \frac{\mathrm{d}C}{\mathrm{d}u}\right) \mathrm{d}u, \qquad (5.56)$$

运用引理 2, 命 $V = \dfrac{\mathrm{d}C}{\mathrm{d}u}, X = T$, 则由 (5.43) 式得到

$$L(C(u)) \geqslant \int_0^1 \left[\left(\frac{\partial F}{\partial X^i}\right)_{(C,T)} T^i \frac{\mathrm{d}t}{\mathrm{d}u} + \left(\frac{\partial F}{\partial X^i}\right)_{(C,T)} U^i\right] \mathrm{d}u$$

$$= \int_0^1 \left(\frac{\mathrm{d}t}{\mathrm{d}u} + \frac{1}{F}(g_{ij})_{(C,T)} U^i T^j\right) \mathrm{d}u. \qquad (5.57)$$

上式的第二个等号成立的理由是：由 Euler 定理以及 T 的长度为 1 (即 $F(C(u), T) = 1$) 得知

$$\left(\frac{\partial F}{\partial X^i}\right)_{(C,T)} T^i = 1;$$

由 (2.8) 式有

$$\frac{\partial F}{\partial X^i} = \frac{X^j}{F} g_{ij}.$$

但是, Guass 引理意味着

$$(g_{ij})_{(C,T)} U^i T^j = 0, \qquad (5.58)$$

故有 $\qquad L(C(u)) \geqslant t(1) - t(0) = \delta. \qquad (5.59)$

注记 在黎曼几何情形同样有定理 5.1, 但是其证明 (比如在第五章所给出的定理 2.4 的证明) 通常不能用于 Finsler 情形. 这是因为在 Finsler 几何中用于计算沿曲线 $C(u)$ 的速度的度量函数既依赖于 $C(u)$, 也依赖于速度 $\dfrac{\mathrm{d}C}{\mathrm{d}u}$ 自身；然而在黎曼情形, 它与速度无关. (细节请看第 255 页脚注② 所列的第一篇论文).

§6 弧长的第二变分公式和 Jacobi 场

为了清楚起见, 我们考虑在变分矩形上的拉回形式. 根据 (5.19) 式, 弧长的第二变分是

$$L''(u) = \int_0^a \frac{\partial^2 a^m}{\partial u^2} \mathrm{d}t. \qquad (6.1)$$

将 (5.23) 式对 u 求导,则得

$$\frac{\partial^2 a^m}{\partial u^2} = \frac{\partial^2 b^m}{\partial u \partial t} + a_\alpha^m \frac{\partial b^\alpha}{\partial u} + b^\alpha \frac{\partial a_\alpha^m}{\partial u}. \tag{6.2}$$

Chern 联络系数 a_α^m 的导数可通过 $\tilde{\sigma}^*$ 把 Chern 曲率张量的结构方程 (4.2) 和 (4.3) 拉回来进行计算. 利用 (5.19), (5.10), (5.17), (5.18) 和第一个 Chern 曲率张量的对称性质 (4.4),我们有

$$\frac{\partial b_k^i}{\partial t} - \frac{\partial a_k^i}{\partial u} = a_j^i b_k^j - b_k^j a_j^i + R_{kml}^i a^m b^l$$
$$+ P_{km\beta}^i a^m b_m^\beta - P_{kj\beta}^i b^j a_m^\beta. \tag{6.3}$$

在上式中置 $i = m, k = \alpha$,则第一个 P-项涉及 $P_{am\beta}^m$,故由 (4.26)、(4.12)、(4.13) 和 (3.35) 式得知该项为零. 这样

$$\frac{\partial a_\alpha^m}{\partial u} = \frac{\partial b_\alpha^m}{\partial t} - a_\alpha^j b_j^m + b_\alpha^j a_j^m - R_{aml}^m a^m b^l + P_{aj\beta}^m b^j a_m^\beta. \tag{6.4}$$

将此式用于 (6.2) 式则得

$$\frac{\partial^2 a^m}{\partial u^2} = \frac{\partial}{\partial t}\left(\frac{\partial b^m}{\partial u} + b^\alpha b_\alpha^m \right) - b_\alpha^m \frac{\partial b^\alpha}{\partial t} - b^\alpha a_\alpha^\beta b_\beta^m$$
$$- a^m b^\alpha b^l R_{aml}^m + a_\alpha^m \left(\frac{\partial b^\alpha}{\partial u} + b^\beta b_\beta^\alpha - b^\beta b^j P_{\beta j}^{ma} \right), \tag{6.5}$$

其中 $P_{\beta j}^{ma} = \delta^{a\gamma} P_{\beta j\gamma}^m$. 现在,在 (5.22) 式中命 $i = \alpha$,且回想起 $a^\alpha = 0$(参看 (5.17) 式),则得

$$\frac{\partial b^\alpha}{\partial t} = a^m b_m^\alpha - b^j a_j^\alpha. \tag{6.6}$$

由此可知,(6.5) 式成为

$$\frac{\partial^2 a^m}{\partial u^2} = \frac{\partial}{\partial t}\left(\frac{\partial b^m}{\partial u} + b^\alpha b_\alpha^m \right)$$
$$+ a_\alpha^m \left(\frac{\partial b^\alpha}{\partial u} + b^\beta b_\beta^\alpha - b^\beta b^j P_{\beta j}^{ma} - \delta^{\alpha\beta} b^m b_\beta^m \right)$$
$$- a^m (b_m^\alpha b_\alpha^m + b^\alpha b^l R_{aml}^m). \tag{6.7}$$

利用第一个 Chern 曲率的对称性质 (4.17),上式中涉及 R 的项能写成

298

$$- a^m b^a b^l R_{aml}^m = - a^m b^a b^l R_{aiml} \delta^{im}$$
$$= a^m b^a b^l R_{iaml} \delta^{im}$$
$$= a^m b^a b^l R_{maml}$$
$$= a^m b^i b^j R_{mimj},$$

第四个等号成立已考虑到(4.18)式. 进一步, 由于(3.4)和(3.9)式,

$$- a^m b_m^a b_a^m = a^m b_m^a \, \delta_{a\beta} \, b_m^\beta$$
$$= a^m \delta_{ij} \, b_m^i \, b_m^j.$$

最后把(6.1)式限于 $u = 0$, 且假定基准曲线是测地线. 这样, 从(5.31)和(3.9)式得到在(6.7)式中与 a^m 成比例的项皆为零. 因此, 在 Finsler 几何中测地线**弧长的第二变分公式**是

$$L''(0) = \left(\frac{\partial b^m}{\partial u} - \delta_{ij} \, b^i b_m^j \right) \Bigg|_0^a$$
$$+ \int_0^a a^m (\delta_{ij} \, b_m^i b_m^j + R_{mimj} \, b^i b^j) \mathrm{d}t. \tag{6.8}$$

与第一个 Chern 曲率张量 R_{mimj} 有关的项可以看作旗曲率的倍数. 确实, 从第五章的(3.6)式可知, 曲率算子 $R(T, U)$ 在 T 上的作用是

$$R(T, U)T = R_{ikl}^j T^k U^l T^i e_j - (F(T))^2 R_{mml}^j U^l e_j. \tag{6.9}$$

由此得到

$$G_T(R(T, U)T, U) = g_{ij} F^2 R_{mml}^j U^i U^l$$
$$= F^2 R_{mimj} U^i U^j, \tag{6.10}$$

根据(4.38)式所给出的旗曲率 $K(e_m, U)$ 的定义, 我们有

$$a^m R_{mimj} \, b^i b^j = - F K(e_m, U) [G_T(U, U) G_T(e_m, e_m)$$
$$- \{G_T(e_m, U)\}^2]$$
$$= - a^m K(e_m, U) [\delta_{ij} b^i b^j - (b^m)^2]. \tag{6.11}$$

注意到在(6.7)式中与第二个 Chern 曲率张量 P 有关的项在所得结果(6.8)中不出现. 这个引人注目的事实使得在 Finsler 几何中

弧长的第二变分公式在形式上与黎曼几何中的公式是一致的,只是在黎曼情形的截面曲率要换成 Finsler 情形的旗曲率.

不难看到,利用 Chern 联络的结构方程的内在形式(见(5.25)式和(5.26)式),第二变分公式(6.8)也能写成内在形式:

$$L''(0) = G_T\Big(D_U U, \frac{T}{F(T)}\Big)\Big|_0^a$$

$$+ \int_0^a \frac{1}{F(T)}[G_T(D_T U, D_T U) + G_T(R(T,U)T,U)]dt$$

$$- \int_0^a \frac{1}{F(T)}\Big(\frac{\partial F(T)}{\partial u}\Big)^2 dt. \tag{6.12}$$

请读者自己补充推导的细节.

现在我们来定义以 T 为切矢量场的测地线上两个光滑矢量场 V,W 的**指标形式**:

$$I(V,W) = \int_0^a \frac{1}{F(T)}[G_T(D_T V, D_T W) + G_T(R(T,V)T,W)]dt. \tag{6.13}$$

这样,第二变分公式(6.12)能写成

$$L''(0) = I(U,U) + G_T\Big(D_U U, \frac{T}{F(T)}\Big)\Big|_0^a$$

$$- \int_0^a \frac{1}{F(T)}\Big(\frac{\partial F(T)}{\partial u}\Big)^2 dt. \tag{6.14}$$

进一步,引进 U 的、与 T 是 G_T-正交的分量

$$U_\perp = U - G_T\Big(U, \frac{T}{F(T)}\Big)\frac{T}{F(T)}. \tag{6.15}$$

从结构方程(5.26)和测地线条件(5.29)得到

$$G_T(D_T U_\perp, D_T U_\perp) = G_T(D_T U, D_T U) - \Big(\frac{\partial F}{\partial u}\Big)^2. \tag{6.16}$$

而在另一方面,旗曲率的性质蕴含着

$$G_T(R(T,U_\perp)T,U_\perp) = G_T(R(T,U)T,U). \tag{6.17}$$

把(6.16),(6.17)两式用于(6.13)式,则第二变分公式可表成如下的紧凑形式:

$$L''(0) = I(U_\perp, U_\perp) + G_T\left(D_U U, \frac{T}{F(T)}\right)\bigg|_0^a. \quad (6.18)$$

让我们回到由(6.13)式定义的指标形式. 在常速度参数化下 (即 $F(T)=$const), 利用分部积分、结构方程(5.26)和测地线条件 (5.31), 能够把 $I(J,V)$ 改写成

$$I(J,V) = \frac{1}{F}G_T(D_T J, V)\bigg|_0^a - \frac{1}{F}\int_0^a G_T(D_T D_T J$$
$$+ R(J,T)T, V)dt. \quad (6.19)$$

沿测地线定义的一个矢量场 J 称为 **Jacobi 场**, 如果它满足方程

$$D_T D_T J + R(J,T)T = 0. \quad (6.20)$$

上述方程称为 **Jacobi 方程**, 它在形式上和黎曼几何的情形是一致的. 二阶常微分方程组的理论表明: 对于速度场为 T 的测地线 $\sigma(t)$, $0 \leqslant t \leqslant a$, 给定 $V, W \in T_{\sigma(0)}M$, 则存在唯一的一个沿 σ 的 Jacobi 场 $J(t)$, 使得 $J(0)=V$, $D_T J(0)=W$. 我们有下列结果.

定理 6.1 在 Finsler 流形上给定任意一个光滑变分(不必有固定的端点)使得所有的 t-曲线是测地线, 则其变分场 U 必定是一个 Jacobi 场. 反过来, 沿测地线 $\sigma(t)$ 的一个 Jacobi 场 $J(t)$ 必定是其 t-曲线是测地线的变分 σ 的变分矢量场 U.

证明 我们将考虑匀速测地线($D_T T=0$), 将 D_T 用于 Chern 联络的无挠条件 $D_T U - D_U T$ (即(5.25)式), 借助于(5.25)和 (6.3)式, 得到

$$D_T D_T U = D_T D_U T = (D_T D_U - D_U D_T)T$$

$$= -(F(T))^2(R^i_{mjm}U^j - P^i_{mma}\omega^a_m(\widetilde{U}))e_i$$

$$= (F(T))^2 R^i_{mmj}U^j e_i$$

$$= R(T,U)T = -R(U,T)T, \quad (6.21)$$

其中在第 4 个等号中我们已经用了(4.23)式来消去 P-项, 在第 5 个等号中已用了(6.9)式, 在最后一个等号中已用了 R 的反对称性(4.4)式.

沿以 $T(t)$ 为速度场的测地线 $\sigma(t)$, $0 \leqslant t \leqslant a$ 给定一个 Jacobi

场 $J(t)$，构造 $\sigma(t)$ 的变分如下：取曲线 $\gamma(u)$，使得 $\gamma(0)=\sigma(0)$，并且速度场 $V(u)$ 满足

$$V\big|_{u=0} = J\big|_{t=0}.$$

构作沿 $\gamma(u)$ 平行的矢量场 $Y(u)$，$W(u)$（即 $D_V Y = D_V W = 0$），且满足初始条件 $Y(0)=T(0)$，$W(0)=(D_T J)\big|_{t=0}$. 所求的变分是

$$\sigma(t,u) = \exp_{\gamma(u)}\{t(Y(u) + uW(u))\}. \tag{6.22}$$

注意到 $\sigma(0,u)=\gamma(u)$，$\sigma(t,0)$ 是基准测地线 $\sigma(t)$，沿 $\sigma(t)$ 的变分场是

$$U(t) = \frac{\partial \sigma(t,u)}{\partial u}\bigg|_{u=0}.$$

根据定理的第一部分，$U(t)$ 是 Jacobi 场. 我们想要证明 $U(t)$ 实际上就是 $J(t)$. 倘若我们能够证明

$$U(0) = J(0), \quad (D_T U)\big|_{t=0} = (D_T J)\big|_{t=0},$$

则根据 Jacobi 场在给定初始条件下的唯一性便得到我们所要的结论. 确实，我们有

$$U(0) = \frac{\partial \sigma(0,u)}{\partial u}\bigg|_{u=0} = \frac{\mathrm{d}}{\mathrm{d}u}\gamma(u)\bigg|_{u=0} = V(0) = J(0),$$

$$\tag{6.23}$$

以及

$$(D_T U)\big|_{t=0} = (D_U T)\big|_{t=0}$$

$$= D_U \frac{\partial}{\partial t}\exp_{\gamma(u)}\{t(Y(u) + uW(u)\}\bigg|_{t=0,u=0}, \tag{6.24}$$

其中第一个等号用了无挠条件. 由于 $(\exp_{\gamma(u)})_*$ 在 $T_{\gamma(u)}M$ 的原点是恒同映射，

$$\frac{\partial}{\partial t}\exp_{\gamma(u)}\{t(Y(u) + uW(u))\}\bigg|_{t=0} = Y(u) + uW(u).$$

$$\tag{6.25}$$

因此

302

$$(D_T U)_{t=0} = D_U(Y(u) + uW(u))\Big|_{t=0,u=0}$$

$$= D_{U(0)}(Y(u) + uW(u))\Big|_{u=0}$$

$$= D_{V(0)}(Y(u) + uW(u))\Big|_{u=0}$$

$$= W(0) = (D_T J)\Big|_{t=0}. \tag{6.26}$$

证毕.

如同在黎曼几何的情形, Jacobi 场是研究 Finsler 空间中测地线性质的重要工具. 特别是旗曲率和测地线之间的关系能够借助于共轭点的概念来研究, 而后者用 Jacobi 场在所考虑点处的行为来刻画(看下面的定义 6.1). 在 Finsler 情形的解析方法紧随黎曼几何中所用的方法之后. 这之所以成为可能, 关键还是 Chern 联络的令人注目的性质. 在本节的余下部分, 我们将给出指标形式与共轭点和 Jacobi 场有关的几个重要性质(它们也是黎曼几何中的标准结果). 在这里, 篇辐不允许我们完整地叙述证明, 然而它们与黎曼情形的相应证明是十分相似的. 至于黎曼的情形, 读者可参考参考文献[19], vol Ⅲ 和[10]; 对于 Finsler 情形, 可见参考文献[2].

定义 6.1 假定指数映射的切映射 $(\exp_p)_*$ 在 $V \in T_pM$ 是退化的, 即存在某个非零的 $W \in T_V(T_pM)$ 使得 $(\exp_p)_* W = 0 \in T_{\exp_p V}M$, 则称测地线 $\sigma(t) = \exp_p tV$, $0 \leqslant t \leqslant 1$ 上的点 $\sigma(1) = \exp_p V$ 与点 $\sigma(0) = p$ 是**共轭**的.

构作上述定义中测地线 $\sigma(t)$ 的变分

$$\sigma(t,u) = \exp_p(t(V + uW)). \tag{6.27}$$

在该变分中每一条 t-曲线是测地线. 根据定理 6.1, 其变分场 $U(t)$ 是 Jacobi 场, 而(6.27)式意味着 $U(0) = U(1) = (\exp_p)_* W = 0$. 因此我们有

引理 1 $\sigma(1)$ 与 $\sigma(0)$ 在测地线 $\sigma(t) = \exp_p tV$, $0 \leqslant t \leqslant 1$ 上是共

轭的,或者等价地,$(\exp_p)_*$在$V \in T_{\sigma(0)}M$是退化的,当且仅当存在沿$\sigma(t)$的非零 Jacobi 场$J(t)$,使得$J(0)=J(1)=0$.

对于有固定端点的变分,即$U(0)=U(1)=0$,则$D_U U$在端点也为零.从(6.14)式得到:如果$I(U,U)<0$,则$L''(0)<0$.于是,我们有

引理 2 如果测地线$\sigma(t)$的一个变分场U保持端点固定,则$I(U,U)<0$蕴含着该测地线不是最短线.

测地线上的共轭点与指标形式在其两端为零的矢量场上的符号有密切的关系,下面给出有关的重要结果.在本节的以下部分,用$\mathscr{V}_0$表示定义在连结p、q的测地线$\sigma(t)$,$0 \leqslant t \leqslant a$上使得$W(0)=W(a)=0$的光滑矢量场$W(t)$所构成的空间.则有

引理 3 (1)如果在测地线$\sigma(t)$,$0 \leqslant t \leqslant a$上没有$\sigma(0)$的共轭点,则对所有的$W \in \mathscr{V}_0$有
$$I(W,W) \geqslant 0,$$
且等号只在$W=0$时成立.

(2)若$\sigma(a)$是$\sigma(0)$的共轭点,但是对于所有的$0<\tau<a$,$\sigma(\tau)$都不是$\sigma(0)$的共轭点,则
$$I(W,W) \geqslant 0, \quad \forall W \in \mathscr{V}_0,$$
且等号只在W是 Jacobi 场时成立.

我们还有

引理 4 对于一条测地线$\sigma(t)$,$0 \leqslant t \leqslant a$,存在$\sigma(0)$的共轭点$\sigma(b)$,$0 \leqslant b \leqslant a$的充分必要条件是存在与$T$是$G_T$-正交的$W \in \mathscr{V}_0$使得$I(W,W)<0$.

上面两个引理的证明可在 D. Bao, S. S. Chern, "A notable connection in Finsler geometry", *Houston J. Math.*, **19**(1993), 135~180 中找到. 作为引理 3 的推论,我们有

引理 5 假定$\sigma(t)$,$0 \leqslant t \leqslant a$是一条不含共轭点的测地线. 设$W, J$是$\sigma$上的光滑矢量场使得$W(0)=J(0)$,$W(a)=J(a)$,且$J$是 Jacobi 场. 则

304

$$I(W,W) \geqslant I(J,J),$$

且等号成立当且仅当 $W=J$.

证明　根据假定，$J-W \in \mathscr{V}_0$. 引理 3 断言

$$0 \leqslant I(J-W, J-W)$$
$$= I(J,J) - 2I(J,W) + I(W,W)$$
$$= \frac{1}{F}G_T(D_TJ,J)\Big|_0^a - \frac{2}{F}G_T(D_TJ,W)\Big|_0^a + I(W,W)$$
$$= -\frac{1}{F}G_T(D_TJ,J)\Big|_0^a + I(W,W)$$
$$= -I(J,J) + I(W,W).$$

在第二行的等号中我们用了指标形式的双线性性质和对称性. 在第三行的等号中我们用了 (6.19) 式. 再次用引理 3 可得等号成立当且仅当 $J-W=0$.

最后我们叙述

引理 6　对于所有的 $W \in \mathscr{V}_0$ 有 $I(V,W)=0$ 当且仅当 V 是一个 Jacobi 场.

证明　若 V 是一个 Jacobi 场，则从 (6.19) 式直接得到对于所有的 $W \in \mathscr{V}_0$ 有 $I(V,W)=0$. 反过来，假定对于所有的 $W \in \mathscr{V}_0$ 有 $I(V,W)=0$. 设 $f(t)$ 是 $[0,a]$ 上的光滑函数，满足条件：$f(0)=f(a)=0$，对任意的 $0<t<a$ 有 $f(t)>0$. 取 W 为

$$f(t)\{D_TD_TV + R(V,T)T\}.$$

则对于 $I(V,W)$ 用 (6.19) 式得到

$$0 = -\frac{1}{F}\int_0^a f(t)G_T(D_TD_TV + R(V,T)T, D_TD_TV$$
$$+ R(V,T)T)dt,$$

这表明 V 是一个 Jacobi 场.

§7　完备性和 Hopf-Rinow 定理

对于一个 Finsler 流形，一个明显的整体问题是：它是不是另

305

一个 Finsler 流形的真开子流形. 与此有关的一个重要概念就是完备性, 它本是度量空间的性质. 因此, 我们先讨论关于度量空间的一般结果, 再研究完备的 Finsler 流形. 此处的结果在黎曼情形自动成立.

定义 7.1　闭区间 $0 \leqslant t \leqslant 1$ 到度量空间 M 的连续映像称为 M 中的一段**弧**. 半开区间 $0 \leqslant t < 1$ 到 M 的连续映像称为 M 中的一条**路径**.

设 $p(t), 0 \leqslant t \leqslant 1$ 是 M 中的一段弧, 如果对于任意的 $0 \leqslant t_1 \leqslant t_2 \leqslant t_3 \leqslant 1$ 都有

$$\rho(p(t_1), p(t_2)) + \rho(p(t_2), p(t_3))$$
$$= \rho(p(t_1), p(t_3)), \qquad (7.1)$$

其中 ρ 是度量空间 M 中的距离函数, 则称 $p(t)$ 为 M 的一条**线段**. M 中以 p, q 为始点和终点的线段记作 pq.

因为闭区间 (或半开区间) 都是彼此同胚的, 所以上述定义中的区间长度可以不限于 1. 把一段弧 (或路径) 限制在其定义域的闭子区间上, 所得的弧称为它的**子弧**.

设 $p(t)$ $(0 \leqslant t < 1)$ 是 M 的一条路径. 如果: (1) 它是 M 的闭子集; (2) 它的每一段子弧都是线段, 则称 $p(t)$ 是 M 的一条**射线**. 若函数 $\rho(p(0), p(t))$ $(0 \leqslant t < 1)$ 是有界的, 则称它的上确界是该射线的长度.

例 1　设 M 是平面 $\mathbf{R}^2$ 上去掉一点所成的空间, $M = \mathbf{R}^2 - \{0\}$, 它关于从 $\mathbf{R}^2$ 诱导的距离函数成为一个度量空间. 命

$$p_1(t) = (t-1, 0), \quad 0 \leqslant t < 1,$$

则 $p_1(t)$ 是 M 的一条射线, 显然它的长度是有限的, 即它的长度是 1. 但是射线

$$p_2(t) = \left(1, \frac{1}{1-t}\right), \quad 0 \leqslant t < 1$$

没有有限的长度.

例 2　不是所有的度量空间都存在射线, 如在紧致度量空间

中就没有射线. 若不然,设 $p(t)$($0{\leqslant}t{<}1$)是紧致的度量空间 M 中的一条射线,则极限 $\lim\limits_{t\to 1}p(t)=p_0\in M$ 存在;因射线是 M 的闭子集,故 p_0 在射线上,即有 $0{\leqslant}t_0{<}1$,使 $p(t_0)=p_0$. 取 $t_1=(t_0+1)/2$,则 $t_0{<}t_1{<}1$. 根据射线的定义,当 $t_1{<}t{<}1$ 时有

$$\rho(p(t_0),p(t_1))+\rho(p(t_1),p(t))=\rho(p(t_0),p(t)),$$

故

$$\rho(p(t_0),p(t)){\geqslant}\rho(p(t_0),p(t_1))>0.$$

但是当 $t\to 1$ 时,左端趋于零,这是一个矛盾. 故在 M 中不可能存在射线.

显然 $\boldsymbol{R}^2$ 中的单位圆盘 $D=\{(x,y)\in \boldsymbol{R}^2\,|\,x^2+y^2{\leqslant}1\}$ 是紧致的度量空间,所以在 D 中不能有射线.

引理 1 设度量空间 M 中有一列点 $a_1,\cdots,a_n$ 满足条件

$$\sum_{i=1}^{n-1}\rho(a_i,a_{i+1})=\rho(a_1,a_n),\qquad(7.2)$$

则对任意一组整数 $1{\leqslant}i_1{\leqslant}\cdots{\leqslant}i_k{\leqslant}n$,都有

$$\sum_{r=1}^{k-1}\rho(a_{i_r},a_{i_{r+1}})=\rho(a_{i_1},a_{i_k}).\qquad(7.3)$$

证明 若命题不真,则存在一组整数 $1{\leqslant}i_1{\leqslant}\cdots{\leqslant}i_k{\leqslant}n$,使得

$$\sum_{r=1}^{k-1}\rho(a_{i_r},a_{i_{r+1}})>\rho(a_{i_1},a_{i_k}).$$

因此

$$\sum_{i=1}^{n-1}\rho(a_i,a_{i+1}){\geqslant}\rho(a_1,a_{i_1})+\sum_{r=1}^{k-1}\rho(a_{i_r},a_{i_{r+1}})+\rho(a_{i_k},a_n)$$

$$>\rho(a_1,a_{i_1})+\rho(a_{i_1},a_{i_k})+\rho(a_{i_k},a_n)$$

$$\geqslant\rho(a_1,a_n),$$

这与条件(7.2)相矛盾,所以(7.3)式必须成立.

引理 2 设 a_ka_{k+1}($1{\leqslant}k{\leqslant}n-1$)是度量空间 M 中的线段,并且

$$\sum_{k=1}^{n-1} \rho(a_k, a_{k+1}) = \rho(a_1, a_n), \tag{7.4}$$

则 $\gamma = \sum_{k=1}^{n-1} a_k a_{k+1}$ 是线段.

证明 设 $n=3$. 显然 $a_1 a_2 + a_2 a_3$ 是一段弧,现要证明它是线段.假定 x, y, z 是该弧上任意三点,且 y 在 x, z 之间.若 x 和 z 同时属于 $a_1 a_2$,或 $a_2 a_3$,则由线段的定义得

$$\rho(x, y) + \rho(y, z) = \rho(x, z).$$

现在不妨设 $x, y \in a_1 a_2, z \in a_2 a_3$,故

$$\rho(a_1, x) + \rho(x, y) + \rho(y, a_2) = \rho(a_1, a_2),$$

$$\rho(a_2, z) + \rho(z, a_3) = \rho(a_2, a_3),$$

因此由条件(7.4)得

$$\rho(a_1, x) + \rho(x, y) + \rho(y, a_2) + \rho(a_2, z) + \rho(z, a_3)$$
$$= \rho(a_1, a_2) + \rho(a_2, a_3) = \rho(a_1, a_3).$$

由引理 1 则有

$$\rho(x, y) + \rho(y, z) = \rho(x, z),$$

故 $a_1 a_2 + a_2 a_3$ 是线段.

利用类似的推理,不难用归纳法证明引理对任意的 n 都是成立的.

引理 3 设 $\beta: p(t), 0 \le t < 1$ 是度量空间 M 中的一条路径,而且它的每一段子弧都是线段.若 β 是 M 中的闭子集,则 β 是射线;若 β 不是 M 的闭子集,则极限 $\lim_{t \to 1} p(t) = p$ 存在,并且 $\beta + p$ 是线段.

证明 前一个结论是射线的定义.现在假定 β 不是 M 的闭子集,则必有 β 的一个极限点 $p \bar{\in} \beta$,因此有序列 $t_i \to 1, 0 \le t_i < 1$,使得 $a_i = p(t_i) \to p(i \to +\infty)$.我们要证明 $\lim_{t \to 1} p(t) = p$.

不妨设 $\{t_i\}$ 是单调上升的序列.因为 $p(t_i) \to p(i \to +\infty)$,故对于任意给定的正数 ε,必存在正整数 N,使得当 $i > N$ 时有

308

$$\rho(p(t_i), p) < \frac{\varepsilon}{4} ; \tag{7.5}$$

因此当 $i, j > N$ 时总是有

$$\rho(\rho(t_i), p(t_j)) \leqslant \rho(p(t_i), p) + \rho(p(t_j), p) < \frac{\varepsilon}{2}. \tag{7.6}$$

取 $\delta = 1 - t_{N+1} > 0$，则当 $0 < 1 - t < \delta$ 时，$t_{N+1} < t < 1$. 由于 $t_i \to 1$，则对每一个这样的 t 总可以找到指标 $j > N$，使 $t_{N+1} < t < t_j < 1$. 因为 β 上的子弧是线段，所以

$$\rho(p(t_{N+1}), p(t))$$
$$\leqslant \rho(p(t_{N+1}), p(t)) + \rho(p(t), p(t_j))$$
$$= \rho(p(t_{N+1}), p(t_j)) < \frac{\varepsilon}{2}. \tag{7.7}$$

因此只要 $0 < 1 - t < \delta$，总是有

$$\rho(p(t), p) \leqslant \rho(p(t), p(t_{N+1})) + \rho(p(t_{N+1}), p) < \varepsilon.$$

即

$$\lim_{t \to 1} p(t) = p.$$

命 $p(1) = p$；我们要证明 $p(t), 0 \leqslant t \leqslant 1$ 是 M 中的线段. 设 x, y, z 是这段弧上任意三点，且 y 在 x 和 z 之间. 若 $z \neq p(1)$，则由假设得到

$$\rho(x, y) + \rho(y, z) = \rho(x, z).$$

若 $z = p(1)$，不妨设 $y \neq p(1)$. 因为 $a_i = p(t_i) \to p$，所以对充分大的 i, y 必落在 x 和 a_i 之间. 因为 xa_i 是线段，故

$$\rho(x, y) + \rho(y, a_i) = \rho(x, a_i).$$

让 $i \to +\infty$，则上式给出

$$\rho(x, y) + \rho(y, z) = \rho(x, z).$$

因此 $\beta + p$ 是线段.

现在假定 M 是连通的 Finsler 流形，在 Finsler 函数 F 是齐次函数的假定下；M 关于由 Finsler 度量诱导的距离函数（第五章的 (2.46) 式）成为一个度量空间. 下面的引理表明流形 M 上实现两

点之间的距离的曲线段恰是定义 7.1 所说的线段.

引理 4 设 γ 是 M 上连结 p,q 两点的可求长曲线,并且它的长度等于 $\rho(p,q)$,则 γ 是 Finsler 流形 M 上的测地线,也是度量空间 M 中的线段. 反之,若 γ 是 M 上连结 p,q 的线段,则 γ 是测地线,并且 γ 上任意两点之间的距离等于 γ 在这两点之间的弧长.

连结两点的测地线,如果实现了这两点之间的距离,则称它是最短测地线. 引理的意思是:在 Finsler 流形上最短测地线和线段是等价的概念.

证明 设 r 是 γ 上任意一点,取 r 的法坐标域 U,使它具有第五章定理 2.4 所要求的性质. 任意取一点 $r_1 \in \gamma \cap U$,使 γ 在 r, r_1 之间的部分 γ_1 落在 U 内. 根据定理 5.1,在 U 中存在唯一的一条测地线 g 连结 r 和 r_1,并且 g 是 U 中连结 r 和 r_1 的最短线. 若 $g \neq \gamma_1$,则 γ_1 的长度必大于 g 的长度,这与 γ 是实现 p,q 两点之间的距离的曲线段相矛盾,因此 γ 是测地线.

任取三点 $x,y,z \in \gamma$,且 y 在 x,z 之间,则

$$\widehat{px} + \widehat{xy} + \widehat{yz} + \widehat{zq} = \widehat{pq} = \rho(\dot{p},q),$$

其中记号 $\widehat{pq}$ 表示曲线在 p,q 之间的弧长. 根据黎曼流形上两点之间的距离的定义,则得

$$\rho(p,q) \leqslant \rho(p,x) + \rho(x,y) + \rho(y,z) + \rho(z,q)$$
$$\leqslant \widehat{px} + \widehat{xy} + \widehat{yz} + \widehat{zq} = \rho(p,q),$$

故上式等号必须成立. 由引理 1 得

$$\rho(x,y) + \rho(y,z) = \rho(x,z),$$

故 γ 是线段.

反过来,设 γ 是连结 p,q 的线段. 在 γ 上取分点 $p = r_0, r_1, \cdots, r_n = q$,使得 $\rho(r_i, r_{i+1}) = \dfrac{1}{n}\rho(p,q)$. 则

$$\gamma \text{ 的长度} = \sum_{i=0}^{n-1} \widehat{r_i r_{i+1}}.$$

当 n 充分大时,弧长 $\widehat{r_i r_{i+1}}$ 和 $\rho(r_i, r_{i+1})$ 的差是 $1/n$ 的高阶无穷小,

故

$$\gamma \text{ 的长度} = \sum_{i=0}^{n-1} \left(\rho(r_i, r_{i+1}) + o\left(\frac{1}{n}\right) \right)$$
$$= \rho(p,q) + o(1),$$

即 γ 的长度 $= \rho(p,q)$，γ 是测地线.

引理 5 设 M 的每一点 p 有一个正数 $\rho(p)$，使得：

（1）对于 M 上任意一点 q，只要 $\rho(p,q) \leqslant \rho(p)$，则必存在连结 p,q 的线段；

（2）若 $\rho(p,q) > \rho(p)$，则必有一点 $x \in M$，使得 $\rho(p,x) = \rho(p)$，并且

$$\rho(p,x) + \rho(x,q) = \rho(p,q).$$

证明 我们取点 p 的半径为 ε 的球形法坐标邻域 W，使 ε 具有第五章定理 2.5 所述的性质. 只要取正数 $\rho(p) < \varepsilon$ 就行了. 若 $\rho(p,q) < \rho(p)$，则 $q \in W$，故在 W 中存在唯一的测地线连结 p,q，且它的长度恰是 $\rho(p,q)$（见第五章定理 2.6 最后的说明）. 根据引理 4，这条测地线是线段 pq，故（1）成立.

设 $q \in M$，$\rho(p,q) > \rho(p)$. 根据距离的定义，必有可求长弧的序列 $\{\beta_i\}$，当 $i \to \infty$ 时，β_i 的长度 $s_i \to \rho(p,q)$. 在 β_i 上取一点 x_i，使 $\rho(p,x_i) = \rho(p)$，则 x_i 落在以 p 为中心、以 $\rho(p)$ 为半径的超球面 $\Sigma_{\rho(p)}$ 上. 由于 $\Sigma_{\rho(p)}$ 的紧致性，必有 $\{x_i\}$ 的子序列收敛于 $\Sigma_{\rho(p)}$ 上一点 x. 不妨设 $\{x_i\}$ 本身是收敛的. 因为

$$\rho(x_i, q) \leqslant \widehat{x_i q} \leqslant s_i - \rho(p),$$

故

$$\rho(p,q) \leqslant \rho(p,x_i) + \rho(x_i,q) \leqslant s_i,$$

命 $i \to \infty$，则 $s_i \to \rho(p,q)$，故

$$\rho(p,q) = \rho(p,x) + \rho(x,q).$$

定理 7.1 设 M 是连通的 Finsler 流形，p,q 是 M 上任意两点. 则下列命题中必有一个成立：

（1）存在线段连结 p,q 两点；

（2）存在从 p 出发的射线 γ，使得 γ 上任意一点适合条件
$$\rho(p,x) + \rho(x,q) = \rho(p,q).$$

证明 假定不存在连结 p,q 的线段。命 $a_1 = p$；我们要构造线段的序列 $a_i a_{i+1}, i = 1, 2, \cdots$，使得对每一个正整数 k，它们满足条件

(C_k) $\rho(a_1, a_2) + \cdots + \rho(a_{k-1}, a_k) + \rho(a_k, q) = \rho(p, q)$.

若已有线段 $a_1 a_2, \cdots, a_{k-1} a_k$ 使条件 (C_k) 成立，则由引理 1，

$$\rho(a_1, a_2) + \cdots + \rho(a_{k-1}, a_k) = \rho(a_1, a_k), \tag{7.8}$$

$$\rho(a_1, a_k) + \rho(a_k, q) = \rho(a_1, q). \tag{7.9}$$

根据引理 2，$\gamma_k = \sum\limits_{i=1}^{k-1} a_i a_{i+1}$ 是线段 $a_1 a_k$，因此 a_k 和 q 不能用线段连结。考虑点集
$$S_k = \{x \in M \mid 能用线段连结 x 和 a_k，且$$
$$\rho(a_k, x) + \rho(x, q) = \rho(a_k, q)\},$$

根据引理 5，集合 $S_k \neq \varnothing$，并且

$$T_{k+1} = \sup_{x \in S_k} \rho(a_k, x) > 0. \tag{7.10}$$

显然 $T_{k+1} \leqslant \rho(a_k, q)$。任取一点 $a_{k+1} \in S_k$，并使

$$\rho(a_k, a_{k+1}) \geqslant \frac{1}{2} T_{k+1}, \tag{7.11}$$

那么线段 $a_1 a_2, \cdots, a_k a_{k+1}$ 满足条件 (C_{k+1})。命

$$\gamma = \sum_{i=1}^{\infty} a_i a_{i+1}, \tag{7.12}$$

则 γ 是一条路径。γ 的任意一段子弧必定是某线段 $\sum\limits_{i=1}^{k-1} a_i a_{i+1}$ 的子弧（只要 k 充分大），所以它是线段。根据引理 3，要证明 γ 是射线只需证明 $\{a_k\}$ 没有极限点。

为此假定 $\lim\limits_{k \to \infty} a_k = r \in M$，则由引理 3，$\gamma + r$ 是线段。在 (7.9) 式中让 $k \to \infty$，则得

$$\rho(a_1, r) + \rho(r, q) = \rho(a_1, q), \tag{7.13}$$

同理,

$$\rho(a_k,r) + \rho(r,q) = \rho(a_k,q). \tag{7.14}$$

因为已假定不能用线段连结 a_1,q,故 $r\neq q$. 根据引理 5,必有点 $x\neq r$,使得 x 和 r 能用线段连结,并且

$$\rho(r,x) + \rho(x,q) = \rho(r,q). \tag{7.15}$$

联合 (7.14) 与 (7.15) 两式则有

$$\rho(a_k,r) + \rho(r,x) + \rho(x,q) = \rho(a_k,q),$$

由引理 1 得

$$\rho(a_k,r) + \rho(r,x) = \rho(a_k,x).$$

于是,根据引理 2,$a_k r + rx$ 是线段,$x\in S_k$,故

$$T_{k+1} \geqslant \rho(a_k,x) \geqslant \rho(r,x) > 0. \tag{7.16}$$

上式对任意的 $k\geqslant 1$ 都成立. 但是在另一方面

$$\frac{1}{2}\sum_{k=1}^{\infty}T_{k+1} \leqslant \sum_{k=1}^{\infty}\rho(a_k,a_{k+1}) \leqslant \rho(a_1,q),$$

故必须有 $\lim_{k\to\infty}T_{k+1}=0$,这与 (7.16) 式是矛盾的. 因此序列 $\{a_k\}$ 不能有极限点,γ 是射线.

在 γ 上任取一点 x,则当 k 充分大时点 x 落在线段 $\sum\limits_{i=1}^{k-1}a_i a_{i+1}$ 内,所以

$$\rho(a_1,x) + \rho(x,a_k) = \rho(a_1,a_k);$$

联合 (7.9) 式则得

$$\rho(a_1,x) + \rho(x,a_k) + \rho(a_k,q) = \rho(a_1,q).$$

根据引理 1 则有

$$\rho(a_1,x) + \rho(x,q) = \rho(a_1,q), \tag{7.17}$$

定理得证.

注记 在定理 7.1 的第 (2) 种情形,因为

$$\rho(p,x) \leqslant \rho(p,q), \quad x\in\gamma,$$

所以射线 γ 有有限的长度. 因此,如果连通 Finsler 流形上没有有限长度的射线,则任意两点必能用线段连结起来. 由例 2 可知,紧

致的连通黎曼流形上任意两点都能用线段连结.

定义 7.2 设 $\{a_n\}$ 是度量空间 M 的一个点序列. 如果对于任意给定的正数 ε, 总是可找到正整数 $N(\varepsilon)$, 使得只要 $i, j > N(\varepsilon)$ 就有

$$\rho(a_i, a_j) < \varepsilon,$$

则称 $\{a_n\}$ 是一个 **Cauchy 序列**.

定义 7.3 若在度量空间 M 中每一个 Cauchy 序列都是收敛的, 则称 M 是完备的. 如果连通的 Finsler 流形 M 关于从 Finsler 度量诱导的距离函数成为完备的度量空间, 则称 M 是**完备的** Finsler 流形.

根据收敛序列的 Cauchy 判别准则, 欧氏空间 $\boldsymbol{R}^m$ 自然是完备的度量空间, 也可以看作完备的黎曼流形 (或 Finsler 流形). 但是 $\boldsymbol{R}^m$ 不是紧致的. 因此从几何的观点看, 紧致性并不是最适宜的条件. 对 Finsler 流形的整体研究, 完备性这个条件被认为是最合适的.

定理 7.2(Hopf-Rinow) 设 M 是连通的 Finsler 流形, 则下面三个条件是彼此等价的:

(1) M 是完备的;

(2) M 上任意一条测地线可以无限延长;

(3) 每个闭的有界子集必是紧致的.

证明 (1)$\Rightarrow$(2). 假定 M 有一条从点 p 出发的测地线 γ 不能再延长, 其长度 L 是有限的, 则它可以表成 $p(t), 0 \leqslant t < 1$, 而且极限 $\lim\limits_{t \to 1} p(t)$ 不存在 (实际上, 若极限 $\lim\limits_{t \to 1} p(t) = q$ 存在, 命 $p(1) = q$, 则得到测地线段 $p(t), 0 \leqslant t \leqslant 1$; 然而测地线段总是可以从端点向外延伸, 这与假定相矛盾). 任取一个单调递增数列 $t_k, 0 \leqslant t_k < 1$, 且 $t_k \mapsto 1 \ (k \to \infty)$. 命 $a_k = p(t_k), k = 1, 2, \cdots$, 则

$$\sum_{k=1}^{\infty} \rho(a_k, a_{k+1}) \leqslant L; \tag{7.18}$$

因此对任意给定的 $\varepsilon > 0$, 存在正整数 N, 当 $n > l > N$ 时总是有

$$\sum_{k=l}^{n-1} \rho(a_k, a_{k+1}) < \varepsilon,$$

所以

$$\rho(a_l, a_n) < \varepsilon. \qquad (7.19)$$

这说明 $\{a_k\}$ 是 Cauchy 序列. 因为 M 的完备性, 故存在一点 $q \in M$, 使 $\lim\limits_{k \to \infty} a_k = q$. 显然, 点 q 与序列 $\{t_k\}$ 的选取无关, 所以 $\lim\limits_{t \to 1} p(t) = q$, 这是一个矛盾. 故 M 上任意一条测地线必能无限延长.

(2)⟹(3). 假定 M 上任意一条测地线都可以无限延长, 因此 M 上没有有限长度的射线. 根据定理 7.1, M 上任意两点都可以用线段连结. 设 S 是 M 的一个有界无穷子集. 故有一点 $a \in M$ 及正数 K, 使 S 包含在以 a 为中心、以 K 为半径的开球内. 在 S 中取一个无穷序列 $\{x_k\}$, 使其中的点两两不同. 因为 $\rho(a, x_k) < K$, $\{\rho(a, x_k)\}$ 是有界无穷数列, 故必有收敛子序列. 不妨设该数列本身就是收敛的, 于是可命

$$\lim\limits_{k \to \infty} \rho(a, x_k) = l \leqslant K.$$

用线段 ax_k 连结 a, x_k; 设 v_k 是 ax_k 在点 a 的单位切矢量, 则 v_k 落在 $T_a(M)$ 中以原点为中心的单位 Finsler 球面上. 由单位球面的紧致性, 不妨设 $\{v_k\}$ 在这个单位球面上收敛于 v. 从点 a 出发沿切方向 v 作测地线 γ; 因 γ 可无限延长, 所以在 γ 上可以取一点 x_0, 使 γ 在 a, x_0 之间的长度为 l. 线段 ax_k 是从 a 出发、与 v_k 相切并且长度为 $\rho(a, x_k)$ 的测地线. 由于测地线对初始条件的连续依赖性, 故 $\lim\limits_{k \to \infty} x_k = x_0$, 这说明 x_0 是 S 的一个极限点. 如果 S 是闭的, 则 $x_0 \in S$. 因此, M 的每一个闭的有界无穷子集有属于该子集的极限点, 故该子集是紧致的.

(3)⟹(1). 实际上, 如果 $\{a_n\}$ 是 Cauchy 序列, 则 $\{a_n\}$ 必是有界集. 由条件(3), 该点集的闭包是紧致的, 故存在收敛子序列 $\{a_{n_k}\}$ 和点 $a_0 \in M$, 使得 $a_{n_k} \to a_0 (k \to \infty)$. 因为

$$|\rho(a_n, a_0) - \rho(a_m, a_0)| \leqslant \rho(a_n, a_m),$$

故 $\{\rho(a_n, a_0)\}$ 是 Cauchy 序列. 因此

$$\lim_{n \to \infty} \rho(a_n, a_0) = \lim_{k \to \infty} \rho(a_{n_k}, a_0) = 0,$$

即 $\lim\limits_{n \to \infty} a_n = a_0$.

注记 1　上述定理的断言 (2) 等价于：在任意一点 $p \in M$, 指数映射 $\exp_p$ 在整个的 $T_p M$ 上有定义.

注记 2　前面已经指出过, 对于 Finsler 丛 $p^* TM \to SM, M$ 上的测地线在反向之后可能不再是一条测地线. 因此在上述定理用于 SM 时无限可延长的概念必须用无限地向前可延长性来替代. 对于测地线的这个微妙特性, 可见参考文献 [2].

系 1　在完备的 Finsler 流形上, 任意两点可用最短测地线连结.

证明　因为在完备的 Finsler 流形上测地线能无限延长, 所以不能有有限长度的射线. 根据定理 7.1, 任意两点可用线段连结, 即可用最短测地线连结.

系 2　紧致的连通 Finsler 流形是完备的.

证明　因为在紧致的度量空间中任意的无穷子集都有极限点, 根据定理 7.2, 它是完备的.

定义 7.4　设 M 是连通的 Finsler 流形；如果 M 不能是另一个连通 Finsler 流形的真开子流形, 则称 M 是**不可延拓的**.

定理 7.3　完备的 Finsler 流形是不可延拓的.

证明　设 M 是完备的 Finsler 流形. 若 M 是连通的 Finsler 流形 M' 的真开子流形, 则可取边界点 $p \in (M' - M) \bigcap \overline{M}$. 根据引理 3, 存在点 p 在 M' 中的 ε-球开邻域 U, 使得 U 中任意一点都可以用 M' 中的线段与 p 连结. 因 $p \in \overline{M}$, 故有 $q \in M \bigcap U$. 线段 qp 在 M 中的部分是一条从 q 出发的射线, 它的长度 $\leqslant \rho(p, q)$, 这与 M 的完备性相抵触. 所以 M 是不可延拓的.

但是完备性的限制确实比不可延拓性更强. 例如：$E^2 - \{0\}$ 的通用覆盖流形 Π 是一个连通的黎曼流形, 它是不可延拓的, 然而

它却不是完备的.

在 Π 中取坐标系 (ρ,θ)，$0<\rho<+\infty$，$-\infty<\theta<+\infty$，黎曼度量是

$$\mathrm{d}s^2 = \mathrm{d}\rho^2 + \rho^2\mathrm{d}\theta^2;$$

设覆盖映射是 $\pi : \Pi \to E^2 - \{0\}$，使得

$$\pi(\rho,\theta) = (\rho\cos\theta, \rho\sin\theta).$$

那么 π 在局部上是保持黎曼度量的. 若黎曼流形 Π 能延拓，则必定把 $\rho=0$ 的点加进去；但是这样得到的不再是二维黎曼流形了. 显然 Π 不是完备的，因为 Π 中两点

$$(\rho_1,\theta_1) = (1,0), \quad (\rho_2,\theta_2) = (1,\pi)$$

之间的距离是 2，但是不能用 Π 中的线段连结.

§8 Bonnet-Myers 定理和 Synge 定理

在黎曼几何中这两个经典的定理是弧长第二变分公式在大范围微分几何中的重要应用，极好地显示了曲率和拓扑之间的紧密联系. 我们将会看到，利用 Chern 联络，这两个定理在 Finsler 情形也是成立的.

设 T 是 T_pM 中任意一个矢量，$e_m = \dfrac{T}{F(T)}$ 是沿 T 的单位矢量. 构作 G_T-单位正交基 $\{e_i\}$，$i=1,\cdots,m$. 在点 p 沿方向 e_m 的 Ricci 曲率由 §4.2 的 (4.39) 式定义，我们有

定理 8.1(Bonnet-Myers) 设 M 是一个完备的连通 Finsler 流形. 如果对于所有的点 $p \in M$ 沿 T_pM 中任意一个方向的 Ricci 曲率有正的下界：

$$\mathrm{Ric}_p \geqslant \frac{1}{r^2} > 0,$$

则

(1) M 是紧致的，其直径 $\leqslant \pi r$；

(2) 基本群 $\pi_1(M)$ 是有限的.

在证明该定理之前,我们先用嵌入在 $\boldsymbol{R}^3$ 中的、具有诱导度量的、半径为 r 的球面 S^2 作为例子进行解释. 对于任意一个度量空间 M,其直径定义为

$$\text{diam } M \equiv \sup\{\rho(p,q); p,q \in M\}, \tag{8.1}$$

其中 ρ 是距离函数. 对于半径为 r 的球面 S^2, Ricci 曲率是 $\text{Ric}_p = 1/r^2$,直径是 πr. 显然 S^2 是单连通的完备黎曼流形. 因而它的基本群 $\pi_1(S^2) = 1$,是有限的.

我们用这个例子给出一个重要的事实,它在定理 8.1 的证明中是有用的,即:如果 $a > \pi r, r > 0$,则存在光滑函数 $f: [0,a] \to \boldsymbol{R}$ 使得 $f(0) = f(a) = 0$,并且

$$\int_0^a \left\{ \left(\frac{\mathrm{d}f}{\mathrm{d}t}\right)^2 - \frac{f^2}{r^2} \right\} \mathrm{d}t < 0. \tag{8.2}$$

事实上,在半径为 r 的球面上考虑长度为 a、速率为 1 的测地线 $\sigma(t)$,且 $a > \pi r$. 设 e_1, e_2 是沿 σ 平行的单位正交标架场,$e_2 = T$. 这条测地线包含了 $\sigma(0)$ 的共轭点 $\sigma(\pi r)$. 因此,根据 §6 的引理 4,存在沿 σ 的矢量场 $W(t)$ 与 e_2 正交,满足 $W(0) = W(a) = 0$,并且使得 $I(W, W) < 0$. 若记 $W(t) = f(t)e_1$,则 $f(0) = f(a) = 0$;由于 $I(W, W) < 0$,加上 $F = 1$ 和 e_1 沿 σ 的平行性,则由 (6.13) 式得到

$$I(W, W) = \int_0^a \left\{ \left(\frac{\mathrm{d}f}{\mathrm{d}t}\right)^2 - \frac{f^2}{r^2} \right\} \mathrm{d}t < 0. \tag{8.3}$$

定理 8.1 的证明 (1) 设 p, q 是 M 中任意两点. 根据 Hopf-Rinow 定理(定理 7.2)的系 1,存在一条最短测地线连结 p 和 q. 不妨假定它是速率为 1 的测地线,记为 $\gamma: [0,a] \to M, \gamma(0) = p$, $\gamma(a) = q$. 那么 $\rho(p,q) = L(\gamma) = a$. 我们要证明 $a \leqslant \pi r$. 若设 $a > \pi r$,则根据上面的讨论,存在一个光滑函数 $f: [0,a] \to \boldsymbol{R}$,使得 $f(0) = f(a) = 0$,并且满足 (8.2) 式. 构作沿 $\gamma(t)$ 平行的、G_T-单位正交标架场 $e_i, i = 1, \cdots, m$,使得 $e_m = T$. Chern 联络的几乎与度量相容性保证了这样的标架场的存在性(参看 (3.46) 式后面的讨论). 命 $W_\alpha(t) = f(t)e_\alpha, \alpha = 1, \cdots, m-1$. 则 $W_\alpha(0) = W_\alpha(a) = 0$. 根

318

据(6.13)和(4.39)式,我们有

$$\sum_{\alpha=1}^{m-1} I(W_\alpha, W_\alpha) = (m-1) \int_0^a \left\{ \left(\frac{\mathrm{d}f}{\mathrm{d}t} \right)^2 - f^2 \cdot \mathrm{Ric}(e_m) \right\} \mathrm{d}t.$$

$$(8.4)$$

根据假设,$\mathrm{Ric}(e_m) \geqslant 1/r^2$,因此由(8.2)式得到

$$\sum_{\alpha=1}^{m-1} I(W_\alpha, W_\alpha) \leqslant (m-1) \int_0^a \left\{ \left(\frac{\mathrm{d}f}{\mathrm{d}t} \right)^2 - \frac{f^2}{r^2} \right\} \mathrm{d}t < 0. \quad (8.5)$$

于是,必有某个 α 使得 $I(W_\alpha, W_\alpha) < 0$. 由构造方式可知,这个 W_α 与 $e_m = T$ 是 G_T-正交的,且满足 $W_\alpha(0) = W_\alpha(a) = 0$. 因此,它是测地线 γ 的有固定端点的变分场. 由(6.18)式得到

$$L''(0) = I(W_\alpha, W_\alpha) < 0.$$

因此,γ 不是连结 p 和 q 的最短测地线. 这是一个矛盾,由此必有 $a \leqslant \pi r$. 既然 p, q 是任意的,所以 diam $M \leqslant \pi r$. 根据假设,M 是完备的;M 是它自身的闭子集. 我们刚才已证明 M 是有界的. 由 Hopf-Rinow 定理的断言(3)得知 M 是紧致的.

(2)设 $\widetilde{M}$ 是 M 的通用覆盖空间,覆盖投影是 $\pi: \widetilde{M} \to M$,在 $\widetilde{M}$ 上的诱导 Finsler 结构是 $\widetilde{M} = \pi^* F$. 因为投影 π 是**局部等距**,故 $\widetilde{M}$ 也满足定理中 M 所满足的条件. 根据定理的(1),$\widetilde{M}$ 是紧致的. 因此,$\pi: \widetilde{M} \to M$ 必定是有限覆盖. 因为 M 是连通的,以不同的点 p 为基点的基本群 $\pi_1(M, p)$ 是同构的. 最后,因为 $\widetilde{M}$ 是单连通的,在 $\pi_1(M, p)$ 和离散的有限集 $\pi^{-1}(p)$ 之间存在 1-1 对应. 因而 $\pi_1(M)$ 是有限群.

定理 8.2(Synge) 如果 M 是紧致可定向的偶数维 Finsler 流形,有正的旗曲率,则 M 是单连通的.

为证明这个定理,需要下列引理.

引理 1 在一个紧致的连通 Finsler 流形 M 中,每一个环路的自由同伦类必含有一条最短的闭测地线.

证明 假定 $\pi_1(M) \neq 1$. 如同定理 8.1 中(2)的证明,引入 M

的通用覆盖空间 $\widetilde{M}$,覆盖投影为 $\pi: \widetilde{M} \to M$,诱导的 Finsler 结构为 $\widetilde{F} = \pi^* F$,则 π 是局部等距. 因为 M 是紧致的,根据定理 7.2 的系 2,它必是完备的. 这样,$\widetilde{M}$ 也是完备的. 对于 $p \in M$,命 $\pi^{-1}(p) = \{\widetilde{p}_1, \widetilde{p}_2, \widetilde{p}_3, \cdots\}$;我们要在 $\widetilde{M}$ 中寻求一条最短测地线连结 $\widetilde{p}_1$ 和 $\widetilde{p}_n$,$n \neq 1$,使得

$$\rho(\widetilde{p}_1, \widetilde{p}_n) = \inf_{k \geqslant 2} \rho(\widetilde{p}_1, \widetilde{p}_k) \equiv \lambda > 0.$$

这样的一条测地线在 π 下映为 M 中的最短闭测地线. 设 $\{\widetilde{p}_{n_i}\}$ 是 $\pi^{-1}(p)$ 中的一个点列,使得 $\rho(\widetilde{p}_1, \widetilde{p}_{n_i}) \to \lambda$. 这样一个点列显然是有界的. 按照 Hopf-Rinow 定理(定理 7.2)中(2)$\Rightarrow$(3)的证明,$\widetilde{M}$ 的完备性蕴含着 $\{\widetilde{p}_{n_i}\}$ 有极限点 $\widetilde{p}$. 根据 π 的连续性,$\widetilde{p} \in \pi^{-1}(p)$. 因此有某个 $n \geqslant 2$ 使得 $\widetilde{p} = \widetilde{p}_n$,且 $\rho(\widetilde{p}_1, \widetilde{p}_n) = \lambda$. 所求的曲线 $\widetilde{\gamma}$ 就是连结 $\widetilde{p}_1, \widetilde{p}_n$ 的最短测地线;根据 Hopf-Rinow 定理(定理 7.2)的系 1,由 $\widetilde{M}$ 的完备性得知这样的测地线必是存在的.

现在已经为证明 Synge 定理作好了准备.

定理 8.2 的证明 假设有一个非平凡元素 $\alpha \in \pi_1(M)$,即 α 不同伦于零. 则根据上面的引理,α 包含一条最短的闭测地线. 假设它的速率是 1,并记为 $\sigma(t)$,$0 \leqslant t \leqslant L$,其中 L 是它的长度. 用

$$P: T_p M \to T_p M$$

表示从 $\sigma(0) = p$ 出发、围绕 σ 一次、关于 Chern 联络的平行移动. 由于 Chern 联络的几乎与度量相容性,P 保持 G_T-长度和 G_T-角度. 因而 P 是保持定向的等距映射. 用 $\mathcal{W}$ 表示 T 在 $T_p M$ 中的 G_T-正交补空间. 已假定 M 是偶数维的,则 $\mathcal{W}$ 是奇数维的. 用 $Q: \mathcal{W} \to \mathcal{W}$ 表示 P 在 $\mathcal{W}$ 上的限制. Q 也是保定向的,故它作为 $\mathcal{W}$ 上的正交变换,其行列式必为 1. 既然 Q 的特征多项式的系数是实数,复特征值必定是作为共轭复数成对出现,于是必有奇数个实特征值,并且它们的乘积是正数. 因此,至少有一个实特征值为正数. 因为 Q 是 G_T-保长的,它的所有特征值的模必为 1. 于是,上面所

认定的正特征值必定是 1. 因此, 存在一个单位矢量 $U_\perp \in T_p M$, 它与 T 是 G_T-正交的, 并且在 P 的作用下保持不变.

将 $U_\perp$ 沿最短闭测地线 σ 平行移动产生了 σ 的一个变分场 $U_\perp(t)$, $0 \leqslant t \leqslant L$, 满足 $D_T U_\perp = 0$, 且沿 σ 有

$$G_T(U_\perp(t), U_\perp(t)) = 1.$$

从 (6.18) 式 (即 $L''(0)$), (6.13) 式 (指标形式) 和 (4.38) 式 (旗曲率) 得到

$$L''(0) = -\int_0^L K(T, U_\perp) \mathrm{d}t.$$

根据定理的假设, M 的旗曲率以正数 c 为下界. 于是

$$L''(0) \leqslant -cL < 0.$$

这表明 σ 不可能是一条最短测地线, 这与 σ 的取法相矛盾. 由此可见, 在定理的证明开始时假设存在一个非平凡的 $\alpha \in \pi_1(M)$ 必定是不真实的. 因此 M 是单连通的.

附录一　欧氏空间中的曲线和曲面[①]

陈　省　身

引言

这篇文章论述了整体微分几何中一些最基本的定理,它们有希望在将来有进一步的发展. 我们将考虑最简单的情况,在这些情况中,几何意义是最清楚的.

1. 切线回转定理

设 E 是定向的欧氏平面,故旋转的方向有确切的意义,一条光滑曲线可以表示为它的定位矢量 $X=(x_1,x_2)$ 作为它的弧长 s 的函数,我们假设函数 $X(s)$——即 $x_1(s)$ 和 $x_2(s)$——是两次连续可微的,且矢量 $X'(s)$ 恒不为零. 后一假设保证曲线上每一点有单位切矢量 $e_1(s)$,它是沿 $X'(s)$ 方向的单位矢量. 并且,因 E 是定向的,将 $e_1(s)$ 正旋 $\pi/2$ 就得到单位法矢量 $e_2(s)$. Frenet 公式给出 $X(s)$,$e_1(s)$,$e_2(s)$ 之间的联系:

$$\frac{\mathrm{d}X}{\mathrm{d}s}=e_1, \qquad \frac{\mathrm{d}e_1}{\mathrm{d}s}=ke_2, \qquad \frac{\mathrm{d}e_2}{\mathrm{d}s}=-ke_1. \tag{1}$$

函数 $k(s)$ 称为**曲率**,$k(s)$ 可正可负,若改变曲线或平面的方向时,则改变符号.

曲线 C 称为**闭的**,如果 $X(s)$ 是周期 L 的周期函数,其中 L 是

---

　　① 原文刊登在 *Studies in Global Geometry and Analysis* (edited by S. S. Chern), Mathematical Association of America (1967), 16～56. 也可查看新版本 *Global Differential Geometry* (edited by S. S. Chern), MAA(1989), 99～139. 本附录由田畴译出.

曲线 C 的长度. 曲线称为**简单的**, 如果当 $0 < s_1 - s_2 < L$ 时, 必有
$$X(s_1) \neq X(s_2).$$
曲线称为**凸的**, 如果曲线在它的每一条切线的一旁.

设 C 是长为 L 的定向闭曲线, 其定位矢量表示为它的弧长的函数 $X(s)$. O 是平面上固定的一点, 取作为坐标系的原点, Γ 表示以 O 为中心的单位圆. 我们把切映射
$$T : C \to \Gamma$$
定义为: 将曲线 C 上的一点 P 映到以 O 为起点的、平行于曲线在 P 点的切向的单位矢量的终点. 显然, T 是连续映射. 在直观上很清楚, 当一点绕 C 一周时, 它的像绕 Γ 可能好几圈. 这个圈数称为 C 的回转指数. 切线回转定理断言, 若 C 是简单的, 则它的旋转指数是 ± 1. 现在我们给旋转指数以严格的定义.

选定以 O 为起点的一个矢量 OX, 并用 $\tau(s)$ 表示 OX 到矢量 $e_1(s)$ 的角, 且假设
$$0 \leqslant \tau(s) < 2\pi,$$
于是 $\tau(s)$ 唯一确定. 然而, $\tau(s)$ 是不连续的. 因为在使 $\tau(s_0) = 0$ 的 s_0 的每一个邻域里可以有 $\tau(s)$ 的一些值与 2π 相差一个任意小的量. 但是, 如下列引理所示的与 $\tau(s)$ 密切关联的一个连续函数 $\bar{\tau}(s)$ 总是存在的.

引理 存在一个连续函数 $\bar{\tau}(s)$, 使
$$\bar{\tau}(s) \equiv \tau(s) \pmod{2\pi}.$$

证明 为证明这一引理, 首先考察映射 T, 它是连续的, 也是一致连续的. 所以, 必有数 $\delta > 0$, 使得当 $|s_1 - s_2| < \delta$ 时, $T(s_1)$ 和 $T(s_2)$ 在同一开半平面内, 由对 $\bar{\tau}(s)$ 所要求的条件, 若 $\bar{\tau}(s_1)$ 已知, 则 $\bar{\tau}(s_2)$ 完全决定. 我们用点
$$0 = s_0 < s_1 < \cdots < s_m = L$$
分区间 $0 \leqslant s \leqslant L$, 并使
$$|s_i - s_{i-1}| < \delta, \quad i = 1, \cdots, m.$$
为规定 $\bar{\tau}(s)$, 命 $\bar{\tau}(s_0) = \tau(s_0)$, 则 $\bar{\tau}(s)$ 在子区间 $s_0 \leqslant s \leqslant s_1$ 上完

全确定,特别在 s_1 的值确定,它又决定了 $\tau(s)$ 在第二个子区间上的值,等等. 显然,如此决定的函数 $\bar{\tau}(s)$ 满足引理的条件.

差 $\bar{\tau}(L) - \bar{\tau}(0)$ 是 2π 的整数倍,设为 $\gamma \cdot 2\pi$. 现在证明,整数 γ 不依赖于函数 $\bar{\tau}(s)$ 的选择. 事实上,设 $\bar{\tau}'(s)$ 是满足相同条件的函数,则有

$$\bar{\tau}'(s) - \bar{\tau}(s) = n(s) \cdot 2\pi,$$

其中 $n(s)$ 是整数. 因为 $n(s)$ 是连续的,它必为常数,从而得到

$$\bar{\tau}'(L) - \bar{\tau}'(0) = \bar{\tau}(L) - \bar{\tau}(0).$$

这就证明了 γ 不依赖于 $\bar{\tau}(s)$ 的选择,我们将 γ 定义为曲线 C 的**回转指数**.

定理 简单闭曲线的回转指数为 ± 1.

证明 为证明这个定理,我们考虑映射 Σ,它把 C 的有序点对 $X(s_1), X(s_2)$ $(0 \leqslant s_1 \leqslant s_2 \leqslant L)$ 映到以 O 为起点而平行于由 $X(s_1)$ 到 $X(s_2)$ 的割线的单位矢量的终点. 这些有序点对能够被表示为在 (s_1, s_2) 平面中由 $0 \leqslant s_1 \leqslant s_2 \leqslant L$ 所决定的一个三角形 $\triangle$. $\triangle$ 到 Γ 的映射 Σ 是连续的. 我们也注意到,它限制在边 $s_1 = s_2$ 上就是切映射 T.

对任意一点 $p \in \triangle$,命 $\tau(p)$ 表示 OX 到 $O\Sigma(p)$ 的角,且使 $0 \leqslant \tau(p) < 2\pi$. 这个函数也未必连续. 然而,我们将证明,存在连续函数 $\bar{\tau}(p), p \in \triangle$,使

$$\bar{\tau}(p) \equiv \tau(p) \pmod{2\pi}.$$

事实上,设 m 是 $\triangle$ 的内点,我们用经过 m 的半径覆盖 $\triangle$. 由在前面的引理的证明中所用的办法,我们能够确定一个函数 $\bar{\tau}(p), p \in \triangle$,使 $\bar{\tau}(p) \equiv \tau(p) \pmod{2\pi}$,且使它沿每一个过 m 的半径都是连续的. 剩下来要证明的是它在 $\triangle$ 中是连续的. 为此,设 p_0 是 $\triangle$ 的一点,因为 Σ 是连续的,由线段 mp_0 的紧致性得到,必存在一个数 $\eta = \eta(p_0) > 0$,使得,对 $q_0 \in mp_0$,以及对使距离 $d(q, q_0) < \eta$ 的任一点 $q \in \triangle$,点 $\Sigma(q)$ 和 $\Sigma(q_0)$ 不是对径点,这后一条件等价于关系:

324

$$\bar{\tau}(q) - \bar{\tau}(q_0) \not\equiv 0 \pmod{\pi}. \tag{2}$$

现给定 $\varepsilon, 0 < \varepsilon < \pi/2$，我们选取 p_0 的一个邻域 U，使 U 被包含在 p_0 的 η 邻域内，并使得，对 $p \in U, O\Sigma(p_0)$ 和 $O\Sigma(p)$ 之间的夹角小于 ε. 这是可能的，因为映射 Σ 是连续的，最后的条件可表示为

$$\bar{\tau}(p) - \bar{\tau}(p_0) = \varepsilon' + 2k(p)\pi, \quad |\varepsilon'| < \varepsilon, \tag{3}$$

其中 $k(p)$ 是整数. 设 q_0 是线段 mp_0 上的任意一点，作平行于 $p_0 p$ 的线段 $q_0 q$，且使 q 在 mp 上. 沿 mp，$\bar{\tau}(q) - \bar{\tau}(q_0)$ 是 q 的连续函数，且当 q 与 m 一致时函数值为零，因 $d(q, q_0)$ 小于 η，由方程 (2) 得到

$$|\bar{\tau}(q) - \bar{\tau}(q_0)| < \pi.$$

特别，对 $q_0 = p_0$，

$$|\bar{\tau}(p) - \bar{\tau}(p_0)| < \pi.$$

将这一结果与方程 (3) 联系起来，我们得到

$$k(p) = 0,$$

这就证明了 $\bar{\tau}(p)$ 在 $\triangle$ 中是连续的. 因 $\bar{\tau}(p) \equiv \tau(p) \pmod{2\pi}$，容易看出 $\bar{\tau}(p)$ 是可微分的.

现在设 $A(0,0), B(0,L)$ 和 $D(L,L)$ 是 $\triangle$ 的顶点，C 的旋转指数由下列线积分所决定：

$$2\pi\gamma = \int_{AD} d\bar{\tau}.$$

因为 $\bar{\tau}(p)$ 在 $\triangle$ 内有定义，所以

$$\int_{AD} d\bar{\tau} = \int_{AB} d\bar{\tau} + \int_{BD} d\bar{\tau}.$$

为计算右端的线积分的值，我们选取适当的坐标系. 不妨假设 $X(0)$ 是 C 的"最低点"，即纵坐标为极小值的点，且选 $X(0)$ 作为坐标原点. 于是 C 在 O 的切矢量是水平的，并把它规定为 OX 的方向. 这样，曲线 C 就处于以 OX 轴为界的上半平面内，且线积分

$$\int_{AB} d\bar{\tau}$$

就等于当 P 沿 C 运行一周时 OP 旋转的角度. 因为 OP 永不指向

下方,故这个角度为 $\varepsilon\pi, \varepsilon = \pm 1$. 类似地,线积分

$$\int_{BD} \mathrm{d}\bar{\tau}$$

就等于当 P 沿 C 绕行一周时,PO 旋转的角度,其值也是 $\varepsilon\pi$. 因此,这两个积分的和为 $2\varepsilon\pi$,所以曲线 C 的回转指数为 ± 1,这就完成了定理的证明.

我们还能够用一个积分公式来定义回转指数. 事实上,利用在引理中的函数 $\bar{\tau}(s)$,我们可把曲线的单位切矢量和单位法矢量的分量表示如下:

$$e_1 = (\cos \bar{\tau}(s), \sin \bar{\tau}(s)),$$
$$e_2 = (-\sin \bar{\tau}(s), \cos \bar{\tau}(s)).$$

这就得到

$$\mathrm{d}\bar{\tau}(s) = \mathrm{d}e_1 \cdot e_2 = k\mathrm{d}s,$$

从这个方程,我们导出以下关于回转指数的积分公式:

$$2\pi\gamma = \int_C k\mathrm{d}s. \tag{4}$$

这一公式对闭曲线成立,并不要求曲线是简单的.

图 15 给出一个例子,它是回转指数为零的一条闭曲线.

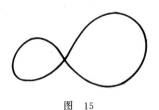

图 15

在微分几何中有许多有趣的定理对较一般的一类曲线,即所谓分段光滑的曲线也成立. 这样的曲线是由有限段光滑弧

$$A_0 A_1, \ A_1 A_2, \cdots, \ A_{m-1} A_m$$

所构成的,而通过公共顶点 $A_i, i = 1, \cdots, m-1$ 的两段弧的切线可以是不同的. 曲线称为闭的,如果 $A_0 = A_m$. 分段光滑闭曲线的一个

最简单的例子就是直线多边形.

回转指数的概念和切线回转定理都能推广到分段光滑闭曲线. 现不加证明将结果简述如下. 设 $s_i(i=1,\cdots,m)$ 是从点 A_0 到 A_i 的弧长, 故 $s_m=L$ 就是曲线的长. 并设曲线已被定向, 则切映射在除 A_i 以外的所有点都有定义. 在顶点 A_i 有两个单位矢量分别切于 $A_{i-1}A_i$ 和 A_iA_{i+1}, (规定 $A_{m+1}=A_1$). 它们在 Γ 上的对应点分别用 $T^-(A_i)$ 和 $T^+(A_i)$ 表示. 设 φ_i 是从 $T^-(A_i)$ 到 $T^+(A_i)$ 的角, 且 $-\pi<\varphi_i<\pi$. 简言之, φ_i 是在点 A_i 处从弧 $A_{i-1}A_i$ 的切线到弧 A_iA_{i+1} 的切线的转角. 对每一段弧 $A_{i-1}A_i$, 都能定义一个连续函数 $\bar{\tau}_i(s)$, 它是由 OX 到在 $X(s)$ 的切矢量的角. 由方程

$$2\pi\gamma = \sum_{i=1}^{m} \{\bar{\tau}_i(s_i) - \bar{\tau}_i(s_{i-1})\} + \sum_{i=1}^{m} \varphi_i \tag{5}$$

决定的数 γ 是一个整数, 称为曲线的回转指数. 这时关于切线回转定理也成立.

定理 若一分段光滑的闭曲线是简单的, 则它的回转指数等于 ± 1.

作为切线回转定理的一个应用, 我们给出下面关于简单闭凸曲线的特征.

附注 一条简单闭曲线是凸的, 必须且只需它可以取适当的定向使它的曲率 $\geqslant 0$.

首先指出, 若曲线不是简单的, 则定理不成立. 事实上, 图 16 给出一条非凸的曲线, 其曲率 $k>0$.

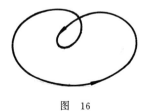

图 16

证明 对证明这一定理, 我们构作函数 $\bar{\tau}(s)$, 故 $k=\mathrm{d}\bar{\tau}/\mathrm{d}s$. 条

件 $k \geqslant 0$ 就等价于说 $\bar{\tau}(s)$ 是单调不减的函数. 因为 C 是简单的, 我们能够假定 $\bar{\tau}(s)$ $(0 \leqslant s \leqslant L)$ 由 0 增加到 2π. 因此, 若在 $X(s_1)$ 和 $X(s_2)$ $(0 \leqslant s_1 < s_2 < L)$ 的切线有相同的指向, 则 C 从 $X(s_1)$ 到 $X(s_2)$ 的弧是一直线段, 它们在各点的切线一致.

假定 $\bar{\tau}(s)$ $(0 \leqslant s \leqslant L)$ 是单调不减的, 而 C 是非凸的, 则在 C 上有一点 $A = X(s_0)$, 使得 C 在 A 的切线 t 的两旁都有 C 的点. 选定 t 的正侧, 并考虑从 C 上的任一点 $X(s)$ 到 t 的有向垂直距离. 这是一个 s 的连续函数, 并假定它在曲线 C 上的点 M 和 N 分别达到极大和极小值. 显然, M 和 N 都不在 t 上, 但 C 在 M 和 N 的切线都平行于 t. 因此, 这两条切线和 t 这三者之中必有两条有相同的指向; 由前一段的讨论, 这是不可能的.

其次, 假设 C 是凸的. 为证明 $\bar{\tau}(s)$ 是单调的, 我们假设
$$\bar{\tau}(s_1) = \bar{\tau}(s_2), \quad s_1 < s_2,$$
则曲线在 $X(s_1)$ 和 $X(s_2)$ 的切线有相同的指向. 但是, 又有一切线与它们平行而指向相反. 由 C 的凸性, 前面这两条切线必重合.

因此, 我们考虑与 C 相切于两个不同的点 A 和 B 的直线 t. 现说明线段 AB 必为 C 的一部分. 事实上, 若非如此, 设 D 是 AB 上的一点但不在 C 上, 过 D 作垂直于 t 的但在包含 C 的半平面内的直线 u. 则 u 与 C 相交至少两点. 在这些交点之中, 设 F 是距离 t 最远的, 而 G 是距离 t 最近的, 故 $F \neq G$. 则 G 是三角形 ABF 的一个内点. C 在 G 的切线的两边都有 C 的点, 这与 C 的凸性矛盾.

由此可见, 在上一段的假设下, 线段 AB 是 C 的一部分, 且在 A 和 B 的切线方向相同. 这就证明了连接 $X(s_1)$ 和 $X(s_2)$ 的线段属于 C. 后者就蕴涵了 $\bar{\tau}(s)$ 在区间 $s_1 \leqslant s \leqslant s_2$ 中保持常数. 因此, 函数 $\bar{\tau}(s)$ 是单调的. 定理证毕.

定理的前一半也可以说明如下:

附注 一条闭曲线若 $k(s) \geqslant 0$, 且其旋转指数为 1, 则必是凸的.

切线回转定理实质上是由 Riemann 发现的. 以上的证明是由

H. Hopf 给出的. (见 *Compositio Mathematica*, **2**(1935), 50~62). 为进一步的阅读,可以参看:

1. H. Whitney, "On regular closed curves in the plane", *Compositio Mathematica*, **4**(1937), 276~284.

2. S. Smale, "Regular curves on a Riemannian manifold", *Transactions of the American Mathematical Society*, **87** (1958), 492~511.

3. S. Smale, "A classification of immersions of the two-sphere", *Transactions of the American Mathematical Society*, **90** (1959), 281~290.

2. 四顶点定理

关于平面曲线的一个有趣的定理是所谓的"四顶点定理". 定向平面曲线的顶点指的是使曲率有相对极值的点. 因为构成曲线的点集是紧致的,故一条平面闭曲线至少有两个顶点,各对应于曲率的最小值和最大值. 下面的定理断言至少有四个顶点.

定理 一条简单的闭凸曲线至少有四个顶点.

这个定理由 Mukhopadhyaya 在 1909 年首先发现;下面给出的证明是 G. Herglotz 的工作. 定理的结论对非凸曲线也对,但是证明比较困难. 这个定理的结论不能进一步改进,因为一个具有不等轴的椭圆恰有四个顶点,就是它与对称轴的交点.

证明 假设曲线 C 仅有两个顶点 M 和 N,我们将证明由此引出矛盾. 直线 MN 不会与 C 相交于其他点;倘若相交于 Q 点,则在 M, N, Q 这三点的中间一点所作曲线的切线必包含另外两点在内. 由上一节的证明,线段 MN 必为曲线 C 的一部分,这就得到在 M 和 N 的曲率都是零,这与 M 和 N 分别使曲线的曲率取最小值和最大值矛盾.

我们用 0 和 s_0 分别表示 M 和 N 的参数,并取 MN 为 x_1 轴.

则能假设

$$x_2(s) < 0, \quad 0 < s < s_0,$$

$$x_2(s) > 0, \quad s_0 < s < L,$$

其中 L 是曲线 C 的长. 设 $(x_1(s), x_2(s))$ 是曲线 C 上对应于参数 s 的点的定位矢量,则其单位切矢量和单位法矢量分别为

$$e_1 = (x_1', x_2'), \quad e_2 = (- x_2', x_1'),$$

其中"$'$"表示对 s 的微商. 由 Frenet 公式

$$x_1'' = - kx_2', \quad x_2'' = kx_1', \tag{6}$$

这就得到

$$\int_0^L kx_2' \mathrm{d}s = - x_1' \Big|_0^L = 0.$$

左端的积分可以写成下列和式:

$$\int_0^L kx_2' \mathrm{d}s = \int_0^{s_0} kx_2' \mathrm{d}s + \int_{s_0}^L kx_2' \mathrm{d}s.$$

对上式右端和式中的每一部分应用第二中值定理. 第二中值定理说:设 $f(x), g(x) \ (a \leqslant x \leqslant b)$ 是 x 的两个函数,且 $f(x)$ 和 $g(x)$ 连续, $g(x)$ 单调,则必存在 $\xi, a < \xi < b$, 满足方程

$$\int_a^b f(x)g(x)\mathrm{d}x = g(a)\int_a^\xi f(x)\mathrm{d}x + g(b)\int_\xi^b f(x)\mathrm{d}x.$$

因为 $k(s)$ 在区间 $0 \leqslant s \leqslant s_0$ 和区间 $s_0 \leqslant s \leqslant L$ 中都是单调的,于是得到

$$\int_0^{s_0} kx_2' \mathrm{d}s = k(0)\int_0^{\xi_1} x_2' \mathrm{d}s + k(s_0)\int_{\xi_1}^{s_0} x_2' \mathrm{d}s$$

$$= x_2(\xi_1)(k(0) - k(s_0)), \quad 0 < \xi_1 < s_0,$$

$$\int_{s_0}^L kx_2' \mathrm{d}s = k(s_0)\int_{s_0}^{\xi_2} x_2' \mathrm{d}s + k(L)\int_{\xi_2}^L x_2' \mathrm{d}s$$

$$= x_2(\xi_2)(k(s_0) - k(0)), \quad s_0 < \xi_2 < L.$$

由于上两式左端的和为零,所以,

$$(x_2(\xi_1) - x_2(\xi_2))(k(0) - k(s_0)) = 0,$$

但是,

$$x_2(\xi_1) - x_2(\xi_2) < 0, \quad k(0) - k(s_0) > 0,$$

这就得到矛盾.

这就说明在 C 上至少还有一个顶点. 又因为取相对极值的点是成对出现的,所以至少有四个顶点,于是证明了定理.

在顶点的 $k' = 0$. 因此,我们也可以说,在一条简单的闭凸曲线上至少有四个点使得 $k' = 0$.

四顶点定理对简单的闭的非凸平面曲线也是对的;可以参看:

1. S. B. Jackson, "Vertices for plane curves", *Bulletin of Amercian Mathematical Socity*, **50**(1944), 564~578.

2. L. Vietoris, "Ein einfacher Beweis des Vierscheitelsatzes der ebenen Kurven", *Archiv der Mathematik*, **3**(1952), 304~306.

为了进一步的研究,可以看:

1. P. Scherk, "The four-vertex theorem", *Proceedings of the First Canadian Mathematical Congress*, Montreal (1945), 97~102.

3. 平面曲线的等周不等式

定理 具有定长的所有闭的简单平面曲线中,圆所围的面积最大. 换言之,若 L 是简单闭曲线 C 的长度,A 是曲线所围的面积,则

$$L^2 - 4\pi A \geqslant 0, \tag{7}$$

且等号成立时,必须 C 为圆周.

对这个定理已有许多证明,其区别在于优美的程度以及所假设的条件(连续性和凸性). 下面将给出两个证明,它们分别为 E. Schmidt (1939)和 A. Hurwitz (1902)的工作.

Schmidt 的证明 将 C 围在与 C 分别相切于 P 和 Q 的两条

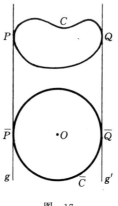

图　17

平行直线 g 和 g' 之间(图 17). 设 $s=0,s_0$ 分别为点 P 和 Q 的参数,并作一与 g 和 g' 分别切于 $\overline{P}$ 和 $\overline{Q}$ 的圆 $\overline{C}$,设其半径为 r,并取它的中心为坐标系的原点.命 $X(s)=(x_1(s),x_2(s))$ 为 C 的定位矢量.故

$$(x_1(0),x_2(0)) = (x_1(L),x_2(L)).$$

$\overline{C}$ 的定位矢量可以取作 $(\bar{x}_1(s),\bar{x}_2(s))$,使得

$$\begin{cases} \bar{x}_1(s) = x_1(s), \\ \bar{x}_2(s) = \begin{cases} -\sqrt{r^2 - x_1^2(s)}, & 0 \leqslant s \leqslant s_0, \\ +\sqrt{r^2 - x_1^2(s)}, & s_0 \leqslant s \leqslant L. \end{cases} \end{cases} \tag{8}$$

一条长为 L 的闭曲线所围的面积可以表示为线积分:

$$A = \int_0^L x_1 x_2' \mathrm{d}s = -\int_0^L x_2 x_1' \mathrm{d}s$$

$$= \frac{1}{2} \int_0^L (x_1 x_2' - x_2 x_1') \mathrm{d}s.$$

将这一公式分别应用到 C 和 $\overline{C}$,得到

$$A = \int_0^L x_1 x_2' \mathrm{d}s,$$

$$\overline{A} = \pi r^2 = -\int_0^L \bar{x}_2\, \bar{x}_1'\, \mathrm{d}s = -\int_0^L \bar{x}_2 x_1'\, \mathrm{d}s,$$

$\overline{A}$ 表示曲线 $\overline{C}$ 所围的面积，将上面两式相加得到

$$A + \pi r^2 = \int_0^L (x_1 x_2' - \bar{x}_2 x_1')\, \mathrm{d}s$$

$$\leqslant \int_0^L \sqrt{(x_1 x_2' - \bar{x}_2 x_1')^2}\, \mathrm{d}s$$

$$\leqslant \int_0^L \sqrt{(x_1^2 + \bar{x}_2^2)(x_1'^2 + x_2'^2)}\, \mathrm{d}s$$

$$= \int_0^L \sqrt{x_1^2 + \bar{x}_2^2}\, \mathrm{d}s = Lr. \qquad (9)$$

因为两个正数的几何平均小于或等于它们的算术平均，所以

$$\sqrt{A}\,\sqrt{\pi r^2} \leqslant \frac{1}{2}(A + \pi r^2) \leqslant \frac{1}{2} Lr.$$

两边平方并约掉 r 就得到不等式(7).

现在假设方程(7)中等号成立；则 A 和 πr^2 的几何平均与算术平均相等，所以 $A = \pi r^2$, $L = 2\pi r$. 因为直线 g 和 g' 的方向是任意的，这就说明 C 在所有的方向有相同的宽度. 此外，在方程(9)中等号必须处处成立. 特别，

$$(x_1 x_2' - \bar{x}_2 x_1')^2 = (x_1^2 + \bar{x}_2^2)(x_1'^2 + x_?'^2),$$

于是，

$$\frac{x_1}{x_2'} = \frac{-\bar{x}_2}{x_1'} = \pm \frac{\sqrt{x_1^2 + \bar{x}_2^2}}{\sqrt{x_1'^2 + x_2'^2}} = \pm r.$$

由方程(9)的第一个等式可以看出其比值为 r，即

$$x_1 = r x_2', \quad \bar{x}_2 = -r x_1'.$$

当交换 x_1 和 x_2 时，上述关系仍然成立，故有

$$x_2 = r x_1'.$$

因此，我们得到

$$x_1^2 + x_2^2 = r^2,$$

这就证明了 C 是一圆.

Hurwitz 的证明利用了 Fourier 级数的理论,我们将先证明 Wirtinger 的引理.

引理 设 $f(t)$ 是周期为 2π 的连续的周期函数,且具有连续的导数 $f'(t)$. 若

$$\int_0^{2\pi} f(t)\mathrm{d}t = 0,$$

则

$$\int_0^{2\pi} f'(t)^2\mathrm{d}t \geqslant \int_0^{2\pi} f(t)^2\mathrm{d}t. \tag{10}$$

此外,等号成立必须且只需

$$f(t) = a\cos t + b\sin t. \tag{11}$$

证明 为证明这一引理,我们将 $f(t)$ 展开成 Fourier 级数:

$$f(t) \approx \frac{a_0}{2} + \sum_{n=1}^{\infty} (a_n\cos nt + b_n\sin nt).$$

因为 $f'(t)$ 是连续的,它的 Fourier 级数可以由上式逐项微分得到:

$$f'(t) \approx \sum_{n=1}^{\infty} (nb_n\cos nt - na_n\sin nt).$$

因为

$$\int_0^{2\pi} f(t)\mathrm{d}t = \pi a_0,$$

由假设的条件得到 $a_0 = 0$. 由 Parsevel 公式,我们得到

$$\int_0^{2\pi} [f(t)]^2\mathrm{d}t = \sum_{n=1}^{\infty} (a_n^2 + b_n^2),$$

$$\int_0^{2\pi} [f'(t)]^2\mathrm{d}t = \sum_{n=1}^{\infty} n^2(a_n^2 + b_n^2).$$

因此

$$\int_0^{2\pi} [f'(t)]^2\mathrm{d}t - \int_0^{2\pi} [f(t)]^2\mathrm{d}t$$

$$= \sum_{n=1}^{\infty} (n^2 - 1)(a_n^2 + b_n^2).$$

这是大于或等于零的. 它等于零, 必须 $a_n = b_n = 0$ 对全体 $n > 1$ 成立. 所以,

$$f(t) = a_1 \cos t + b_1 \sin t.$$

这就证明了引理.

Hurwitz 的证明 要证明不等式 (7), 为简单起见, 我们假设 $L = 2\pi$, 且

$$\int_0^{2\pi} x_1(s)\mathrm{d}s = 0.$$

后一假设意味着曲线的重心在 x_1 轴上, 这总可以通过选取适当的坐标系得到. 曲线的长度和曲线所围的面积可以分别表示为积分

$$2\pi = \int_0^{2\pi} (x_1'^2 + x_2'^2)\mathrm{d}s \quad \text{和} \quad A = \int_0^{2\pi} x_1 x_2'\mathrm{d}s.$$

从这两个方程得到

$$2(\pi - A) = \int_0^{2\pi} (x_1'^2 - x_1^2)\mathrm{d}s + \int_0^{2\pi} (x_1 - x_2')^2\mathrm{d}s.$$

由引理, 第一个积分是 $\geqslant 0$ 的, 第二个积分显然是 $\geqslant 0$ 的. 因此

$$A \leqslant \pi,$$

这就是等周不等式, 等号成立必须

$$x_1 = a \cos s + b \sin s, \quad x_2' = x_1.$$

于是得到

$$x_1 = a \cos s + b \sin s,$$
$$x_2 = a \sin s - b \cos s + c,$$

即 C 为一圆周.

为进一步阅读, 可以看:

1. E. Schmidt, "Beweis der isoperimetrischen Eigenschaft der Kugel im hyperbolischen und sphärischen Raum jeder Dimensionenzahl", *Math. Zeit.*, **49**(1943), 1~109.

4. 空间曲线的全曲率

一条长为 L 的空间闭曲线的**全曲率**定义为积分

$$\mu = \int_0^L |k(s)|\,\mathrm{d}s, \tag{12}$$

其中 $k(s)$ 是曲线的曲率. 对空间曲线,我们仅定义了 $|k(s)|$.

假设 C 是定向的. 以空间的原点 O 为起点作平行于 C 的切矢量的单位矢量. 它们的端点描出单位球面上的一条闭曲线 Γ,称为 C 的**切线像**,C 上曲率为零的点的像是 Γ 上的**奇点**(即在这一点没有切线或有高阶密接的切线). 显然,C 的全曲率等于 Γ 的长.

Fenchel 的定理是与全曲率有关的.

定理 空间闭曲线 C 的全曲率 $\geqslant 2\pi$. 等于 2π 必须且只需 C 是一条平面凸曲线.

关于这一定理的下列证明是由 B. Segre (*Bolletino della Unione Mathematica Italiana*,**13**(1934),$279 \sim 283$)及由 H. Rutishauser 和 H. Samelson (*Comptes Rendus Hebdomadaires des Séances de l' Académie des Sciences*,**227**(1948),$755 \sim 757$)独立发现的. 也可以看:W. Fenchel,*Bulletin of the American Mathematical Society*,**57**(1951),$44 \sim 54$. 其证明依赖于下面的引理:

引理 设 Γ 是单位球面上的可求长的闭曲线,其长 $L < 2\pi$. 则在球面上存在一点 m 使得 Γ 上的所有的点 x 与 m 的球面距离 $\overline{mx} \leqslant L/4$. 若 Γ 的长为 2π,但不是两段大半圆弧的联,则存在一点 m,使 $\overline{mx} < \pi/2$ 对 Γ 上所有的 x 成立.

我们用记号 $\overline{ab}$ 表示球面上的两点 a 和 b 之间的球面距离. 若 $\overline{ab} < \pi$,则由条件

$$\overline{am} = \overline{bm} = \frac{1}{2}\overline{ab}$$

决定的点 m 就是它们的中点. 设 x 是满足条件 $\overline{mx} \leqslant \pi/2$ 的一个

336

点,则
$$2\overline{mx} \leqslant \overline{ax} + \overline{bx}.$$
事实上,设 x' 是 x 的关于 m 的对称点,则
$$\overline{x'a} = \overline{xb},$$
$$\overline{x'x} = \overline{x'm} + \overline{mx} = 2\overline{mx}.$$
利用三角形不等式就得到
$$2\overline{mx} = \overline{x'x} \leqslant \overline{x'a} + \overline{ax} = \overline{ax} + \overline{bx}, \tag{13}$$
这就证明了上述不等式.

现在来**证明引理** 为证明引理的第一部分,我们取 Γ 上的两点 a 和 b,它们把曲线分成相等的两段弧.于是 $\overline{ab} < \pi$,且用 m 表示它们的中点.设 x 是 Γ 上一点,使 $2\overline{mx} < \pi$.这样的点是存在的,例如点 a.于是,
$$\overline{ax} \leqslant \widehat{ax}, \quad \overline{bx} \leqslant \widehat{bx},$$
其中 $\widehat{ax}$ 和 $\widehat{bx}$ 分别表示沿 Γ 的弧长.由方程(13)则得到
$$2\overline{mx} \leqslant \widehat{ax} + \widehat{bx} = \widehat{ab} = \frac{L}{2}.$$
因此,作为 Γ 上的函数,
$$f(x) = \overline{mx}, \quad x \in \Gamma,$$
它或者 $\geqslant \pi/2$,或者 $\leqslant L/4 < \pi/2$. 因为 Γ 是连通的,而 $f(x)$ 是 Γ 上的连续函数,故函数 $f(x)$ 的像在区间 $(0, \pi)$ 内是连通的. 所以,必有
$$f(x) = \overline{mx} \leqslant \frac{L}{4}.$$

其次考虑 Γ 的长是 2π 的情况.若 Γ 包含一对对径点,则其长为 2π 必须它是两个大半圆弧的联.故 Γ 必定不包含一对对径点.假设有一对点 a 和 b,它们平分 Γ,且使
$$\overline{ax} + \overline{bx} < \pi$$
对全体 $x \in \Gamma$ 成立,又设 m 表示 $\overline{ab}$ 的中点.如果
$$f(x) = \overline{mx} \leqslant \frac{1}{2}\pi,$$

337

则由方程(13),

$$2\,\overline{mx} \leqslant \overline{ax} + \overline{bx} < \pi.$$

这就意味着 $f(x)$ 不能取值 $\pi/2$. 因为它的像是连通的, 以及 $f(a) < \pi/2$, 因而,

$$f(x) < \pi/2, \quad x \in \Gamma.$$

于是就在这一情况下证明了引理.

剩下来要考虑的情况是, Γ 不包含任何一对对径点, 但对平分 Γ 的任一对点 a 和 b, 均有一点 $x \in \Gamma$, 使

$$\overline{ax} + \overline{bx} = \pi$$

成立. 读者利用初等几何的结果就可以证明这是不可能的. 于是, 引理证毕.

定理的证明 为证明 Fenchel 的定理, 我们取定一个矢量 A, 且命

$$g(s) = A \cdot X(s),$$

式中右端表示矢量 A 和 $X(s)$ 的数量积. 函数 $g(s)$ 在 C 上是连续的, 故必有极大值和极小值. 因为 $g'(s)$ 存在, 所以, 若在 s_0 取极值则必有

$$g'(s_0) = A \cdot X'(s_0) = 0.$$

这就是说, 作为在球面上的一点 A, 曲线的切线像上至少有两点与它的距离为 $\pi/2$. 因为 A 是任意的, 故切线像与任意的大圆相交, 由引理, 它的长 $\geqslant 2\pi$.

下面假设曲线的切线像的长为 2π. 由引理, 它必为两个大半圆弧的联. 于是, 曲线 C 就是两段平面弧的联. 因为 C 的切线处处存在, 它必为一平面曲线. 假设给 C 以定向使得它的回转指数

$$\frac{1}{2\pi}\int_0^L k(s)\mathrm{d}s \geqslant 0,$$

则有

$$0 \leqslant \int_0^L \{|k| - k\}\mathrm{d}s = 2\pi - \int_0^L k\mathrm{d}s,$$

故其旋转指数必为 0 或 1. 对在平面内给定的矢量,必有与它平行的 C 的切矢量 t,使 C 在 t 的左侧,则 t 与这个矢量同向,且在它与曲线相切的点有 $k \geqslant 0$. 这就意味着

$$\int_{k>0} k \mathrm{d}s \geqslant 2\pi.$$

又因为 $\int_C |k| \mathrm{d}s = 2\pi$,故没有使 $k < 0$ 的点,且

$$\int_C k \mathrm{d}s = 2\pi.$$

由第一节的附注,C 是凸的.

作为推论我们有下列定理.

推论 若空间闭曲线 C 的 $|k(s)| \leqslant 1/R$,则 C 的长

$$L \geqslant 2\pi R.$$

这是因为

$$L = \int_0^L \mathrm{d}s \geqslant \int_0^L R |k| \mathrm{d}s = R \int_0^L |k| \mathrm{d}s \geqslant 2\pi R.$$

Fenehel 定理对分段光滑的闭曲线也成立. 这类曲线的全曲率定义为

$$\mu = \int_0^L |k| \mathrm{d}s + \sum_i a_i, \tag{14}$$

其中 a_i 是在顶点的角. 换句话说,在这种情况,其切线像是由几段弧组成的,每一段弧对应于 C 的一段光滑弧;将相邻的顶点用单位球面上的最短的大圆弧连接起来,如此得到的曲线的长就是 C 的全曲率. 能够证明,对逐段光滑的曲线 $\mu \geqslant 2\pi$ 也成立.

我们希望给出 Fenchel 定理的另一个证明以及与之相关的关于纽结的全曲率的 Fary-Milnor 定理,请参看 Fary (*Bulletin de la Société Mathematique de France*,**77**(1949),128 ~ 138)和 J. Milnor (*Annals of Mathematics*,**52**(1950),248 ~ 257)的文章. 其证明的基础是关于在单位球面上与一段弧相交的大圆的测度的 Crofton 定理. 每一个定向大圆决定唯一的"极",即这个圆所在平

面的单位法矢量的端点. 在单位球面上的大圆的集合的测度指的就是它们的极所构成的区域的面积. Crofton 定理说明如下：

定理 设 Γ 是单位球面 Σ_0 上的一段光滑弧, 则与 Γ 相交的定向大圆的测度 (每个定向大圆计算的次数等于它与 Γ 的交点的个数) 等于 Γ 的长度的 4 倍.

证明 设 Γ 表示为单位矢量作为它的弧长 s 的函数 $e_1(s)$, 局部地 (即在 s 的某个邻域), 设 $e_2(s)$ 和 $e_3(s)$ 是光滑地依赖于 s 的单位矢量, 其数量积

$$e_i \cdot e_j = \delta_{ij}, \quad 1 \leqslant i, j \leqslant 3, \tag{15}$$

且

$$\det(e_1, e_2, e_3) = +1, \tag{16}$$

则有

$$\begin{cases} \dfrac{\mathrm{d}e_1}{\mathrm{d}s} = a_2 e_2 + a_3 e_3, \\[2mm] \dfrac{\mathrm{d}e_2}{\mathrm{d}s} = -a_2 e_1 + a_1 e_3, \\[2mm] \dfrac{\mathrm{d}e_3}{\mathrm{d}s} = -a_3 e_1 - a_1 e_2. \end{cases} \tag{17}$$

在上列方程组中系数矩阵的反对称性可以由方程 (15) 的微分得到. 因为 s 是 Γ 的弧长, 则有

$$a_2^2 + a_3^2 = 1, \tag{18}$$

故可命

$$a_2 = \cos \tau(s), \quad a_3 = \sin \tau(s). \tag{19}$$

若一个定向大圆与 Γ 相交于点 $e_1(s)$, 它的极就是

$$Y = \cos \theta\, e_2(s) + \sin \theta\, e_3(s),$$

反之亦然. 于是, (s, θ) 可以作为这些极构成的区域内的局部坐标; 我们希望找出这个区域的面积元素的一个表示式.

为此, 我们计算

$$\mathrm{d}Y = (-\sin \theta\, e_2 + \cos \theta\, e_2)(\mathrm{d}\theta + a_1\, \mathrm{d}s)$$

$$- e_1(a_2 \cos \theta + a_3 \sin \theta) \mathrm{d}s.$$

因为 $-\sin \theta\, e_2 + \cos \theta\, e_3$ 和 e_1 是垂直于 Y 的两个单位矢量,所以,Y 的面积元素是

$$|\mathrm{d}A| = |a_2 \cos \theta + a_3 \sin \theta|\mathrm{d}\theta\, \mathrm{d}s$$
$$= |\cos(\tau - \theta)|\mathrm{d}\theta\, \mathrm{d}s, \tag{20}$$

其中在左边的绝对值说明计算的面积指的是测度而不是有向的.

设 $Y^{\perp}$ 是以 Y 为极的定向大圆,$n(Y^{\perp})$ 是 $Y^{\perp}$ 和 Γ 的交点的个数,则在定理中所说的 μ 就是

$$\mu = \int n(Y^{\perp})\mathrm{d}A = \int_0^{\lambda} \mathrm{d}s \int_0^{2\pi} |\cos(\tau - \theta)|\mathrm{d}\theta,$$

其中 λ 是 Γ 的长. 当 θ 由 0 到 2π 时,对固定的 s,$|\cos(\tau - \theta)|$ 的变差是 4. 我们得到

$$\mu = 4\lambda,$$

这就证明了 Crofton 定理.

应用这一定理到每一段子弧并相加,我们看到,当 Γ 是单位球面上的分段光滑的曲线时定理的结论也成立. 事实上,这个定理对球面上的任何可求长曲线都成立,但是其证明很长.

对空间闭曲线,若其切线像满足 Crofton 定理的条件,则 Fenchel 定理是一个很容易得到的结果. 事实上,Fenchel 定理的证明告诉我们,一条空间闭曲线的切线像与每个大圆相交至少两点,即 $n(Y^{\perp}) \geqslant 2$. 这就得到它的长是

$$\lambda = \int |k|\mathrm{d}s = \frac{1}{2}\int n(Y^{\perp})|\mathrm{d}A| \geqslant 2\pi,$$

因为单位球面的全面积是 4π.

Crofton 定理还能导出下面的 Fary 和 Milnor 的定理,它给出关于纽结的全曲率的一个必要条件.

定理 一个纽结的全曲率 $\geqslant 4\pi$.

因为"高度函数" $Y \cdot X(s)$ 的极大值或极小值的个数 $n(Y^{\perp})$ 必为偶数. 假设空间闭曲线 C 的全曲率 $< 4\pi$,则存在 $Y \in \Sigma_0$,使得

$n(Y^{\perp}) = 2$. 现不妨假设 Y 就是点 $(0,0,1)$,这总可以经过一个旋转达到. 则函数 $x_3(s)$ 仅有一个极大值和一个极小值. 相应的这两个点把 C 分成两部分,在其中的一部分 x_3 是增加的,而在另一部分 x_3 是减少的. 在这两个端点的水平面之间的每一个水平面与 C 都相交于两点. 假使把它们用线段连接起来,所有这些线段将构成同胚于一个圆盘的曲面,这就证明了 C 不是"纽结".

为进一步阅读,可以看:

1. S. S. Chern and R. K. Lashof,"On tne total curvature of immersed manifolds",I,*American Journal of Mathematics*,**79**(1957),302~318,以及 II,*Michigan Mathematical Journal*,**5**(1958),5~12.

2. N. H. Kuiper,"Convex immersions of closed surfaces in E^3",*Comm. Math. Help*,**35**(1961),85~92.

关于积分几何,可看本书①中的 Santalo 的文章.

5. 空间曲线的变形

大家都知道,在两条曲线之间若存在一个一一对应,使对应点有相等的弧长、曲率(假设 $\neq 0$)和挠率,则它们仅差一个空间的运动. 自然地,我们将考虑在对应点仅有相等的弧长和曲率的对应. 我们将这种对应叫做空间曲线的变形. 在这方面最重要的结果是 A. Schur 的定理,它说明这样的几何事实:假使一段弧被"伸张开来",则它的端点之间的距离将变长. 以下所说的曲率均指绝对值. 现将 Schur 定理叙述如下.

定理 设 C 是曲率为 $k(s)$ 的平面弧,它和它的弦 AB 一起构成一条凸曲线. 设曲线 C^* 与 C 有相同的参数和弧长,且其曲率

---

① "本书"是指*Studies in Global Geometry and Analysis*,见 322 页脚注. 积分几何方面的书还可以看 L. A. Santalo,*Integral Geometry and Geometric Probability*,London Addison Wisley,1976.

$k^*(s) \leqslant k(s)$. 若 d^* 和 d 分别表示连结 C^* 及 C 的端点的弦长,则 $d \leqslant d^*$. 而且等号成立,必须且只需 C 和 C^* 是全等的.

证明 设 Γ 和 Γ^* 分别为 C 和 C^* 的切线像,P_1 和 P_2 是 Γ 上的两点,P_1^* 和 P_2^* 是它们在 Γ^* 上的对应点. 用 $\widehat{P_1 P_2}$ 和 $\widehat{P_1^* P_2^*}$ 表示它们的弧长,而用 $\overline{P_1 P_2}$ 和 $\overline{P_1^* P_2^*}$ 表示它们的球面距离. 则有

$$\overline{P_1 P_2} \leqslant \widehat{P_1 P_2}, \quad \overline{P_1^* P_2^*} \leqslant \widehat{P_1^* P_2^*}.$$

关于曲率的不等式意味着

$$\widehat{P_1^* P_2^*} \leqslant \widehat{P_1 P_2}. \tag{21}$$

因为 C 是凸的,Γ 在一个大圆上,若假定 $\widehat{P_1 P_2} \leqslant \pi$,则有

$$\overline{P_1 P_2} = \widehat{P_1 P_2}.$$

现在假设 Q 是 C 上的一点,且过这一点的切线平行于这段弧的弦. 用 P_0 表示这一点在 Γ 上的像. 于是,对 Γ 上的任一点 P,$\widehat{P_0 P} \leqslant \pi$ 皆能满足. 若用 P_0^* 表示 P_0 在 Γ^* 上的对应点,则有

$$\overline{P_0^* P^*} \leqslant \widehat{P_0 P} = \overline{P_0 P}. \tag{22}$$

由此得到

$$\cos \overline{P_0^* P^*} \geqslant \cos \overline{P_0 P}, \tag{23}$$

这是因为余弦函数在 0 与 π 之间是单调递减的函数.

因为 C 是凸的,d 是 C 在它的弦上的投影:

$$d = \int_0^L \cos \overline{P_0 P} \, \mathrm{d}s. \tag{24}$$

另一方面,我们有

$$d^* \geqslant \int_0^L \cos \overline{P_0^* P^*} \, \mathrm{d}s, \tag{25}$$

因为上式右边的积分等于 C^* 的投影,也就是连接端点的弦在 Q 的对应点 Q^* 的切线上的投影. 于是,由(23),(24)和(25)就得到

$$d^* \geqslant d.$$

假设 $d = d^*$,则(22),(23)和(25)皆为等式,且连接 C^* 的端点 A^* 和 B^* 的弦必平行于在 Q^* 的切线. 特别,

$$\overline{P_0^* P^*} = \overline{P_0 P},$$

这就说明 $A^* Q^*$ 和 $B^* Q^*$ 是平面弧. 另一方面,利用(21)就得到

$$\overline{P_0^* P^*} \leqslant \widehat{P_0^* P^*} \leqslant \widehat{P_0 P} = \overline{P_0 P},$$

或

$$\widehat{P_0^* P^*} = \widehat{P_0 P}.$$

因此,弧 $A^* Q^*$ 和 $B^* Q^*$ 与 AQ 和 BQ 在对应点有相同的曲率,所以它们是全等的.

剩下来要证明的是弧 $A^* Q^*$ 和 $B^* Q^*$ 在同一平面上. 假若不然,则曲线在 Q^* 的切线必为它们所在平面的交线. 因这条直线是平行于弦 $A^* B^*$ 的,唯一的可能是它包含 A^* 和 B^*;然而,由此可知 C 在 Q 的切线也必包含其端点 A 和 B. 这就得出矛盾. 因此,C^* 是平面弧且与 C 全等.

Schur 定理有许多应用. 例如,它给出下列极小问题的一个解;决定曲率 $k(s) \leqslant 1/R$ 的最短闭曲线,其中 R 为一常数,其答案为一圆周.

附注 曲率 $k(s) \leqslant 1/R(R$ 为常数)的最短闭曲线是一半径为 R 的圆周.

由 Fenchel 定理的推论,这样一条曲线的长为 $2\pi R$. 将它与一半径为 R 的圆周比较,由 Schur 定理($d^* = d = 0$)就可以推断它必为圆周.

作为 Schur 定理的第二个应用,我们将导出 Schwarz 定理. 它是与连接给定的两点、以给定的常数为曲率的上界的弧的长度有关的. 现叙述 Schwarz 定理如下:

定理 设 C 是连接给定点 A 和 B 的弧,其曲率 $k(s) \leqslant 1/R$,且 $R \geqslant \frac{1}{2} d$,其中 $d = \overline{AB}$. 设 S 为通过 A 和 B 的、半径为 R 的圆周. 则 C 的长度必 $\leqslant S$ 上的劣弧 AB,或 $\geqslant S$ 上的优弧 AB.

证明 注意,定理中假设 $R \geqslant \frac{1}{2} d$ 对圆周 S 的存在是必要的. 为证明这一定理,我们不妨假设 C 的长 $L < 2\pi R$,否则就不需要证

明了. 于是,我们将 C 与在 S 上具有相同长度的弧作比较,并设此弧的弦长为 d'. 因此,Schur 定理的条件满足,这就得到 $d' \leqslant d$,d 是 A 和 B 之间的距离. 所以,$L \geqslant S$ 上的对应于弦 AB 的优弧的长,或 $\leqslant$ 对应于弦 AB 的劣弧的长.

特别,我们考虑连接 A 和 B 而曲率为 $1/R(R \geqslant d/2)$ 的弧. 这样的弧的长度没有上界,例如圆螺旋线. 它们以 d 为下界,但可以尽可能地接近 d. 所以这是一个没有解的极小问题的例子.

最后,我们附带说明 Schur 定理能推广到分段光滑的曲线,现不加证明把这个推广说明如下.

附注 设 C 和 C^* 是具有相同长度的两条分段光滑的曲线,且 C 与它的弦构成一条简单的平面凸曲线. 取以一个端点为起点的弧长作为参数,设 $k(s)$ 是 C 在正常点的曲率,$a(s)$ 是在顶点的切向之间的角;在 C^* 上相应的量用相同的符号加上星号表示. d 和 d^* 分别表示 C 和 C^* 的端点之间的距离. 于是,若

$$k^*(s) \leqslant k(s)$$

和

$$a^*(s) \leqslant a(s),$$

则有

$$d^* \geqslant d.$$

并且等号成立必须且只需

$$k^*(s) = k(s)$$

和

$$a^*(s) = a(s).$$

最后的条件并不意味着 C 和 C^* 是全等的. 事实上,在空间中存在不全等的多边形,而且有相等的边和角.

6. Gauss-Bonnet 公式

我们考虑曲面 M 上的内蕴 Riemann 几何. 为简化计算且不

失一般性,假设在曲面上取等温参数 u 和 v：

$$ds^2 = e^{2\lambda(u,v)}(du^2 + dv^2),\tag{26}$$

则面积元素为

$$dA = e^{2\lambda}dudv,\tag{27}$$

区域 D 的面积为积分

$$A = \iint_D e^{2\lambda}dudv,\tag{28}$$

曲面的 Gauss 曲率是

$$K = -e^{-2\lambda}(\lambda_{uu} + \lambda_{vv}).\tag{29}$$

大家已经知道由 Riemann 度量定义的 Levi-Civita 平行性. 为解析地表示出来,我们记

$$u^1 = u,\quad u^2 = v,\tag{30}$$

和

$$ds^2 = \sum g_{ij}du^idu^j.\tag{31}$$

在上式及以下的讨论中,小写拉丁字母在 1 到 2 的范围内变化,并且求和符号表示对所有的重复指标求和. 由 g_{ij} 通过方程

$$\sum g_{ij}g^{jk} = \delta_i^k\tag{32}$$

引进 g^{ij},以及由

$$\begin{cases} \Gamma_{ijk} = \dfrac{1}{2}\left(\dfrac{\partial g_{ij}}{\partial u^k} + \dfrac{\partial g_{jk}}{\partial u^i} - \dfrac{\partial g_{ik}}{\partial u^j}\right), \\ \Gamma_{ik}^j = \sum g^{jh}\Gamma_{ihk} \end{cases}\tag{33}$$

得到 Christoffel 符号. 对一个以 ξ^i 为分量的矢量,其 Levi-Civita 平行性决定于它的"协变微分"为零,即

$$D\xi^i = d\xi^i + \sum \Gamma_{jk}^i du^k\xi^j = 0.\tag{34}$$

所有这些方程都是在经典 Riemann 几何中熟知的,它们由初步的张量分析就可以得到. 以下是新的概念. 假设曲面是定向的. 考虑 M 的全体单位切矢量所构成的空间 B. 这个空间 B 是三维的,因为具有相同起点的全体单位矢量构成一维空间. (空间 B 叫

做一个纤维空间,也就是说在一个邻域中,每一点上所有的单位切矢量构成的空间,在拓扑上是一个乘积空间.)对一个单位切矢量

$$\xi = (\xi^1, \xi^2),$$

命

$$\eta = (\eta^1, \eta^2)$$

是垂直于 ξ 的一个单位切矢量,且 ξ 和 η 构成一个正的定向. 显然,η 是由 ξ 准一决定的. 现引进线性微分形式

$$\varphi = \sum_{1 \leqslant i, j \leqslant 2} g_{ij} \mathrm{D}\xi^i \eta^j, \tag{35}$$

则 φ 在 B 上定义,通常称它为**联络形式**.

因为 ξ 是单位矢量,我们能将它的分量写成如下的形式:

$$\xi^1 = \mathrm{e}^{-\lambda} \cos \theta, \quad \xi^2 = \mathrm{e}^{-\lambda} \sin \theta. \tag{36}$$

于是

$$\eta^1 = -\mathrm{e}^{-\lambda} \sin \theta, \quad \eta^2 = \mathrm{e}^{\lambda} \cos \theta. \tag{37}$$

经过计算得到

$$\begin{aligned} \Gamma_{11}^1 = \Gamma_{12}^2 = -\Gamma_{22}^1 = \lambda_u, \\ \Gamma_{12}^1 = \Gamma_{22}^2 = -\Gamma_{11}^2 = \lambda_v. \end{aligned} \tag{38}$$

由此得到重要的关系式

$$\psi = \mathrm{d}\theta - \lambda_v \mathrm{d}u + \lambda_u \mathrm{d}v, \tag{39}$$

求外微分得到

$$\mathrm{d}\varphi = -K \mathrm{d}A. \tag{40}$$

方程(40)或许是二维局部 Riemann 几何中最重要的公式.

联络形式 φ 是 B 上的一个微分形式. 如果在 M 的一个子集上定义一个单位切矢量场,则可利用 φ 得到此子集上的一个微分形式. 例如,设 C 是 M 上一条光滑曲线,其弧长为 s,$\xi(s)$ 是沿 C 定义的一个光滑单位切矢量场,则

$$\varphi = \sigma \mathrm{d}s,$$

σ 称为 ξ 沿 C 的**变差**. 如果 $\sigma = 0$,矢量场 ξ 叫做沿 C **平行的**. 若 ξ 与 C 处处相切,则 σ 称为 C 的**测地曲率**. 如果沿 C 的单位切矢量

是平行的,即其测地曲率为零,则 C 是 M 上的一条测地线.

考虑 M 的一个区域 D,在 D 上定义了一个单位切矢量场,它有一个孤立奇点 P_0,P_0 是 D 的一个内点.设 r_ϵ 是以 P_0 为中心,半径为 ϵ 的测地圆.则由方程(39),极限

$$\frac{1}{2\pi} \lim_{\epsilon \to 0} \int_{r_\epsilon} \varphi \tag{41}$$

是一个整数,称为矢量场在 P_0 的指数.

图 18 给出一些具有孤立奇点的矢量场的例子.它们分别是:(a) 源点或极大,(b) 渊点或极小,(c) 中心点,(d) 简单鞍点,(e) 猴鞍点,(f) 双极点.它们的指数分别是 $1, 1, 1, -1, -2$ 和 2.

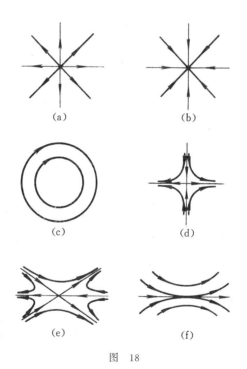

图　18

所谓 Gauss-Bonnet 公式就是下面的定理.

定理 设 D 是 M 的一个紧致的定向区域,其边界是分段光滑的曲线 C. 则

$$\int_C k_g \mathrm{d}s + \iint_D K \mathrm{d}A + \sum_i (\pi - \alpha_i) = 2\pi\chi, \qquad (42)$$

其中 k_g 是 C 的测地曲率, $\pi - \alpha_i$ 是在顶点的外角, χ 是 D 的 Euler 示性数.

证明 首先考虑 D 属于一个坐标域 (u, v) 的情形,且其边界 C 为一 n 边的简单多边形,设其边为 C_i, 顶角为 $\alpha_i, 1 \leqslant i \leqslant n$. 假设 D 是正定向的. 对弧 C_i 的每一点都有 C_i 的一个单位切矢量. 这样,在每一个顶点就有两个切矢量,其夹角为 $\pi - \alpha_i$. 由切线回转定理(见 **1.** 小节),在绕 C 一周时 θ 的全变差为

$$2\pi - \sum_i (\pi - \alpha_i),$$

这就得到

$$\int_C k_g \mathrm{d}s = 2\pi - \sum_i (\pi - \alpha_i) + \int_C - \lambda_v \mathrm{d}u + \lambda_u \mathrm{d}v.$$

由 Stokes 定理,上式右端的积分等于 $-\iint_D K \mathrm{d}A$. 于是,公式(42)在这一特殊情况下得到证明.

对一般情况,设 D 被重分为一些多边形 $D_\lambda (\lambda = 1, \cdots, f)$ 的联,使得:(1) 每一个 D_λ 属于一个坐标域;(2) 两个 D_λ 或没有公共点,或有一个公共的顶点,或有一个公共的边. 此外,设 D_λ 有由 D 诱导的定向,所以每一条内边在不同的多边形中有相反的方向. 设 v 和 e 分别为 D 的在这个重分中的内顶点和内边的数目,即不在 C 上的顶点数和边数. 则公式(42)能应用于每一个 D_λ. 将所有的这些关系式相加,因为沿每一条内边的测地曲率的积分抵消,则得到

$$\int_C k_g \mathrm{d}s + \iint_D K \mathrm{d}A$$

$$= 2\pi f - \sum_{i,\lambda} (\pi - \alpha_{\lambda i}) - \sum_i (\pi - \alpha_i),$$

其中 α_i 是在定向区域 D 的顶点的角,而在等式右边的第一个和式是在这个重分的全体内顶点上展开的. 因为每一条内边恰是两个 D_λ 的边,以及关于一个顶点的内角和是 2π,于是,这个内角和等于 $-2\pi e + 2\pi v$. 整数

$$\chi(D) = v - e + f \tag{43}$$

称为 D 的 Euler 示性数,代入上式就得到(42). 由之还得出整数 χ 不依赖 D 的重分.

特别,若 C 没有顶点,则有

$$\int_C k_g ds + \iint_D K dA = 2\pi\chi. \tag{44}$$

此外,若 D 就是曲面 M,则得到

$$\iint_D K dA = 2\pi\chi. \tag{45}$$

由此可知,若 $K=0$,则 M 的示性数为零,且 M 同胚于环面. 若 $K>0$,则 $\chi>0$,且 M 同胚于球面.

在曲面上的矢量场的研究中,Euler 示性数有着重要的地位.

附注 在定向闭曲面 M 上,具有有限个奇点的矢量场的指数和等于 M 的示性数 $\chi(M)$.

证明 设 $p_i(1 \leqslant i \leqslant n)$ 是这个矢量场的奇点. $r_i(\varepsilon)$ 是以 p_i 为中心、ε 为半径的测地圆,$\Delta(\varepsilon_i)$ 是 $r_i(\varepsilon)$ 所围的圆盘. 在区域 $M - \bigcup_i \Delta_i(\varepsilon)$ 上积分 KdA,并利用方程(40)就得到

$$\iint_{M - \bigcup_i \Delta_i(\varepsilon)} K dA = \sum_i \int_{r_i(\varepsilon)} \varphi,$$

其中 $r_i(\varepsilon)$ 是定向的,使它是 $\Delta_i(\varepsilon)$ 的边界. 命 $\varepsilon \to 0$ 就得到定理.

我们给出 Gauss-Bonnet 公式的两个进一步的应用. 第一个是 Jacobi 定理. 设 $x(s)$ 是空间闭曲线的定位矢量,s 是它的弧长. $T(s)$,$N(s)$ 和 $B(s)$ 分别是单位切矢量、单位主法矢量和单位次法矢量. 特别,以 $N(s)$ 为定位矢量得到的在单位球面上的曲线就是

主法线像. 它的切线处处存在, 如果在每一点的
$$k^2 + w^2 \neq 0, \qquad (46)$$
其中 $k(\neq 0)$ 和 w 分别为曲线 $x(s)$ 的曲率和挠率. 下面就是 Jacobi 定理.

定理 若一条空间闭曲线的主法线像的切线处处存在, 则它将单位球面分为面积相等的两部分.

证明 为证明这个定理, 我们由下列方程决定 τ:
$$k = \sqrt{k^2 + w^2} \cos \tau, \quad w = \sqrt{k^2 + w^2} \sin \tau, \qquad (47)$$
则有
$$\mathrm{d}(-T\cos \tau + B\sin \tau)$$
$$= (T\sin \tau + B\cos \tau)\mathrm{d}\tau - \sqrt{k^2 + \omega^2}N\mathrm{d}s.$$

因此, 若 σ 是 $N(s)$ 的弧长, $\dfrac{\mathrm{d}\tau}{\mathrm{d}\sigma}$ 是 $N(s)$ 在单位球面上的测地曲率. 设 D 是以 $N(s)$ 为边界的区域之一. 因为 $K = 1$, 由 Gauss-Bonnet 公式得到
$$\int_{N(s)} \mathrm{d}\tau + \iint_D \mathrm{d}A = 2\pi,$$

这就得到 $A = 2\pi$. 定理证毕.

第二个应用是关于凸曲面的 Hadamard 定理.

定理 若在欧氏空间中的一个定向闭曲面的 Gauss 曲率恒为正数, 则它必为凸曲面 (即它在其每一个切平面的一边).

在 **1.** 小节中我们曾对曲线讨论过类似的定理. 对曲面, 不必假设它是不自交的.

证明 由 Gauss-Bonnet 定理得到曲面 M 的 Euler 示性数是正数, 所以
$$\chi(M) = 2,$$
且
$$\iint_M K\mathrm{d}A = 4\pi.$$

假设 M 是定向的. 我们考虑 Gauss 映射

$$g: M \to \Sigma_0 \tag{48}$$

（其中 Σ_0 是以 O 为中心的单位球面），它把 M 的每一点 p，对应于以 O 为起点的平行于 M 在 P 点的单位法矢量的终点. 条件 $K>0$ 保证了 g 在每一点都有非零的函数行列式，因而在局部上是一对一的. 由此得到 $g(M)$ 是 Σ_0 的开子集. 因为 M 是紧致的，$g(M)$ 是 Σ_0 的紧致子集. 因此 $g(M)$ 也是闭的. 所以，g 是在上的映射.

假设 g 不是一对一的，即存在 M 上的不同的两点 p 和 q，使 $g(p)=g(q)$. 则有 q 的一个邻域 U，使得 $g(M-U)=\Sigma_0$. 因为 $\iint\limits_{M-U} K dA$ 是 $g(M-U)$ 的面积，故

$$\iint\limits_{M-U} K dA \geqslant 4\pi.$$

但是

$$\iint\limits_{U} K dA > 0,$$

所以

$$\iint\limits_{M} K dA = \iint\limits_{U} K dA + \iint\limits_{M-U} K dA > 4\pi,$$

这就得到矛盾. Hadamard 定理证毕.

Hadamard 定理在 $K \geqslant 0$ 这一较弱条件下也成立，但是其证明比较困难；可以看在 **4.** 小节中提到的 Chern-Lashof 的文章.

为进一步阅读，可以看：

1. S. S. Chern, "On the Curvatura integra in a Riemannian manifold", *Annals of Mathematics*, **46** (1945), 674~684.

2. H. Flander, "Development of an extended exterior differential calculus", *Transactions of the American Mathematical Society*, **75**(1953), 311~326.

7. Cohn-Vossen 和 Minkowski 的唯一性定理

Cohn-Vossen 的刚硬性定理可以叙述如下.

定理 在两个闭凸曲面之间的一个等距对应必为一运动,或一运动加反射.

换句话说,这样的一个等距是平凡的.显然,这个定理在局部是不成立的.以下的证明是 G. Herglotz 的工作.

证明 我们首先将讨论关于欧氏空间中的曲面理论的一些概念.设曲面 S 表示为它的定位矢量 X 作为参数 u 和 v 的函数.并假设有直到二阶的连续的偏导数,且 X_u 和 X_v 在每一点都是线性无关的,ξ 是单位法矢量,使 S 成为定向的.命

$$\begin{aligned} \mathrm{I} &= \mathrm{d}X \cdot \mathrm{d}X = E\mathrm{d}u^2 + 2F\mathrm{d}u\mathrm{d}v + G\mathrm{d}v^2, \\ \mathrm{II} &= -\mathrm{d}X \cdot \mathrm{d}\xi = L\mathrm{d}u^2 + 2M\mathrm{d}u\mathrm{d}v + N\mathrm{d}v^2, \end{aligned} \tag{49}$$

分别称为曲面的第一和第二基本形式,H 和 K 分别表示平均曲率和 Gauss 曲率.

只需证明在等距对应下它们的第二基本形式是相等的.设取局部坐标使在对应点有相同的局部坐标.于是,对这两个曲面,E,F 和 G 都是相等的,且有相同的 Christoffel 记号.设第二个曲面为 S^*,相应的量用相同的记号加上星号表示.现引进

$$\lambda = \frac{L}{D}, \quad \mu = \frac{M}{D}, \quad \nu = \frac{N}{D}, \tag{50}$$

其中 $D = \sqrt{EG - F^2}$,则 Gauss 曲率为

$$K = \lambda\nu - \mu^2 = \lambda^*\nu^* - \mu^{*2}, \tag{51}$$

即这两个曲面有相同的 Gauss 曲率.平均曲率分别为

$$\begin{aligned} H &= \frac{1}{2D}(G\lambda - 2F\mu + E\nu), \\ H^* &= \frac{1}{2D}(G\lambda^* - 2F\mu^* + E\nu^*). \end{aligned} \tag{52}$$

进一步引进

$$J = \lambda\nu^* - 2\mu\mu^* + \nu\lambda^*. \tag{53}$$

定理的证明依赖下面的恒等式:

$$DJ\xi = \frac{\partial}{\partial u}(\nu^* X_u - \mu^* X_v) - \frac{\partial}{\partial v}(\mu^* X_u - \lambda^* X_v). \tag{54}$$

353

首先注意,Codazzi 方程能通过 λ^*, μ^*, ν^* 表示为下列形式:

$$\begin{cases} \lambda_v^* - \mu_u^* + \Gamma_{22}^2 \lambda^* - 2\Gamma_{12}^2 \mu^* + \Gamma_{11}^2 \nu^* = 0, \\ \mu_v^* - \nu_u^* - \Gamma_{22}^1 \lambda^* + 2\Gamma_{12}^1 \mu^* - \Gamma_{11}^1 \nu^* = 0. \end{cases} \tag{55}$$

其次,Gauss 方程为

$$\begin{cases} X_{uu} - \Gamma_{11}^1 X_u - \Gamma_{11}^2 X_v - D\lambda\xi = 0, \\ X_{uv} - \Gamma_{12}^1 X_u - \Gamma_{12}^2 X_v - D\mu\xi = 0, \\ X_{vv} - \Gamma_{22}^1 X_u - \Gamma_{22}^2 X_v - D\nu\xi = 0. \end{cases} \tag{56}$$

将上列方程分别乘以 $X_v, -X_u, \nu^*, -2\mu^*$ 和 λ^*,再相加就得到 (54).

设

$$\begin{cases} p = X \cdot e_3, \\ y_1 = X \cdot X_u, \\ y_2 = X \cdot X_v, \end{cases} \tag{57}$$

式中的右端是矢量的数量积. 故 $p(u,v)$ 就是从原点到在 $X(u,v)$ 的切平面的有向距离. 将方程 (54) 的两边对 X 作数量积就得到

$$DJp = -\nu^* E + 2\mu^* F - \lambda^* G$$
$$+ (\nu^* y_1 - \mu^* y_2)_u - (\mu^* y_1 - \lambda^* y_2)_v. \tag{58}$$

设 C 是 S 上的一条闭曲线,它将 S 分成两个区域: D_1 和 D_2,均以 C 为边界. 此外,C 作为 D_1 和 D_2 的边界所诱导的定向有相反的方向. 对每一个区域应用 Green 公式,先看 D_1:

$$\iint_{D_1} Jp\,\mathrm{d}A = \iint_{D_1} (-\nu^* E + 2\mu^* F - \lambda^* G)\mathrm{d}u\mathrm{d}v$$

$$+ \int_C (\mu^* y_1 - \lambda^* y_2)\mathrm{d}u + (\nu^* y_1 - \mu^* y_2)\mathrm{d}v. \tag{59}$$

对 D_2 也有类似的等式,将它们相加,并注意到线积分抵消,这就得到

$$\iint_S Jp\,\mathrm{d}A = \iint_S (-\nu^* E + 2\mu^* F - \lambda^* G)\mathrm{d}u\mathrm{d}v.$$

由方程(52),

$$\iint_S J p \, dA = -2 \iint_S H^* \, dA. \tag{60}$$

特别,当 S 和 S^* 恒同时,就得到

$$\iint_S 2K p \, dA = -2 \iint_S H \, dA. \tag{61}$$

将上面的两个方程相减就得到:

$$\iint_S \begin{vmatrix} \lambda^* - \lambda & \mu^* - \mu \\ \mu^* - \mu & \nu^* - \nu \end{vmatrix} p \, dA = 2 \iint_S H^* \, dA - 2 \iint_S H \, dA. \tag{62}$$

为完成定理的证明,我们需要下面的初等的引理.

引理 设

$$ax^2 + 2bxy + cy^2, \quad a'x^2 + 2b'xy + c'y^2 \tag{63}$$

都是正定的二次型,且

$$ac - b^2 = a'c' - b'^2, \tag{64}$$

则

$$\begin{vmatrix} a' - a & b' - b \\ b' - b & c' - c \end{vmatrix} \leqslant 0, \tag{65}$$

且等号成立必须这两个二次型都是恒等的.

证明 不妨设 $b' = b$,因为这总可以经过对变量的适当的线性变换达到,而引理的条件在变量的线性变换下是不变的.这样,方程(65)的左端就变为

$$(a' - a)(c' - c) = -\frac{c}{a}(a' - a)^2,$$

这就证明了不等式(65).此外,等式成立仅当 $a' = a$ 和 $c' = c$.

现在选取原点使它在 S 的里面,故 $p > 0$.则方程(62)的左边的积分是非正的,因此得到

$$\iint_S H^* \, dA \leqslant \iint_S H \, dA.$$

因为 S 和 S^* 之间的关系是对称的,故又有

$$\iint\limits_{S} H \mathrm{d}A \leqslant \iint\limits_{S} H^* \mathrm{d}A.$$

因此

$$\iint\limits_{S} H \mathrm{d}A = \iint\limits_{S} H^* \mathrm{d}A.$$

这就得到方程(62)的左端的积分为零. 于是,

$$\lambda^* = \lambda, \quad \mu^* = \mu, \quad \nu^* = \nu,$$

这就完成了 Cohn-Vossen 定理的证明.

由 Hadamard 定理, 我们看到, 对 $K > 0$ 的闭曲面, Gauss 映射

$$g: S \to \Sigma_0$$

是一对一的. 因此, S 上的点能够表示成为它的法向 ξ 的函数, 进一步, S 上的任何数量函数也都可以表示为 ξ 的函数. Minkowski 定理说明, 当 $K(\xi)$ 为已知时, S 唯一决定.

定理 设 S 是闭凸曲面, 其 Gauss 曲率 $K > 0$. 则函数 $K(\xi)$ 决定 S 仅差一个平移.

证明 我们将以上面的证明作为模型, 利用积分公式给一个证明(参看 S. S. Chern, *American Journal of Mathematics*, **79** (1957), 949~950). 设 u 和 v 是单位球面上的等温参数, 故有

$$\begin{cases} \xi_u^2 = \xi_v^2 = A > 0, \\ \xi_u \cdot \xi_v = 0. \end{cases} \tag{66}$$

通过映射 g^{-1} 我们也取 u 和 v 作为 S 上的参数. 因为 ξ_u 和 ξ_v 都垂直于 ξ 且是线性无关的, 故每一个垂直于 ξ 的矢量都可以表示为它们的线性组合. 由于

$$X_u \cdot \xi_v = X_v \cdot \xi_u,$$

故可将 X_v 和 X_u 表示为

$$\begin{cases} -X_u = a\xi_u + b\xi_v, \\ -X_v = b\xi_u + c\xi_v. \end{cases} \tag{67}$$

将这两个方程与 ξ_u 和 ξ_v 作内积, 则有

$$Aa = L, \quad Ab = M, \quad Ac = N. \tag{68}$$

356

此外,再将(67)中两个方程的两边作矢量积,得到

$$X_u \times X = (ac - b^2)(\xi_u \times \xi_v).$$

但是

$$X_u \times X = D\xi, \quad \xi_u \times \xi_v = A\xi, \tag{69}$$

联系方程(68)就得到

$$D = A(ac - b^2) = \frac{KD^2}{A},$$

于是

$$A = KD, \quad ac - b^2 = \frac{1}{K}. \tag{70}$$

因为 $Adudv$ 和 $Ddudv$ 分别是 Σ_0 和 S 的体积元素,方程(70)的第一式表示了 K 是这些体积元素之比这一熟知的事实.

假设 S^* 是具有相同的函数 $K(\xi)$ 的另一个凸曲面. 我们建立 S 和 S^* 之间的一个同胚,使它们在对应点有相同的法向,则参数 u 和 v 可作为 S 和 S^* 的参数,且对应点有相同的参数值. 对 S^* 的相应的函数和矢量用相同的记号加上星号表示. 因为 $K = K^*$,由方程(70)得到

$$ac - b^2 = a^*c^* - b^{*2}, \quad D = D^*.$$

设

$$p = X \cdot \xi, \quad p^* - X^* \cdot \xi, \tag{71}$$

它们是从原点到这两个曲面的切平面的距离. 基本的关系是恒等式

$$(X, X^*, X_u)_v - (X, X^*, X_v)_u$$
$$= A\{2(ac - b^2)p^* + (-ac^* - a^*c + 2bb^*)p\}$$
$$= A\left\{2(ac - b^2)(p^* - p) + \begin{vmatrix} a - a^* & b - b^* \\ b - b^* & c - c^* \end{vmatrix} p\right\}.$$

这可以由方程(67),(69),(70)和(71)立即得到. 由这个恒等式,应用 Green 定理就得到积分公式

$$\int_{\Sigma_0} \left\{ 2(ac - b^2)(p^* - p) \right.$$

$$+ \begin{vmatrix} a - a^* & b - b^* \\ b - b^* & c - c^* \end{vmatrix} p \bigg\} \cdot A du dv = 0. \qquad (72)$$

不妨假设原点在曲面 S 和 S^* 的内部(必要时可以经过平移达到),于是 $p > 0$ 以及 $p^* > 0$. 因为

$$\begin{pmatrix} a & b \\ b & c \end{pmatrix} \quad 和 \quad \begin{pmatrix} a^* & b^* \\ b^* & c^* \end{pmatrix}$$

都是正定的矩阵,由前面的关于代数的引理得到

$$\begin{vmatrix} a - a^* & b - b^* \\ b - b^* & c - c^* \end{vmatrix} \leqslant 0.$$

因此

$$\int_{\Sigma_0} (ac - b^2)(p^* - p) A du dv \geqslant 0. \qquad (73)$$

当将 S 和 S^* 交换时,相同的关系仍然成立. 因此,方程(73)左端的积分必恒等于零. 则由方程(72)得到

$$\int_{\Sigma_0} \begin{vmatrix} a - a^* & b - b^* \\ b - b^* & c - c^* \end{vmatrix} p A du dv = 0,$$

这只有当 $a = a^*, b = b^*$ 和 $c = c^*$ 才有可能. 由此可知

$$X_u^* = X_u, \quad X_v^* = X_v,$$

即 S 和 S^* 仅差一平移.

为进一步阅读,可以看:

1. S. S. Chern, "Integral formulas for hypersurfaces in euclidean space and their applications to uniqueness theorems", *Journal of Math. and Mech.*, **8**(1959), 947~955.

2. T. Otsuki, "Integral formulas for hypersurfaces in a Riemannian manifold and their applications", *Tôhoku Mathematical Jour.*, **17**(1965), 335~348.

3. K. Voss, "Differentialgeometrie geschlossener Flächen im euklidischen Raum", *Jahresberichte Deutscher Math. Verein*, **63**(1960~1961), 117~136.

8. 关于极小曲面的 Bernstein 定理

所谓极小曲面就是在局部上求解 Plateau 问题的曲面,即以给定空间曲线为边界的面积最小的曲面. 在解析上,它可以由平均曲率恒等于零这一条件决定. 假设曲面的方程为

$$z = f(x, y), \tag{74}$$

其中 $f(x, y)$ 是二次连续可微的. 于是,极小曲面就是偏微分方程

$$(1 + q^2)r - 2pqs + (1 + p^2)t = 0 \tag{75}$$

的解,其中

$$p = \frac{\partial f}{\partial x}, \ q = \frac{\partial f}{\partial y}, \ r = \frac{\partial^2 f}{\partial x^2}, \ s = \frac{\partial^2 f}{\partial x \partial y}, \ t = \frac{\partial^2 f}{\partial y^2}. \tag{76}$$

方程(75)称为极小曲面方程,它是非线性的椭圆型的微分方程.

Bernstein 定理就是下面的"唯一性定理".

定理 若由方程(74)表示的极小曲面对 x 和 y 的全部的值成立,则它必为平面. 换句话说,方程(75)的在整个 (x, y) 平面上有效的唯一解是一个线性函数.

证明 我们将把这一定理归结为下面的 Jörgens 定理的推论.

定埋 设函数 $z = f(x, y)$ 是方程

$$rt - s^2 = 1, \quad r > 0 \tag{77}$$

的解,对全体 x 和 y 成立,则 $f(x, y)$ 是关于 x 和 y 的二次多项式.

证明 对固定的 (x_0, y_0) 和 (x_1, y_1) 考虑函数

$$h(\tau) = f(x_0 + \tau(x_1 - x_0), y_0 + \tau(y_1 - y_0)),$$

则有

$$h'(\tau) = (x_1 - x_0)p + (y_1 - y_0)q,$$
$$h''(\tau) = (x_1 - x_0)^2 r + 2(x_1 - x_0)(y_1 - y_0)s$$
$$+ (y_1 - y_0)^2 t \geqslant 0,$$

其中在函数 p, q, r, s, t 中的自变量是 $x_0 + \tau(x_1 - x_0)$ 和 $y_0 + \tau(y_1 -$

y_0). 从最后的一个不等式得到

$$h'(1) \geqslant h'(0),$$

或

$$(x_1 - x_0)(p_1 - p_0) + (y_1 - y_0)(q_1 - q_0) \geqslant 0, \quad (78)$$

其中

$$\begin{cases} p_i = p(x_i, y_i), \\ q_i = q(x_i, y_i), \end{cases} \quad i = 0, 1. \quad (79)$$

考虑 Lewy 变换：

$$\begin{cases} \xi = \xi(x, y) = x + p(x, y), \\ \eta = \eta(x, y) = y + q(x, y). \end{cases} \quad (80)$$

令

$$\begin{cases} \xi_i = \xi(x_i, y_i), \\ \eta_i = \eta(x_i, y_i), \end{cases} \quad i = 0, 1. \quad (81)$$

由方程(78)得

$$(\xi_1 - \xi_0)^2 + (\eta_1 - \eta_0)^2 \geqslant (x_1 - x_0)^2 + (y_1 - y_0)^2, \quad (82)$$

因此，映射

$$(x, y) \to (\xi, \eta) \quad (83)$$

是使距离增加的.

此外，因为

$$\begin{aligned} \xi_x &= 1 + r, \quad \xi_y = s, \\ \eta_x &= s, \qquad \eta_y = 1 + t, \end{aligned} \quad (84)$$

所以

$$\frac{\partial(\xi, \eta)}{\partial(x, y)} = 2 + r + t \geqslant 2, \quad (85)$$

由方程(80)决定的映射是局部一对一的. 由此可知，映射(83)是 (x, y) 平面到 (ξ, η) 平面上的微分同胚.

因此，我们可以将方程(77)的解 $f(x, y)$ 看作为 ξ 和 η 的函数，命

$$F(\xi, \eta) = x - iy - (p - iq), \quad (86)$$

$$\zeta = \xi + i\eta. \tag{87}$$

经计算即可看出，$F(\xi, \eta)$ 满足 Cauchy-Riemann 方程，故 $F(\zeta) = F(\xi, \eta)$ 是 ζ 的正则函数. 此外，

$$F'(\zeta) = \frac{t - r + 2is}{2 + r + t}. \tag{88}$$

从最后的这一关系式，我们得到

$$1 - |F'(\zeta)|^2 = \frac{4}{2 + r + t} > 0.$$

于是，$F'(\zeta)$ 在全 ζ 平面是有界的. 由 Liouville 定理，

$$F'(\zeta) = \text{const}.$$

另一方面，由方程(88)得到

$$\begin{cases} r = \dfrac{|1 - F'|^2}{1 - |F'|^2}, \\[2mm] s = \dfrac{i(\overline{F'} - F')}{1 - |F'|^2}, \\[2mm] t = \dfrac{|1 + F'|^2}{1 - |F'|^2}. \end{cases} \tag{89}$$

由此可知，r, s, t 都是常数，Jörgens 定理得到证明.

Bernstein 定理是 Jörgens 定理的容易得到的推论. 事实上，命

$$W = (1 + p^2 + q^2)^{1/2}, \tag{90}$$

则极小曲面的方程等价于下列方程中的每一个：

$$\begin{cases} \dfrac{\partial}{\partial x} \dfrac{-pq}{W} + \dfrac{\partial}{\partial y} \dfrac{1 + p^2}{W} = 0, \\[3mm] \dfrac{\partial}{\partial x} \dfrac{1 + q^2}{W} + \dfrac{\partial}{\partial y} \dfrac{-pq}{W} = 0. \end{cases} \tag{91}$$

于是，存在一个 C^2 函数 $\varphi(x, y)$ 使得

$$\begin{cases} \varphi_{xx} = \dfrac{1}{W}(1 + p^2), \\[3mm] \varphi_{xy} = \dfrac{1}{W}pq, \\[3mm] \varphi_{yy} = \dfrac{1}{W}(1 + q^2). \end{cases} \tag{92}$$

这些偏导数满足方程

$$\varphi_{xx}\varphi_{yy} - \varphi_{xy}^2 = 1, \qquad \varphi_{xx} > 0.$$

由 Jörgens 定理，φ_{xx}，φ_{xy} 和 φ_{yy} 都是常数. 因此，p 和 q 是常数，$f(x, y)$ 是线性函数（Bernstein 定理的这一证明是由 J. C. C. Nitsche 给出的，可看 *Annals of Mathematics*，**66**(1957)，543～544）.

关于极小曲面的许多文献，可以看下面的综合报告：

1. J. C. C. Nitsche，"On new results in the theory of minimal surfaces"，*Bulletin of the American Mathematical Society*，**71**(1965)，195～270.

附录二　微分几何与理论物理[①]

陈　省　身

我第一次看见周先生,是在 1930 年秋季,在清华.那年我从南开毕业,投考清华研究院数学系,考试科目中有"力学",周先生是命题和阅卷人.他一见我就说:"我看过你的考卷".1937 年我们在西南联大同事,我还旁听过他的"电磁学".

微分几何和理论物理都用微积分作工具,一者研究几何现象,一者研究物理现象.后者自然广泛些.但任何物理现象都在空间发生,所以前者又是后者的基础.两者都用推理的方法,但理论物理还须有试验来支持.几何不受这个限制,因此选择问题比较自由,但推理要有数学的严格性.这个自由度把数学推到新的领域.有数学经验和远见的人,能在大海航行下,达到重要的新的领域.例如,广义相对论所需要的黎曼几何和规范场论所需要的纤维空间内的联络,都在物理应用前为数学家所发展.这个"殊途同归"的现象真令人有神秘之感.

微分几何与理论物理的关系非言可尽.本文只略举几点,间附拙见,请大家指教.

1. 动力学和活动标架

在动力学中要描写一个固体的运动,就把一个标架坚固的装在固体上,而描写标架的运动.在三度空间的所谓标架指一点 x,及经过 x 的互相垂直的单位矢量 $e_i, i=1,2,3$.如 x 亦代表点 x 的

---

① 本文原载《理论物理与力学论文集》,科学出版社,1982.文中的周先生是指周培源教授.

坐标矢量,则有

$$\begin{cases} \dfrac{\mathrm{d}x}{\mathrm{d}t} = \sum_i p_i(t)e_i, \\ \dfrac{\mathrm{d}e_i}{\mathrm{d}t} = \sum_j q_{ij}(t)e_j, \quad 1 \leqslant i,j \leqslant 3, \end{cases} \tag{1}$$

其中 t 是时间,而

$$q_{ij}(t) + q_{ji}(t) = 0. \tag{2}$$

函数 $p_i(t), q_{ij}(t)$ 完全描写了标架及固体的运动.

动力学和空间的曲线论有密切关系,后者甚至可看为前者的特例.要把这个方法应用到曲面论,就须考虑两参数族的标架.这个计划为法国大几何学家 G. Darboux(1842~1917)成功地和精采地完成.他的大著《Théorie des Surfaces》,共四册,是微分几何的经典.

把这个活动标架法发扬光大的是 Elie Cartan (1869~1951)(Gauss,Riemann,Cartan 公认为历史上三个最伟大的微分几何学家).现在,活动标架法已成为微分几何中极为重要的办法.试述其含义如次:

在多参数标架族时,相当于方程式(1)的是偏微分方程式,它的系数适合积分条件.表示这些条件的最好方法,是用外微分算法.把(1)和(2)两式写为

$$\begin{cases} \mathrm{d}x = \sum_i \omega_i e_i, \\ \mathrm{d}e_i = \sum_j \omega_{ij}e_j, \end{cases} \quad 1 \leqslant i,j \leqslant 3, \tag{3}$$

$$\omega_{ij} + \omega_{ji} = 0, \tag{4}$$

其中 ω_i, ω_{ij} 为参数空间的一次微分式.最广泛的情形的参数空间是全体标架所成的空间.这个空间是六维的,因为定 x 需要三个坐标,而以 x 为原点的标架成三参数族.固定一个标架,有唯一个运动,把它变为另一标架.所以全体标架所成的空间与运动群同胚,记为 G.

求(3)式的外微分,则得

$$\begin{cases} \mathrm{d}\omega_i = \sum_j \omega_j \wedge \omega_{ji}, \\ \mathrm{d}\omega_{ij} = \sum_k \omega_{ik} \wedge \omega_{kj}, \end{cases} \quad 1 \leqslant i,j,k \leqslant 3, \quad (5)$$

其中"∧"代表外积.这是群 G 的 Maurer-Cartan 方程式,与 G 的李代数乘法方程是对偶的.可见从动力学到活动标架,到李群的基本方程是一串自然的过程.

这个演变还可继续推进.爱因斯坦的广义相对论发表后,Cartan 于 1925 年发表一文,文中发展了广义仿射空间的理论,及它在相对论的应用.此文的一个结论是(5)式的推广:

$$\begin{cases} \mathrm{d}\omega_i = \sum_i \omega_j \wedge \omega_{ji}, \\ \mathrm{d}\omega_{ij} = \sum_k \omega_{ik} \wedge \omega_{kj} + \Omega_{ij}, \end{cases} \quad 1 \leqslant i,j \leqslant 3, \quad (6)$$

其中 Ω_{ij} 是二次微分式,叫做曲率式,是三维黎曼几何的基本方程.

处理微分几何的一般方法是张量分析.它的基本观点是利用局部坐标的切矢量作标架.现在看来,这个约束弊多利少.但是张量分析简单明了,在初等的问题中,其功用是不可磨灭的.

2. 曲面论与孤立子及 σ-模型

在三维欧氏空间 E^3 内设曲面 S.于一点 $x \in S$,命 x 是它的坐标矢量,并命 ξ 表其单位法矢量,则 S 的不变量是两个二次微分式:

$$\mathrm{I} = (\mathrm{d}x, \mathrm{d}x) > 0, \quad \mathrm{II} = -(\mathrm{d}x, \mathrm{d}\xi), \quad (7)$$

分别称谓第一及第二基本式,前者并是正定的.第二基本式的两个特征值 $k_i, i=1,2$,称为 S 的主曲率.它们的对称函数

$$H = \frac{1}{2}(k_1 + k_2), \quad K = k_1 k_2 \quad (8)$$

分别称为中曲率与全曲率(Gauss 曲率).这些曲率有简单的几何

意义, 谅为熟知的事实. 例如, $H=0$ 的曲面是最小曲面.

中曲率或全曲率是常数的曲面显然有研究的价值. 如 x, y, z 为 E^3 的坐标, 而 S 有方程式

$$z = z(x, y), \tag{9}$$

则

$$H = \text{const} \quad \text{或} \quad K = \text{const}$$

可表为函数 $z(x, y)$ 的二阶非线性的偏微分方程. 求这样的曲面等于解相当的方程. 例如, 最小曲面 $H=0$ 的方程是

$$(1 + z_y^2)z_{xx} - 2z_x z_y z_{xy} + (1 + z_x^2)z_{yy} = 0. \tag{10}$$

此方程是非线性椭圆式的.

另一重要的例子是 $K=$ 负常数, 可假设为 $K=-1$. 在这样的曲面上渐近曲线是不重合的实曲线. 命 φ 为其夹角, 则可在 S 上选择参数 u, t, 使

$$\varphi_{ut} = \sin \varphi. \tag{11}$$

这是有名的 Sine-Cordon (SG) 方程. 反之, 如有 SG-方程的一解, 可作出一个 $K=-1$ 的曲面.

由此解释, 曲面的变换论, 在偏微分方程论中有重要的应用. 它的根据是下面的 Bäcklund 定理:

设曲面 S, S^* 成对应, 使连接对应点 $x \in S, x^* \in S^*$ 的直线为两曲面的公切线. 命 r 为对应点间的距离, ν 为曲面在对应点法线的夹角. 如 $r=\text{const}, \nu=\text{const}$, 则 S 和 S^* 的全曲率同是 $-\sin\nu/r^2$ (= 负常数).

此定理使得我们从一常全曲率的曲面, 造出同一常全曲率的曲面, 即从 SG-方程的一解造出新解.

如释 $\varphi(u, t)$ 为直线 u 上的波动, t 为时间, 则 SG-方程有孤立子解, 而上述变换可引至新解, 增减其孤立子个数. 这样可得任意个孤立子的 SG-方程的解.

负常全曲率曲面在高度的一个推广是 E^{2n-1} (= $(2n-1)$ 维欧氏空间) 内的 n 维常曲率支流形. 这种支流形相当于一偏微分方程

366

组,可能是 SG-方程在高度的推广. 滕楚莲和巴西女数学家 Keti Tenenblat 证明了 Bäcklund 定理有高维的推广[①].

常中曲率的曲面或最小曲面在理论物理上有同样多的应用. 如 $f: X \rightarrow Y$ 是两个黎曼流形间的映射,可以定义它的能(Energy) $E(f)$. 这个函数(Functional)的临界映射称为调和映射. 这是调和函数和最小支流形的推广. 调和映射适合一组椭圆式的二阶偏微分方程. 如果 X 是紧致的,调和映射是比较稀有的. 因为它的出发点是变分原则,这些映射就可能在物理上有用.

从几何的观点讲,已知流形 $X, Y(\dim X < \dim Y)$,如何把 X 嵌入或浸入 Y 成为最小支流形,是一极有兴味的问题,即使 $X = S^2$ 为二维球面,此问题亦不简单. 在此假设下,早年 E. Calabi[②],陈省身[③] 和 L. Barbosa[④] 研究了 $Y = S^n$(n 维球面)的情形. 1980 年物理学家 A. M. Din 和 W. J. Zakrzewski[⑤] 确定了所有的调和映射 $f: S^2 \rightarrow P_n(C)$($n$ 维复投影空间),称为 σ-模型. Y 为其他空间的情形,如 SU$(n), Q_n(C)$(复二次超曲面),或 $G(n, k)$(Grassmann 流形),其中的最小二维球面为何,亦为大家所渴欲了解的. 此问题至今未全解决[⑥].

对于最小曲面数学分析上有强的"有理性(Regularity)"性质,

①　参看 K. Tenenblat and C. L. Terng, "Bäcklund's theorem for n-dimensional submanifolds of $\boldsymbol{R}^{2n-1}$", *Annals of Math.*, **111**(1980), 477~490.

②　参看 E. Calabi, "Minimal immersions of surfaces in Euclidean spaces", *J. of Differ. Geom.*, **1**(1967), 111~125.

③　参看 S. S. Chern, "On the minimal immersions of the 2-sphere in a space of constant curvature", *Problems in Analysis* (Princeton University Press, Princeton, 1970), 27~40. 也可看 S. S. Chern, *Selected Papers*, Ⅲ (Springer Verlag, 1989), 141~154.

④　参看 J. L. M. Barbosa, "On minimal immersions of S^2 into S^{2m}", *Trans. Amer. Math. Soc.*, **210**(1975), 75~106.

⑤　参看 A. M. Din and W. J. Zakrewski, "General classical solutions in the CP^{n-1} model", *Nuclear Physics*, **B174**(1980), 397~406.

⑥　此问题已由 J. Wolfson 解决. 参看 J. Wolfson, "Harmonic sequences and harmonic maps of surfaces into complex Grassmann manifolds", *J. of Differ. Geom.*, **27**(1988), 161~178.

即在某种边界条件下,有有理的或光滑的最小曲面存在,这个重要的结果在几何上有无数应用.在广义相对论中 R. Schoen 和丘成桐[①]用来证明所谓"正质量假设(Positive Mass Conjecture)".

3. 规范场论

规范场论的数学基础是矢量丛的观念.这个演进在数学上是十分自然的:牛顿的微积分讨论函数 $y = f(x)$.我们可推广自变数为 m 维空间的坐标,因变数为 n 维空间的矢量,即得 m 个变数的矢量值函数.通常也可把函数记为映射 $f: X \to Y$,其中 $X = \mathbf{R}^m$,$Y = \mathbf{R}^n$.这个映射可以表为一个"图(Graph)" $F: X \to X \times Y$, $F(x) = (x, f(x))$, $x \in X$.映射 F 的右端是两个拓扑空间的积.命
$$\pi: X \times Y \to X,$$
使 $\pi(x, y) = x$, $x \in X$, $y \in Y$,则 F 合于性质 $\pi \circ F(x) = x$.

矢量丛的概念,在近代数学有决定的重要性,要点是把乘积 $X \times Y$ 易为空间 E,它只是局部的乘积.易言之,有空间 E 及映射 $\pi: E \to X$,使每点 $x \in X$ 有邻域 U 合于条件:$\pi^{-1}(U)$ 与 $U \times Y$ 是拓扑相等的.

局部乘积的空间是否必然是整体的乘积?即上述的 E 是否必与 $X \times Y$ 拓扑相等?这在数学上是一个极为微妙的问题,它的解答引至示性类(Characteristic Classes)的观念.(答案是 E 不必是 $X \times Y$.)

设矢量丛 $\pi: E \to X$.映射 $F: X \to E$ 合于条件 $\pi \circ F(x) = x$, $x \in X$,称为截面(Section).截面的微分需要联络(Connection).量度微分的非交换性是曲率.

规范场就是矢量丛的联络,物理学家称为 Gauge Potential,曲率则称为 Strength.微分几何与理论物理真是"同气连枝,同胞

---

① 参看 R. Schoen and S. T. Yau, "On the proof of the positive mass conjecture in general relativity", *Comm. Math. Phys.* **65**(1969), 45~76.

共哺"了.

据我了解,一切物理的理论最终要"量子化(Quantization)".
在数学上我们需要研究无穷维的空间及分离(Discrete)现象.

4. 结论

我当然还需要提到广义相对论与黎曼几何的关系. 没有相对
论,黎曼几何是不易受数学界的重视的.

杨振宁先生曾用一个图来表示数学与物理的关系[①]. 另作一
图(见图 19)以结束此文.

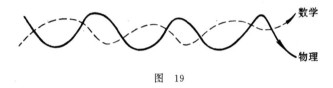

数学

物理

图 19

---

① 参见 Chen-Ning Yang，"Fibre Bundles and the Physics of the Magnetic Monopole"，*The Chern Symposium* 1979，Springer-Verlag，1980.

参 考 文 献

[1] L. Auslander and R. E. Mackenzie, *Introduction to Differentiable Manifolds*, McGraw-Hill, New York, 1963.

[2] D. Bao, S. S. Chern and Z. Shen, *An Introduction to Riemann-Finsler Geometry*, Springer-Verlag, New York, 2000.

[3] W. H. Boothby, *An Introduction to Differentiable Manifolds and Riemannian Geometry*, Academic Press, New York, 1975.

[4] E. Cartan, *La Theorie des Groupes Finis et Continus et la Geometrie Differentielles Traitees par la Methode du Repere Mobile*, Gauthier-Villars, Paris, 1937.

[5] E. Cartan, *Les Systèmes Différentiels Extérieurs et leurs Applications Géométriques*, Paris, 1945.

[6] S. S. Chern, "Characteristic Classes of Hermitian Manifolds", *Ann. of Math.*, **47** (1946), 85~121.

[7] S. S. Chern, *Differential Manifolds* (mimeographed), Univ. of Chicago, 1953.

[8] S. S. Chern, *Complex Manifolds without Potential Theory*, D. Van Nostrand, Princeton, 1967. Second edition, revised, Springer-Verlag, 1979.

[9] C. Chevalley, *Theory of Lie Groups*, Princeton Univ. Press, Princeton, 1946.

[10] M. do Carmo, *Riemannian Geometry*, Birkhauser, Boston, 1992.

[11] P. Griffiths, "On Cartan's Method of Lie Groups and Moving Frames as applied to Uniqueness and Existence Questions in Differential Geometry", *Duke Math. J.*, **14** (1974), 775~814.

[12] N. J. Hicks, *Notes on Differential Geometry*, D. Van Nostrand, Princeton, 1965.

[13] W. Hurewicz, *Lectures in Ordinary Differential Equations*, M. I. T. Press, Cambridge, Mass., 1966.

[14] S. Kobayashi and K. Nomizu, *Foundations of Differential Geometry*, vols. I and II, Interscience, New York, 1963 and 1969.

[15] J. Milnor, *Morse Theory*, Princeton University Press, Princeton, 1963.

[16] K. Nomizu, *Lie Groups and Differential Geometry*, Publ Math. soc. of Japan, No. 3, 1956.

[17] H. Rund, *The Differential Geometry of Finsler Spaces*, Springer-Verlag, Berlin, 1959.

[18] I. M. Singer and J. A. Thorpe, *Lecture Notes on Elementary Topology and Geometry*, Scott-Foresman, Illinois, 1967.

[19] M. Spivak, *A Comprehensive Introduction to Differential Geometry*, vols, I-V, Publish or Perish, 1979.

[20] N. Steenrod, *The Topology of Fibre Bundles*, Princeton Univ. Press, Princeton, 1951.

索　引

372

北京大学出版社数学重点教材书目

1. 大学生基础课教材

书　　名	编著者	定价 （元）
数学分析新讲(第一册)	张筑生	12.50
数学分析新讲(第二册)	张筑生	15.00
数学分析新讲(第三册)	张筑生	17.00
高等数学简明教程(第一册) (教育部 2000 优秀教学成果二等奖)	李　忠等	13.50
高等数学简明教程(第二册) (教育部 2000 优秀教学成果二等奖)	李　忠等	15.00
高等数学简明教程(第三册) (教育部 2000 优秀教学成果二等奖)	李　忠等	14.00
高等数学(物理类)(第一册)	文　丽等	20.00
高等数学(物理类)(第二册)	文　丽等	16.00
高等数学(物理类)(第三册)	文　丽等	14.00
高等数学习题课教材(物理类)上、下册	邵士敏等	25.20
高等数学(生化类)上册(第二版)	周建莹等	12.00
高等数学(生化类)下册(第二版)	张锦炎等	12.00
高等数学习题课讲义(生化类)	周建莹　李正元	24.50
大学文科基础数学(第一册)	姚孟臣	16.50
大学文科基础数学(第二册)	姚孟臣	11.00
数学的思想、方法和应用 (教育部"九五"重点教材)	张顺燕	17.50
线性代数引论(第二版)	蓝以中等	16.50
解析几何(第二版)	丘维声	15.00
微分几何初步(95'教育部优秀教材一等奖)	陈维桓	12.00
基础拓扑学	M. A. Armstrong	11.00
基础拓扑学讲义	尤承业	13.50

书　　名	编著者	定价 (元)
初等数论(95'教育部优秀教材二等奖)	潘承洞　潘承彪	25.00
简明数论	潘承洞　潘承彪	14.50
模形式导引(2002年3月出版)	潘承彪	15.00
实变函数论(教育部"九五"重点教材)	周民强	16.00
复变函数教程	方企勤	13.50
简明复分析	龚　昇	10.00
常微分方程几何理论与分支问题(第三版)	张锦炎等	19.50
调和分析讲义(实变方法)	周民强	13.00
傅里叶分析及其应用	潘文杰	13.00
泛函分析讲义(上册)(91'国优教材)	张恭庆等	11.00
泛函分析讲义(下册)(91'国优教材)	张恭庆等	12.00
有限群和紧群的表示论	丘维声	15.50
微分拓扑讲义(教育部99'科技进步教材二等奖)	张筑生	13.50
数值线性代数	徐树方等	13.00
数学模型讲义(教育部"九五"重点教材)	雷功炎	15.00
概率论引论	汪仁官	11.50
高等统计学	郑忠国	15.00
随机过程论(第二版)	钱敏平等	20.00
应用随机过程	钱敏平等	20.00
随机微分方程引论(第二版)	龚光鲁	25.00
非参数统计讲义	孙山泽	12.50
实用统计方法与SAS系统	高惠旋	18.00
统计计算	高惠璇	15.00
数学与文化	邓东皋等	16.50

2. 高职高专、学历文凭考试和自考教材

书　　名	编著者	定价 (元)
高等数学(上、下册)(高职高专)	刘书田	32.00
高等数学学习辅导(上、下册)(高职高专)	刘书田	25.00

书　　名	编著者	定价（元）
线性代数(高职高专)	胡显佑	9.00
线性代数学习辅导(高职高专)	胡显佑	9.00
概率统计(高职高专)	高旅端	12.00
概率统计学习辅导(高职高专)	高旅端	10.00
高等数学(学历文凭考试)	姚孟臣	10.50
高等数学(学习指导书)(学历文凭考试)	姚孟臣等	9.50
高等数学(同步练习册)(学历文凭考试)	姚孟臣等	12.00
高等数学(一)考试指导与模拟试题(自考)(财经类、经济管理类专科段用书)	姚孟臣	18.00
高等数学(二)考试指导与模拟试题(自考)(财经类、经济管理类专升本用书)	姚孟臣	20.00
组合数学(自考)	屈婉玲	11.00
离散数学(上)(自考)	陈进元等	10.00
离散数学(下)(自考)	耿素云等	11.50
概率统计(第二版)(自考)	耿素云等	16.00
概率统计题解(自考)	耿素云等	16.00

3. 研究生基础课教材

书　　名	编著者	定价（元）
微分几何讲义(北京大学数学丛书)(第二版)	陈省身等	21.00
黎曼几何初步(北京大学数学丛书)	伍鸿熙等	13.50
黎曼几何选讲(北京大学数学丛书)	伍鸿熙等	8.50
代数学(上册)(北京大学数学丛书)	莫宗坚等	16.00
代数学(下册)(北京大学数学丛书)	莫宗坚等	12.80
代数曲线(北京大学数学丛书)	P·格列菲斯	12.00
二阶矩阵群的表示与自守形式(北京大学数学丛书)	黎景辉等	12.50
微分动力系统导引(北京大学数学丛书)	张锦炎等	10.50
无限元方法(北京大学数学丛书)	应隆安	8.50

书　　名	编著者	定价 (元)
H^p 空间论(北京大学数学丛书)	邓东皋	13.40
李群讲义(北京大学数学丛书)	项武义等	12.50
矩阵计算的理论与方法(北京大学数学丛书)	徐树方	19.30
位势论(北京大学数学丛书)	张鸣镛	16.50
数论及其应用(北京大学数学丛书)	李文卿	20.00
模形式与迹公式	叶扬波	15.00
复半单李代数引论(天元研究生数学丛书)	孟道骥	18.00
群表示论(天元研究生数学丛书)	曹锡华等	12.50
模形式讲义(天元研究生数学丛书)	陆洪文等	20.00
高等概率论(天元研究生数学丛书)	程士宏	20.00
近代分析引论(天元研究生数学丛书)	苏维宜	15.50

4. 研究生入学考试应试指导丛书

书　　名	编著者	定价 (元)
高等数学(工学类)	徐兵、刘书田	26.00
微积分(经济学类)	范培华、刘书田	25.00
线性代数	李永乐	17.00
概率论与数理统计	姚孟臣	18.00
概率统计讲义	姚孟臣	14.00
数学模拟试卷(经济学类)	范培华等	16.00
数学模拟试卷(工学类)	邵士敏等	15.00
数学冲刺(经济学类)	范培华、李永乐	18.00
数学冲刺(工学类)	邵士敏等	20.00

邮购说明　读者如购买北京大学出版社出版的数学重点教材,请将书款(另加15%的邮挂费)汇至:北京大学出版社展示厅胡冠群同志收,邮政编码:100871,联系电话:(010)62752019。款到立即用挂号邮书。

北京大学出版社展示厅
2001 年 7 月